高等学校通识教育系列教材

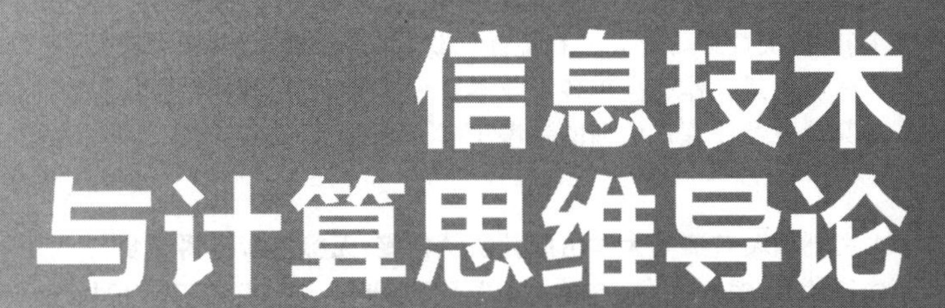

信息技术与计算思维导论

何澎 主编

王信 马菲 常海燕 刘洋 张谷 编著

清華大学出版社

北 京

内容简介

本书作为普通高等院校大学计算机通识基础课的教材，是遵循教育部“新工科”建设指导思想，全面推进“大学计算机基础”课程改革的最新成果。本书以计算思维能力培养和信息技术能力训练为两大教学目标，以计算机基础导论、操作系统导论、程序设计导论、数据库导论、软件工程导论、办公软件应用为六大核心模块，全面讲解大学水平的计算机基础知识和基本理论，重在塑造高校本科学生的计算思维能力和计算机应用能力。

本书以教育部高等学校大学计算机课程教学指导委员会“夯实基础、面向应用、培养创新”的指导思想为宗旨，结构新颖、图文并茂、由浅入深、易教易学，既传承了“大学计算机基础”课程核心架构，又增加了人工智能、大数据等计算机行业新知识，并充分融入“课程思政”培养目标于教学之中。

本书适合作为高校各专业本科一年级大学计算机通识基础课的教材，也可作为全国计算机等级考试或其他各类计算机培训的参考用书。

图书在版编目(CIP)数据

信息技术与计算思维导论/何澎主编. —北京：清华大学出版社，2019（2022.8重印）
（高等学校通识教育系列教材）
ISBN 978-7-302-53470-9

Ⅰ. ①信…　Ⅱ. ①何…　Ⅲ. ①电子计算机－高等学校－教材　Ⅳ. ①TP3

中国版本图书馆 CIP 数据核字(2019)第 166180 号

责任编辑：刘向威
封面设计：文　静
责任校对：焦丽丽
责任印制：杨　艳

出版发行：清华大学出版社
　网　　址：http://www.tup.com.cn，http://www.wqbook.com
　地　　址：北京清华大学学研大厦 A 座　　**邮　　编**：100084
　社 总 机：010-83470000　　**邮　　购**：010-62786544
　投稿与读者服务：010-62776969，c-service@tup.tsinghua.edu.cn
　质量反馈：010-62772015，zhiliang@tup.tsinghua.edu.cn
　课件下载：http://www.tup.com.cn，010-83470236
印 刷 者：北京富博印刷有限公司
装 订 者：北京市密云县京文制本装订厂
经　　销：全国新华书店
开　　本：185mm×260mm　**印　张**：19.5　**字　　数**：470 千字
版　　次：2019 年 9 月第 1 版　**印　　次**：2022 年 8 月第 4 次印刷
印　　数：8501～10500
定　　价：59.00元

产品编号：083678-02

前　言

在教育部“以本为本”全面深化本科教学精神指引下，参照教育部高等学校大学计算机课程教学指导委员会最新颁布的《大学计算机基础课程教学基本要求》中“宽、专、融”的指导思想，并结合“工程教育认证”评价指标体系，我校计算机基础教学部全体教师以传统课程“大学计算机基础”的教学改革为核心突破口，全面重树课程知识体系、教学方法、教学模式、评价标准，推出了新型大学计算机通识基础课程——“信息技术与计算思维导论”。本书就是在这样的背景下编写的。

大学计算机通识基础课在高等院校的通识课程体系中占有核心地位，是全面推进“新工科”人才培养的重要基础。在信息化高速发展的今天，各种新型信息技术手段改变着人们的生活方式和思维模式，传统意义上的以计算机认知和计算机操作为主要教学内容的“大学计算机基础”课程，已经无法满足当代高等教育的需要。大学水平的计算机通识教育，应该从单纯的计算机知识、技能培养，提升到以计算思维综合能力培养的层面；应该将课程教学目标从计算机使用和操作，提升到培养学生利用计算机分析问题、解决问题的层面；应该从以Windows、Office为主体的软件知识内容，提升到以计算机原理、计算机设计与编程开发工具为主的知识层面。本书及对应的“信息技术与计算思维导论”新型课程，旨在大学通识教育阶段，培养和塑造各专业学生全面的计算思维能力与信息技术能力，以及运用计算机知识和技术解决各专业领域实际问题的能力。

本书由何澎任主编并制定编写大纲。其中第1、2、3章由何澎编写，第4章由马菲编写，第5章由常海燕编写，第6章由张谷编写，第7章由王信编写，第8、9章由刘洋编写，其中第6、7章为理工类专业学生选学内容。本书在编写和出版过程中，得到了天津工业大学计算机基础教学部王春娴教授的热心帮助及全体任课教师的大力支持，作者在此一并表示衷心的感谢！

由于作者水平有限，书中难免不足和疏漏之处，恳请各位读者和专家批评指正。

编　者

2019年5月

前言

目录

第1章　信息技术与计算思维概述

1.1　信息与信息技术

1.1.1　信息

随着计算机的出现和普及，信息（Information）对整个社会的影响逐步提高到了绝对重要的地位。信息总量、信息传播速度、信息处理速度以及社会生活中应用信息的程度都在以几何级数的方式增长。如果用生产工具的变革来代表每一个人类历史的发展时期，那么人类文明的发展历程可以粗略划分为：石器时代、青铜器时代、铁器时代、蒸汽时代、电气时代、原子时代等。1969年11月美国ARPAnet网络（也就是Internet的前身）初步形成，标志着人类进入了全新的时代——信息时代。计算机、计算机网络以及流淌在其中的浩瀚无边的信息正在快速地改变着人们的生活和思维。人们时时刻刻都在接收信息、加工信息、传输信息。那么，究竟什么是信息？

信息，指音讯、消息、通信系统传输和处理的对象，泛指人类社会传播的一切内容。人们通过获取自然和社会的不同信息来区别事物，并认识和改造这个世界。在一切通信和控制系统中，信息是一种普遍联系的形式。1948年，数学家香农（见图1-1）在题为《通信的数学理论》的论文中指出："信息是用来消除随机不定性的东西。"控制论的创始人维纳（N. Wiener）（见图1-2）曾经说过："信息就是信息，它既不是物质也不是能量。"站在客观事物立场上来看，信息是"客观存在的，反映了事物的状态、特征和内在的性质"；站在认识主体立场上来看，信息则是"认识主体所感知或所表达的事物运动及其变化方式的形式、内容和效用"。

图1-1　信息论之父——香农

信息是现实世界中一切事物（概念的、物质的）的本质属性、存在方式和运动状态的实质性反映。任何事物的存在，都伴随着相应的信息的存在；信息能借助媒体（如空气、光波、电

图 1-2 控制论之父——维纳

磁波等)传播和扩散。信息是极其普遍和广泛的,它同物质、能量同样重要,是人类生存和社会发展的三大基本资源之一。可以说,信息不仅维系着社会的生存,而且还不断推动着社会和经济的发展。信息被认知、记载、识别、求精、证明后就形成了知识。人类几千年来文化与科技的进步,就是在获取信息、认识信息、总结知识、运用知识的不断迭代中实现的。

从另一种角度来描述,信息是神经系统对于外界的反应,这样的描述方式可以比较好地将信息与另外两个相关联的概念"信号"和"数据"相区别。信号,是引起物理系统反应的外界运动;数据,是人工信息处理系统存储和处理的对象。也就是说,信号是被物理系统解释的,数据是被人工信息处理系统存储和解释的,而信息是被神经系统解释的,当然这里所说的神经系统并不只限于人类的神经系统,是广义的概念。

信息具有以下几个特征。

(1) 真实性

信息必须反映真实的情况才能供使用者利用,并根据信息做出正确的决策。不反映客观事实的"信息"非但没有价值,而且会导致负面结果。由于客观世界是复杂的,而人收集、处理信息的能力却是有限的,人们获得的信息有时并不能正确地反映出客观现实和规律,因此存在着信息准确度的问题。应尽可能地保证信息的真实性,提高信息的准确性。

(2) 知识性

人们获得未知的信息之后,要对其进行记录、分析、研究,从而进一步形成知识。所以,信息具有知识性。

(3) 目的性

信息是否有价值,不但取决于信息本身,而且取决于信息的对象,取决于人们使用信息的目的。因此,并不是所有的信息对所有人都有用。

(4) 可传递性和共享性

信息无论在时间上还是空间上都有可传递性和共享性。例如,人们可以通过报纸、杂志、电话、广播、电视、通信卫星、计算机网络等多种渠道,采用多种方式传递信息,同一信息可供给多个接收者共享。又如,教师授课、专家做报告、听音乐会、看电影等也都是典型的信息传递与共享的实例。

(5) 无限性

信息是一种永远取之不尽、用之不竭的知识资源,它永远在生产、更新、演变着。信息的

无限性还表现在它的可扩充性上。人们对信息的占有越多、使用越多，则信息的用处也越大。绝大多数信息在应用过程中可以不断得到扩充。

(6) 时间性

信息的价值还表现在它的时间性方面。一段时期内被认为是正确的信息，随着时间的推移和新知识的积累，可能会成为陈旧的甚至是错误的信息。所以，人们必须持续地验证、更新获取到的信息。

1.1.2 信息传递与符号

信息有许多属性，例如信息的不确定性、可聚变性、资源性等。其中，还有一个非常重要的属性，即信息具有可传递性。信息是在传递的过程中被不断增值的。信息传递维系了一个群体的生存，例如蜜蜂采蜜时飞舞的姿态，蚂蚁觅食中散发的信息素，狼群集体狩猎时的叫声等。信息传递也是不同群体之间进行协调的手段，例如狗对人摇尾巴或吼叫可以传递信息、表达心情等。这些动作、气味、叫声以及表情统称为符号，不同的符号对应了不同的信息，大量相关联的符号组合在一起，可以承载某种信息含义并进行传递。

根据巴甫洛夫的理论，符号通过条件反射引起人的大脑皮层反应，并建立起符号和信息之间的对应关系，这是动物界和人类都具有的一种较高级的神经活动。但是人与动物不同，动物界的这些符号是自然形成的，而人类生活在具有生产活动和文化生活的社会中，需要更为复杂、更为频繁的信息交流，为此创造了更为复杂的、系统化的符号，并且在不断丰富和改进这些符号系统。所以，信息是以人感觉器官所接收的符号来进行表示的，符号就是人的神经系统组织信息的原材料(见图 1-3)。

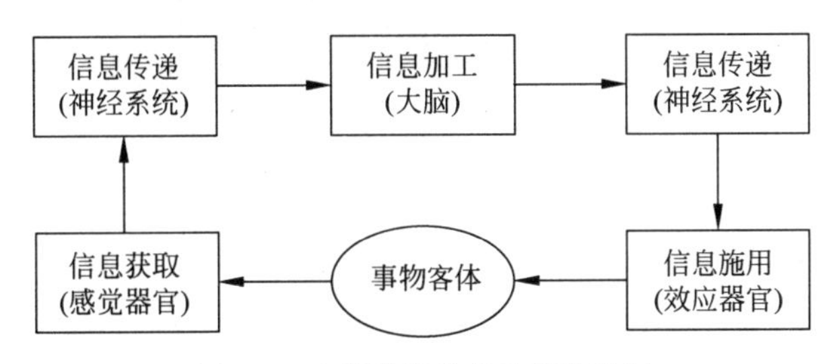

图 1-3 人类进行信息处理的过程

在古代人类发明的符号体系中，抽象级别最高的当属中国的八卦图(见图 1-4)。传说八卦图发源于山西洪洞县卦底村，由伏羲氏所创。八卦图高明之处在于只用阴爻“- -”和阳爻“—”两个符号就可以表示世界万物，它以“太极生两仪，两仪生四象，四象演八卦，八卦演万物”的规则来演化。古人用乾、坤、震、巽、坎、离、艮、兑八种卦，象征天、地、雷、风、水、火、山、泽八种自然现象，并以此八种符号推测自然和社会的变化(见图 1-5)。

著名数学家莱布尼茨十分钟爱中国文化，特别是中国的八卦图。他认为这些中国古代哲学符号与数学有着紧密的联系。1679 年 3 月 15 日，莱布尼茨发表了题为《二进位算术》的论文，正式提出了二进制的概念，并进行了相当充分的讨论。他将二进制与十进制进行了比较，完整地解决了二进制的表示问题，而且给出了正确的二进制加法与乘法规则。这为之后图灵机和冯·诺依曼体系结构的诞生奠定了关键的数学基础(见图 1-6)。

图 1-4　中国八卦图

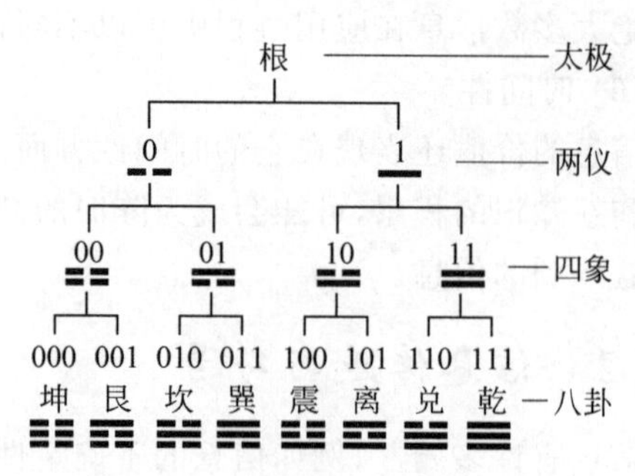

图 1-5　八卦与二进制对应关系

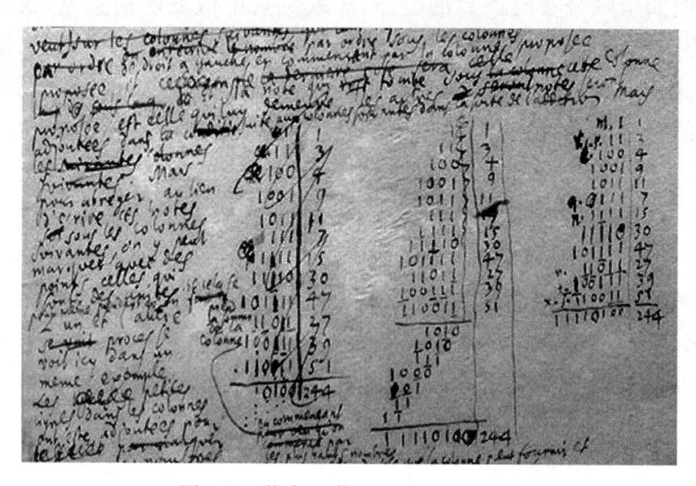

图 1-6　莱布尼茨二进制研究手稿

1.1.3　信息与数据

人们是通过接收信息来认识事物的。数值、文字、语言、图形、图像、声音、视频等都可以表达信息，而这些信息又都可以组装成一定形式的数据，所以数据是信息的载体。

所谓数据(Data)，就是表征某类客观事物的符号的集合。数据可用于表示事物数量(如国内生产总值 GDP、人口数量、产销量等)，也可用于表示事物的名称或代号(如企业名称、姓名、学号等)，还可以用于表示事物抽象的性质、概念(如文化程度、工作履历等)。

数据可以通过各种物理介质或载体，如电、磁、光、声等记录下来或表现出来。数据可分为数值型数据和非数值型数据两大类。数值型数据是用数字描述的基本定量符号，如价格、工资、数量等；非数值型数据是用符号表示的，也称符号数据，用来描述各种事物和实体属性的符号，如在单位员工登记表上描述姓名、性别、籍贯和职务等属性的数据。

信息和数据是两个相互联系、相互依存又相互区别的概念，所以，人们常常习惯把这两个词连在一起使用——信息数据和数据信息。数据是信息的表示形式，信息是数据所表达的含义；数据是具体的物理形式，信息是抽象出来的逻辑意义。例如，测量一个人的身高为180cm，如果单独看“180cm”只是个数据，没有什么其他意义。但当数据以某种形式经过处理、描述或与其他数据比较之后，就可以被赋予更多的意义。例如“国旗班战士的标准身高

是 180cm”，这就是信息，信息是有意义的。可见，信息能够代表某些复杂含义，因而带有创造者主观方面的表示意图；而数据一般理解为纯客观的事实记录，由符号组成。数据按照一定的形式加以处理才会形成信息。

1.1.4　信息处理和信息处理系统

1. 信息处理

信息是无限的，而我们需要的信息却是有限的。今天，人们处于浩瀚的信息海洋中，从中获取自己需要的信息是一种极为重要的能力。信息处理就是对信息的加工，它的目的就是评价数据，将数据整理归入适当的关系，从中提取出有意义的信息。信息处理指的是与下列内容相关的行为和活动：

① 信息的收集。例如信息的感知、测量、识别、获取、输入等。

② 信息的加工。例如分类、计算、分析、综合、转换、检索、管理等。

③ 信息的存储。例如书写、录音、摄影、录像等。

④ 信息的传递。例如邮寄、电报、电话、广播、电视等。

⑤ 信息的施用。例如控制、显示等。

其中，信息的加工是信息处理的核心。它涉及面较广，通常包括对数据的分类、整理(排序)、归并、计算、压缩、检索等一系列人们所要求的操作，其中包括对图像、声音等的一些专门性的处理。

2. 信息处理系统

综合实验各种信息技术，辅助人们进行信息获取、传递、存储、加工处理、控制及显示的系统，统称为信息处理系统。

人们获取信息、处理信息、传输信息的目的就是为了更好地利用信息，使信息为人们的生产生活服务。目前，应用信息技术开发的信息处理系统多种多样。从自动化程度来看，有人工的、半自动的和全自动的；从技术手段来看，有机械的、电子的和光学的；从通用性来看，有专用的和通用的；从应用领域来看，更是五花八门。例如，雷达是一种以感测与识别为主要目的的系统；广播电视系统是单向的、点到多点(面)的、以信息传递为主要目的的系统；电话是一种双向的、点到点的、以信息交互为主要目的的系统；银行是一种以处理金融业务为主的系统；图书馆是一种以信息收藏和检索为主的系统；Internet 则是一种全球性的多功能信息处理系统。

3. 信息处理发展的三个阶段

从历史发展来看，信息处理依其所采用的处理技术和工具的不同，经历了以下三个阶段。

第一阶段，手工处理阶段。自远古时代到 19 世纪，仅借助简单的处理工具，如算盘、笔记、手摇计算机、计算尺等，并辅以手工操作进行信息处理。不言而喻，这种处理方式是落后的。

第二阶段，机械处理阶段。19 世纪下半叶到 20 世纪上半叶，借助机械工具，如卡片分类机等，并辅以手工操作进行信息处理。机械处理阶段虽然较手工处理阶段先进，但同样是落后的。

第三阶段，电子处理阶段。20 世纪中期至今，电子计算机的发明、发展和应用为信息处理提供了最新的理论基础，现代化的技术和工具使信息处理彻底摆脱了手工操作，实现了信息处理的完全自动化，也为人类进入信息化时代提供了基础和条件。

4. 计算机信息处理

计算机信息处理，就是由计算机进行数据处理的过程。信息采集并输入计算机后，由计算机系统对数据进行一系列编辑、加工、分析、计算、解释、推论、转换、合并、分类、统计、存储、传送等操作，并以多种形式（屏幕、表格、图纸、声音等）输出，向人们提供有用的信息。简言之，信息处理的过程就是数据处理的过程，数据处理的目的就是获取有用的信息。

今天，人类还在不懈地探索、获取新的信息，并将其转化为知识，促进人类社会的不断发展。如对基因的探索和研究，即是用最先进的方法和技术获取基因信息；又如，建立宇宙空间站的目的是为了更进一步获取宇宙空间的信息，从而探索宇宙的奥秘。这些方方面面的信息最终汇聚为知识库，从而推动人类社会不断向前发展。

1.1.5 信息技术

一般来说，凡是涉及对信息进行获取、检测、识别、变换、存储、处理、传输、显示、控制、利用和反馈等与信息活动有关的、用来扩展和增强人类信息器官功能、协助人们更有效地进行信息处理的一类技术都叫做信息技术（Information Technology，IT）。人的信息器官功能有：感觉器官承担信息获取功能，神经网络承担信息传递功能，思维器官承担信息认知功能和信息再生功能，效应器官承担信息执行功能。

现代信息技术是以微电子学为基础，融合了计算机技术、通信技术、自动化技术、网络技术和智能技术的综合性技术领域。它主要包括感测与识别技术（信息获取）、通信与存储技术（信息传递）、计算与智能技术（信息处理与再生）、控制与显示技术（信息施用）等。它们的功能各不相同，但又相辅相成。感测与识别技术是信息的获取技术，获取信息是利用信息的先决条件。感测与识别技术包括信息识别、信息提取、信息检测等技术。这类技术的总称是“传感技术”，它几乎可以扩展人类所有感觉器官的传感功能。传感技术、测量技术与通信技术相结合而产生的遥感、遥测技术，更使人类感知信息的能力得到进一步的加强。信息识别主要包括文字识别、语音识别和图形识别等，通常采用模式识别的方法。

通信与存储技术消除了人们交流信息的空间和时间障碍。在古代，人类除了用语言传递信息以外，还用“击鼓”“烽火”“书信”等手段通信。在近代，“电”“激光”引入信息技术后，有线通信、无线通信、卫星通信和光纤通信等新的通信技术迅速发展，为人类提供了种类更多、距离更远、速度更快、容量更大、效率和可靠性更高的通信手段。信息存储可以看作是另一种形式的通信，即一种在时域上的单向通信，它的技术功能是从“现代”向“未来”某个或某些时刻传递信息，或由“过去”向“现在”传递信息。纸质图书、电影、录像带、唱片、缩微品、磁盘、光盘、多媒体系统等都是信息存储的介质，与它们对应的技术便构成了现代信息存储技术。

计算与智能技术是指对获取的信息进行识别、转换、加工，使信息安全地存储、传输，并能方便地检索、再生、利用，便于人们从中提炼知识、发现规律的工作手段。长期以来，人类主要是通过手工进行信息处理工作的，使用了计算机后，实现了信息处理的自动化，数据处理的速度更快，精度及效率更高。计算机技术（包括计算机硬件和软件等）是信息技术的核心技术，没有计算机，就没有现代信息处理技术的形成和发展。

控制与显示技术是利用信息传递和信息反馈来实现对目标系统进行控制的技术，如导弹控制系统技术等。在信息系统中，对信息实施有效的控制一直是信息活动的一个重要方面，也是利用信息来指导、改造世界活动的体现。

人们把通信技术、计算机技术和控制技术合称为3C(Communication，Computer和Control)技术，3C技术是现代信息技术的主体。现代信息技术已成为当今社会最有活力、最有效益的生产力之一，信息技术的发展水平已成为衡量一个国家现代化水平和综合国力的重要标志。

现代信息技术的主要特征是：以数字技术为基础、以计算机及其软件为核心、采用电子技术(包括激光技术)进行信息的收集、传递、加工、存储、显示与控制。它包括通信、广播、计算机、微电子、遥感遥测、自动控制、机器人等诸多领域。当前，信息技术正以其广泛的渗透性和高度的先进性与传统产业相结合并对传统产业进行改造；信息产业已发展成为世界范围内的朝阳产业和新的经济增长点；信息化已成为国民经济和社会发展的推进器；信息化水平成为一个城市或地区现代化水平和综合实力的重要标志之一。世界很多国家都把加快信息化建设作为国家的发展战略。

1.2　计算机技术的产生与发展

计算机是一种能够快速、高效地完成数据处理(数值计算、逻辑判断、数据传输、数据存储等)的数字化电子设备。世界上第一台电子计算机诞生至今已有70多年的历史，最初它只是被用来完成复杂、繁琐的科学计算，以替代人工计算。现在，计算机及其应用已经渗透到人类社会的各个领域，成为人们生活中不可缺少的现代化工具。计算机彻底地改变了现代人的生活方式，有力地推动了整个社会的发展。

在人类社会漫长的发展过程中，伴随着人们对于自然的探索和认知，各种各样的工具被发明出来以提高生产、生活的效率。从某种程度上说，人类社会的发展史就是工具的进化史。与此同时，为了提高计算效率和统计能力，人类对于计算工具的创造、计算方法的研究始终没有停止过脚步。

1. 计算工具的发展历史

远古时代，人们用结绳、刻痕、垒石的方法进行统计与计算；春秋战国时期出现了筹算法(使用竹筹、木筹等)；唐末时期诞生了人类最早的计算工具——算盘，如图1-7所示。

图1-7　最早的计算工具——算盘

随着社会生产力的进步与几次科学技术革命的进程，计算工具获得了持续的发展。1622 年，英国数学家奥特瑞德（William Oughtred）根据对数表设计了计算尺；1642 年，法国数学家、物理学家帕斯卡（Blaise Pascal）发明了采用齿轮旋转进位方式的加法器；1673 年，德国数学家莱布尼茨（Gottfried Leibniz）在帕斯卡发明的基础上设计制造了能进行加、减、乘、除和开方运算的计算器，这些成果为机械式计算机的出现奠定了基础。

近代计算机发展历程中，起到奠基作用的是 19 世纪的英国数学家巴贝奇（Charles Babbage，见图 1-8）。他于 1822 年设计了差分机，如图 1-9 所示。差分机是最早采用寄存装置存储数据的计算工具，这也孕育了早期“程序设计”思想的萌芽。1834 年，巴贝奇又继续提出了分析机的设计理念，明确了齿轮式寄存器的存取工作原理，这奠定了现代电子计算机的理论基础。

图 1-8　查尔斯·巴贝奇

图 1-9　巴贝奇设计的差分机

现代电子计算机发展历程中有两位杰出的代表人物：一位是现代计算机科学奠基人，英国科学家图灵（Alan Mathison Turing，见图 1-10）。他创建了图灵机（Turing Machine，TM 机）的理论模型，对计算机的一般结构、可实现性和局限性做出了阐述，奠定了计算理论和人工智能理论的基石。另一位代表人物是美籍匈牙利数学家冯·诺依曼（John von Neumann，见图 1-11），被誉为“电子计算机之父”。他提出了以“存储程序”为核心的“冯·诺依曼体系结构”，确立了电子计算机的硬件系统结构与工作原理，此理论一直沿用至今。

图 1-10　艾伦·图灵

图 1-11　冯·诺依曼

2. 电子计算机的产生与发展

世界上第一台电子数字积分计算机（Electronic Numerical Integrator And Calculator，ENIAC）于 1946 年 2 月在美国宾夕法尼亚大学诞生。它由 18 000 多个电子管、1500 多个继

电器及其他电气元件组成，重达30t，占地170m^2，计算速度为每秒5000次加运算，如图1-12所示。

图1-12　第一台电子计算机(ENIAC)

尽管ENIAC有许多明显的不足，它的功能也远不及当前的一台普通微型计算机，但是它采用的电子管和电子线路大大提高了运算的速度，比当时最快的机电式计算机快了1000多倍，是手工计算速度的20万倍。ENIAC的诞生标志着人类电子计算机时代的到来，具有划时代的意义。

自第一台电子计算机问世至今，计算机的体积不断变小、但性能和速度却在不断提高。根据计算机所采用的电子元器件与组织规模，一般将电子计算机的发展分为4个阶段。

(1) 第一代计算机(1946—1958年)

第一代计算机是电子管计算机。其基本特征是采用电子管作为计算机的逻辑元件；数据表示主要是定点数；用机器语言或汇编语言编写程序。由于当时电子技术的限制，每秒运算速度仅为几千次，内存容量仅为几千字节。因此，第一代计算机的体积庞大，造价很高，仅限于军事和科学研究工作。其代表机型有IBM 650(小型机)、IBM 709(大型机)。

(2) 第二代计算机(1958—1964年)

第二代计算机是晶体管计算机。其基本特征是核心元件逐步由电子管改为晶体管，内存大都使用磁芯存储器。外存储器有了磁盘、磁带，外设种类也有所增加。运算速度达每秒几十万次，内存容量扩大到几十万字节。与此同时，计算机软件也有了较大发展，出现了FORTRAN、COBOL、ALGOL等高级语言。与第一代计算机相比，晶体管计算机体积小、成本低、功能强，可靠性大大提高。除科学计算外，还用于数据处理和事务处理。其代表机型有IBM 7094、CDC 7600。

(3) 第三代计算机(1965—1971年)

第三代计算机是集成电路计算机。随着固体物理技术的发展，集成电路工艺可以在几平方毫米的单晶硅片上集成由十几个甚至上百个电子元件组成的逻辑电路。其基本特征是逻辑元件采用小规模集成电路(Small Scale Integration，SSI)和中规模集成电路(Middle Scale Integration，MSI)。第三代计算机的运算速度可达每秒几十万次到几百万次。存储器进一步发展，体积更小，价格更低，软件逐渐完善。这一时期，计算机同时向标准化、多样化、通用化、机种系列化发展。高级程序设计语言在这个时期有了很大发展，并出现了操作系统和会话式语言，计算机开始广泛应用在各个领域。其代表机型有 IBM 360。

(4) 第四代计算机(1972 年至今)

第四代计算机被称为大规模集成电路计算机。进入 20 世纪 70 年代以来，计算机逻辑器件采用大规模集成电路(Large Scale Integration，LSI)和超大规模集成电路(Very Large Scale Integration，VLSI)技术，在硅半导体上集成了 1000～100 000 个或 100 000 个以上电子元器件。集成度很高的半导体存储器代替了服役达 20 年之久的磁芯存储器。计算机的速度可以达到上千万次到十万亿次。操作系统不断完善，应用软件已成为现代工业的一部分。计算机的发展进入了以计算机网络为特征的时代。

目前，以超大规模集成电路为基础，未来的计算机正在朝着巨型化、微型化、网络化和智能化等方向不断发展(见表 1-1)。

表 1-1　第一～四代计算机对比

代别	年　代	使用的主要元器件	使用的软件	主要应用
第一代	20 世纪 40 年代中期—50 年代末期	CPU：电子管； 内存：磁鼓	使用机器语言和汇编语言编写程序	科学和工程计算
第二代	20 世纪 50 年代中后期—60 年代中期	CPU：晶体管； 内存：磁芯	使用 FORTRAN 等高级程序设计语言	开始广泛应用于数据处理领域
第三代	20 世纪 60 年代中期—70 年代初期	CPU：中小规模集成电路(SSI、MSI)； 内存：SSI、MSI 的半导体存储器	操作系统、数据库管理系统等开始使用	在科学计算、数据处理、工业控制等领域得到广泛应用
第四代	20 世纪 70 年代中期以来	CPU：大、超大规模集成电路(LSI、VLSI)	软件开发工具和平台、分布式计算软件等开始广泛应用	深入各行各业，家庭和个人普遍使用计算机

3. 电子计算机的分类

随着计算机技术的发展，电子计算机(以下简称计算机)的类型越来越多样化。根据用途及其使用的范围分类，计算机可以分为通用机和专用机。通用机的特点是通用性强，具有很强的综合处理能力，能够解决各种类型的问题。专用机则功能单一，配有解决特定问题的软件和硬件，能够高速、可靠地解决特定的问题。按照 1989 年 IEEE 国际科学委员会标准，根据计算机的性能分类，计算机可以分为巨型机、大型机、小型机、服务器、微型机和工作站。

(1) 巨型机

巨型机也称为超级计算机或高性能计算机，具有很强的计算和处理数据的能力，主要特点为高速度和大容量，配有多种内外部设备及丰富的、高功能的软件系统。巨型机主要用来承担重大的科学研究、国防尖端技术和国民经济领域的大型计算课题及数据处理任务。

2013 年 11 月，国际 TOP500 组织在网站上公布了最新全球超级计算机前 500 强排行榜，由中国国防科学技术大学研制的“天河二号”超级计算机蝉联第一，以每秒 3386 万亿次浮点运算速度成为全球最快的计算机，比位居第二位的美国“泰坦”巨型计算机速度快了近一倍，如图 1-13 所示。

“天河二号”超级计算机系统由 170 个机柜组成，包括 125 个计算机柜、8 个服务机柜、

图 1-13　中国“天河二号”超级计算机

13 个通信机柜和 24 个存储机柜，占地面积 720m^2，内存总容量 1400 万亿字节，存储总容量 12 400 万亿字节，最大运行功耗 17.8 兆瓦。“天河二号”运算 1 小时，相当于 13 亿人同时用计算器计算 1000 年，其存储总容量相当于存储每册 10 万字的图书 600 亿册。

2016 年 6 月，新一期全球超级计算机 500 强榜单公布，由我国国家超级计算无锡中心研制的“神威・太湖之光”（如图 1-14 所示）以浮点运算速度每秒 9.3 亿亿次排在榜首，“天河二号”位居第二。中国超级计算机的上榜总数首次超过美国，名列第一。“神威・太湖之光”实现了包括处理器在内的所有核心部件全国产化。该系统每分钟的计算能力相当于全球 72 亿人同时用计算器不间断计算 32 年。该系统由 40 个运算机柜和 8 个网络机柜组成；每个运算机柜里包含 4 个由 32 块运算插件组成的超节点；每个插件由 4 个运算节点板组成；一个运算节点板又包含了两块“申威 26010”高性能处理器。一台机柜就有 1024 块处理器，整台“神威・太湖之光”共有 40 960 块处理器。每一块处理器相当于 20 多台常用笔记本电脑的计算能力，4 万多块处理器组装到一起，速度之快可想而知。

图 1-14　“神威・太湖之光”超级计算机系统

超级计算机的研发一向被视为一个国家综合实力的象征。随着信息化社会的飞速发展,人类对信息处理能力的要求越来越高,不但石油勘探、气象预报、航天国防、生物信息处理、飞机设计模拟等科学研究领域需要超级计算机,而且金融保险、政府信息化、教育、企业、网络游戏等更为广泛的领域对超级计算机的需求也迅猛增长。

(2) 大型机

大型机是最高端的商用计算机。大型机使用专用的处理器指令集、操作系统和应用软件,具有高度的安全性和可靠性,以及对海量商业信息的处理能力。大型计算机通用性能好,外部设备负载能力强,运算速度快,存储容量大,通信联网功能完善,可靠性高,安全性好,有丰富的系统软件和应用软件。

大型计算机在信息系统中起核心作用,承担主服务器的功能,负责数据的集中存储、管理和处理,可同时为多个用户执行信息处理任务,主要用于科学计算、银行业务、大型企业等领域。美国 IBM 公司目前占有大型机的大部分市场,图 1-15 是该公司推出的 System z10 BC 大型计算机。

图 1-15 IBM System z10 BC 大型计算机

(3) 小型机

小型机的性能和价格介于 PC 和大型机之间,是一种高性能计算机。一般而言,小型机具有高运算处理能力、高可靠性、高服务性、高可用性四大特点。通常它能满足部门性的要求,为中小企事业单位所采用。目前小型机的主要生产厂商为联想、Dell 和 HP 等。

(4) 服务器

服务器是计算机网络中负责控制网络通信、存储网络资源、提供网站服务的计算机。与微型计算机相比,服务器在稳定性、安全性、性能等方面都要求更高。服务器用于存放各类资源并为网络用户提供不同的资源共享服务。根据提供的服务不同,服务器可以分为 Web 服务器、FTP 服务器、邮件服务器、数据库服务器等。

(5) 微型计算机

微型计算机也称为个人计算机,简称 PC(Personal Computer)。微型计算机的最大特

点就是体积小、价格便宜、灵活性好。目前，微型计算机已遍及社会各个领域，从工厂的生产控制到政府的办公自动化，从企事业单位的数据处理到家庭的信息管理，几乎无所不在。我国高等学校以及中小学配置的计算机主要是微型计算机。

近几年流行更小、更轻的超便携个人计算机，如平板电脑、智能手机等，它们采用多点触摸屏进行操作，功能丰富，支持无线上网，具有通用性，可作为互联网的移动终端使用，随身携带进行工作和娱乐非常方便（如图1-16所示）。

图1-16 台式机、笔记本电脑、平板电脑

随着不同应用领域的需求变化，微型计算机正在向高速化、超小型化、网络化、多媒体化等方向发展。

（6）工作站

工作站是一种高极的微型计算机，通常配有高分辨率的大屏幕显示器及容量很大的内存储器和外部存储器，并且具有较强的信息处理功能和高性能的图形、图像处理功能以及联网功能。它主要用于特殊的专业领域，例如图像处理、计算机辅助设计等。

（7）嵌入式计算机

嵌入式计算机是为特定应用量身打造的计算机，属于专用计算机。它是指作为一个信息处理部件嵌入应用系统之中的计算机。它与通用计算机相比，在基础原理方面没有本质区别，主要区别在于系统和功能软件集成于计算机硬件系统中，即把软件固化在芯片上。因此，嵌入式计算机内部的程序一般不能被改动，其功能和用途不能轻易改变。

在各种类型计算机中，嵌入式计算机应用最广泛。目前，嵌入式计算机是计算机市场中增长最快的部分。世界上90%的计算机（微处理器）都以嵌入方式在各种设备里运转。从家用设备到工业设备，从民用设备到军用设备，都离不开嵌入式系统。例如，各种家用电器（如空调、电冰箱、自动洗衣机、手机、数码相机、数字电视、音响、游戏机等）、智能卡、汽车、机器人、工业用计算机、数控机床、导弹、航天器等，都内置了各类嵌入式系统。以汽车为例，其各式各样的智能化功能，如无钥匙启动、自动头灯、倒车影像等，都是由其内部几十甚至上百个嵌入式计算机完成的。

4. 电子计算机的特点

作为当前通用的信息处理工具，电子计算机（以下简称计算机）的主要特点是运算速度快、计算精度高、存储量大、具有逻辑判断能力且通用性强等。

（1）运算速度快

计算机的运算速度是衡量计算机性能的一项重要指标，一般用每秒能够执行的运算次数来衡量计算机的运算速度。当今计算机的运算速度已达到每秒几亿亿次，微机也可达到每秒亿次以上的运算速度。

(2) 计算精度高

计算机具有很高的计算精度,一般计算机可以达到十几位甚至几十位(二进制)的有效数字,计算精度可由千分之几到百万分之几,这是任何其他计算工具所不能达到的。

(3) 存储量大

计算机存储信息的能力是计算机的主要特点之一。目前计算机不仅提供了大容量的主存储器来存储计算机工作时的大量信息,同时还提供了各种外部存储器长久保存信息,例如硬盘、光盘、USB存储器(U盘)等。

(4) 具有逻辑判断能力

计算机不仅可以进行算术运算,还可以进行逻辑运算。正因为计算机具有这种逻辑判断能力,使得计算机在自动控制、人工智能、专家系统和决策支持等领域发挥着越来越重要的作用。

(5) 运行过程自动化

计算机是完全按照预先编制的程序指令运行的,不同的程序指令序列有不同的处理结果,运行的过程可以实现完全的自动化。例如,将计算机与工业生产相结合,形成的流水线控制系统、实时监控系统等。

(6) 可靠性高,通用性强

计算机采用了大规模和超大规模集成电路,具有非常高的可靠性。目前,计算机已经不仅用于数据计算,其应用已广泛深入到科学研究、工农业生产、国防、航空航天、文化教育等各个领域。

5. 未来计算机的探索

电子计算机在近20年中发展速度惊人,特别是微型计算机产品,平均每2～3个月就有新品推出,1～2年就更新换代。核心部件芯片每两年集成度就可提高一倍,价格降低一半。但是,依赖半导体芯片集成度和组织规模来提升计算机整体性能的发展道路已经越走越窄,继续大幅拓展性能十分困难。面对此种困境,各国科学家正在积极着手研发面向未来的新型计算机,研究包括新型材料、新型逻辑部件以及从基本原理方面寻求颠覆性突破。从目前的研究情况来看,未来计算机可能在以下几个方面取得突破。

(1) 光子计算机

光子计算机(Photon Computer)是一种由光信号进行数字运算、逻辑操作、信息存储和处理的新型计算机。它由激光器、光学反射镜、透镜、滤波器等光学元件和设备构成,靠激光束进入反射镜和透镜组成的阵列进行信息处理,以光子代替电子,光运算代替电运算。光的并行、高速天然地决定了光子计算机的并行处理能力很强,具有超高运算速度。光子计算机还具有与人脑相似的容错性,系统中某一元件损坏或出错时,并不影响最终的计算结果。光子在光介质中传输所造成的信息畸变和失真极小,光传输、转换时能量消耗和散发热量极低,对环境条件的要求比电子计算机低得多。

(2) 量子计算机

量子计算机(Quantum Computer)是一类遵循量子力学规律进行高速数学和逻辑运算、存储及处理量子信息的物理装置。它利用原子的多能态特性表示不同的数据,量子并行计算速度理论上可以达到每秒一万亿次,用量子位存储数据容量巨大。此外,基于可逆计算原理的量子计算机具有与人类大脑相似的容错性,当系统发生故障时,原始数据会自动绕过

损坏部分，继续进行计算。量子计算机不但速度快，存储量大，而且功耗极低，并能够高度微型化、集成化，如图 1-17 所示。

(3) 生物计算机

生物计算机即脱氧核糖核酸(DNA)分子计算机，主要由生物工程技术产生的蛋白质分子组成的生物芯片构成，通过控制 DNA 分子间的生化反应来完成运算。蛋白质分子比电子元件小很多，可以小到几十亿分之一米，而且生物芯片本身具有天然的立体化结构，其密度要比平面型的硅集成电路高五个数量级。生物计算机的并行处理能力比当今最快的计算机还要快 10 万倍，能耗仅为当今最快计算机的十亿分之一。更为惊人的是，生物计算机具有生物活性，具备一定的自我修复和生长能力。虽然生物计算机的研发还处于理论摸索阶段，但是专家普遍认为，DNA 分子计算机是未来计算机科学的发展方向，也是高级人工智能研究的重要基础，如图 1-18 所示。

图 1-17　量子计算机实验模型

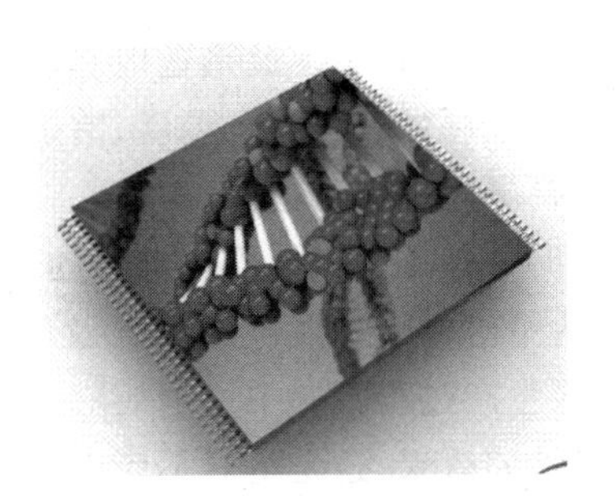

图 1-18　生物计算机概念芯片

6. 计算机的应用

计算机是 20 世纪 40 年代以来人类的伟大创造，它对人类社会的进步与发展作用巨大、影响深远。计算机开拓了人类认识自然、改造自然的新视野，增添了人类发展科学技术的新手段，提供了人类创造文化的新工具。计算机及其应用已渗透到社会的各行各业。

20 世纪 50—70 年代，计算机的应用模式主要是依赖于大型计算机的“集中计算模式”；20 世纪 80 年代，由于个人计算机的广泛使用而表现为“分散计算模式”；20 世纪 90 年代起，由于计算机网络的发展，使计算机的应用进入“网络计算模式”。在这种模式下，用户不仅使用自己的计算机进行信息处理，而且还通过网络获得他所需要的解决问题的“能力”。在这里，这种能力泛指硬件、软件和数据资源。

就计算机应用的主要领域而言，可分为以下几个方面。

(1) 科学计算

科学计算也称为数值计算，它是计算机最早的应用领域，目前仍然是计算机重要的应用领域之一。许多用人力难以完成的复杂计算工作通过高速计算机即可迎刃而解。例如，宇宙探索方面的人造卫星轨道计算；宇宙飞船的研制和制导；天文学中星体的演化形态学研究，编制天文年历；高能物理方面的分子、原子结构分析；可控制核反应的研究，反应堆控制研究；生物学方面的分子结构分析；水利设施的设计、土方计算、水文计算、水源管理；气象预报、水文预报、大气污染研究等。科学计算的特点是计算量大，且数值变化范围广，这方面的应用要求计算机具有较强的数值数据表示能力及很快的运算速度。

(2) 数据处理

数据处理又称为事务处理和信息处理。数据处理主要是对大量数据进行统计分析、合并、分类、比较、检索、增删、判别等，主要不是运算，即使涉及数值数据或对其进行计算，计算方法一般都较简单。例如，银行的账户处理系统，商业中的计算机销售系统，航空公司的计算机订票系统，办公室中的计算机办公自动化系统，以及企业中的管理信息系统等都是计算机用于事务处理方面的例子。

事务处理的特点是数据量大、输入输出频繁、数值计算简单但要求数据管理能力强，因此对用于此方面的计算机也提出了相应的要求。就企业中的管理信息系统来说，它可以包括市场预测、成本核算、计划编制、财务会计、利润分析、库存管理、人事和工资管理以及统计报表等多个子系统。

(3) 生产过程控制

生产过程控制又称为实时过程控制，是指利用传感器实时采集检测数据，然后通过计算机计算出最佳值，并据此迅速地对控制对象进行自动控制或自动调节。例如，钢铁厂中用计算机自动控制加料、吹氧、温度、冶炼时间等，石化厂用计算机控制配料、流量、阀门的开关、温度等都属此应用范围。

实时过程控制虽然需要进行的数值计算量并不是太大，精确度要求也比科学计算低得多，但为了对外部条件做出快速及时的反应，计算机都有较完善和响应快的中断系统。另外，如果生产过程控制中发生故障，就会出废品甚至造成重大设备损坏或人身安全事故，产生灾难性的后果，这是绝对不允许的。因而对用于实验过程控制的计算机往往对其可靠性要求特别高。

(4) 人工智能

人工智能(Artificial Intelligence，AI)是计算机学科研究领域最前沿的学科，它是利用计算机来模拟人类的智能活动，包括模拟人脑学习、推理、判断、理解、问题求解等过程，辅助人们进行决策。其最终目标是要创造具有人类智能的机器。人类自然语言的理解与自动翻译、文字和图像的识别、疾病诊断、数学定理的机器证明，以至于计算机下棋等都属于人工智能的研究与应用范围。例如，国际象棋冠军卡斯帕罗夫曾先后与 IBM 公司的两台超级计算机(“深蓝”和“更深的蓝”)进行较量。第一次决战，卡斯帕罗夫 4∶2 获胜；第二次决战，卡斯帕罗夫 2.5∶3.5 败北。又如，由谷歌(Google)公司研发的 AlphaGo 人工智能围棋程序，在 2016 年 3 月对战围棋世界冠军、职业九段选手李世石，并以 4∶1 的总比分获胜。这些都展示了人工智能研究的成果。

专家系统也是人工智能应用成功的一个实例，它是指用计算机来模拟某一特定领域专家的行为。例如，可用计算机来模拟某个有经验的老中医的诊断过程，并开出处方。

智能机器人是人工智能各种研究课题的综合产物，有感知和理解周围环境、进行推理和决策并作出相应最合理的动作的能力。在许多不适合人类进入的环境(如深海、高温、核物理、空间探索等)中应用智能机器人有着重要的意义。

(5) 计算机辅助系统

计算机辅助系统包括计算机辅助设计、计算机辅助制造、计算机辅助教育等内容。

① 计算机辅助设计(Computer Aided Design，CAD)。计算机辅助设计就是用计算机

帮助各类人员进行设计。由于计算机有快速的数值计算、较强的数据处理及模拟的能力，使CAD技术得到了广泛的应用，如飞机设计、船舶设计、建筑设计、机械设计等。采用计算机辅助设计后，不但减少了设计人员的工作量，提高了设计速度，而且提高了设计质量。

② 计算机辅助制造(Computer Aided Manufacturing，CAM)。计算机辅助制造是指用计算机进行生产设备的管理、控制和操作的技术。例如，在产品的制造过程中，用计算机控制器的运行、处理生产过程中所需的数据、控制和处理材料的流动和对产品的检验等。使用CAM技术可以提高产品的质量，降低成本，缩短生产日期，降低劳动强度。

③ 计算机集成制造系统(Computer Integrated Manufacture System，CIMS)。它是指以计算机为中心的现代信息技术应用于企业管理和产品开发制造的新一代制造系统，是CAD、CAPP(计算机辅助工艺规划)、CAM、CAE(计算机辅助工程)、CAQ(计算机辅助质量管理)、PDMS(产品数据管理系统)、管理与决策、网络与数据库及质量保证等子系统的技术集成。它将企业生产和经营的各个环节，从市场分析、经营决策、产品开发、加工制造到管理、销售、服务都视为一个整体，即以充分的信息共享，促进制造系统和企业组织的优化运行，其目的在于提高企业的竞争能力和生存能力。CIMS通过对管理、设计、生产、经营等各个环节的信息集成、优化分析，确保企业的信息流、资金流、物流能够高效、稳定地运行，最终使企业实现整体最优效益。

④ 计算机辅助教育(Computer Based Education，CBE)。计算机辅助教育是计算机在教育领域的应用，它是近年新兴的一种教育技术，已成为教育现代化的标志之一。CBE包括计算机辅助教学(Computer Aided Instruction，CAI)和计算机管理教学(Computer Managed Instruction，CMI)两部分。CMI包括用计算机实现多种教学管理，如教务管理、教学计划的制订、课程安排等。平时所说的计算机辅助教育主要是指CAI。CAI是指用计算机对教学工作的各个环节(包括讲课、自学、练习、阅卷等)进行辅助。计算机向学习者提供教学内容，通过学习者和计算机之间的交互作用来完成多种教学功能。

(6) 通信与网络

计算机网络是计算机技术与通信技术日益发展密切结合的产物。计算机联网的目的是使广大用户能够共享网络中的所有硬件、软件和数据等资源。由于资源共用，可以充分发挥各地资源的作用和特长，实现协同操作，提高可靠性，降低运行费用，避免重复投资。借助计算机网络，分散在不同地区、不同国家的计算机用户，可以互相通信，方便地使用和处理分散存放的数据，从而有效地进行工作。计算机网络的特点是多个计算机系统结合在一起，不受地理环境的限制，同时为多个用户服务。

现代社会的发展已经离不开网络。全球信息网络的建设，可以将政府、企业、学校、银行、商店、医院甚至家庭都联系起来，通过多媒体技术，进行文字、声音、图像的传输和交换，彼此在创造信息的同时也在共享信息。例如，用户可通过网络浏览各地的报纸和杂志，查看图书和声像，检索股票报价、商品种类及价格、银行利率，以及阅读新闻、天气预报等信息。通过电子邮件可以互相交流和沟通。

计算机网络已成为信息社会最重要的基础设施。今天，“机”和“网”已成为共存的两个方面——“无机不在网，无网机难存”。有人把计算机网络对现代社会引起的种种影响统称为“网络文化”，并把它视为计算机文化的新特征。

(7) 电子商务

电子商务(Electronic Commerce,EC 或 Electronic Business,EB)是指通过计算机和网络进行商务贸易活动。它是综合利用 LAN(局域网)、Intranet(企业内部网)和 Internet 进行商品与服务交易、金融汇兑、网络广告或提供娱乐节目等商业活动。交易的双方可以是企业与企业(B2B),也可以是企业与消费者(B2C)。

电子商务始于 1996 年,起步至今时间虽然不长,但因其高效率、低成本、高收益和全球性等特点,很快受到世界各国政府和企业的广泛重视,发展前景广阔。世界各地的许多公司已经通过 Internet 进行商业交易,它们通过网络与顾客、批发商、供应商、股东联系,在网上实现包括从材料的询价、采购,产品的展示、订购,到出货、储运以及电子支付等一系列的贸易活动。电子商务旨在通过网络完成核心业务,改善售后服务,缩短周转时间,达到销售商品的目的,从有限的资源中获取更大的收益。

(8) 多媒体技术

多媒体技术是 20 世纪 80 年代中后期兴起的一门跨学科的技术,它是一种以交互方式将文本、图形、图像、音频、视频等多种媒体信息,经过计算机设备的获取、操作、编辑、存储等综合处理后,以单独或合成的形式表现出来的技术和方法。多媒体将图形、图像、声音结合起来表达客观事物,在方式上非常生动、直观,易被人们接受。多媒体技术以计算机技术为核心,将现代声像技术和通信技术融为一体,追求更自然、更丰富的人机接口界面,其应用领域十分广泛。如电子图书、可视电话、视频会议系统等。

(9) 计算机模拟

计算机模拟也称为仿真,就是用计算机程序代替实物模型来做模拟试验。在传统的工业生产中,常使用“模型”对产品或工程进行分析或设计。例如,在制造飞机前先做一个飞机模型,在建造水库前先做一个水库模型等。20 世纪 60 年代以后,人们尝试用计算机程序代替实物模型来做模拟试验,并为此开发了一系列通用模拟语言。事实证明,计算机模拟不仅成本低,而且得出结果快。计算机容易实现仿真环境、器件的模拟,特别是破坏性试验模拟,更能突出计算机模拟的优势,从而被工业和科研部门广泛应用,例如模拟核爆炸实验。目前,计算机模拟广泛应用于飞机和汽车等产品的设计、危险的或代价太高的人体试验和环境试验、人员训练、“虚拟现实”技术及社会科学等领域。

1.3 计算机与计算思维概述

1.3.1 计算机科学与计算科学

计算机科学是研究计算机和可计算系统的理论方面的学科,包括软件、硬件等计算系统的设计和建造,发现并提出新的问题求解策略、新的问题求解算法,在硬件、软件、互联网方面发现并设计使用计算机的新方式和新方法等。简言之,计算机科学即是围绕“构造各种计算机器”和“应用各种计算机器”进行研究的科学。

计算科学是将计算机科学与各学科结合所形成的以各学科计算问题研究为对象的科学。伴随着以计算机科学为代表的信息技术革命不断深化,现实世界的各种事物都可感知、度量,进而形成数量庞大的数据和数据集群,使得基于庞大的数据群形成仿真系统成为可

能。于是，依靠计算手段发现和预测规律成为不同学科的科学家进行研究的重要手段。例如，生物学家利用计算手段研究生命体的特征，化学家利用计算手段研究化学反应的机理，建筑学家利用计算手段来研究建筑结构的抗震性，经济学家、社会学家利用计算手段研究社会群体偏好特性等。由此，计算手段与各学科的融合派生出了很多新兴学科，如计算物理学、计算化学、计算生物学、计算经济学等。

在计算机科学、计算科学快速发展的今天，计算手段已经成为与理论手段和实验手段并行的科学研究的第三种手段。

(1) 理论手段

理论手段是指以数学学科为代表，以推理和演绎为特征的"逻辑思维"，用假设、预言、推理和证明等手段研究社会与自然现象及规律。

(2) 实验手段

实验手段是指以化学学科为代表，以观察和总结为特征的"实证思维"，用实验、观察、归纳等手段研究社会与自然现象及规律。

(3) 计算手段

计算手段则是以计算机学科为代表，以设计和构造为特征的"计算思维"，用构造计算算法、构造计算系统进行大规模数据的自动计算来研究社会与自然现象及规律。

在利用计算手段进行创新研究的过程中，诞生出了很多新型的计算手段。当然，新型计算手段不是偶然的实验发现，而是专业知识与计算思维深度融合后的产物。例如，美国MathWorks公司出品的商业数学软件MATLAB(如图1-19所示)，用于算法开发、数据可视化、数据分析以及数值计算的高级计算语言和交互式环境。它将数值分析、矩阵计算、科学数据可视化以及非线性动态系统的建模和仿真等诸多强大功能集成在一个易于使用的视窗环境中，为科学研究、工程设计以及必须进行有效数值计算的众多科学领域提供了一种全面的解决方案，代表了当今国际科学计算软件的先进水平。又如，1998年John Pople因成功研发量子化学综合软件包Gaussian而获得诺贝尔奖，目前Gaussian已成为化学研究领域的重要计算手段。另外，以电影《阿凡达》为代表的影视艺术创作也广泛运用动作捕捉与虚拟现实等先进的计算手段创造出意想不到的视觉效果(如图1-20所示)。

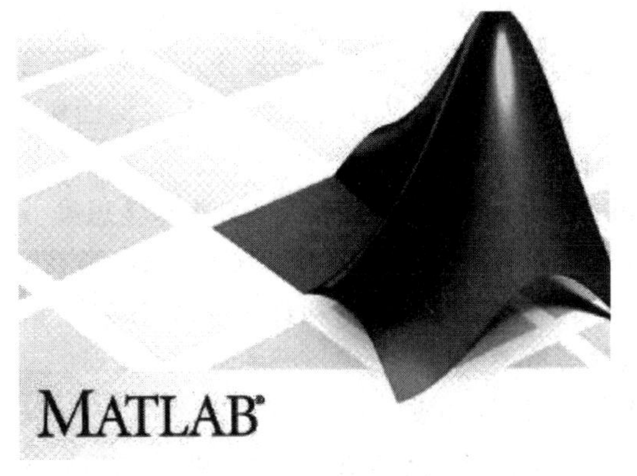

图1-19 MATLAB数学分析与建模软件

图 1-20　电影《阿凡达》中动作捕捉与虚拟现实技术

1.3.2　计算思维与大学计算思维教育

2006 年 3 月，美国卡内基·梅隆大学周以真(Jeannette M. Wing)教授首次提出"计算思维"(Computational Thinking)的概念。她指出计算思维是运用计算机科学的基础概念去求解问题，设计系统和理解人类行为的一系列思维活动的统称。它如同所有人都具备的"读、写、算"能力一样，是必须具备的思维能力。计算思维建立在计算过程的能力和限制之上，由人或机器执行。因此，理解"计算机"的思维，即理解计算系统是如何工作的，计算系统的功能是如何越来越强大的；理解"计算机"的思维，即理解现实世界的各种事物如何利用计算系统来进行控制和处理。了解计算系统的核心概念，培养计算思维能力，对于所有学科的人员建立复合型的知识结构，进行各种新型计算手段研究以及基于新型计算手段的学科创新都有着十分重要的意义。知识是创新的土壤，技术是创新的工具，思维是创新的源头。

计算机科学和计算科学中存在着哪些核心的计算思维？这些计算思维又会对当代大学生产生何种影响呢？国内部分从事大学计算机基础教育的专家学者，将 20 世纪 40 年代出现电子计算机以来，计算技术与计算系统的发展形象地汇总为一棵枝繁叶茂的大树——计算之树(如图 1-21 所示)。"计算之树"从计算思维的不同层面概括了大学计算思维教育的整体框架。

1. 计算之树的树根——计算技术与计算系统的奠基性思维

计算之树的树根体现的是计算技术与计算系统最基础、最核心的或者说奠基性的技术或思想，这些思想对于今天乃至未来研究各种计算手段仍有着重要的影响。其中"0 和 1""程序"和"递归"三大思维最重要。

(1) "0 和 1"的思维

计算机本质上是以 0 和 1 为基础来实现的。"0 和 1"的思维体现了"语义符号化→符号计算化→计算自动化→分层构造化→构造集成化"的思维体系，体现了软件与硬件之间最基本的连接纽带，体现了如何将"社会与自然"问题转变为"计算"问题，进一步再将"计算"问题

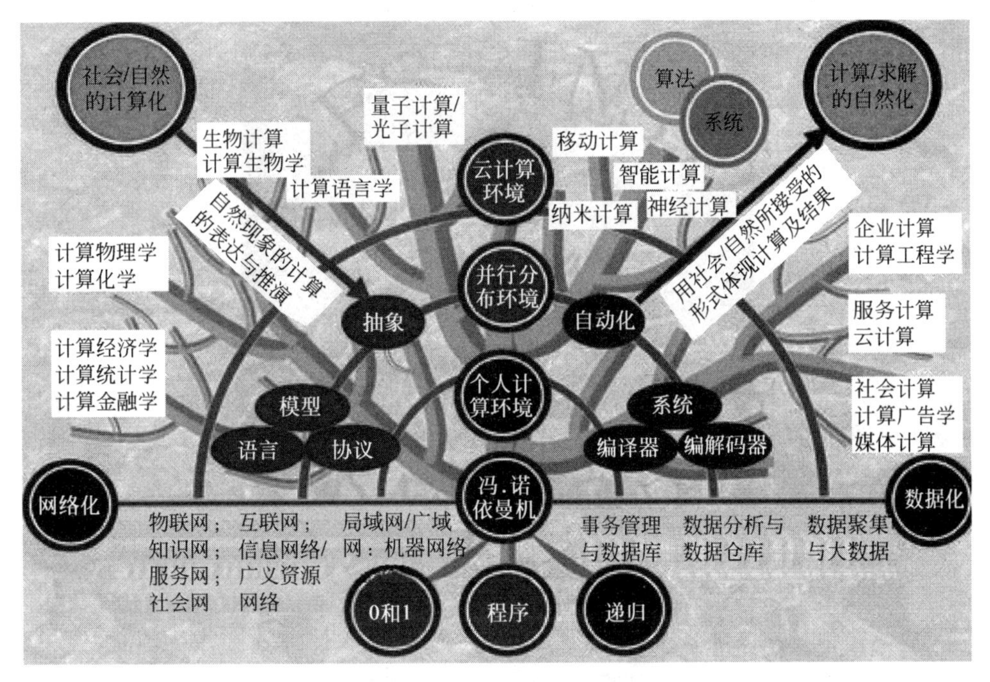

图 1-21 计算之树——大学计算思维教育

转变成“自动计算”问题的基本思维模式，是最基本的抽象与自动化机制，是最重要的一种计算思维。

(2)“程序”的思维

一个复杂计算系统是怎样实现的呢？系统可被认为是由基本动作和基本动作的各种组合所构成。因此，实现一个系统仅需实现这些基本动作以及实现一个控制基本动作组合与执行次序的机构。对基本动作的控制就是指令；而指令的各种组合及其次序就是程序。系统可以按照“程序”控制“基本动作”的执行，以实现复杂的功能。指令与程序的思维体现了基本的抽象、构造性表达与自动执行思维，计算机或者计算系统就是能够执行各种程序的机器或系统，也是最重要的一种计算思维。

(3)“递归”的思维

递归是可以用自相似方式或者自身调用自身方式不断重复的一种处理机制，是以有限的表达方式来表达无限对象实例的一种方法，是最典型的构造性表达手段与重复执行手段，被广泛应用于构造语言、构造过程、构造算法、构造程序的过程中。例如，平面设计界流行的德罗斯特效应(Droste effect)就是典型应用递归的一种视觉形式。它是指一张图片的某个部分与整张图片相同，如此产生无限循环(如图 1-22 所示)。递归体现了计算技术的典型特征，是实现问题求解的一种重要的计算思维。计算理论认为，递归函数是可计算函数的精确的数学描述，包括图灵机(现代电子计算机的理论模型基础)本质上也属于递归。递归思维对计算技术与计算系统的产生和发展起到了基础性作用。

2. 计算之树的树干——通用计算环境的进化思维

计算之树的树干体现的是通用计算环境，即计算系统的发展与进化。深入理解通用计算系统所体现出的计算思维对于理解和应用计算手段进行各学科对象的研究，尤其是专业

图 1-22　递归与德罗斯特效应

化计算手段的研究有重要的意义。主要包含四个方面。

(1) 冯·诺依曼计算机

冯·诺依曼计算机体现了存储程序与程序自动执行的基本思维。程序和数据事先存储于存储器中,由控制器从存储器中一条接一条地读取指令、分析指令并依据指令按时钟节拍产生各种电信号予以执行。它体现的是程序如何被存储、如何被CPU(运算器和控制器)执行的基本思维。理解冯·诺依曼计算机如何执行程序对于利用算法和程序手段解决社会与自然问题有重要的意义(详见本书第2章)。

(2) 个人计算环境

个人计算环境,本质上仍旧是冯·诺依曼计算机,但其扩展了存储资源,由内存(RAM/ROM)、外存(硬盘/光盘/可移动存储器)构成存储体系。随着存储体系的建立,程序被存储在永久存储器(外存)中,运行时被装入内存再被CPU执行,并引入了操作系统以管理计算资源,它体现的是在存储体系环境下程序如何在操作系统协助下被硬件执行的基本思维。

(3) 并行与分布式计算环境

并行与分布式计算环境通常是由多CPU(多核处理器)、多磁盘阵列等构成的具有较强并行分布处理能力的复杂的服务器环境。这种环境通常应用于局域网络/广域网络的计算系统的构建,体现了在复杂环境下(多核、多存储器),程序如何在操作系统协助下被硬件并行、分步执行的基本思维。

(4) 云计算环境

云计算环境通常由高性能计算节点(多计算机系统、多核微处理器)和大容量磁盘存储节点所构成,为充分利用计算节点和存储节点,其能够按使用者需求动态配置形成所谓的"虚拟机""虚拟磁盘",并能够像一台计算机、一个磁盘一样来执行程序或存储数据。它体现的是按需索取、按需提供、按需使用的一种计算资源虚拟化、服务化的基本思维。

图灵奖获得者艾兹格·W.迪杰斯特拉(Edsger Dijkstra)说过:"我们所使用的工具对我们的思维习惯会产生重要的影响,进而它将影响我们的思维能力。"从这个角度说明,通用计算环境的进化思维是很重要的计算思维,理解了计算环境,不仅对新计算环境的创新有重

要影响，而且对基于先进计算环境的跨学科创新也会产生重要的影响。

3. 计算之树的双色枝干——交替促进与共同进化的问题求解思维

利用计算手段进行面向社会与自然的问题求解思维，主要包含交替促进与共同进化的两个方面：算法和系统。

（1）算法

算法被誉为计算系统的灵魂。算法是一个有穷规则的集合，它用规则规定了解决某一特定类型问题的运算序列，或者规定了任务执行或问题求解的一系列步骤。问题求解的关键是设计算法，设计可实现的算法，设计可在有限时间与空间内执行的算法，设计尽可能快速的算法。算法具有输入输出(I/O)值，具有终止性、确定性、平台独立性等特性。设计算法是问题求解的关键，通常强调数学建模，并考虑可计算性与计算复杂性(时空复杂性)。算法研究通常被认为是计算学科的理论研究。

（2）系统

尽管系统的灵魂是算法，但仅有算法是不够的，系统是由相互联系、相互作用的若干元素构成且具有特定结构和功能，它为社会与自然问题提供了普适的、透明的、优化的综合解决方案。系统具有理论上可无限多次的输入输出，具有非终止性、非确定性、非平台独立性等特性，设计和开发计算系统（如硬件系统、软件系统、网络系统、信息系统、应用系统等）是一项综合的、复杂的工作。如何对系统的复杂性进行控制，如何优化系统的结构，如何保证系统的可靠性、安全性、实时性等各种特性，都属于计算思维的核心内容。

4. 计算之树的树枝——计算与社会自然环境的融合思维

计算之树的树枝体现的是计算学科的各个分支研究方向，如智能计算、普适计算、个人计算、社会计算、企业计算、服务计算等，也体现了计算学科与其他学科相互融合产生的新的研究方向，如计算物理学、计算化学、计算生物学，计算语言学、计算经济学等。

（1）社会与自然问题的计算转化

社会与自然的计算转化，体现在计算之树中，即是树枝向树干汇聚的思维过程。它着重强调利用计算手段来推演发现规律。换言之，也就是将社会与自然现象进行抽象，表达成可以计算的对象，然后构造对其进行计算的算法和系统来实现计算，进而发现社会与自然的演化规律。例如，通过超级计算机神威·太湖之光在气象预报领域的应用，研究人员构建了公共大气模式计算系统（Community Atmosphere Model，CAM），提供了一个千万亿次级别的气候推演模型，模式分辨率达到25km，每天可以计算出3.4个模拟年的气候变化数据。

（2）计算过程与结果的自然呈现

计算过程与结果的自然呈现，体现在计算之树中即是树干向树枝发散的思维过程。它着重强调用人们普遍接受的形式来展现计算及求解的过程与结果。例如，将求解的结果以听觉、视觉化的形式展现，就形成了多媒体信息；将求解的结果以触觉的形式展现，就形成虚拟现实。

以上两类思维，本质上体现了不同抽象层面的计算系统的基本思维，其根本还是“抽象”与“自动化”，简单概括可划分为三个层面。

机器层面——协议，解决机器与机器之间的交互问题。“协议”是机器之间交互约定的表达。

人机层面——语言，解决人与机器之间的交互问题。“语言”是人与机器之间交互约定的表达。

业务层面——模型,解决业务系统与计算系统之间的交互问题。

5. 计算之树的两个维度——网络化思维与数据化思维

(1) 网络化思维维度

随着计算与社会生活的融合,促进了网络化社会的形成。由人与计算机共同形成的数据网、服务网、社会网等,形成了物物互联、物人互联、人人互联为特征的网络化结构。网络化社会极大地改变了人们的思维,不断地改变着人们的生活与工作习惯。

(2) 数据化思维维度

随着计算能力的提高,人们对数据越发重视。用数据说话、用数据决策、用数据创新已形成社会的一种常态和共识。数据是知识的来源,更是财富。人们由早期只关注数据的处理,发展为分析数据和数据挖掘,再发展为今天的“大数据”(big data)。数据化思维极大地改变了人们对自然的认知方式,一些在过去只停留在理论层面的分析和计算,在大数据环境下已经变为现实。

第2章 计算机系统与硬件组成

2.1 计算机系统与结构

2.1.1 计算机系统

完整的计算机系统由硬件系统和软件系统两大部分组成，如图 2-1 所示。

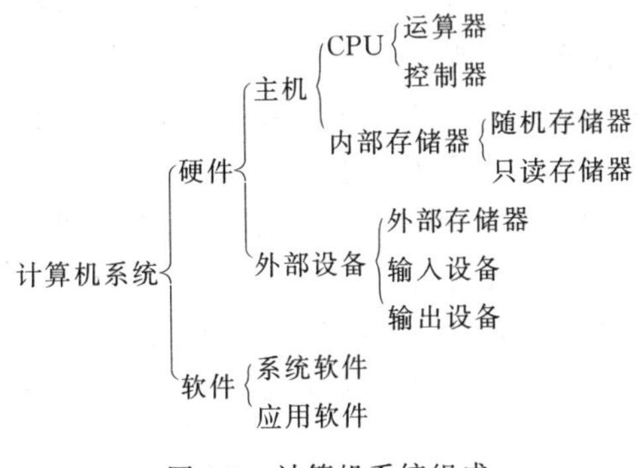

图 2-1 计算机系统组成

硬件系统是指用电子器件和机电装置组成的计算机实体，是组成计算机系统的各种物理设备的总称。依据功能和工作特点，可将硬件系统分为主机、外部存储器和输入输出设备几大部分。

软件系统是指运行在硬件上的程序、运行程序所需的数据和相关文档的总称，包括实现算法的程序、数据及其文档。软件系统一般分为系统软件和应用软件两大类。

硬件系统为软件系统提供了运行平台，软件系统使硬件系统的功能得以充分发挥。硬件系统是基础，但仅有硬件没有软件，通常被称为“裸机”。硬件与软件系统的关系就像是血管与血液的关系。

2.1.2 计算机体系结构

自 1946 年 ENIAC 问世至今，尽管计算机的制造技术发生了极大的变化，但就其体系结构而言，一直沿袭科学家冯·诺依曼于1946年提出的计算机组成和工作方式的思想，这样的结构又被称为"冯·诺依曼体系结构"。其基本特点如下。

① 计算机由运算器、控制器、存储器、输入设备和输出设备5大基本部件组成。

② 程序和数据均存放在存储器中，当程序要运行时，从存储器中按地址取出执行。

③ 在计算机内部程序和数据以二进制表示。

冯·诺依曼体系结构如图2-2所示。

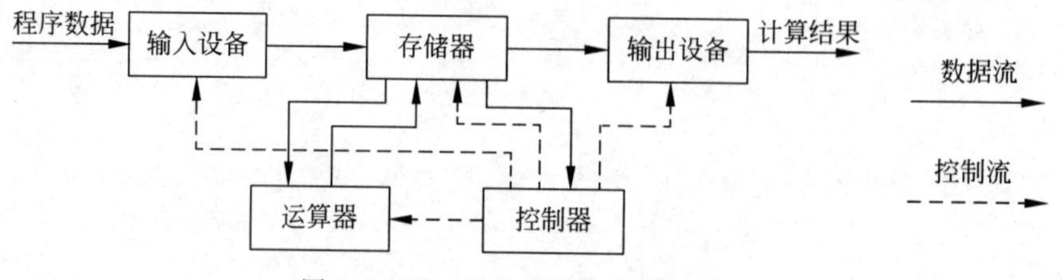

图2-2 冯·诺依曼计算机体系结构

1. 运算器

运算器也称为算术逻辑单元(Arithmetic and Logic Unit，ALU)。它的主要功能是进行算术运算和逻辑运算。算术运算是指加、减、乘、除运算；逻辑运算是指逻辑与、逻辑或、逻辑非、异或、移位、比较等运算。

2. 控制器

控制器是整个计算机系统的控制中心，它指挥计算机各部分协调地工作，保证计算机按照预先规定的目标和步骤有条不紊地进行操作及处理。

控制器从存储器中逐条取出指令，分析每条指令规定的是什么操作以及所需数据的存放位置等，然后根据分析的结果向计算机其他部分发出控制信号，统一指挥整个计算机完成指令所规定的操作。因此，计算机自动工作的过程，就是自动执行程序的过程，而程序中的每条指令都是由控制器来分析执行的，它是计算机实现"程序控制"的主要部件。

通常把控制器与运算器合称为中央处理器(Central Processing Unit，CPU)。工业生产中总是采用最先进的超大规模集成电路技术来制造中央处理器，即CPU芯片。它是计算机的核心部件。它的性能主要是工作速度和计算精度，对机器的整体性能有全面的影响。

3. 存储器

存储器(Memory)的主要功能是存储程序和各种数据信息。它由能表示二进制数0和1的物理器件组成，这种器件被称为记忆单元或存储介质。存储器的性能参数通常有3种：存取时间、存储周期和数据传输率。根据用途和性能的不同，存储器又分为内部存储器和外部存储器。

(1) 内部存储器，又称主存储器(Main Memory)，简称内存。它是计算机信息交换的中心，它和计算机其他所有部件打交道，所有正在处理过程中的程序与数据都要通过存储器的媒介进行数据交换。内存的存取速度直接影响计算机的运算速度，内存储器的特点是工作速度快、容量小、价格高。

(2) 外部存储器，又称辅助存储器(Auxiliary Memory)，简称外存，用于存放暂时不使用的海量数据。外存储器的数据一般不与其他部件直接通信，而是当程序数据被调用时首先发送到内存储器上，然后再由内存储器传递到其他部件执行。外存储器的容量大、价格

低,但速度比内存储器要慢。

4. 输入设备

输入设备(Input Device)用来接收用户输入的原始数据和程序,并将各种形式的输入信息(如数字、文字、图像等)转换为二进制形式的“编码”。常用的输入设备有键盘、鼠标器、扫描仪、光笔等。

5. 输出设备

输出设备(Output Device)用于将存放在内存中的数据转变为人或其他外部设备所能接收和识别的信息,形式如文字、数字、图形、声音、数字信号等。常用的输出设备有显示器、打印机、绘图仪等。

2.1.3 计算机工作原理

按照冯·诺依曼计算机“存储程序”的理论,计算机的工作过程就是按照既定顺序执行存储器中的一系列指令的过程。人们按照某种逻辑,预先设计好的一连串指令序列就称作程序。一个指令规定了计算机要执行的一个基本操作;一个程序则规定了计算机要完成的一个完整任务。计算机所能识别的全部指令集合,称为该计算机的指令集或指令系统。

1. 指令和指令系统

指令是能够被计算机识别并执行的二进制代码,它规定了计算机能够完成的某种操作。一条指令通常由两部分组成,即操作码和操作数。操作码指明计算机应执行什么性质的操作;操作数指出参与操作的数存放在存储器中的地址,因此也称为地址码。指令的一般格式为:

操作码	操作数

每一种计算机都规定了一定数量的基本指令,这些机器指令的总和称为计算机的指令系统。不同机器的指令系统所具有的指令种类和数目不同。

2. 计算机执行指令的基本过程

计算机的工作过程实际上就是执行程序的过程。程序是为解决某一特定问题而设计的一系列指令的集合。程序按顺序存放在存储器中,当计算机开始工作后自动按照程序规定的顺序取出要执行的指令,然后分析指令并执行指令规定的操作。

计算机执行一条指令分 3 个步骤,即取指令、分析指令、执行指令,如图 2-3 所示。

(1) 取指令。对将要执行的指令从内存中取出送到 CPU 的指令寄存器中。

(2) 分析指令。对指令寄存器中存放的指令进行分析,由指令译码器进行译码,将指令的操作码转换成相应的控制电位信号,由操作数确定操作数地址。

(3) 执行指令。根据指令译码结果判断该指令要完成的操作,然后向各个部件发出完成该操作的控制信号,完成该指令的执行。

一条指令完成后,程序计数器加 1,或将转移地址码送入程序计数器,重复执行下一条指令。如此循环下去,直到发现程序结束指令时才停止执行工作,最终将程序执行结果发送到程序指定的存储器空间上去。

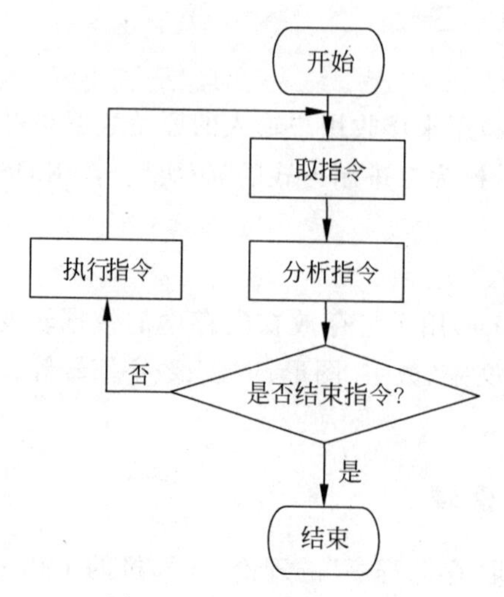

图 2-3　程序的执行过程

2.2　微型计算机系统

自 1981 年美国 IBM 公司推出第一代微型计算机 IBM-PC/XT 以来，微型计算机以其性价比高、轻便小巧、操作简便、速度快捷等特点迅速进入社会各个领域，成为人们生活中必不可少的工具。随着计算机技术的不断发展，微型计算机已经从单纯的计算工具演变成为处理程序、数字、文字、图形、影音以及互联网通信的综合型工具。如今，以智能手机、移动便携电子产品为代表的新型计算机越来越受到大众的喜爱，成为微型计算机市场的主流产品。

微型计算机尽管在规模、性能及应用等方面与巨型机、大型机、小型机等存在着很大差别，但是它们的基本结构是相似的。

2.2.1　微型计算机的发展历史

20 世纪 70 年代，受到军事工业、电子技术、工业自动化技术迅猛发展的影响，人们对体积小、可靠性高、低功耗的计算机需求日益迫切。1971 年微处理器和微型计算机问世，标志着微型计算机时代的到来，而微型计算机随后表现出了惊人的发展速度，大约每 2～4 年就要更新换代，微型计算机的性能标准与年代划分主要是以微处理器(CPU)的性能来界定的。

第一代(1971—1973 年)是 4 位和 8 位处理器时代，标志产品是 Intel 4004 和 Intel 8008，它们构成了最早的微型计算机 MCS-4 和 MCS-8。采用 PMOS 工艺，集成度达到 4000 个晶体管/片，指令较少。

第二代(1974—1977 年)是 8 位微处理器时代，典型产品是 Intel 8080 和 Z80 等。采用 NMOS 工艺，集成度较上一代提高 4 倍左右。

第三代(1978—1984 年)是 16 位微处理器时代，典型产品是 Intel 8086 和 Z8000 等。集成度达到 20 000～70 000 晶体管/片，运算速度大幅提升。与此同时，IBM 推出基于 Intel 80286 处理器架构的 IBM PC/AT，使得 PC 进入人们的生活。

第四代(1985—1992 年)是 32 位微处理器时代,标志产品是 Intel 80386、Intel 80486 等。采用 HMOS 或 CMOS 工艺,集成度达到 100 万晶体管/片,每秒可完成 600 万条指令(Million Instructions Per Second,MIPS)。

第五代(1993—2005 年)是奔腾(Pentium)系列微处理器时代,标志产品是 Intel 奔腾系列、AMD K6 系列微处理器芯片等。采用超标量指令流水线结构,集成度大大飞跃,例如 Pentium 4 处理器,达到 4200 万晶体管/片。2002 年 11 月的 Pentium 4 产品,主频已达到 3.06GHz。

第六代(2005 年至今)是酷睿(Core)系列微处理器时代,Intel 酷睿系列以 64 位、双核心、四核心为主的新型 CPU 架构,设计理念由早期单纯的速度提升转变为重视性能和能耗的配合,提高每瓦特性能,即能效比。Intel 公司面向服务器、PC、移动设备端开发了不同系列的酷睿产品,占据了微处理器 70%以上的市场。

2.2.2 微型计算机系统组成

1. 主板

主板(Mainboard)是微型计算机内最大的一块集成电路板,如图 2-4 所示,是微机的核心部件。通过主板可以将其他所有硬件设备连接到一起,从而形成计算机硬件系统。主板上的主要部件有 BIOS 芯片、南北桥芯片、CPU 接口、内存接口、显卡接口、其他扩展接口插槽,如图所示。主板的优劣直接影响计算机的整体性能以及其他核心部件的协同工作效率。

2. 中央处理器

CPU 是微型计算机硬件系统的重要模块,是计算机的运算和控制核心部件,完成计算机的程序执行和数据处理的主要工作。CPU 主要包括运算器和控制器两个部件。

CPU 的主要性能指标是字长和主频。CPU 的字长表示了一次读取数据的宽度(例如,32 位、64 位 CPU),主频决定了处理数据的速度(例如 Pentium 4 主频 2.8GHz CPU)。目前,CPU 的主要生产厂商有 Intel 公司和 AMD 公司等,图 2-5 是 Intel 公司生产的酷睿 i5 系列的 CPU。

影响 CPU 性能指标还包括外频、倍频、总线频率、缓存、指令集和工作电压等。

图 2-4 主板

图 2-5 CPU

3. 内存储器

内存储器又称主存储器,是 CPU 可以直接访问的存储器。内存储器依据性能和特点分为只读存储器和随机存储器两类。

(1) 只读存储器(Read Only Memory,ROM)。

ROM 中存储的信息只能读出而不能写入。它以非破坏性读出方式工作,信息一旦写入后就固定下来,即使切断电源,信息也不会丢失。ROM 一般用于存放固定不变的、控制计算机系统的监控程序和专用程序。

(2) 随机存储器(Random Access Memory,RAM)。

RAM 中存储的信息既可以读出,也可以改写,但断电时信息丢失。RAM 用于存放支持系统运行的系统程序及用户应用程序和数据。平时所说的微型计算机内存容量大小一般是指 RAM 的容量大小。微型计算机上 RAM 的容量随微机档次的提高在不断增加。目前微型计算机的内存容量都在 2GB 以上。

由于单片的内存芯片达不到系统所要求的内存容量,所以通常将多片内存芯片集成到一条形电路板上,俗称内存条,如图 2-6 所示。

图 2-6　内存条

4. 外部存储器

计算机系统的内存容量是非常有限的,远远不能满足存放数据的需要,而且内存不能长期保存信息,一关电源信息就会全部丢失。因此,微型计算机系统都配备更大容量且能长期保存数据的存储器,这就是外部存储器。目前,微型计算机上常用的外部存储器主要有硬盘存储器、光盘存储器和 U 盘等。

(1) 硬盘存储器

硬盘存储器又称机械硬盘,简称硬盘(Hard Disk Drive,HDD)。硬盘由磁盘组、读写磁头、定位机构和传动系统等部分组成,被固定在密封的盒内,如图 2-7 所示。个人电脑(Personal Computer,PC)的硬盘主要有两种型号:一种是用于台式机的 3.5 英寸硬盘,另一种是应用于便携笔记本电脑的 2.5 英寸硬盘。

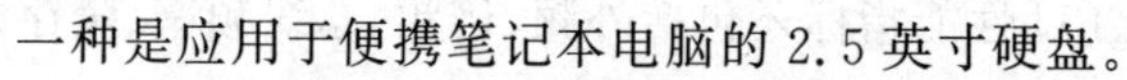

图 2-7　3.5 英寸硬盘

硬盘的主要技术指标是存储容量和转速等。现在硬盘常见的存储容量有 500GB、1TB 和 2TB 等;主流 3.5 英寸硬盘的转速大多为 7200rpm(转/分钟),2.5 英寸硬盘转速为 5400rpm。目前,市场主流硬盘接口多采用 SATA Ⅱ/Ⅲ 标准。

(2) 固态硬盘

固态硬盘(Solid State Disk,SSD)是用固态电子存储芯片阵列制成的硬盘,由控制单元和存储单元(FLASH 芯片、DRAM 芯片)组成。固态硬盘在接口的规范和定义、功能及使用方法上与普通硬盘的完全相同,在产品外形和尺寸上也完全与普通硬盘一致。

固态硬盘的工作温度范围很宽,商规产品达到 0～70℃、工规产品达到 −40～85℃。由于采用芯片进行数据存储,防震且发热量很低,相比机械硬盘具有更高的可靠性。固态硬盘被广泛应用于军事、车载、工控、视频监控、电力、医疗、航空、导航设备等领域,近几年被市场

广泛认可,大有逐渐取代机械硬盘的趋势。

(3) 光盘存储器

光盘存储器是一种利用激光技术存储信息的装置。光盘存储器由光盘片(简称光盘)和光盘驱动器(简称光驱)构成(如图 2-8)。

光盘的主要指标是存储容量,目前常见的 CD 光盘存储容量约为 650～700MB,DVD 光盘的存储容量约为 4.7GB,蓝光光碟(Blu-ray Disc)25～50GB。

图 2-8　光盘驱动器

光驱的主要技术指标是传输速度,单位为倍速。目前微型计算机上使用的光驱主要有 CD-ROM(只读型)驱动器、CD-R(一次性写入型)驱动器、CD-RW(可擦写型)驱动器、DVD-ROM 驱动器和 DVD-R 驱动器等。

(4) U 盘

U 盘也称为闪存盘(Flash Memory),是一种便携式存储器,它不需要专门的驱动器,而是采用 USB 接口与主机传输数据。U 盘具有存储容量大、不易损坏、传输速度快、小巧容易随身携带等特点。目前市场上的 U 盘多采用 USB 2.0 或 USB 3.0 接口。

(5) 移动硬盘

移动硬盘(Mobile Hard Disk)是以硬盘为存储介质,计算机之间交换大容量数据,强调便携性的存储产品。为达到最佳性价比,目前市场上移动硬盘产品多使用 2.5 英寸笔记本机械硬盘为核心,加以接口电路和包装盒,并采用 USB 2.0/3.0 或 IEEE 1394 接口与计算机进行数据传输。

5. 输入设备

输入设备是人与微型计算机之间进行对话的重要工具。文字、图形、声音、图像等所表达的信息(程序和数据)都要通过输入设备才能被计算机接收。微型计算机上最常用的输入设备是键盘和鼠标器,此外图形扫描仪、话筒、条形码读入器、光笔、触摸屏及数码相机等也是较常见的输入设备。

(1) 键盘

键盘是最常用也是最主要的输入设备,目前市场主流产品多采用 101/104 按键布局,如图 2-9 所示。通过键盘可以输入英文字母、数字、汉字、各种符号等。

(2) 鼠标

随着 Windows 操作系统的流行,鼠标成为图形用户界面操作系统中不可缺少的输入设备,如图 2-10 所示。鼠标按其工作原理主要分为机械式和光电式两种,按其链接方式多分为有线鼠标和无线鼠标。目前市场主流产品多为无线光电式鼠标。

图 2-9　键盘

图 2-10　鼠标

6. 输出设备

输出设备是将计算机中的二进制信息变换为用户所需要的并能识别的信息形式的设备，如输出文字、数值、图形图像、声音等。微型计算机中最常用的输出设备是显示器和打印机。

(1) 显示系统

显示系统(Display System)的作用是把计算机处理信息的结果转换为字符、图形或图像等信息显示给用户，是微型计算机必不可少的输出设备。显示系统由显示器和显示控制适配器组成，如图 2-11 和图 2-12 所示。显示器就是通常所说的计算机屏幕，是人机交互的重要途径。目前，微型计算机中普遍使用的是 LCD(Liquid Crystal Display，液晶显示器)和 LED(Light Emitting Diode)显示器。

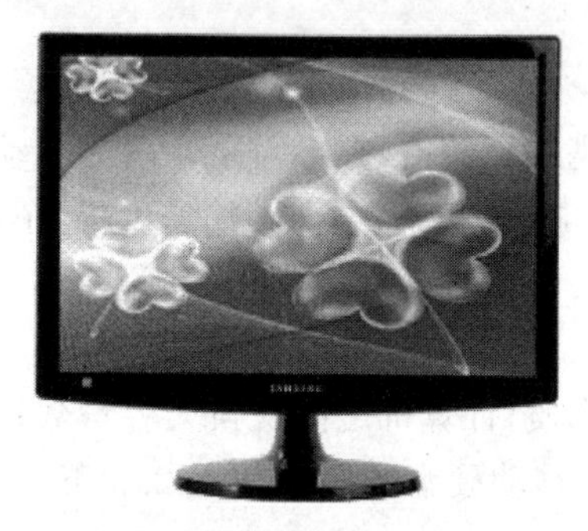
图 2-11　液晶显示器

图 2-12　显卡(显示控制适配器)

显示控制适配器，简称显卡(Video Adapter)。显卡的作用主要是负责图形处理计算、协助 CPU 将计算机的图形图像数据转化为显示器接收的信号源，并控制显示器的最终显示方式。根据计算机的用途不同(办公、娱乐等)，显卡的性能也不尽相同，市场价格几百元至几千元不等。

(2) 打印机

打印机是微型计算机重要的输出设备之一。打印机的作用是将计算机中的文字、图像信息印刷到纸张上。打印机的种类很多，常见的有激光打印机、喷墨打印机和针式打印机等。

7. 总线

微型计算机中的各个部件，包括 CPU、内存储器、外存储器和输入输出设备的接口之间是通过一条公共信息通路连接起来的，这条信息通路称为总线(bus)。总线一般集成在主板之上，主要由主板南北桥芯片进行管理控制。

根据总线传送信息的类别，可以把总线分为数据总线(DB)、地址总线(AB)和控制总线(CB)。数据总线用于传送数据和程序；地址总线用于传送存储单元或者输入输出接口的地址信息；控制总线用于传送控制器的各种控制信号。

8. I/O 接口

连接到主板上的 CPU 和外部存储器以及输入输出设备之间不能直接交换数据，必须通过称为"设备接口"的器件来转接。CPU 同其他外设的工作方式、工作速度、信号类型都不相同，需要通过接口电路的变换作用，把二者匹配起来。

主板接口电路中包括一些专用芯片、辅助芯片以及各种外设适配器和通信接口电路等。不同的外设通过不同的适配器连到主机。例如，键盘/鼠标常用的串行接口、5.1音频接口、网线接口、PCI接口、IEEE 1394接口、USB(Universal Serial Bus)接口等。

目前微型计算机的大部分外部设备都通过USB接口与主机相连接。USB称为通用串行总线，是一种连接外部设备的机外总线，USB提供了用于外部设备连接的即插即用插座，而且支持热插拔(计算机通电工作状态下的连接与断开)。USB接口除了可以链接键盘、鼠标器、打印机、Modem等常见外部设备，还可以连接移动存储器(如移动硬盘)、扫描仪、打印机、数码产品、外置光驱等。

2.2.3 微型计算机的软件系统

软件系统是计算机系统必不可少的组成部分，软件在计算机与用户之间架起桥梁。计算机软件系统内容丰富，种类很多。通常，软件系统分为系统软件和应用软件两大类，每一类又可分为若干种类型。

1. 系统软件

系统软件是指控制、管理和协调微机及其外部设备，支持应用软件的开发和运行的软件的总称。系统软件包括操作系统、语言处理程序等。

(1) 操作系统

操作系统是直接控制和管理计算机系统软硬件资源，并使用户充分而有效地使用计算机资源的程序集合。操作系统是系统软件的核心和基础。它负责组织和管理整个计算机系统的软硬件资源，协调系统各部分之间、系统与用户之间、用户与用户之间的关系，使整个计算机系统高效地运转，并为系统用户提供一个开发和运行软件的良好而方便的环境。

DOS、Windows 95、Windows XP、Windows 7、Windows 10、Linux、Android(安卓系统)、Mac OS(苹果系统)等都是微型计算机或移动电子设备上曾经流行或正在流行的操作系统。

(2) 语言处理程序

计算机语言又称为程序设计语言，是人与计算机之间交流时使用的工具。语言处理程序用来对各种程序设计语言源程序进行翻译、产生计算机可直接执行的目标程序(用二进制代码表示的程序)的各种程序的集合。

按照发展过程，程序设计语言可以分为机器语言、汇编语言和高级语言。

① 机器语言。机器语言由机器指令组成，是计算机硬件系统唯一能够识别的、可直接执行的语言。由于机器语言编写的程序硬件系统可以直接执行，所以机器语言的执行速度最快。但是，对于不同的计算机硬件系统，一般具有不同的机器语言，并且机器语言编制程序既麻烦又容易出错，调试和修改十分不便。

② 汇编语言。为了克服机器语言程序编写和上机调试的困难，出现了汇编语言。汇编语言将二进制的指令操作码和操作数改写为助记符的形式，例如使用ADD表示加法运算。

与机器语言相比较，汇编语言更容易记忆。但是，使用汇编语言编写的源程序计算机不能直接执行，必须利用一个称为“汇编程序”的语言处理程序将其翻译成与之等价的机器语言程序，然后才能被计算机执行。

尽管汇编语言比机器语言使用起来方便了一些，但汇编语言的通用性仍然很差。

③ 高级语言。为了克服汇编语言通用性差的问题，出现了高级语言。高级语言是一种独立于机器、更接近人类的自然语言和数学公式的程序设计语言。例如，C 语言、VC++、Python 等。

用高级语言编写的源程序必须经过“编译程序”或“解释程序”的“翻译”，产生机器语言的目标程序后，才能被计算机执行。“编译程序”和“解释程序”均为语言处理程序。

编译程序，是将源程序的所有语句编译为目标代码，作为目标程序保存起来，不存在执行的过程；解释程序，是在程序的执行过程中，每解释一条源程序语句，就执行一条，并得到执行结果，是一个边解释边执行的过程。

2. 应用软件

为解决特定领域问题而开发的软件，称为应用软件。应用软件一般分为两大类：一类是为特定用户开发的面向于解决实际问题的各种应用程序，例如企业管理系统、财务软件系统、订票系统、电话查询系统等；另一类是为方便普通用户使用而开发的各种工具、娱乐软件，例如字处理系统、图形处理系统、媒体播放器、电脑游戏等。

第3章　信息在计算机中的表示

计算机最基本的功能是对信息进行计算和处理，这些信息包括数值、字符、图形、图像、声音等。根据冯·诺依曼体系结构思想，计算机对信息进行存储、交换、计算和处理时都要以二进制形式表示。

3.1　数制基本原理

3.1.1　数制的定义

“数制”又称“记数制”，是指用一组固定的数码和一套统一的规则表示数值的方法。数制的表示主要包括三个基本要素：数位、基数和位权。

数位是指数码在一个数中所处的位置（例如，十进制的个位、十位、百位等）。

基数是指某种数制所使用的数码的总数（例如，十进制使用 0～9 的 10 个数码，其进制基数为 10）。

位权是以基数为底的幂，数码所在的位置越高对应的位权也越大，例如，十进制数中，小数点左边第 1 位即个位的位权是 10^0、左边第 2 位即十位的位权是 10^1……小数点右边第 1 位的位权为 10^{-1}，右边第 2 位的位权是 10^{-2}，依此类推。

1. 十进制

基数：10。

数码：0、1、2、3、4、5、6、7、8、9。

位权：设 n 为整数位的个数，m 为小数位的个数，则从左到右各位的位权分别是 10^{n-1}、10^{n-2}、…、10^1、10^0. 10^{-1}、10^{-2}、…、10^{-m}。

表示方法：使用 10 或 D 作为下标，例如$(294.56)_{10}$或$(294.56)_D$。

2. 二进制

基数：2。

数码：0、1。

位权：设 n 为整数位的个数，m 为小数位的个数，则从左到右各位的位权分别是 2^{n-1}、2^{n-2}、…、2^1、2^0. 2^{-1}、2^{-2}、…、2^{-m}。

表示方法：使用 2 或 B 作为下标，例如$(110.11)_2$或$(110.11)_B$。

3. 八进制

基数：8。

数码：0、1、2、3、4、5、6、7。

位权：设 n 为整数位的个数，m 为小数位的个数，则从左到右各位的位权分别是 8^{n-1}、8^{n-2}、…、8^1、8^0、8^{-1}、8^{-2}、…、8^{-m}。

表示方法：使用 8 或 O 作为下标，例如$(74.56)_8$或$(74.56)_O$。

4. 十六进制

基数：16。

数码：0、1、2、3、4、5、6、7、8、9、A、B、C、D、E、F。

位权：设 n 为整数位的个数，m 为小数位的个数，则从左到右各位的位权分别是 16^{n-1}、16^{n-2}、…、16^1、16^0、16^{-1}、16^{-2}、…、16^{-m}。

表示方法：使用 16 或 H 作为下标，例如$(29E.C)_{16}$或$(29E.C)_H$。

3.1.2 不同数制间的转换

在计算机内部，无论是指令还是数据，其存储、运算、处理和传输采用的都是二进制，这是因为二进制数只有 0 和 1 两个数字，在电子元器件中很容易被实现。

但有时为了书写和记忆方便，也采用十进制、八进制和十六进制。因此，必然会遇到各种进制数之间的相互转换问题。

1. 任意进制数换成十进制数

把任意进制数转换成十进制数，通常采用按权展开相加的方法。假设用 r 表示进制，首先将 r 进制数按照位权写成 r 的各次幂之和的形式，然后按十进制计算结果，则为转换后的十进制数。

【例 3-1】 将下列各数转换成十进制数：①$(1011.101)_2$；②$(123.45)_8$；③$(3AF.4C)_{16}$。

【解】

① $(1011.101)_2 = 1\times2^3 + 0\times2^2 + 1\times2^1 + 1\times2^0 + 1\times2^{-1} + 0\times2^{-2} + 1\times2^{-3}$

$= (11.625)_{10}$

② $(123.45)_8 = 1\times8^2 + 2\times8^1 + 3\times8^0 + 4\times8^{-1} + 5\times8^{-2}$

$= (83.578\,125)_{10}$

③ $(3AF.4C)_{16} = 3\times16^2 + 10\times16^1 + 15\times16^0 + 4\times16^{-1} + 12\times16^{-2}$

$= (943.296\,875)_{10}$

2. 十进制数转换成任意进制数

假设用 r 表示进制，把十进制数转换成 r 进制数需要分为两部分进行。

(1) 整数部分

整数部分采用除以 r 取余数的方法。"除 r 取余法"的转换规律是：用十进制数的整数部分整除 r，得到一个商数和一个余数；再将商数继续整除 r，又得到一个商数和一个余数。继续这个过程，直到商为 0 时停止。将第 1 次得到的余数作为最低位，最后一次得到的余数作为最高位，依次排列就是 r 进制数的整数部分。

(2) 小数部分

小数部分采用乘以 r 取整数的方法。“乘 r 取整法”的转换规律是：用 r 乘以十进制数的小数部分，得到一个整数和一个小数；再用 r 乘以小数部分，又得到一个整数和一个小数。继续这个过程，直到小数部分为 0 或满足精度要求为止，将第 1 次得到的整数部分作为最高位，最后一次得到的整数部分作为最低位，依次排列就是 r 进制数的小数部分。

【例 3-2】 将十进制数$(123.8125)_{10}$ 转换为二进制数。

【解】

(1) 整数部分：除以 2 取余数部分。

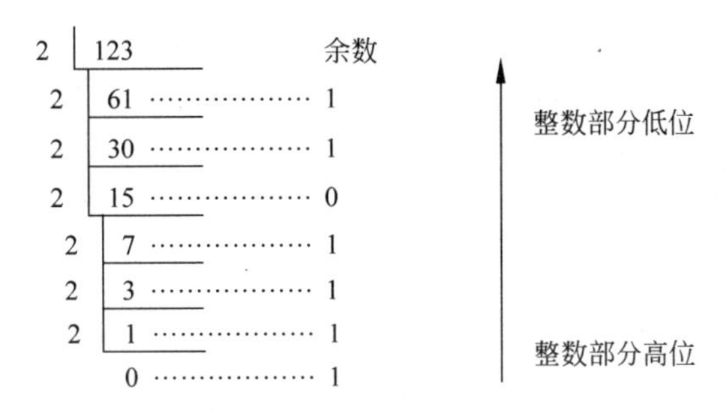

(2) 小数部分：乘以 2 取整数部分。

```
      0.8125          整数
  ×)       2
  ────────────
      1.6250········  1     小数部分高位
      0.6250
  ×)       2
  ────────────
      1.2500········  1
      0.2500
  ×)       2
  ────────────
      0.5000········  0     小数部分低位
      0.5000
  ×)       2
  ────────────
      1.0000········  1
      0.0000
```

所以，$(123.8125)_{10}=(1111011.1101)_2$。

仿照上例的转换过程，将十进制数$(123.8125)_{10}$ 分别转换为八进制数和十六进制数。转换结果如下：

$$(123.8125)_{10}=(173.64)_8 \qquad (123.8125)_{10}=(7B.D)_{16}$$

3. 二进制数转换成八进制数或十六进制数

将二进制数转换成八进制数或十六进制数，可以借助十进制数进行，但通常采用如下方法直接将二进制数转换成八进制数或十六进制数。

(1) 二进制数转换成八进制数的方法

以小数点为界，将二进制数的整数部分从右到左每 3 位一分隔，最后一组不足 3 位时在最高位之前补0；小数部分从左到右每3位一分隔，最后一组不足3位时，在最低位之后补0。然后参照表3-1将二进制数的每个分组直接转换为八进制数。

表3-1　二进制与八进制对照表

二进制	000	001	010	011	100	101	110	111
八进制	0	1	2	3	4	5	6	7

【例3-3】 将二进制数$(1111011.1101)_2$转换成八进制数。

【解】

$$(1111011.1101)_2 \longrightarrow (\underline{001}\ \underline{111}\ \underline{011}\ .\ \underline{110}\ \underline{100})_2 \longrightarrow (173.64)_8$$

所以，$(1111011.1101)_2=(173.64)_8$。

(2) 二进制数转换成十六进制数的方法

以小数点为界，将二进制数的整数部分从右到左每4位一分隔，最后一组不足4位时在最高位之前补0；小数部分从左到右每4位一分隔，最后一组不足4位时，在最低位之后补0。然后参照表3-2将二进制数的每个分组直接转换为十六进制数。

表3-2　二进制与十六进制对照表

二进制	0000	0001	0010	0011	0100	0101	0110	0111
十六进制	0	1	2	3	4	5	6	7
二进制	1000	1001	1010	1011	1100	1101	1110	1111
十六进制	8	9	A	B	C	D	E	F

【例3-4】 将二进制数$(1111011.1101)_2$转换成十六进制数。

【解】

$$(1111011.1101)_2 \longrightarrow (\underline{0111}\ \underline{1011}\ .\ \underline{1101})_2$$
$$\longrightarrow (\ 7\quad B\ .\ D)_{16}$$

所以，$(1111011.1101)_2=(7B.D)_{16}$。

4. 八进制数或十六进制数转换成二进制数

将八进制数或十六进制数转换成二进制数，可以借助十进制数进行。但通常采用如下方法直接将八进制数或十六进制数转换成二进制数。

(1) 八进制数转换成二进制数的方法

参照表3-1的对应关系，将八进制数的每一个数据位直接转换为3位二进制数。

(2) 十六进制数转换成二进制数的方法

参照表3-2的对应关系，将十六进制数的每一个数据位直接转换为4位二进制数。

【例3-5】 将八进制数$(173.64)_8$转换成二进制数。

【解】

$$(1\quad 7\quad 3\quad .\quad 6\quad 4)_8$$
$$\downarrow\quad\downarrow\quad\downarrow\qquad\quad\downarrow\quad\downarrow$$
$$(001\ 111\ 011\ .\ \ 110\ 100)_2$$

所以，$(173.64)_8=(1111011.1101)_2$。

【例 3-6】 将十六进制数 $(7B.D)_{16}$ 转换成二进制数。

【解】

(7　B　.　D $)_{16}$

　↓　↓　　↓

(0111 1011 . 1101$)_2$

所以，$(7B.D)_{16}=(1111011.1101)_2$。

3.1.3　二进制数据的运算

二进制数据的运算有算术运算和逻辑运算两种。

1. 二进制数的算术运算

二进制数的算术运算与十进制数的算术运算十分相似，也包括加法、减法、乘法和除法四种运算。不同之处在于二进制数做加法运算时是逢二进一，做减法运算时是借一来二。运算规则如下：

加法运算规则：$0+0=0$　　$0+1=1$　　$1+0=1$　　$1+1=0$(高位进 1)

减法运算规则：$0-0=0$　　$0-1=1$(高位借 1)　　$1-0=1$　　$1-1=0$

乘法运算规则：$0\times0=0$　　$0\times1=0$　　$1\times0=0$　　$1\times1=1$

除法运算规则：$0\div0$(无意义)　　$0\div1=0$　　$1\div0$(无意义)　　$1\div1=1$

2. 二进制数的逻辑运算

对二进制数的 1 和 0 赋予逻辑含义，可以表示“是”与“否”和“真”与“假”等逻辑量。这种具有逻辑属性的变量称为逻辑变量。逻辑变量之间的运算称为逻辑运算。

基础逻辑运算规则包括逻辑“或”、逻辑“与”和逻辑“非”三种基本运算，运算规则如下：

“或”运算规则：$0\vee0=0$　　$0\vee1=1$　$1\vee0=1$　$1\vee1=1$

“与”运算规则：$0\wedge0=0$　　$0\wedge1=0$　$1\wedge0=0$　$1\wedge1=1$

“非”运算规则：$\overline{1}=0$　　$\overline{0}=1$

3.1.4　二进制数据的统计单位

计算机中表示、存储、传输数据时常用的单位有位、字节和字。

1. 位

位(bit)是指 1 个二进制位，也称为比特，通常用小写字母 b 表示。它是数据的最小单位。1 位可以表示 0 或 1 两种状态。

2. 字节

8 个二进制位为 1 字节(Byte)，即 1Byte=8bits，通常用大写字母 B 表示。字节是数据存储的基本单位。

计算机内存和磁盘的存储容量通常用 KB、MB、GB 和 TB 表示。它们之间的换算关系如下：

$1KB=2^{10}B=1024B$　　　$1MB=2^{10}KB=2^{20}B$

$1GB=2^{10}MB=2^{20}KB=2^{30}B$　　　$1TB=2^{10}GB=2^{20}MB=2^{30}KB=2^{40}B$

3. 字

字(word,字长),由若干字节组成,一般为字节的整数倍,即 1word=n B(n 为正整数)。字是计算机进行数据处理和运算的单位,其包含的二进制位数称为字长,例如 32 位字长、64 位字长等。字长是评价计算机性能的一个重要指标,字长较长的计算机在相同时间内能传送更多的信息,从而处理速度更快。

3.2 数据的编码

由于计算机能识别和处理的只能是二进制数据,所以使用计算机处理数值、文字、图形、图像或声音等信息时,首先要将各类信息转换成计算机能够识别的二进制数据,这些二进制数据就是编码。

3.2.1 字符编码

字符编码是用二进制编码表示字母、数字及计算机能识别的其他专用符号。在微型计算机系统中,使用最广泛的字符编码是美国国家标准信息交换码(American Standard Code for Information Interchange,ASCII),简称 ASCII 码。

ASCII 码用 8 位二进制数(即 1 字节)表示一个西文字符,有 7 位版本和 8 位版本两种,国际上通用的是 7 位版本。

7 位版本的 ASCII 码是用 1 字节中的低 7 位表示一个字符,最高位恒为 0,最多可以表示 128 种不同的字符,其中包括:数字 0~9、大小写英文字母 52 个、各种标点符号和运算符号等,另外 33 个字符是通用控制符,控制着计算机某些外围设备的工作特性和软件运行情况。具体编码表如表 3-3 所示。

表 3-3 ASCII 码字符编码表

<table>
<tr><th rowspan="2">十六进制低位</th><th colspan="8">十六进制高位</th></tr>
<tr><th>0</th><th>1</th><th>2</th><th>3</th><th>4</th><th>5</th><th>6</th><th>7</th></tr>
<tr><td>0</td><td>NUL</td><td>DLE</td><td>SP</td><td>0</td><td>@</td><td>P</td><td>`</td><td>p</td></tr>
<tr><td>1</td><td>SOH</td><td>DC1</td><td>!</td><td>1</td><td>A</td><td>Q</td><td>a</td><td>q</td></tr>
<tr><td>2</td><td>STX</td><td>DC2</td><td>"</td><td>2</td><td>B</td><td>R</td><td>b</td><td>r</td></tr>
<tr><td>3</td><td>ETX</td><td>DC3</td><td>#</td><td>3</td><td>C</td><td>S</td><td>c</td><td>s</td></tr>
<tr><td>4</td><td>EOT</td><td>DC4</td><td>$</td><td>4</td><td>D</td><td>T</td><td>d</td><td>t</td></tr>
<tr><td>5</td><td>ENQ</td><td>NAK</td><td>%</td><td>5</td><td>E</td><td>U</td><td>e</td><td>u</td></tr>
<tr><td>6</td><td>ACK</td><td>SYN</td><td>&</td><td>6</td><td>F</td><td>V</td><td>f</td><td>v</td></tr>
<tr><td>7</td><td>BEL</td><td>ETB</td><td>'</td><td>7</td><td>G</td><td>W</td><td>g</td><td>w</td></tr>
<tr><td>8</td><td>BS</td><td>CAN</td><td>(</td><td>8</td><td>H</td><td>X</td><td>h</td><td>x</td></tr>
<tr><td>9</td><td>HT</td><td>EM</td><td>)</td><td>9</td><td>I</td><td>Y</td><td>i</td><td>y</td></tr>
<tr><td>A</td><td>LF</td><td>SUB</td><td>*</td><td>:</td><td>J</td><td>Z</td><td>j</td><td>z</td></tr>
<tr><td>B</td><td>VT</td><td>ESC</td><td>+</td><td>;</td><td>K</td><td>[</td><td>k</td><td>{</td></tr>
<tr><td>C</td><td>FF</td><td>FS</td><td>,</td><td><</td><td>L</td><td>\</td><td>l</td><td>|</td></tr>
<tr><td>D</td><td>CR</td><td>GS</td><td>-</td><td>=</td><td>M</td><td>]</td><td>m</td><td>}</td></tr>
<tr><td>E</td><td>SO</td><td>RS</td><td>.</td><td>></td><td>N</td><td>^</td><td>n</td><td>~</td></tr>
<tr><td>F</td><td>SI</td><td>US</td><td>/</td><td>?</td><td>O</td><td>_</td><td>o</td><td>DEL</td></tr>
</table>

3.2.2　汉字编码

汉字编码主要用于解决汉字的输入、处理和输出问题。在使用计算机处理汉字信息的过程中，每个环节都需要不同的汉字编码，如图 3-1 所示。

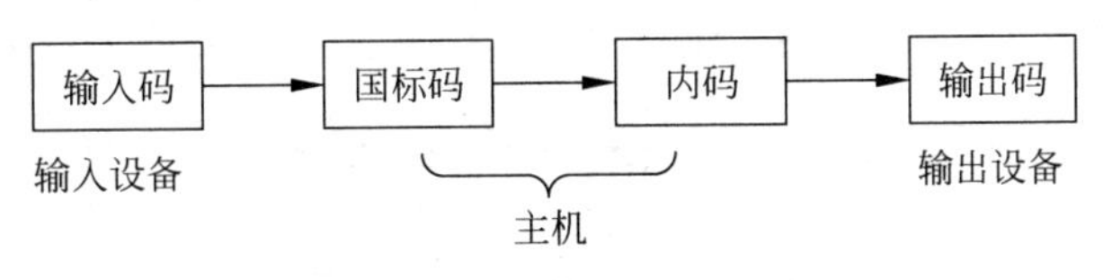

图 3-1　汉字信息处理过程

1. 汉字输入码

汉字输入码是为方便人工通过键盘输入汉字而设计的编码，又称汉字外码。汉字输入码的编码方案很多，目前国内广泛使用的主要有拼音类输入法（如智能 ABC、微软拼音）、拼形类输入法（如五笔字型输入法）等。

2.　汉字内码

汉字内码是供计算机系统内部进行存储、处理和传输汉字信息时使用的编码，简称机内码或汉字内码。一个汉字的机内码一般用两个字节表示。目前，汉字的机内码尚未标准化，不同的计算机系统使用的汉字内码可能不同。

3. 国标码

由于在各计算机系统中所使用的汉字机内码尚未形成统一的标准，为避免汉字信息交换时造成混乱，我国于 1981 年颁布了《信息交换用汉字编码字符集——基本集》，即国家标准 GB2312—80，这种编码称为国标码。国标码中共收集汉字 6763 个，分为两级。第一级汉字共 3755 个，属常用汉字，按汉字拼音字母顺序排列；第二级汉字共 3008 个，属于次常用汉字，按部首排列。此外，表中还收录了 682 个常用的非汉字图形字符。

GB2312—80 国标码中将所有字符按规则排成 94 行、94 列，其行号称为区号，列号称为位号，这样每个汉字对应唯一的区号和位号，这就是汉字的区位码。

4. 汉字输出码

汉字输出码也称为汉字字形码或字模，就是以数字代码描述字的形状，在输出的时候，由计算机将代码还原，恢复字原来的形状，在输出设备上输出。

随着汉字信息处理技术的发展，字形码经历了点阵字形、轮廓矢量字形、曲线轮廓字形、TrueType 字形等几个发展阶段。图 3-2 所示为 24×24 点阵的汉字字形输出码。

3.2.3　数值编码

计算机中的数值数据是指日常生活中所说的数或数据，分正数和负数、整数和实数。

在计算机中如何表示数值呢？以十进制数 －57.375 为例说明。首先，将十进制数 －57.375 转化为二进制数 －111001.011，以这种形式表示的二进制数称为真值数。在计算机中，任何信息都只能用“0”和“1”表示，所以上述真值数不能直接存放在计算机内，需要再经过规范化，经过规范化后能够直接存放在计算机内的数据称为机器数。

1. 机器数的特点

（1）机器数表示的数值范围受计算机字长的限制。

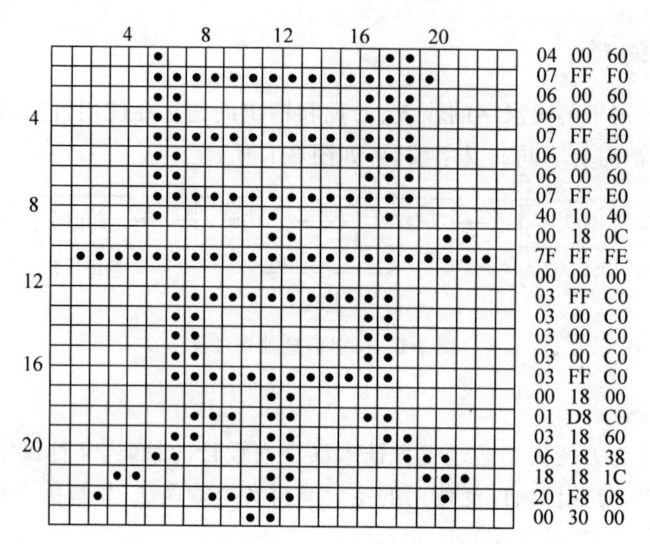

图 3-2　24×24 点阵汉字字形码示例

(2) 机器数的符号位被数值化。一般约定机器数的最高位为符号位,规则如下:

0　～"+",0 表示正号

1　～"−",1 表示负号

(3) 机器数的小数点位置预先约定。主要有以下两种方式:

① 定点数。预先在存储空间上约定好小数点的位置,然后将数值对应存放的方法。同样字长情况下,定点数方式表示的数值精度较高,但数值大小范围有限。

② 浮点数。不约定小数点的位置,但需要预先将一个二进制数转换成 a×2 的 n 次幂(科学计数法)的形式后,再按照固定格式存放至存储空间的方法。同样字长情况下,浮点数可以表示的数值范围较大,但数值精度有限。

2. 机器数表示方法

在计算机内部,数值型数据不论正负或者是否有小数位,都要经过一系列格式转换,形成二进制"补码"形式,然后再保存到存储空间上去。在转换过程中,派生出三种码制分别是:原码、反码和补码。以 8 位存储空间、二进制整数(+10010)和(−10010)为例,三种码制的转换规则如下:

(1) 原码。最高位(左起第 1 位)表示数值的符号位,其余各位表示数值的绝对值大小,右对齐书写,空余位置补 0。

真值	二进制(+10010)								二进制(−10010)							
原码	0	0	0	1	0	0	1	0	1	0	0	1	0	0	1	0

(2) 反码。正数的反码与原码相同;负数的反码是符号位不变,其余各位在其原码基础上取反。

真值	二进制(+10010)								二进制(−10010)							
原码	0	0	0	1	0	0	1	0	1	1	1	0	1	1	0	1

(3) 补码。正数的补码与原码相同,负数的补码是其反码基础上加 1(符号位参与运算)。

真值	二进制(+10010)								二进制(−10010)							
原码	0	0	0	1	0	0	1	0	1	1	1	0	1	1	1	0

注意:+0 和−0 的补码都是 00000000,−0 的补码在转换中产生的更高位的进位忽略不计。

3. 补码的应用

计算机使用补码形式来表示数值,其意义在于可以简化四则运算规则,将数值的加减乘除运算统一为补码的加法运算。例如,算式 64−32=32 在计算机处理过程中实际形式为:$(64)_{补码}+(-32)_{补码}=(32)_{补码}$。具体计算过程如下:

$(64)_{补码}$: 01000000

$(-32)_{补码}$: 11100000

相加--------------------------------------

1̲00100000(更高位的进位 1̲ 被忽略)

$(32)_{补码}$: 00100000

3.2.4 多媒体信息编码

多媒体是指图像、音频、视频、文本等多种媒介信息及其相互关联的一种统称。多媒体信息编码就是将各类多媒体内容以二进制"0"和"1"的形式按照某种算法规则进行表示的过程。

1. 位图图像的表示方法

图 3-3 显示的是一幅图像,将该图像按图示均匀划分成若干小格,每个小格被称为一个像素,每个像素又呈现了不同的颜色和层次。对应不同色彩模式,二进制的编码方式有所不同,图像占用的数据空间的大小也各不相同。占用主要分为黑白图像、灰度图像和真彩色图像三类。

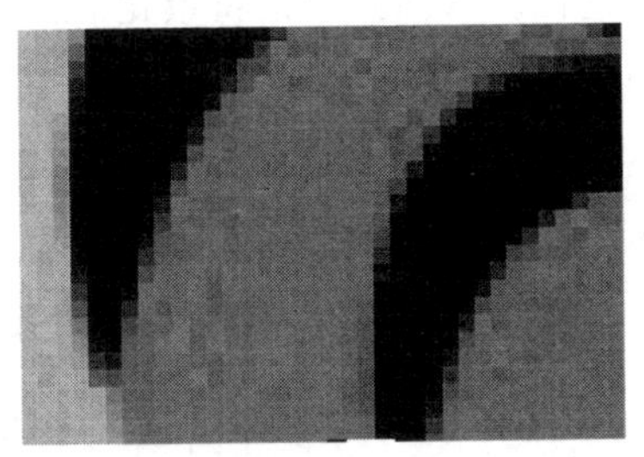

图 3-3 全图与放大后的像素点分布对比

(1) 黑白图像

黑白图像即类似常见的"二维码"信息那样的图像,画面中的每个像素点只有"黑色"和"白色"两种状态,用 1 位二进制数字即可表示,即用"0"表示黑色、"1"表示白色。

(2) 灰度图像

灰度图像即类似“黑白照片”那样的图像，画面中每个像素点只有从“黑”到“灰”到“白”的层次变化，用 8 位二进制来表示不同的灰度层次，即 $2^8=256$ 个灰度级别。

(3) 真彩色图像

真彩色图像即全彩空间下的彩色图像的表示，每个像素点采用三个 8 位二进制来分别表示三原色：红(R)、绿(G)、蓝(B)三个通道的不同色彩级别，也就是每个像素点有 $2^{24}=$ 16 777 216 个色彩级别。业界比较常用的 24 位 RGB 色彩模式就是基于上述方法来进行编码的。

一幅图像的尺寸可用像素点来衡量，即水平像素数×垂直像素数=像素总数。单位尺寸内的像素点数目称为分辨率。图像即可视为这些像素的集合，对每个像素进行编码，然后按行、列的顺序将编码连起来，就构成了整幅图像的编码。例如，一幅 2048 像素×1024 像素的 24 位真彩色图片占用的二进制存储空间为：

$$2048\times1024\times24=50\ 331\ 648(\text{位})=6\ 291\ 456(\text{字节})=6\text{MB}$$

当然，上面计算出的 6MB 只是无压缩状态下占用的存储空间，这种图像编码方式占用空间较大，在实际的图像发布与传输过程中，往往要使用不同的算法来重新对图像进行编码，以达到压缩图像尺寸的目的。图像压缩通过分析图像行列像素点之间相关性来实现压缩，目的是压缩掉冗余的(连续的、重复的)像素点信息，来降低所占用的存储空间(如 BMP、JPEG、GIF、PNG 等格式)。基于霍夫曼编码的二进制数据压缩算法(计“0”法)在图像压缩算法中比较常见，例如：

压缩前数据串(占 32 位空间)00000000 00000010 00011000 00000000，压缩算法以四位二进制空间，记录每两个“1”之间“0”的个数，压缩后数据串(占 16 位空间)为 1110 0100 0000 1011。

2. 声音信息的表示方法

声音所产生的信号就是声波，声波是连续的，通常被称为模拟信号。模拟信号需要经过采样、量化和编码后形成数字音频，之后再进入计算机系统进行处理和传输(如图 3-4 所示)。这里所说的“采样”是指按一定的采样频率对连续音频信号做时间上的离散化，即对连续信号隔一定周期获取一个信号点的过程。“量化”是将所采集的信号点的数值区分成不同位数的离散数值的过程。“编码”则是将量化后的离散数值按一定的规则编码存储的过程。采样时间间隔越小，或者采样频率越高，或采样精度越高，则声音采样的品质就越高，数字化

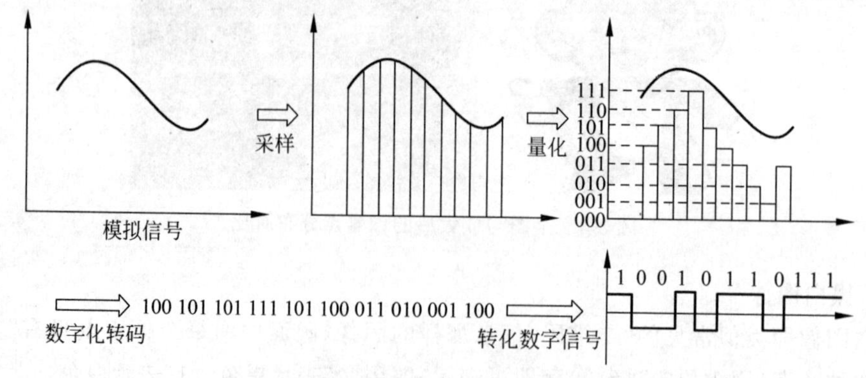

图 3-4 声音模拟信号转换为数字信号过程

信息表示就越接近原始的连续声波。例如，音乐CD中的采样频率为每秒44 100次，这已经很逼真了。

数字声音文件也如图像文件一样，对原始二进制采样数据需要压缩存储，也就形成了不同制式的音频编码格式，常见的有WAV、MP3、WMA、AIFF等。

3. 视频信息的表示方法

视频本质上是按时间顺序排列的一组静态图像，其中的每一幅图像被称为“帧”。通过数字化影像采集设备，按某种帧频(如25帧/秒)将视频图像采样、量化、编码而形成数字视频。采集的过程中，影像采集设备还可以同步录制音频内容，并与视频图像同步进而形成有声影视节目内容。

由于数字视频包含庞大的数据内容，原始采样数据必须要经过压缩，才能被用于后续的处理和传播。典型的视频压缩编码有国际电联的H.263、H.264，以及国际标准化组织——运动图像专家组的MPEG系列标准等。

3.3 计算机信息安全概述

随着计算机技术、网络技术、数据库技术的高速发展，社会生活的各个方面与计算机高度融合在一起。人们在工作、学习、生活中的各种信息已经趋于数字化、网络化，并且在国际互联网的背景下形成了全球信息共享的格局。与此同时，人们对于计算机与计算机网络的安全问题越发关注，个人隐私、知识产权甚至国家安全如何在信息化时代背景下得到有效的保护成为计算机业界的重要研究课题。

3.3.1 信息安全定义

国际标准化组织(ISO)对计算机安全(Computer Security)的定义是：为数据处理系统建立和采取的技术和管理的安全保护，保护计算机硬件、软件和数据不因偶然的或恶意的原因而遭到破坏、更改和泄露。

根据我国1994年颁布的《中华人民共和国计算机信息系统安全保护条例》中的定义：计算机信息系统的安全保护，应当保障计算机及其相关和配套的设备、设施(含网络)的安全，保障运行环境的安全，保障信息的安全，保障计算机功能的正常发挥，以维护计算机信息系统的安全运行。

1. 计算机信息安全的具体内容

(1) 信息的安全

信息的安全主要包括用户口令、用户权限、数据库存取控制、安全审计、安全问题跟踪、计算机病毒防治等；保护数据的保密性、真实性和完整性，避免意外损坏或丢失，避免非法用户窃听、冒充、欺骗等行为；保证信息传播的安全，防止和控制非法、有害信息的传播，维护社会公德、法规和国家利益。

(2) 信息系统的安全

信息系统安全是指保证信息处理和传输系统的安全，主要包括计算机机房的安全、硬件系统的可靠运行和安全、网络的安全、操作系统和应用软件安全、数据库系统安全等。它重在保证系统正常运行，避免因系统故障而对系统存储、处理和传输信息造成破坏和损失，避免信息泄露，避免信息干扰。

2. 信息安全风险分类

信息安全的主要风险包括非法授权访问、假冒合法用户身份窃取或破坏数据、释放病毒干扰系统正常运行、数据通信窃听、系统硬件故障、环境因素等。

（1）信息系统自身缺陷

信息系统自身缺陷即硬件系统设计缺陷导致的安全隐患。例如，硬盘故障、电源故障或主板芯片的故障、芯片生产商预留后门等。软件系统安全风险主要来源于软件设计开发中形成的安全问题。例如，操作系统安全漏洞、应用软件设计缺陷、网络协议安全隐患等。

（2）人为因素造成的信息安全风险

人为因素包括用户误操作导致数据损坏和丢失，集中密集网络访问导致的网络拥堵，用户口令保管使用不当造成密码泄露，黑客非法破解网站入口，监听用户操作信息，冒充合法用户身份窃取、破坏数据等。

（3）计算机与相关设施环境风险

计算机设备环境问题也同样构成信息安全风险因素。例如，自然灾害、有害气体、静电等环境问题对计算机系统的损害，停电、电压突变对计算机系统运行的影响，偷盗、破坏造成的影响等等。

3. 信息安全等级保护

信息安全等级保护是指对国家安全、法人和其他组织及公民的专有信息以及公开信息和存储、传输、处理这些信息的信息系统分等级实行安全保护，对信息系统中使用的信息安全产品实行按等级管理、分级响应和处置的一系列保护措施。1970 年美国国防科学委员会提出了 TCSEC 标准，按信息的等级和响应措施，将计算机安全从低到高分为 D、C、B、A 四类，7 个级别，共 27 条评估准则（见表 3-4）。

表 3-4　TCSEC 计算机信息安全标准

分　　类	特　　征	等　　级	安 全 原 则
D 类	无保护级别	D1	最小保护级别
C 类	自主保护级别	C1	自主安全保护级别
		C2	可控安全保护级别
B 类	强制保护级别	B1	加标记的访问控制保护
		B2	结构化保护级别
		B3	安全域保护级别
A 类	最高保护级别	A1	可验证设计保护级别

3.3.2　计算机病毒

计算机病毒（computer virus）是一种人为制造、能够自我复制并对计算机资源进行窃取或破坏的程序与指令的集合。它与生物概念上的病毒有相似之处，能够把自身附着在其他文件之上或是寄生在存储媒介之中，对计算机系统和网络进行各种攻击，同时具有独特的复制能力和传染性。

1986 年，巴基斯坦两兄弟为了追踪非法复制其软件的人制造了“巴基斯坦”病毒，这成

为世界公认的第一个传染 PC 的计算机病毒。1999 年,CIH 病毒在全球范围内大规模爆发,造成近 6000 万台计算机瘫痪,这也成为有史以来影响范围最广、破坏性最大的病毒。

近年来,由于盗号、隐私信息贩售两大黑色产业链趋于规模化,计算机病毒主要以木马病毒为主,配合蠕虫、后门病毒等,黑客通过植入病毒窃取 QQ 账号、网游账号、个人隐私及企业机密,已达到牟取暴利的非法目的。图 3-5 所示为 2017 年病毒分类不完全统计。

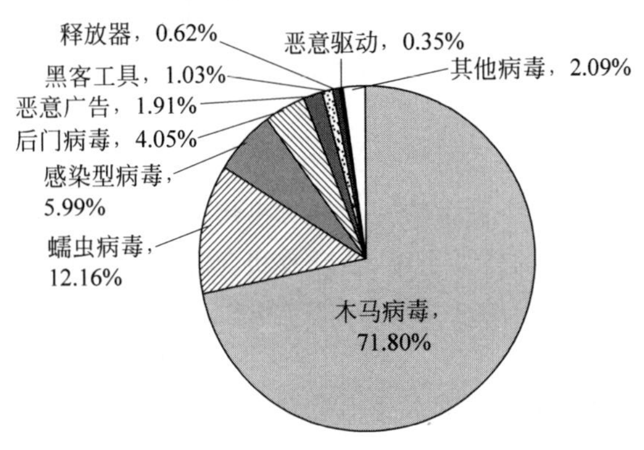

图 3-5 2017 年病毒分类不完全统计

2018 年 2 月,全球大面积爆发的勒索病毒攻击,成为新型病毒形式。它主要以邮件、程序木马、网页挂马的形式进行传播。这种病毒性质恶劣、危害极大,它利用各种加密算法对文件进行加密,被感染后一般无法解密,除非拿到病毒制造者提供的密钥才可能还原,这给感染勒索病毒的用户带来了无法估量的损失。

1. 计算机病毒的分类

计算机病毒类别多样,对其进行分类研究有利于更好地描述、分析和理解计算机病毒的特性与危害,有利于针对病毒原理研究防治技术。根据计算机病毒的不同属性通常有以下几种分类方法。

(1) 根据病毒破坏能力分类

① 无危害型。只占用磁盘可用空间,对系统没有其他影响。

② 无危险型。只占用内存资源,显示病毒 LOGO 图像、声音等。

③ 危险型。中断、破坏操作系统执行进程。

④ 非常危险型。删除程序、破坏数据、清除操作系统文件内容等。

根据病毒破坏的性质,还可以分为良性病毒与恶性病毒两类。良性病毒不包含对计算机系统产生直接破坏作用的代码,只是不停地自我复制和传播,占用系统资源直至系统崩溃,小球病毒即属于此类;恶性病毒的程序代码中包含了损害计算机系统的指令,在其发作过程中对目标计算机软件系统、数据信息甚至硬件设备进行直接的破坏,如米开朗基罗病毒、CIH 病毒都属于此类。

(2) 根据计算机病毒的指令结构与算法逻辑分类

① 伴随型病毒。并不改变计算机合法文件内容,根据算法产生 EXE 可执行文件的伴随体,当 EXE 文件被调用执行时,病毒文件同步工作,进行破坏。

② “蠕虫”病毒。依赖网络进行传播,一般直接驻留在系统内存中,通过网络从一台机器传播到另一台,并针对系统漏洞进行破坏。

③ 寄生型病毒。嵌入计算机系统的引导扇区或文件中，伴随系统运行而工作。

④ 变形病毒。使用复杂算法进行自我复制传播，且每次复制都与母体的内容或长度不同，甚至病毒特征码在复制时也伴随改变，从而增加了杀毒软件的查杀难度。

⑤ 木马病毒。也可称其为间谍软件，与一般病毒不同，它并不直接破坏计算机软件系统，而是将自身伪装起来吸引用户下载执行，病毒启动后收集目标机器的登录账号、密码等核心信息再通过网络手段发送给病毒制造者，最终达到窃取信息的目的，为进一步攻击做准备。

2. 计算机病毒的基本特征

(1) 破坏性

破坏性是计算机病毒的一个基本特征。计算机病毒程序被开发出来的目的就是破坏其他计算机，它可以破坏计算机的软件系统，使计算机无法正常工作，也可以修改或者删除存储在计算机中的数据，造成用户的巨大损失，甚至可以改写芯片数据内容，造成硬件的损坏。

(2) 隐蔽性

计算机病毒制造者为了保护病毒本身不被发现，通常将病毒代码与其他程序文件捆绑在一起，而不是单独出现，使用户不易察觉。病毒编写通常极为简短精练，附着在计算机的正常程序或比较隐蔽的磁盘空间上，如果不掌握其特征代码很难将其与正常的程序文件区分开。

(3) 传染性

计算机病毒可以在程序、计算机和计算机网络之间进行传播，被感染的计算机又成为新的传染源。病毒在计算机系统运行的过程中，借助内存、磁盘、移动存储设备、网络等媒介进行自我复制，在数据交换的过程中，完成从一台设备到另一台设备的传播。

(4) 潜伏性

计算机病毒为了掩盖其来源和传播途径，植入系统后常常不会立刻发作，而是要潜伏一段时间。有的病毒可以潜伏几个月甚至几年，它隐藏在合法文件之中，使得用户难以跟踪病毒的来源。如果不进行专门的扫描，潜伏性强的病毒很难被发现，此间不断传播和扩散，当触发条件成熟时突然出现造成严重的破坏效果。

(5) 可触发性

病毒的触发条件很多，有的以特定时间触发，有的以用户特点操作触发，有的以特定系统工作流程触发，使得病毒的发作更加突然，难以预防。

(6) 针对性

计算机病毒一般都是针对特定操作系统与应用软件编写的，如“巴基斯坦”病毒基于DOS 系统，“熊猫烧香”病毒针对 Windows 系统，“Office 宏病毒”针对微软 Office 套装软件，“键盘记录器病毒”是专门窃取用户键盘输入信息的病毒等。

3. 计算机病毒应对方法

(1) 计算机病毒的预防

从根本上说，计算机病毒应该以预防为主，切断病毒的传播途径可以有效地防止病毒入侵。由于计算机病毒要通过移动存储设备和网络进行传播，可以从以下几个方面进行预防。

① 安装杀毒软件和防火墙软件。注意及时升级软件病毒特征库，并经常进行系统扫描。

② 慎重使用外来移动存储设备（U 盘、光盘、移动硬盘）。在打开之前首先进行病毒扫描。

③ 慎重连接公共计算机设备。网吧、机房等公共计算机设备常常是病毒重要传染源，使用移动存储设备连接此种计算机后要及时查杀病毒。

④ 不要随意下载来历不明的软件，提倡使用正版软件，不要随意打开陌生电子邮件的附件文件。

⑤ 公共计算机建议安装系统保护还原卡，每次重启计算机可以刷新操作系统分区数据内容。

⑥ 定期备份重要数据。创建操作系统分区镜像（例如使用 GHost 工具在 DOS 模式下备份 Windows 所在 C 盘分区全部内容，即便操作系统数据损坏，也可以全盘还原）。

（2）计算机病毒的检测与清除

由于计算机病毒具有一定潜伏性，即使设备感染病毒，在病毒没有发作之前及时检测与清除也能够很好地保护计算机系统，将安全风险降到最低。

① 注意察觉计算机异常现象，如频繁死机、速度变慢、软件无法正常工作等。

② 查看计算机内存进程内容，如发现不明程序占用较多 CPU 资源，很可能是病毒。

③ 安装杀毒软件与防火墙，经常进行查杀扫描。国内市场上主流杀毒软件与防火墙有 360 杀毒、瑞星杀毒、NOD 杀毒、诺顿、卡巴斯基等。

3.3.3　网络黑客攻击与预防

黑客（Hacker）一般是指计算机网络的非法入侵者。早期，黑客一词主要是指热衷于计算机技术，水平高超的计算机专家，尤其是程序设计人员。但是现在黑客已经被用于泛指那些专门利用计算机系统漏洞，通过网络攻击技术，非法闯入他人计算机窃取、破坏数据的人。

黑客入侵计算机系统的目的千奇百怪，有的仅仅是为了满足自己的好奇心，有的则是炫耀自己的计算机技术水平，有的是为了验证自己的编程能力。但是，更多的黑客入侵系统，则是为了窃取情报、金钱，盗用系统资源，或是进行恶劣的报复行为。

1. 黑客常用攻击方式

一般黑客的攻击行为分为以下 3 步。

（1）收集信息

收集信息是为了了解所要攻击目标的详细信息，黑客利用某些网络协议或程序端口收集相关数据。例如，利用 SNMP 协议查看路由器路由表，了解目标网络内部结构；利用 TraceRoute 程序获取目标主机的网络层次；利用 ping 程序检测主机位置等。

（2）检测分析系统安全弱点

在执行了信息收集工作后，黑客根据反馈信息分析寻找目标系统的网络安全漏洞，利用 Telnet、FTP 等协议方式寻求突破目标系统的通路，获取非法访问权限。

（3）实施攻击

黑客获得远程访问权限后开始实施各种攻击行为：

① 建立新的安全漏洞和后门，以方便随后的持续潜入行为。

② 植入探测软件（键盘记录、木马程序等），收集账号、密码等目标系统核心信息。

③ 建立黑客独享的特许访问权限，全面控制目标主机，并以此展开更大范围的攻击。

④ 清除攻击痕迹，改写系统日志，毁掉入侵痕迹。

2. 黑客攻击的防范

黑客入侵计算机系统手法多样，但归根结底都是利用了系统的自身漏洞和系统管理员的工作疏忽。为防止黑客入侵，系统管理员和使用者应该具有较强的防范意识和专业措施，不给黑客以可乘之机。防范黑客攻击需要在以下几方面加强管理。

（1）数据加密

数据加密是保护系统内部数据、文件、重要口令等内容的安全性的重要手段，对网络通信内容的加密，可以最大程度上防止黑客的监听，使得黑客短时间内难以破解原文内容。

（2）身份认证

通过管理密码与账户权限，严格分配系统内合法用户必要的权限，慎重授权高级用户权限，对管理员权限账户要定期更换密钥，或配备更加安全的加密方式（如 U 盾、加密狗），并对高级权限用户的访问情况进行监控。

（3）完善访问控制策略

严格管理系统端口，设置文件系统访问权限和目录安全等级，安装高级网络防火墙软件，并保持版本最新。

（4）日志记录

管理员需要实时记录系统主机有关访问事件，及时备份日志至安全设备中，记录网络用户的访问时间、操作内容、访问方式等内容。针对重要系统，应配有专人和专业设备，实时监控网络安全状态，一旦发现黑客攻击行为可以及时应对处理。

第4章　操作系统导论

4.1　操作系统概述

操作系统(Operating System,OS)是计算机系统中最重要的一种系统软件,是控制和管理计算机系统中的软硬件资源,合理组织计算机的工作流程,以方便用户使用计算机的程序和数据的集合。操作系统包括管理与配置内存、决定系统资源供需的优先次序、控制输入与输出设备、操作网络与管理文件系统等基本事务。在计算机系统中,操作系统介于硬件和用户之间,一方面它能向用户提供各种接口,方便用户使用计算机;另一方面它能管理计算机的软硬件资源,以便合理地利用它们。

4.1.1　操作系统的发展简介

操作系统是随着计算机研究和应用的发展而逐步形成并发展起来的。通常,按照计算机元器件的演变过程,将计算机硬件的发展划分为四个时代:电子管时代、晶体管时代、小规模集成电路时代、大规模和超大规模集成电路时代。相应地也将操作系统的发展划分为四个时代:单道批处理时代、多道批处理时代、分时和实时系统时代以及通用的操作系统时代。

1946年到20世纪50年代中期,计算机的发展处于初期阶段,计算机的主要元器件是电子管,并没有操作系统,用户独占计算机资源,既当程序员又当操作员。现在几秒之内便能完成的一个简单的计算机操作在当时需要专业的人员完成:安装写有程序的打孔纸带、启动输入机输入程序、通过控制台启动程序、打印输出计算结果、卸载纸带等一系列操作才能完成,其需要耗费大量的时间和精力。

为了简化操作步骤,提高工作效率,人们将一些每个程序运行时都会涉及的对计算机资源的操作独立出来,让专门的程序对其进行管理,操作系统由此诞生。

1. 批处理系统

在计算机操作过程中,用户将自己希望解决的问题以作业的形式提交给计算机。所谓“作业”是指用户要求计算机系统完成的一个独立的操作。但是随着计算机运行速度的提高，早期手工建立和运行作业的速度已无法跟上 CPU 的处理速度。为了提高 CPU 的利用率，就需要实现作业的自动过渡处理：当用户为作业准备好程序和数据后，写一份控制作业执行的说明书；然后把作业说明书、相应的程序和数据一起交给操作员；操作员将收到的一批作业的相关信息输入计算机系统中形成一个作业序列等待处理；由操作系统自主选择作业，并按其作业说明书的要求自动控制作业的执行。采用这种批量化处理作业的操作系统称为批处理操作系统，简称批处理系统。

早期的批处理系统是单道批处理系统，简单地说就是一批作业被输入外存，通过内存依次调用其中的一道作业运行，直到所有的作业全部处理完毕。单道批处理系统大大减少了人工操作的时间，提高了计算机的利用率。

单道程序工作过程如图 4-1 所示。在 A 程序计算时，I/O 处于空闲状态，A 程序 I/O 操作时，CPU 处于空闲状态(B 程序也是同样)；必须等 A 程序工作完成后，B 程序才能进入内存中开始工作，可以看出两者是串行的，全部完成所需时间等于 T1＋T2。

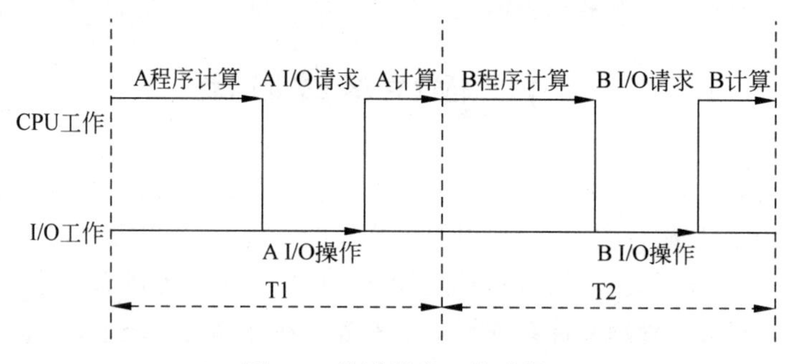

图 4-1　单道程序工作过程

由单道程序运行过程可以看出，作业的输入和结果的输出过程中，CPU 会处于等待状态，也就是说这段时间 CPU 未能实现充分利用。为了解决这一问题，在单道批处理系统的基础上引入了多道程序设计技术，也就是多道批处理系统。在多道批处理系统中，不仅在内存中可同时有多道作业在运行，而且作业可随时被调入系统，并存放在外存中形成作业队列，由操作系统按一定的原则，从作业队列中调入一个或多个作业进入内存运行。宏观上多个作业同时在内存并行运行，实质上它们是在轮流使用 CPU，而不用让 CPU 处于较长时间等待状态，让资源得到充分利用。

多道程序工作过程如图 4-2 所示。将 A、B 两道程序同时存放在内存中，它们在系统的控制下，可以相互穿插、交替地在 CPU 上运行。当 A 程序因请求 I/O 操作而放弃 CPU 时，B 程序就可占用 CPU 运行，这样 CPU 不再空闲，而正进行 A 程序 I/O 操作的 I/O 设备也不空闲。显然，CPU 和 I/O 设备都处于“忙”状态，大大提高了资源的利用率，从而也提高了系统的效率。这样 A、B 程序全部完成所需的时间小于 T1＋T2。

2. 分时和实时系统

在批处理系统中，用户一旦提交自己的作业，便把任务交给了计算机，即从烦琐的操作中脱离出来。但是由于脱机操作，用户很难掌控作业的处理状态，从而失去了对作业运行的主动干预。20 世纪 60 年代，随着计算机技术的不断发展，越来越多的人使用计算机，使得计算机的应用范围越来越广泛，人们对计算机的要求也不断提高，迫切地希望计算机按照自己的意愿完成作业，由此计算机发展进入了第三个时代：分时和实时系统时代。

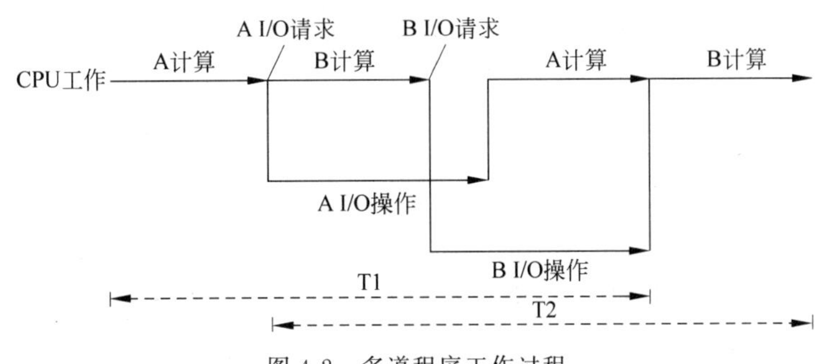

图 4-2　多道程序工作过程

分时技术是将处理机的运行时间分成很短的时间片，按时间片对各联机作业进行时间片轮流处理。若一道作业在预定的时间片内没有完成便会形成中断，继而完成其他作业，但是由于时间片非常短，让用户觉得自己好像独占了一台计算机，满足了用户的需求，也提高了整个系统的效率。

实时系统是另外一种联机的操作系统。它主要特点是响应及时性和高可靠性。实时系统认为计算的正确性不仅取决于程序的逻辑正确性，也取决于结果产生的时间，如果系统的时间约束条件得不到满足，系统将会出错。实时信息处理系统与分时系统一样具有多路性。系统按分时原则为多个终端用户服务。对实时控制系统，其多路性则主要表现在经常对多路的现场信息进行采集，以及对多个对象或多个执行机构进行控制。当今社会，实时系统的应用十分广泛，大多数的嵌入式系统都是实时系统。此外，例如医疗检测、航空航天等对时间反馈要求极为严苛的领域也会用到实时系统。

3. 通用操作系统

随着操作系统日益完善，人们开始研究开发兼有多道批处理、分时功能、实时功能的通用操作系统。其中，UNIX 系统就是一个通用的多用户分时交互型操作系统。它的功能强大，可以支持庞大的软件系统在其上运行，其不断改进完善，被越来越多的用户所熟知，从而得到广泛推广，直至如今依旧拥有庞大的用户群。

至今，操作系统依旧在不断完善和发展中，由于计算机系统中包含了大量硬件和软件，以及计算机操作中会受到其他人为因素影响，一个绝对可靠、不会产生错误的操作系统并不存在。但是，如果能在下列几个方面加以努力，则可望产生一个可靠性较好的操作系统。①在设计和实施的各个阶段采取各种措施，尽可能避免软硬件故障；②在系统运行过程中，一旦出错要能够及时检测出来，以减少它对系统所造成的损害；③检测出错误后要迅速找到造成错误的原因，确定故障位置并采取相应措施排除故障；④尽可能对错误造成的损害进行修复，使系统恢复正常运行。

4.1.2　操作系统的分类

操作系统分类方法有很多种，一般按操作系统的使用性能和应用环境可以将操作系统分为以下几类。

1. 批处理操作系统

批处理操作系统通常适用于大型的科学计算、数据处理。用户在提交作业之后便不再和自己的作业打交道。操作员会把用户提交的作业分批提交给计算机处理，期间用户不对

自己的作业进行干预。这样就形成了作业流程自动化，提高了系统资源的利用率和作业吞吐率。但是由于没有交互手段，而且作业周转时间长，作业处理过程中若出现错误也没有办法及时进行程序调试。

2. 分时操作系统

分时系统与批处理系统之间有着截然不同的性能差别。分时操作系统把计算机的系统资源(尤其是 CPU 时间)划分成很小的时间片，每个用户依次轮流使用时间片。同时对每个用户保证足够快的响应时间，提供交互会话能力。

3. 实时操作系统

实时操作系统指系统能及时(或即时)响应外部事件的请求，在规定的时间内完成对该事件的处理，并控制所有实时任务协调一致地运行。它必须保证实时性和高可靠性，将系统的效率放在第二位。实时操作系统一般用于机票订购系统、情报检索系统、冶炼和钢板轧制的自动控制、炼油、化工生产过程的自动控制等领域。

4. 网络操作系统

网络操作系统对网络各种资源进行管理和控制，是网络用户与网络资源之间的接口。目前局域网中主要存在以下几类网络操作系统：Windows 系列、UNIX 系统、Linux 系列、Netware 网络操作系统等。

5. 分布式操作系统

分布式操作系统与网络操作系统相比更着重于任务的分布性，即把一个大任务分为若干子任务，分派到不同的处理站点上并行执行，充分利用各计算机的优势共同完成任务。

在分布式操作系统控制下，使系统中的各台计算机组成了一个完整的、功能强大的计算机系统。与独立 PC 相比，分布式操作系统可以做到数据的共享，且更加廉价，还可以增强人与人之间的通信，使应用更加灵活。

6. 嵌入式操作系统

嵌入式操作系统是存在各种设备、装置或系统中，完成特定功能的软硬件系统，由于它们被嵌入在各种设备、装置或系统中，因此称为嵌入式系统。嵌入式软件的应用平台之一是各种家用电器和通信设备，例如手机、遥感控制系统等。由于家用电器市场要比传统的计算机市场大很多，因此嵌入式操作系统逐渐成为操作系统发展的另一个热门方向。

虽然不同的操作系统有各自的特点，但它们都具有以下 4 个共同特征。

(1) 并发性

在多道程序环境中，并发性是指宏观上在一段时间内有多个程序在运行。程序的并发执行能有效地改善系统资源的利用率，会使系统复杂化。因此，操作系统必须具有控制和管理各种并发事件的功能。

(2) 共享性

共享是指系统中的硬件和软件资源不再为某个程序独占，而是提供给多个用户使用。并发和共享是操作系统的两个最基本的特征，两者之间互为存在条件。

(3) 虚拟性

在操作系统中，虚拟是指把一个物理上的实体变为若干逻辑上的对应物，前者是实际存在的，而后者是虚拟的，只是用户的一种感觉。例如，在操作系统中引入多道程序设计技术，虽然只有一个 CPU，每次只能执行一道程序，但通过分时使用，在一段时间间隔内，宏观上

这台处理机能同时运行多道程序，给用户的感觉是每道程序都有一个 CPU 在为自己服务。也就是说，多道程序设计技术可以把一个物理上的 CPU 虚拟成为多个逻辑上的 CPU。

(4) 异步性

异步性也可以称为不确定性。在操作系统中，不确定性有两种含义：①程序执行结果是不确定的。即对同一个程序，使用相同的输入、在相同的环境下运行，却可能获得不同的结果，也就是说程序的运行结果是不可再现的；②多道程序环境下程序执行是以异步方式进行的。换言之，每个程序在何时执行、多个程序间的执行顺序、完成每道程序所需的时间都是不确定的，因而也是不可预知的。

4.1.3 操作系统的发展趋势

各种操作系统的应用领域不同，随着社会的发展、技术的进步，各领域也需要更新换代。

1. 分布式系统

几年之内许多机构会将它们的大多数计算机连接到大型分布式系统中，为用户提供更好、更廉价和更方便的服务。而在几年之后，中型或大型商业或其他机构中可能将不再存在一台孤立的计算机了。随着互联网的发展，大型分布式系统也越来越多、越来越复杂、越来越重要。

2. 实时系统

可以预见，今后社会对时间的要求将会更加的严苛，人们生活与工作的高效率就需要对时间的掌握到达分甚至秒的程度，而实时系统的特点正好满足这一要求，所以实时系统的发展在将来一定会取得长远的进步。

3. 嵌入式系统

随着医疗电子、智能家居、物流管理和电力控制等的不断风靡，嵌入式系统利用自身积累的底蕴经验，重视和把握这个机会，在已经成熟的平台和产品基础上与应用传感单元的结合，扩展物联和感知的支持能力，发掘某种领域物联网应用。作为物联网重要技术组成的嵌入式系统，嵌入式系统的视角有助于深刻地、全面地理解物联网的本质。随着信息化、智能化、网络化的发展，嵌入式系统技术也将获得广阔的发展空间。

4.2 操作系统的功能

操作系统是整个软件系统中的核心与基石，负责控制和管理计算机的所有软硬件资源，对系统来说扩展了整个系统的功能，对用户来说屏蔽了很多具体的硬件细节，为计算机用户提供统一的应用接口。操作系统是一个庞大的管理控制程序，大致包括五个方面的管理功能：处理器管理、存储管理、设备管理、文件管理、作业管理。

4.2.1 处理器管理

处理器相当于计算机的大脑，计算机中的一切工作都需要它来进行指挥和计算。无论是操作系统程序自己，还是操作系统控制下执行的应用程序，都是在处理器上执行的。处理器管理的主要任务是组织和协调用户对处理器的争夺使用，管理和控制用户任务，以最大限度提高处理器的利用率。在多道程序环境下，处理器的分配和运行又都是以进程为单位的，因此,对处理器的管理可归纳为对进程的管理。

程序是具有独立功能的一组指令集合,而进程则是一个程序在一个数据集上的一次执行。进程有以下基本属性:

(1) 动态性。进程是一个动态事件,程序是静态的。

(2) 异步性。各个并发的进程可以不同步地进行。

(3) 并发性。多个进程可以同时进行。

(4) 可以含有相同的程序。在多个进程中,可以有相同的程序在执行。

进程还存在三种状态:等待(wait)状态(又称为阻塞状态)、就绪(ready)状态、运行(running)状态。通常,当输入井中的作业被传入主存储器当中以后,同时系统就自动创建了一个关于该作业的进程,这一系列的过程也叫做作业调度。当作业放入主存储器当中时,进程的状态变成等待状态,当正在等待的进程资源得到满足时,进程就变成了就绪状态。一个进程在创建后将处于就绪状态。每个进程在执行过程中,任意时刻当且仅当处于上述三种状态之一。

在一个进程执行过程中,它的状态将会发生改变。其基本过程及变化如图 4-3 所示。操作系统根据进程调度算法从进程队列中选择进程进入处理器运行,此时进程由就绪状态变为运行状态;当等待使用资源或某事件(如等待外设输入)发生时,进程由运行状态变为等待状态;当资源得到满足或某事件已经发生,此时进程由等待状态变为就绪状态;而当运行时间片到,或出现有更高优先权进程时,进程又由运行状态变为就绪状态。

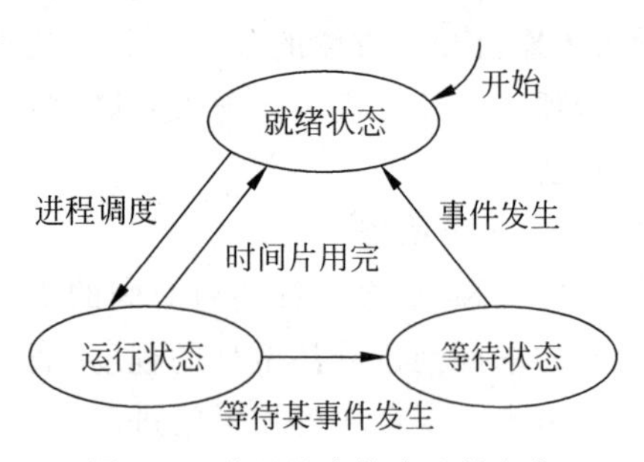

图 4-3　进程基本状态及其变化

4.2.2　存储管理

计算机存储层次至少应具有三级:最高层为 CPU 寄存器,中间层为主存,最底层是辅存。还可以根据具体的功能分工细划为寄存器、高速缓存、主存储器、磁盘缓存、固定磁盘、可移动存储介质等 6 层,如图 4-4 所示。在存储器的层次结构中越往上,存储介质的访问速度越快,价格也越高,相对存储容量也越小。

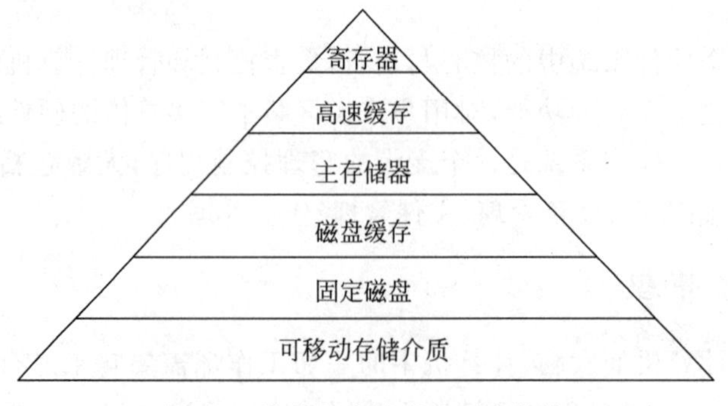

图 4-4　计算机存储器的层次结构

寄存器、高速缓存、主存储器和磁盘缓存均属于操作系统存储管理的管辖范畴，掉电后它们存储的信息不再存在。固定磁盘和可移动存储介质属于设备管理的管辖范畴，它们存储的信息将被长期保存。磁盘缓存本身并不是一种实际存在的存储介质，它依托于固定磁盘，提供对主存储器存储空间的扩充。由于处理器在执行指令时主存访问时间远大于其处理时间，所以寄存器和高速缓存被引入来加快指令的执行。寄存器是访问速度最快但最昂贵的存储器，它的容量小，一般以字(word)为单位。高速缓存的容量稍大，其访问速度快于主存储器，利用它存放主存中一些经常访问的信息可以大幅度提高程序执行速度。

当多个用户程序共用一个计算机系统时，它们往往要共用计算机的内存储器，如何把各个用户的程序和数据隔离而互不干扰，又能共享一些程序和数据，这就需要进行存储空间分配和存储保护。存储管理主要负责管理主存储器(即内存)，程序只有占用主存储器后才能执行。

存储管理应具有下列功能：

(1) 分配和回收。由操作系统完成内存空间的分配和管理，使程序员摆脱存储空间分配的麻烦，提高编程效率。为此系统应该记住内存空间的使用情况，实施内存的分配，回收系统或应用释放的空间。

(2) 抽象和映射。主存储器被抽象，使得进程认为分配给它的是地址空间。在多道程序设计系统中，地址空间中的逻辑地址和物理地址不可能一致，因此，存储管理必须将物理地址转换为虚拟地址。

(3) 内存的扩充。借助覆盖技术和虚拟存储技术，为用户提供比内存空间更大的地址空间，从而实现逻辑上扩大内存容量的目的。

(4) 存储的保护。保护进入内存的各道作业都在自己的内存空间运行，互不干扰。既要防止一道作业由于错误而破坏其他作业，也要防止破坏系统程序。这种保护一般由硬件和软件配合完成。

4.2.3 设备管理

在计算机系统中，除了处理器和内存之外，其他的大部分硬件设备称为外部设备。设备管理是指计算机系统对除CPU和内存以外的所有设备的管理，它包括输入设备(键盘、鼠标)、输出设备(如磁盘机、打印机)、辅存设备及终端设备等。设备管理的目的是为用户方便使用各种设备提供接口，用户只需通过一定的命令来使用某个设备，并在多道程序环境下提高设备的利用率。

1. 设备的分类

计算机设备种类繁多、功能各异，可以从以下几个方面进行分类。

(1) 按传输速率分类

低速设备：指传输速率为每秒几字节到数百字节的设备。典型的设备有键盘、鼠标、语音的输入等。

中速设备：指传输速率在每秒数千字节至数万字节的设备。典型的设备有行式打印机、激光打印机等。

高速设备：指传输速率为每秒数亿字节至数兆字节的设备。典型的设备有磁带机、磁盘机、光盘机等。

(2) 按信息交换的单位分类

块设备(Block Device)：块设备是指以数据块为单位来组织和传送数据信息的设备。这类设备用于存储信息，例如磁盘和磁带等。它属于有结构设备。典型的块设备是磁盘，每个盘块的大小为512B～4KB。磁盘设备的基本特征是：①传输速率较高，通常为每秒几兆位；②它是可寻址的，即可随机地读或写任意一块；③磁盘设备的I/O采用DMA方式。

字符设备(Character Device)：字符设备是指以单个字符为单位来传送数据信息的设备。这类设备一般用于数据的输入和输出，例如交互式终端、打印机等。它属于无结构设备。字符设备的基本特征是：①传输速率较低；②不可寻址，即不能指定输入时的源地址或输出时的目标地址；③字符设备的I/O常采用中断驱动方式。

(3) 按资源分配的角度分类

独占设备：指在一段时间内只允许一个用户(进程)访问的设备，大多数低速的I/O设备属于独占设备，例如用户终端、打印机等。因为独占设备属于临界资源，所以多个并发进程必须互斥地进行访问。

共享设备：指在一段时间内允许多个进程同时访问的设备。显然，共享设备必须是可寻址的和可随机访问的设备。典型的共享设备是磁盘。共享设备不仅可以获得良好的设备利用率，而且是实现文件系统和数据库系统的物质基础。

虚拟设备：指通过虚拟技术将一台独占设备变换为若干台供多个用户(进程)共享的逻辑设备。一般可以利用假脱机(SPOOLing)技术实现虚拟设备。

2. 设备管理的功能

(1) 提供接口

为用户提供方便、统一的界面。所谓方便，是指用户能独立于具体设备的复杂物理特性之外而方便地使用设备。所谓统一，是指对不同的设备尽量使用统一的操作方式，例如各种字符设备用一种I/O操作方式。这就要求用户操作的是简便的逻辑设备，而具体的I/O物理设备由操作系统去实现，这种性能常常被称为设备的独立性。

(2) 设备分配

设备分配指设备管理程序按照一定的算法把某一个I/O设备及其相应的设备控制器和通道分配给某一用户(进程)，对于未分配到的进程，则插入等待队列中。多道环境下的设备分配，不只是对设备进行分配，而且还要实现与设备相关联的通道及设备控制器的分配。设备控制器是指设备的电子部分。在小型和微型机中，它常采用印刷电路卡插入计算机中，控制器卡上通常有一个插座，通过电缆与设备相连，控制器和设备之间的接口是一个标准接口，它符合ANSI、IEEE或ISO这样的国际标准。设备控制器是CPU与I/O设备之间的接口，它既要与CPU通信，又要与设备通信，还应具有按照CPU所发来的命令去控制设备工作的功能。

(3) 缓冲区管理

为了解决CPU与I/O之间速度不匹配的矛盾，减少对CPU的中断频率，提高CPU和I/O设备的并行性，在CPU与I/O设备之间设置了缓冲区(内存中)。缓冲管理的主要职责是组织好这些缓冲区，并提供获得和释放缓冲区的手段。

(4) 实现物理I/O设备的操作

对于具有通道的系统，设备管理程序根据用户提出的I/O请求，生成相应的通道程序

并提交给通道，然后用专门的通道指令启动通道，对指定的设备进行 I/O 操作，并能响应通道的中断请求。对于未设置通道的系统，设备管理程序直接驱动设备进行 I/O 操作。

4.2.4　文件管理

操作系统中的文件管理模块称为文件系统，文件管理也称信息管理，主要任务是负责文件的存取和管理，以方便用户使用，并且提供保证文件安全性的措施。文件系统的管理功能是通过把它所管理的程序和数据组织成一系列文件的方法来实现的。

文件是具有文件名的一组相关元素的集合，分为有结构文件和无结构文件。有结构文件由若干相关记录组成，无结构文件则被看成一个字符流。文件是文件系统的最大数据单位。文件具有文件类型(如源文件、目标文件、可执行文件等)，文件长度(文件的当前长度，也可能是最大允许长度)，文件的物理位置(指示文件在哪一个设备上及在该设备的哪个位置的指针)，文件的建立时间(文件最后一次修改时间)等属性。

文件管理是用户与外存的接口。其主要功能为：文件存储空间管理、目录管理、文件操作管理、文件共享与安全等。

(1) 文件存储空间管理

存储空间管理的主要任务包括如何组织管理磁盘上的大量文件和空闲空间，如何有效利用磁盘空间，如何快速检索磁盘文件等。

(2) 目录管理

为了对文件进行有效管理，将文件进行妥善组织，这主要是通过文件目录实现的。文件目录包含了文件名、文件属性、文件存储位置等基本信息。用户不用关心文件存储的具体细节，而可以通过目录对文件进行按名存取。

(3) 文件操作管理

对文件的操作主要包括创建文件、删除文件、读文件和写文件等。操作系统提供的对文件的操作过程一般是先通过检索文件目录找到指定文件属性及在外存的位置，然后对文件进行相应操作。

(4) 文件共享与安全

为了使计算机资源得到充分利用，计算机系统经常需要文件共享。这就需要考虑文件的安全问题。计算机系统为了保证文件的安全，通过对文件施加限制措施，保证不同用户拥有其适当的权益对文件进行操作，防止非法入侵，同时通过容错技术和系统备份防止数据丢失。

4.2.5　作业管理

在操作系统中，把用户在一次操作过程中要求计算机系统所做的一系列工作的集合称为作业。作业管理是用户与操作系统的接口。负责对作业的执行情况进行系统管理，包括作业的组织、作业的输入输出、作业调度和作业控制等。

用户的作业可以通过直接的方式，由用户自己按照作业步顺序操作；也可以通过间接的方式，由用户率先编写的作业步依次执行说明，一次交给操作系统，由系统按照说明依次处理。前者称为联机方式，后者称为脱机方式。

1. 作业状态及其转换

一个作业从交给计算机系统到执行结束退出系统，一般都要经历提交、后备、执行和完成4个状态。其状态转换如图4-5所示。

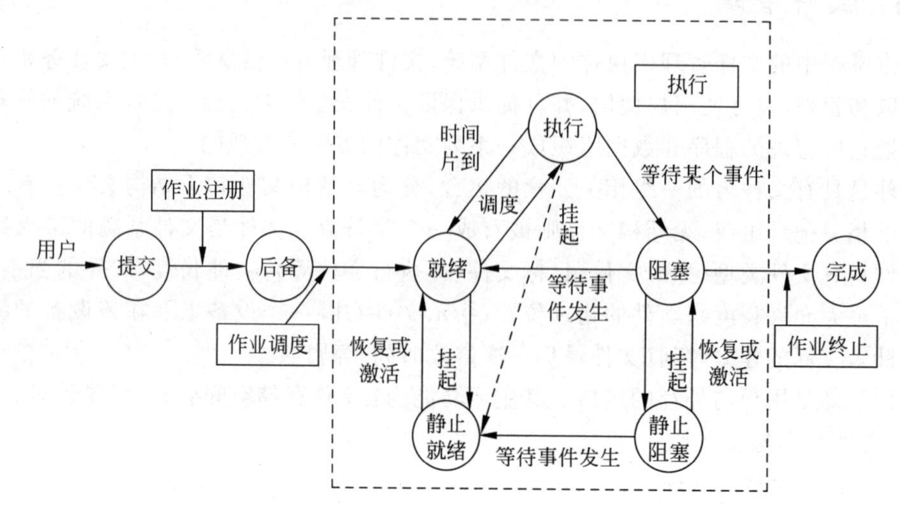

图4-5　作业状态及其转换

(1) 提交状态。作业由输入设备进入外存储器(也称输入井)的过程称为提交状态。处于提交状态的作业，其信息正在进入系统。

(2) 后备状态。当作业的全部信息进入外存后，系统就为该作业建立一个作业控制块(Job Control Block，JCB)。系统通过JCB感知作业的存在。JCB主要内容包括作业名、作业状态、资源要求、作业控制方式、作业类型及作业优先权等。

(3) 执行状态。一个后备作业被作业调度程序选中而分配了必要的资源并进入了内存，作业调度程序同时为其建立了相应的进程后，该作业就由后备状态变成了执行状态。

(4) 完成状态。当作业正常运行结束，它所占用的资源尚未全部被系统回收时的状态为完成状态。

2. 用户接口

用户接口也称为用户界面，其含义有两种：一种是指用户与操作系统交互的途径和通道，即操作系统的接口；另一种是指这种交互环境的控制方式，即操作环境。

(1) 操作系统的接口。操作系统的接口又可分为命令接口和程序接口。命令接口包含键盘命令和作业控制命令；程序接口又称为编程接口或系统调用，程序经编程接口请求系统服务，即通过系统调用程序与操作系统通信。系统调用是操作系统提供给编程人员的唯一接口。系统调用对用户屏蔽了操作系统的具体动作而只提供有关功能。系统调用大致分为设备管理、文件管理、进程控制、进程通信和存储管理等。

(2) 操作环境。操作环境支持命令接口和程序接口，提供友好的、易用的操作平台。操作系统的交互界面已经从早期的命令驱动方式，发展到菜单驱动方式、图符驱动方式和视窗操作环境。

4.3 典型操作系统简介

操作系统的作用是提供一个供其他程序执行的良好环境，用户可以通过命令接口或程序接口来使用计算机系统。典型的操作系统主要包括 DOS、UNIX、Linux、Windows、Android、iOS 等。

4.3.1 DOS 操作系统

DOS 是 Disk Operation System（磁盘操作系统）的简称。顾名思义，它是一个基于磁盘管理的操作系统。与我们现在使用的窗口化操作系统最大的区别在于，它是命令行形式的，靠输入命令来进行人机对话，并通过命令的形式把指令传给计算机，让计算机执行相应的操作。

由于早期的 DOS 系统是由微软公司为 IBM 的个人电脑开发的，故而称之为 PC-DOS，又以其公司命名为 MS-DOS。从 1981 年直到 1995 年的 15 年间，磁盘操作系统在 IBM PC 兼容机市场占有举足轻重的地位。

我们平时所说的 DOS 一般是指 MS-DOS。从早期 1981 年不支持硬盘分层目录的 DOS1.0，到当时广泛流行的 DOS3.3，再到非常成熟支持 CD-ROM 的 DOS6.22，以及后来隐藏到 Windows 9X 下的 DOS7.X，DOS 前前后后已经经历了 20 年，至今仍然活跃在 PC 舞台上，扮演着重要的角色。

DOS 的主要特征如下：

(1) 功能简单、价格便宜。

(2) 单用户、单任务运行方式。

(3) 字符用户界面，需要从键盘输入字符命令进行计算机操作。

(4) 内存容量小。

4.3.2 UNIX 操作系统

UNIX 操作系统是一个多用户、多任务的分时操作系统。UNIX 操作系统于 1969 年诞生于美国电话电报公司（AT&T）的贝尔实验室。UNIX 系统由内核、Shell、应用程序组成，如图 4-6 所示。内核是位于硬件之上的第一层软件，内核会控制内存、进程、输入输出设备、文件系统操作等核心功能。Shell 是一个命令行解释器，它提供了很多指令供用户使用，是内核与用户的接口。用户可以通过在终端输入 Shell 指令来操作 UNIX 操作系统。

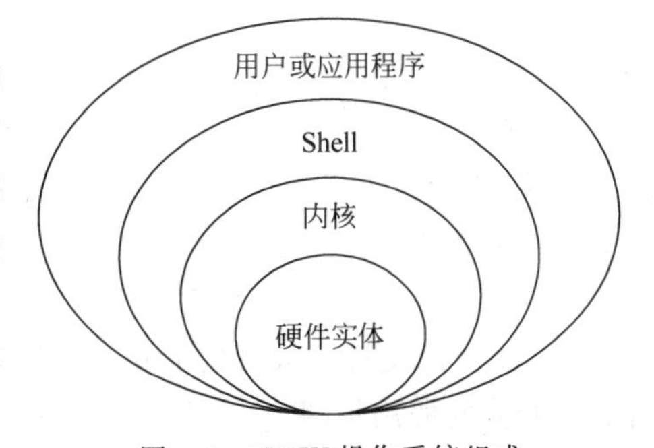

图 4-6 UNIX 操作系统组成

经过不断的发展和进化，UNIX 形成了一些极为重要并稳定的特色。

(1) 可靠性高

UNIX 系统具有强稳定性和健壮的系统核心，金融、电信等行业应用广泛，主要用于后台服务，如 Oracle、DB2 等数据库服务。

（2）伸缩性强

UNIX 系统是世界上唯一能在笔记本电脑、PC 和巨型机上运行的操作系统，没有任何操作系统能做到这一点。此外，由于它采用 SMP、MPP 和 Cluster 等技术，使其可伸缩性又有了很大的增强。商品化 UNIX 系统支持 CPU 数达到了 32 个，这就使得用一种平台的 UNIX 扩充能力有了进一步的提高。

（3）开放性好

开放性好是 UNIX 系统最重要的特征。所谓开放系统最本质的特征是其所用技术的规格说明是可以公开得到并免费使用的，而且是不受一家具体厂商所垄断和控制的。UNIX 是最能充分体现这一本质特征的开放系统，正是这种较为彻底的开放性，使 UNIX 的发展充满动力和生机。

（4）网络功能强

网络功能强是 UNIX 系统的又一重要特色，特别是作为 Internet 网络技术基础的 TCP/IP 协议就是在 UNIX 上开发出来的，而且成为 UNIX 系统的一个不可分割的成分。因为 UNIX 具有强大的网络性，一般用作大中型的服务器。因此，在 Internet 网络服务器中，UNIX 服务器占 80%以上，占绝对优势。此外，UNIX 支持所有最通用的网络通信协议，其中包括 NES、DCE、IPX/SPX、SLIP、PPP 等，使得 UNIX 系统能方便地与主机、各种广域网和局域网相连。

（5）强大的数据库支持功能

由于 UNIX 系统对各种数据库，特别是关系型数据库管理系统提供了强大的支持能力，因此主要的数据库厂家，包括 Oracle、Informix、Sybase、Progress 等都将 UNIX 作为优先运行平台，而且创造出极高的性能价格比。

4.3.3 Linux 操作系统

Linux 是芬兰赫尔辛基大学的一名大学生 Linus Torvalds 于 1991 年首先开发，后又经众多软件高手参与共同开发的多用户、多任务操作系统。Linux 是源代码公开、可以免费获得的自由软件。其有如下特点：

（1）稳定性和高效性。因为 Linux 是由 UNIX 发展而来，因此 Linux 与 UNIX 有许多相似之处。不只是用户接口和操作方式，Linux 还继承了 UNIX 卓越的稳定性和高效性。

（2）低配置要求。Linux 对硬件的要求很低，它可以在数年前的计算机上很流畅地运行。使用 Windows 操作系统则需要不断升级机器的硬件。

（3）免费或者少许费用。Linux 基于 GPL，因此任何人可以免费使用或者修改其中的源代码。只有在选择某些厂商制作的 Linux 的发行版时，才会需要一点点费用。

（4）强大的支持。大量的 Linux 爱好者会进行交流讨论，并且开发分享一些好的软件，有非常开放的使用氛围。

（5）安全性。Linux 拥有相当庞大的用户和社区支持，因此能很快发现系统漏洞，并迅速发布安全补丁。

（6）真正的多用户。Linux 实现不同的用户共同登录系统，并且资源分享比较公平。而不是像 Windows 那样的伪多用户操作系统，如果需要登录更多的用户，要么退出当前用

户,要么向微软公司购买多用户授权。

Linux 还有许多其他优点,如强大的网络支持、方便的控制台操作等。虽然整体而言 Linux 做得很好,但它依然存在一些不足之处:因为 Linux 上面的软件都是免费发行的,所以自然不会有售后服务之类的支持;图形界面不够好,这恐怕是影响 Linux 桌面端普及的最重要原因了。但随着时间的流逝,X-window 也变得越来越好用,越来越优秀了。目前各大 Linux 发行版都能很好地作为桌面端计算机使用。

4.3.4　Windows 操作系统

Windows 操作系统是微软公司的一个基于图形化用户界面的操作系统,通常包含简易版、家庭普通版、家庭高级版、企业版、专业版和旗舰版等版本。Microsoft Windows 1.0 是微软公司第一次对个人电脑操作平台进行用户图形界面的尝试。Windows 1.0 本质上宣告了 MS-DOS 操作系统的终结。

1. Windows 操作系统的发展

微软公司自 1985 年推出 Windows 1.0 以来,先后推出了多个 Windows 版本。

1990 年 5 月 22 日,Windows 3.0 发布,它将 Windows 286 和 Windows 386 结合到同一种产品中。由于在界面、人性化、内存管理多方面的巨大改进,Windows 3.0 终于获得用户的认同,是第一个在家用和办公市场取得立足点的版本。

1993 年 7 月 27 日,Windows NT 发布,Windows NT 的创新意义体现在它是第一款 32 位的 Windows 系统。这款操作系统可以在不同类型的 Intel 处理器上运行,可以同时运行多个应用程序,最多为每个应用程序分配 2GB 的虚拟内存。

1995 年 8 月 24 日,Windows 95 发布,Windows 95 第一次引进了"开始"按钮和任务条,这些元素后来成为 Windows 系统的标准功能。另外,Windows 95 还引进了 Microsoft Network,这是微软公司第一次尝试连网服务。

1998 年 6 月 25 日,Windows 98 发布,其附带了整合式 IE 浏览器,标志着操作系统支持互联网时代的到来,还努力简化了驱动程序升级和下载系统补丁的工作。微软公司甚至还增加了对 TV 调频器的支持,让用户们可以在计算机上看电视,主要是为了支持微软公司的 Web TV 服务。

2000 年 2 月 17 日,Windows 2000 发布。其特点是速度比前几代 Windows 明显提升,针对的客户主要是大型企业。

2001 年 10 月 25 日,Windows XP 发布。Windows XP 是微软公司 Windows 产品开发历史上的一次飞跃性的产品,不管是外观还是给用户的感觉,它都与前几代 Windows 很不一样,但它保留了 Windows 系统的很多核心功能。也正是从这一代 Windows 开始,微软公司将各种网络服务与操作系统联系到了一起。

2007 年 1 月 30 日,Windows Vista 发布。Windows Vista 为 Windows XP 的成功立下了汗马功劳,它也促使微软公司重新去考量 Windows 系统的某些核心功能。Vista 换上了一个更加现代化的界面,微软公司称之为 Aero,还增加了一些安全功能,改善了搜索功能。微软公司还调整了某些内置的声音和娱乐软件,如邮件、日历、DVD 制作和图库等。

2009 年 10 月 22 日,Windows 7 发布。Windows 7 的新外观比以前的 Windows 系统更美观,另外它还避免了 Vista 犯下的一些错。微软公司修改了 Windows 7 中的任务条,允许用户“钉”软件以及快速浏览公开软件的预览版本。它还增加了在开放应用程序中发布流行任务的快捷键，并且可以快速组织窗口，将它们收拢到屏幕的一角。

2012 年 10 月 26 日，Windows 8 发布。Windows 8 最大的成就是将微软公司领入平板电脑时代，它的界面是专为触摸式控制而设计的。其他的变化还包括微软公司称为 Metro 的界面和一系列全新的触摸应用。微软公司还在 Windows 8 系统中增加了内置商店，以便用户寻找和下载新的软件。

2015 年 1 月 21 日，Windows 10 发布。Windows 10 是由微软公司发布的新一代全平台操作系统，新系统涵盖传统 PC、平板电脑、二合一设备、手机等，支持广泛的设备类型。新一代操作系统将倡导 One product family、One platform、One store 的新思路，打造全平台“统一”的操作系统。

2. Windows 操作系统的特点

(1) 多任务处理

Windows 是一个多任务的操作环境，它允许用户同时运行多个应用程序，或在一个程序中同时做几件事情。每个程序在屏幕上占据一块矩形区域，这个区域称为窗口，窗口是可以重叠的。

(2) 图形用户界面

Windows 用户界面和开发环境都是面向对象的。用户采用“选择对象—操作对象”这种方式进行工作。如要打开一个文档，首先用鼠标或键盘选择该文档，然后从右键菜单中选择“打开”操作，打开该文档。这种操作方式模拟了现实世界的行为，易于理解、学习和使用。

(3) 硬件支持良好

Windows 95 以后的版本都支持“即插即用”技术，使得新硬件的安装更加简单。只要有新硬件的驱动，Windows 便能自动识别并安装。随着 Windows 不断升级发展，它所支持的硬件也在不断增加。

(4) 支持多种应用程序

由于 Windows 支持多种应用程序在其上运行，因此在 Windows 中可以完成除 DOS 操作系统所有命令的功能，还可以完成许多 DOS 操作系统实现不了的功能。

(5) 支持多媒体应用

Windows 可以支持高级的显卡、声卡，方便用户进行音频、视频的播放或编辑操作。这也是 Windows 的一个特别之处。

(6) 支持网络应用

Windows 内置了 TCP/IP 协议和拨号上网软件，用户只需进行简单设置便能实现浏览网页、收发电子邮件等操作。同时它还支持局域网，方便用户进行资源共享。

4.3.5 Android 操作系统

Android 是一种基于 Linux 的自由及开放源代码的操作系统，主要用于移动设备，如智能手机和平板电脑。Android 操作系统最初由 Andy Rubin 开发，主要支持手机。2005 年 8 月由 Google 公司收购。2007 年 11 月，Google 公司与 84 家硬件制造商、软件开发商及电信营运商组建开放手机联盟共同研发改良 Android 系统。随后 Google 公司以 Apache 开源许可证的授权方式，发布了 Android 的源代码。第一部 Android 智能手机发布于 2008 年 10

月。Android 逐渐扩展到平板电脑及其他领域上，如电视、数码相机、游戏机、智能手表等。

Android 平台最大优势就是其开放性，它允许任何移动终端厂商加入到 Android 联盟中来。显著的开放性可以使其拥有更多的开发者，随着用户和应用的日益丰富，一个崭新的平台也将很快走向成熟。

4.3.6　iOS 操作系统

iOS 是由苹果公司开发的移动操作系统。苹果公司最早于 2007 年 1 月 9 日的 Macworld 大会上公布这个系统，最初是设计给 iPhone 使用的，后来陆续套用到 iPod touch、iPad 以及 Apple TV 等产品上。iOS 与苹果公司的 Mac OS X 操作系统一样，属于类 UNIX 的商业操作系统。原本这个系统名为 iPhone OS，因为 iPad、iPhone、iPod touch 都使用 iPhone OS，所以 2010WWDC 大会上宣布改名为 iOS(iOS 为美国 Cisco 公司网络设备操作系统注册商标，苹果公司改名已获得 Cisco 公司授权)。

iOS 的系统架构分为四个层次：核心操作系统层(Core OS layer)、核心服务层(Core Services layer)、媒体层(Media layer)和可触摸层(Cocoa Touch layer)。

(1) Core OS layer 是位于 iOS 系统架构最下面的一层，是核心操作系统层，它包括内存管理、文件系统、电源管理以及一些其他的操作系统任务。它可以直接和硬件设备进行交互。软件开发者不需要与这一层打交道。

(2) Core Services layer 是核心服务层，可以通过它来访问 iOS 的一些服务。

(3) Media layer 是媒体层，通过它我们可以在应用程序中使用各种媒体文件，进行音频与视频的录制、图形的绘制，以及制作基础的动画效果。

(4) Cocoa Touch layer 是可触摸层，这一层为我们的应用程序开发提供了各种有用的框架，并且大部分与用户界面有关，本质上来说它负责用户在 iOS 设备上的触摸交互操作。

4.4　Windows 7 操作系统

Windows 7 较之前的 Windows 操作系统进行了许多方便用户的设计，如快速最大化、窗口半屏显示、跳转列表(Jump List)、系统故障快速修复等，这些新功能令 Windows 7 成为最易用的 Windows 系统。

4.4.1　Windows 7 的配置要求

Windows 7 操作系统共包含 6 个版本，分别是 Windows 7 Starter(初级版)、Windows 7 Home Basic(家庭普通版)、Windows 7 Home Premium(家庭高级版)、Windows 7 Professional(专业版)、Windows 7 Enterprise(企业版)和 Windows 7 Ultimate(旗舰版)。

计算机要运行 Windows 7，推荐进行如下配置：

(1) CPU。1.8GHz 双核及更高级别的处理器。

(2) 内存。2GB 及以上。

(3) 硬盘。50GB 以上可用空间。

(4) 显卡。有 WDDM1.0 驱动的支持 DirectX 9 且 256MB 显存以上级别的独立显卡或集成显卡。

(5) 显示器。分辨率在1024像素×768像素及以上。

4.4.2 Windows 7的桌面管理

1. 桌面

打开安装有Windows 7操作系统的计算机之后看到的工作界面称为桌面。Windows 7的桌面主要包括系统图标、快捷图标、桌面背景、"开始"按钮、任务栏等,如图4-7所示。

图4-7 Windows 7的桌面

(1) 系统图标

系统图标是操作系统自带的图标,例如"计算机""回收站"等。安装Windows 7操作系统后,在默认情况下,桌面上只显示了"回收站"图标,若想将其他系统图标添加到桌面可以进行如下操作:

① 在桌面空白处右击,弹出菜单中选择"个性化"命令。

② 在个性化页面,选择左侧窗格中"更改桌面图标"超链接。

③ 打开"桌面图标设置"对话框,勾选需要添加图标复选框,单击"确定"按钮。

(2) 快捷图标

快捷图标是应用程序或文件的快速链接,其图标左下角有一个箭头标记,双击可打开相应程序或文件。桌面快捷图标也可自行添加,其方法如下:

① 选中需要创建快捷图标的程序或文件,右击。

② 在弹出的快捷菜单中选择"发送到"→"桌面快捷方式"命令。

2. 任务栏

Windows 7桌面底部的蓝色条形区域称为"任务栏"。Windows 7的任务栏包括"开始"按钮、快速启动区、语言区和系统托盘等,如图4-8所示。

(1) "开始"按钮

单击桌面左下角的"开始"按钮或按Ctrl+Esc键,可以打开"开始"菜单。开始菜单由常用程序列表、所有程序、搜索框和"关机"按钮等区域组成。利用Windows 7的"开始"菜

图 4-8　Windows 7 的任务栏

单可以启动程序、打开文件、进行系统设置、获得帮助等。

(2) 快速启动区

快速启动区可用于放置使用频繁的应用程序。将应用程序图标拖曳到快速启动区即可将其添加到快速启动区。若想将应用程序从快速启动区删除，将其选中右击，在快捷菜单中选择“将此程序从任务栏解锁”即可。

(3) 语言区

语言区显示当前的输入法。按下 Ctrl＋Space 组合键可以在中英文之间切换，按下 Ctrl＋Shift 组合键可以进行不同中文输入法的切换。

(4) 系统托盘

系统托盘主要用于显示计算机系统后台程序、时间等。

(5) 任务栏设置

任务栏可以移动、改变大小、隐藏，也可以显示或隐藏任务栏上的工具栏。任务栏的属性设置可以通过选中任务栏右击进行。

① 移动任务栏

默认情况下任务栏是锁定的，即不可以移动。如果要移动任务栏，可按如下步骤操作。

第一步：右击任务栏空白处，在弹出的快捷菜单中取消对“锁定任务栏”的选择，即去掉“锁定任务栏”项目左侧的对勾。

第二步：单击任务栏的空白区，并按住鼠标左键不放。拖动鼠标到屏幕的右侧时，松开鼠标左键，这样就将任务栏移动到屏幕的右侧了。

用此方法还可以将任务栏拖动到屏幕的左侧或者上方。通常，用户习惯将任务栏放置在屏幕的底部。

② 改变任务栏的大小

在未锁定任务栏的情况下，可以改变任务栏的大小，操作步骤如下。

第一步：将鼠标移动到任务栏与桌面交界的上边缘处，此时鼠标指针的形状变成了一个垂直双向箭头。

第二步：按住鼠标左键，向桌面中心方向拖动鼠标。拖动到所需大小后，松开鼠标左键即可。

③ 隐藏任务栏

隐藏任务栏的操作步骤如下。

第一步：用鼠标右键单击任务栏的空白处，弹出快捷菜单。

第二步：选择快捷菜单中的“属性”命令，打开“任务栏和「开始」菜单属性”对话框。

第三步：切换到“任务栏”选项卡，选中“自动隐藏任务栏”复选框，单击“确定”按钮即可隐藏任务栏。

设置了任务栏的自动隐藏功能后，当打开其他窗口时，任务栏会自动隐藏。如果要显示，只需将鼠标移动到屏幕的底部停留一会，被隐藏的任务栏就会重新显示出来。

④ 显示或隐藏工具栏

在任务栏中有许多工具栏，是为了提高使用效率而设置的，例如“快速启动”工具栏、语言栏等。要显示或隐藏这些工具栏，可按如下步骤操作。

第一步：用鼠标右键单击任务栏的空白处，打开快捷菜单。

第二步：将鼠标指针指向快捷菜单中的“工具栏”命令，显示下级菜单。

第三步：根据需要选中或取消“地址”“链接”“语言栏”“快速启动”及“桌面”等工具栏。

4.4.3 Windows 7 的文件和文件夹管理

在 Windows 7 中，可以通过“计算机”或“资源管理器”管理文件和文件夹。使用这两个管理工具可以浏览计算机中已有的文件和文件夹，创建新的文件和文件夹，重命名、移动、复制和删除文件和文件夹。

1. 文件和文件夹

在 Windows 7 系统中，文件是指被赋予了名称并存储在磁盘等外部存储器上的信息的集合。这种信息可以是一个应用程序，也可以是一段文字，还可以是应用程序产生的临时文件等，它是操作系统用来存储和管理信息的基本单位。每个文件必须有一个唯一的标识，这个标识就是文件名。

文件名由主文件名和扩展名组成，文件的扩展名和主文件名之间用一个“.”字符隔开，其一般格式为：

<主文件名>[.<扩展名>]

Windows 7 支持长文件名，其长度(包括扩展名)可达 255 个字符。在文件名中可包含多个空格或小数点，文件名忽略首尾空格字符，最后一个小数点之后的字符被认为是文件的扩展名，文件扩展名通常由 1～4 个字符组成。文件名中可以使用除\、/、:、*、?、"、<、>、| 这 9 个字符以外的任意字符。

Windows 7 操作系统通过文件扩展名识别文件类型。通过文件扩展名建立文件与程序之间的关联关系，当用户双击某文件名试图打开该文件时，系统将识别该文件的扩展名，并根据此扩展名，自动打开支持其运行的应用程序。Windows 7 系统中常见的文件扩展名及其含义见表 4-1。

表 4-1 常见的文件扩展名及其含义

扩展名	含义	扩展名	含义
.exe	可执行文件	.sys	系统文件
.doc	Word 文档	.ppt	演示文稿文件
.txt	文本文件	.bmp	位图文件
.html	网页文档	.swf	Flash 动画发布文件
.pdf	Adobe Acrobat 文档	.zip	压缩格式文档

“文件夹”是 Windows 管理和组织计算机上文件的基本手段，文件夹的命名规则与文件的命名规则一样，不同之处是文件夹一般都没有扩展名。文件夹既可以用来组织文件还可以用来组织其他子文件夹。

2. 文件和文件夹操作

在 Windows 7 系统中，用户可以通过“计算机”或资源管理器窗口对文件和文件夹进行相应操作。

(1) 新建文件和文件夹

新建文件和文件夹有以下两种方法：

① 单击工具栏中的“文件”→“新建”→“文件夹”或其他文件类型。

② 右击窗口的空白处，在弹出的快捷菜单中选择“新建”→“文件夹”或其他文件类型。

(2) 文件和文件夹的选定

在对文件或者文件夹进行移动、复制、删除等操作时，首先要选定文件或者文件夹。选定文件或文件夹常用以下几种方法。

① 选定一个文件和文件夹。直接单击要选定的文件或文件夹即可。

② 选定所有文件和文件夹。执行“编辑”→“全选”命令，或按 Ctrl+A 快捷键。

③ 选定多个不连续排列的文件和文件夹。可以按住 Ctrl 键，然后逐个单击要选定的文件或文件夹。

④ 选定多个连续排列的文件和文件夹。先单击第一个要选定的文件或文件夹，然后按住 Shift 键，再单击最后一个要选定的文件或文件夹。

选定多个连续排列的文件和文件夹还可以用鼠标圈定的方式，即在文件夹窗口中按住鼠标左键并拖动，就会形成一个矩形框，释放鼠标时，被这个框包围的文件和文件夹都会被选定。

取消所有被选定的文件或文件夹，可以在窗口的空白处单击。若在若干被选定的文件或文件夹中，要取消某个项目的选择，可以按住 Ctrl 键，单击要取消选定的文件或文件夹。

(3) 文件和文件夹的重命名

选定需要重命名的文件或文件夹。执行下列操作之一：

① 执行“文件”→“重命名”命令。

② 右击要重命名的文件或文件夹，在弹出的快捷菜单中选择“重命名”命令。

③ 间隔一会儿后，再单击名称，这时文件名会反白显示，输入新的文件或文件夹名称。

(4) 文件和文件夹的移动和复制

移动文件或文件夹与复制文件或文件夹的操作过程基本相同，但操作结果完全不同。移动文件或文件夹是将当前位置的文件或文件夹移动到其他位置，而且在操作之后，原来位置上的文件或文件夹将被删除。复制文件或文件夹不但在新的位置生成原文件或文件夹的副本，而且在原来位置上仍然保留原有文件或文件夹。

方法 1：利用鼠标拖动的方法移动或复制文件和文件夹。

① 分别打开需要移动(或复制)的文件和文件夹所在的源窗口和目标窗口，调整窗口的大小使两个窗口同时可见。

② 选中要移动(或复制)的文件和文件夹。

③ 按住 Shift 键(或 Ctrl 键)的同时用鼠标左键将选中对象拖动到目标窗口中并释放鼠

标。按住 Shift 键拖动实现的是移动操作,按住 Ctrl 键拖动实现的是复制操作。

方法 2:利用剪贴板移动或复制文件和文件夹。

剪贴板是 Windows 在内存中开辟的一个临时存储区,当应用程序之间需要传递数据时,可执行"剪切"或"复制"命令将源数据移动或复制到剪贴板,然后再执行"粘贴"命令将数据复制到目的地。执行"剪切"命令后再"粘贴"时实现的是移动操作,执行"复制"命令再"粘贴"实现的是复制操作。

选中要移动或复制的文件和文件夹之后,可执行下列操作之一将文件和文件夹移动或复制到剪贴板:

① 执行"编辑"→"剪切"命令,将选中对象移动到剪贴板,或执行"编辑"→"复制"命令将选中对象复制到剪贴板。

② 按 Ctrl+X 键将选中对象移动到剪贴板,或按 Ctrl+C 键将选中对象复制到剪贴板。

③ 右击弹出快捷菜单,执行快捷菜单中的"剪切"命令,将选中对象移动到剪贴板,或执行快捷菜单中的"复制"命令将选中对象复制到剪贴板。然后打开目的文件夹,执行下列操作之一,将剪贴板中暂存的文件和文件夹复制到目的文件夹。

① 执行"编辑"→"粘贴"命令。

② 按 Ctrl+V 键。

③ 右击弹出快捷菜单,执行快捷菜单中的"粘贴"命令。

(5) 文件和文件夹的删除

选定要删除的文件和文件夹执行下列操作之一:

① 按下 Delete 键。

② 执行"文件"→"删除"命令。

③ 单击要删除的文件和文件夹,在弹出的快捷菜单中选择"删除"命令。

如果被删除的是硬盘或移动硬盘上的文件和文件夹,系统将文件或文件夹移动到"回收站";如果被删除的是 U 盘上的文件和文件夹,系统将文件或文件夹永久删除。

(6) 文件和文件夹的查找

用户在使用 Windows 7 过程中,有时需要知道某个文件或文件夹所在位置,或需要确定机器上有没有某种类型的文件时,可以利用资源管理器的查找功能来完成这个任务。Windows 7 资源管理器的搜索框在菜单栏的右侧,利用它能快速搜索 Windows 中的文档、图片、程序、Windows 帮助甚至网络等信息。Windows 7 系统的搜索是动态的,当在搜索框中输入的时刻,Windows 7 的搜索就已经开始工作,大大提高了搜索效率。

需要说明的是,在查找的文件名中可以使用通配符"*"和"?"。"*"代表零或若干任意字符,"?"代表任意一个字符。例如,要在 D 盘上搜索扩展名为.bmp 的所有文件,则可以在"地址栏"中选择搜索的盘符 D,在右边的"搜索"文本框中输入 *.bmp 来表示,如图 4-9 所示。

如果要搜索所有以字母 w 开头的.doc 类型的文件,则搜索的文件名可以使用 w*.doc 来表示;如果要找出所有以字母 w 开头,后跟任意两个字符的.doc 类型的文件,则搜索的文件名可以使用 w??.doc 来表示;而 *.* 则表示所有文件。

(7) 文件和文件夹的快捷方式

快捷方式是快速启动应用程序、打开文件或文件夹的快捷方法。如果用户经常使用某

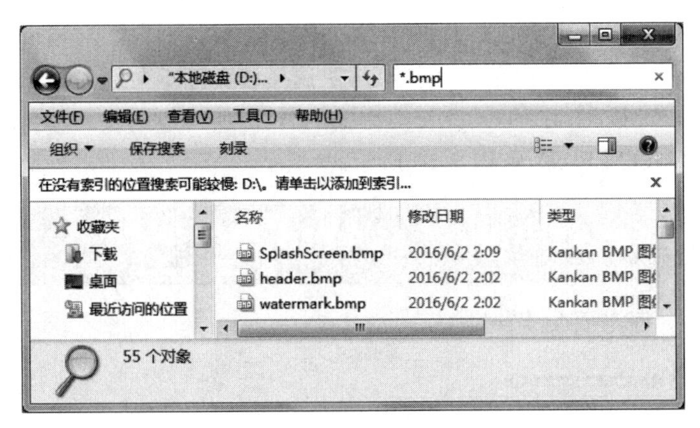

图 4-9　使用通配符搜索文件

个应用程序或文件、文件夹，则可以为其在“桌面”“开始”菜单或指定位置上创建快捷方式，以便迅速地访问到。

快捷方式是一种特殊的文件类型，其特殊性表现在该文件仅包含链接对象的位置信息，并不包含对象本身信息，所以只占几字节的磁盘空间，但它所承担的作用却很大。它们可以包含为启动一个程序、编辑一个文档或打开一个文件夹所需的全部信息。

快捷方式的图标在左下角有一个黑色的小箭头，如。当双击一个快捷方式图标时，Windows 首先检查该快捷方式文件的内容，找到它所指向的原对象，然后打开那个对象。简单地说，快捷方式可称为原对象的“替身”，删除快捷方式并不等于删除对象本身。

下面以创建“记事本”应用程序的快捷方式为例，介绍创建快捷方式的方法。

方法 1 的操作步骤如下。

① 在需要创建快捷方式的位置(如桌面或文件夹中)右击，在弹出的快捷菜单中选择“新建”→“快捷方式”命令，打开“创建快捷方式”对话框，如图 4-10 所示。

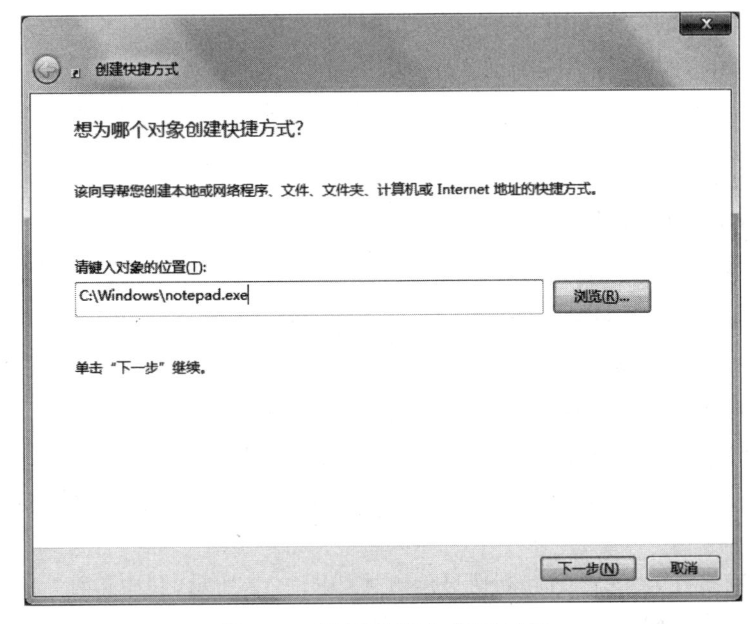

图 4-10　“创建快捷方式”对话框

② 在“请键入对象的位置”文本框中输入“记事本”程序的路径和文件名，如 C:\Windows\notepad.exe。也可以单击“浏览”按钮选择该文件所在的路径和文件名。

③ 单击“下一步”按钮，在“键入该快捷方式的名称”所对应的文本框中为快捷方式指定名称，如本例中的 NOTEPAD，如图 4-11 所示。

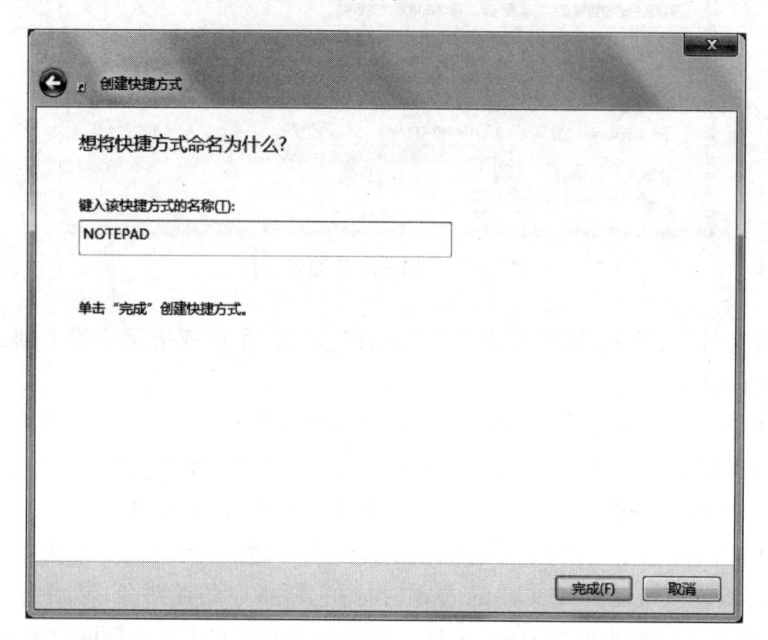

图 4-11 “选择程序标题”对话框

④ 单击“完成”按钮，即在指定位置创建了“记事本”应用程序的快捷方式。

方法 2 的操作步骤如下。

① 在“计算机”或资源管理器窗口中找到 notepad.exe 应用程序，如本例中该应用程序位于 C:\Windows 文件夹中。

② 右击 notepad.exe 应用程序图标，弹出快捷菜单。

③ 在快捷菜单中选择“发送到”→“桌面快捷方式”命令，则可在桌面上创建一个该应用程序的快捷方式。

4.4.4 Windows 7 的控制面板

Windows 7 的“控制面板”提供了一组专门用于系统维护和系统设置的工具，它可以帮助用户查看并更改计算机的系统设置，如添加/删除软件、控制用户账户、更改辅助功能选项等，从而使得操作计算机操作变得更加方便。

启动“控制面板”的方法有很多，常用的方法有以下两种。

(1) 在“开始”菜单中，选择“所有程序”→“控制面板”命令。

(2) 打开资源管理器，单击左侧“计算机”超链接，再单击工具栏中的“打开控制面板”按钮。

控制面板有多种显示方式，其默认显示方式如图 4-12 所示，其中包括“系统和安全”“用户账户和家庭安全”“网络和 Internet”等八大模块。

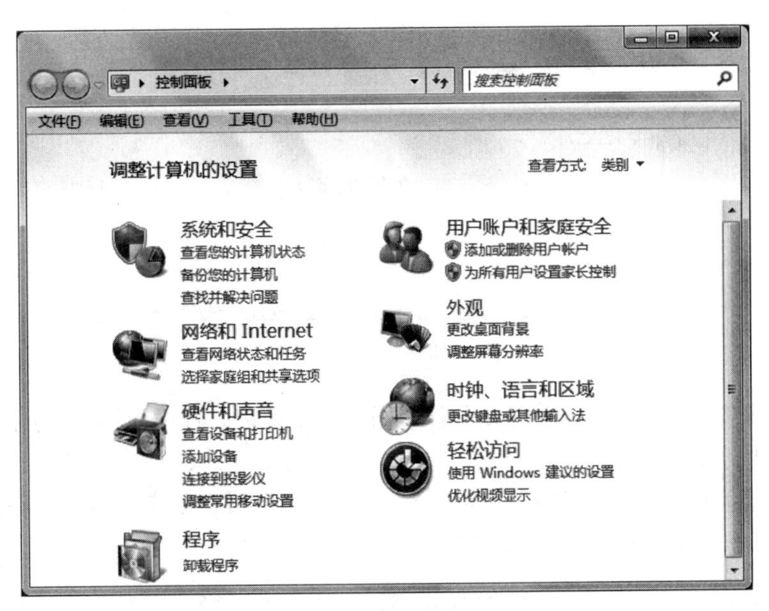

图 4-12 “控制面板”窗口

Windows 7 是多用户操作系统,即在同一时间允许多个用户同时使用计算机。当多用户使用同一台计算机时,为了提高系统安全性,可以给每个用户设置一个账户,每个账户设置不同的权限。Windows 7 可以通过“用户账户和家庭安全”模块进行添加、删除账户或更改账户密码等操作。

Windows 7 有三种账户类型：管理员账户、标准账户和来宾账户。

(1) 管理员账户。管理员账户拥有全部管理权限,可以创建、更改和删除账户等操作。

(2) 标准账户。标准账户可以使用不影响其他用户或计算机系统安全的大部分软件。

(3) 来宾账户。来宾账户主要用于远程登录的网上用户访问。为了保证计算机安全,来宾账户默认情况下没有启用。

4.4.5 Windows 7 的附件管理

Windows 7 中自带了许多附件应用程序,可以帮助用户完成文本编辑、数据计算、绘制图片等基础操作。

1. 记事本

“记事本”是 Windows 7 自带的一款文本编辑程序,占用资源少,启动速度快。常用来查看和编辑纯文本文件。生成文件通常以.txt 作为扩展名。

打开“开始”菜单,选择“所有程序”→“附件”→“记事本”命令,可启动“记事本”应用程序。“记事本”程序的窗口从上到下依次是标题栏、菜单栏、编辑区等,如图 4-13 所示。

2. 写字板

“写字板”是 Windows 7 自带的另一款文本编辑程序,在功能上比“记事本”要强大一些。利用它可以完成大部分的文字处理工作,如文档的格式化、图形的简单排版等。打开“写字板”应用程序可通过“开始”菜单,选择“所有程序”→“附件”→“写字板”命令启动。

“写字板”创建的文档默认格式为 RTF 格式(Rich Text Format),RTF 文件可以有不

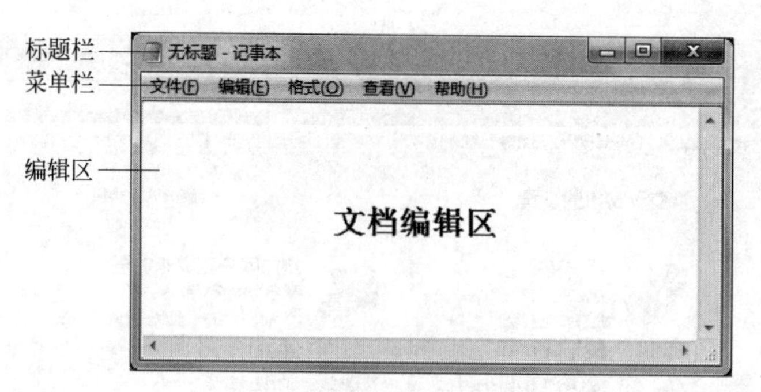

图 4-13 “记事本”窗口

同的字体、字符格式及制表符,并可在各种不同的文字处理软件中使用。“写字板”也可以读取纯文本文件(*.txt)、书写器文件(*.wri)以及 Word(*.doc)文件。

“写字板”应用程序同样以窗口的形式运行。与“记事本”比较,它的窗口所包含的内容有所不同。其窗口组成更接近 Word 2010,如图 4-14 所示。

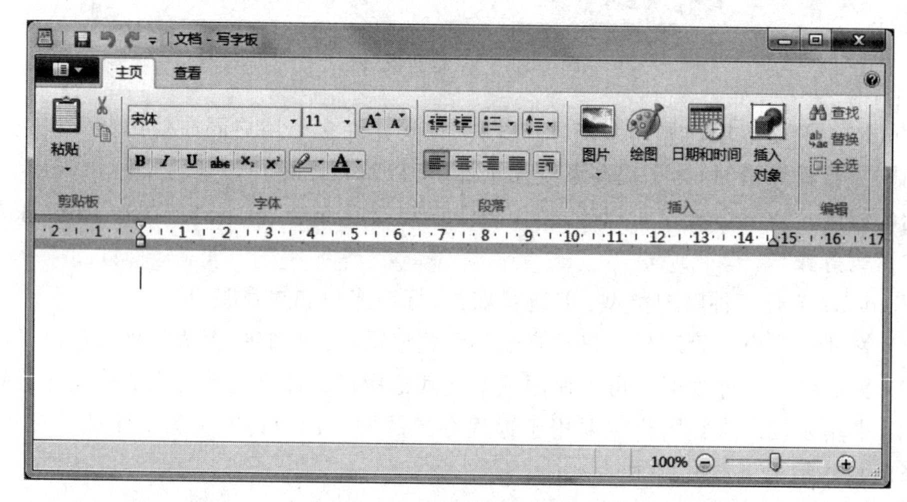

图 4-14 “写字板”窗口

3. 画图

“画图”程序是 Windows 7 附件中自带的一款图形编辑工具,使用“画图”程序可以创建黑白或者彩色的简单图形,也可以对已有的图片进行编辑。编辑完成后可以保存为.jpg 格式、.gif 格式或.bmp 格式的文件。

“画图”应用程序可通过打开“开始”菜单,选择“所有程序”→“附件”→“画图”命令启动,界面如图 4-15 所示。

在实际应用中,用户可能需要将整个屏幕或当前活动窗口作为图片编辑到某个文档中,这时可以借助画图软件将整个屏幕或活动窗口保存成图片使用。其方法是先按下 Print Screen 键或 Alt+Print Screen 键,把整个屏幕或活动窗口复制到剪贴板;再打开画图软件之后按下 Ctrl+V 快捷键把整个屏幕或当前活动窗口的内容粘贴到画图程序中,进而作为图片进行存储使用。

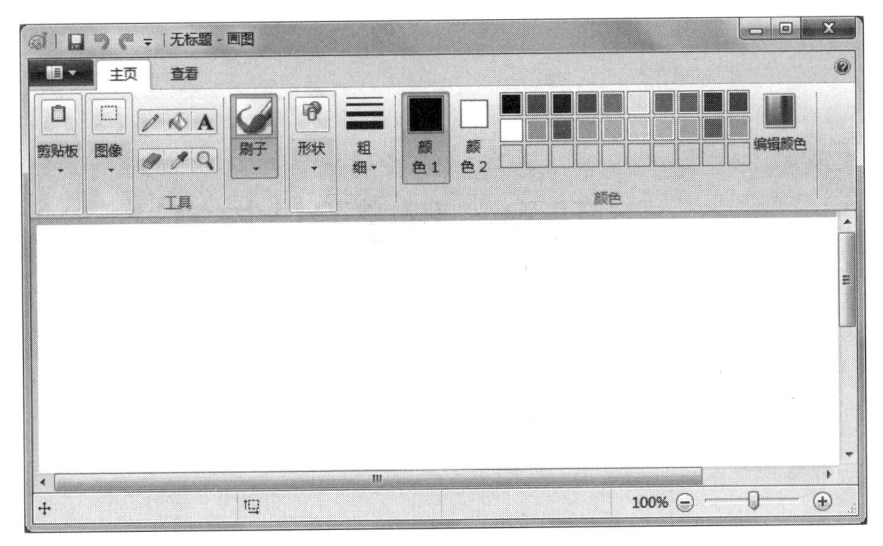

图 4-15 “画图”窗口

4. 命令提示符

“命令提示符”是在操作系统中，提示进行命令输入的一种工作提示符。“命令提示符”应用程序可通过打开“开始”菜单，选择“所有程序”→“附件”→“命令提示符”命令启动。如果要执行 DOS 命令，可以通过“命令提示符”执行代码。有时使用“命令提示符”执行一些操作比用 Windows 的窗口化操作速度会快很多。例如，可以通过输入 ipconfig 命令查看计算机的 IP 地址、子网掩码和默认网关值，如图 4-16 所示。

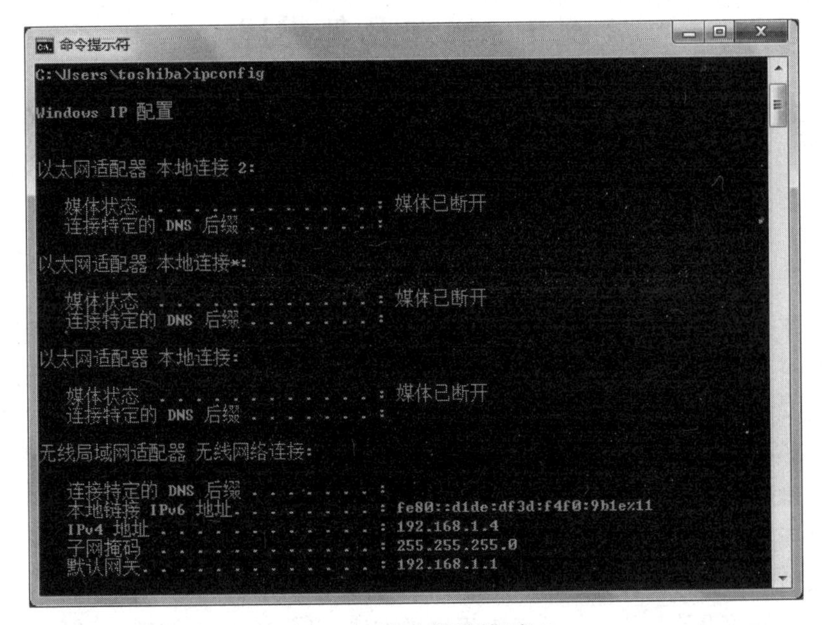

图 4-16 “命令提示符”窗口

第5章　程序设计与算法导论

计算问题的求解离不开计算方法和计算工具的支撑，而计算的方法就是算法。算法描述了解决问题的方法和步骤，它是计算的灵魂，也是计算机科学的核心。本章从实际生活问题的求解出发，以常见问题为例介绍一些基本算法的设计思路并辅以详细案例分析。然后从程序设计的角度介绍程序设计涉及的基本概念、基本思想和方法，使得读者对程序设计过程有一个初步的了解。最后介绍数据结构的基础知识。

对于初学者，学习程序设计的目的不仅是学习某一种特定的程序设计语言，也不是掌握程序设计语言的语法规则，更重要的是学习算法，并能够应用程序设计语言解决实际问题。

5.1　算法及其描述

计算机求解问题的关键之一在于算法，算法是利用计算机来求解问题的关键。本节将简要介绍算法的基础知识，包括算法概念、算法特征、算法描述、算法评价以及常见问题的算法描述。掌握了这些基础知识，将为利用计算机求解问题提供良好的基础。

5.1.1　计算思维基础与算法基础

计算思维是运用计算机科学的基础概念进行问题求解、系统设计以及人类行为理解等涵盖计算机科学广度的一系列思维活动，由周以真教授于2006年3月首次提出。2010年，周以真教授又指出计算思维是与形式化问题及其解决方案相关的思维过程，其解决问题的表示形式应该能有效地被信息处理代理执行。

计算思维融合了数学和工程等其他领域的思维方式，是人类求解问题的一条途径。计算思维的本质是抽象(Abstract)和自动化(Automation)，它反映了计算的根本问题——什么能被有效地自动执行。计算思维吸取了问题解决所采用的一般数学思维方法，现实世界中巨大复杂系统的设计与评估的一般工程思维方法，以及复杂性、智能、心理、人类行为的理解等的一般科学思维方法。其优点是计算思维建立在计算过程的能力和限制之上，由人和机器执行。计算方法和模型使我们敢于去处理那些原本无法由个人独立完成的问题求解和系统设计。

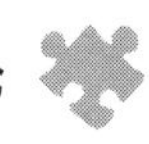

与数学和物理科学相比，计算思维中的抽象显得更为丰富，也更为复杂。数学抽象的最大特点是抛开现实事物的物理、化学和生物学等特性，而仅保留其量的关系和空间的形式，而计算思维中的抽象却不仅仅如此。算法就是对基于计算思维的解决问题的方法的描述。算法代表着用系统的方法描述解决问题的策略机制，它由一系列操作步骤组成，通过这些步骤的自动执行可以解决指定的问题。也就是说，通过一定规范的输入，人或计算机自动执行这一系列操作步骤，在有限时间内获得所要求的输出。如果一个算法有缺陷，或不适合于某个问题，执行这个算法将不会解决这个问题。不同的算法可能用不同的时间、空间或效率来完成同样的任务。

算法中指令描述的是一个计算，当其运行时能从一个初始状态和初始输入(可能为空的)开始，经过一系列有限而清晰定义的状态，最终产生输出并停止于一个终态。一个状态到另一个状态的转移不一定是确定的，包括随机化算法在内的一些算法，包含了一些随机输入。

1. 数学思维与计算思维的关系

例如，求解 SUM＝1＋2＋3＋…＋n，是程序设计课中经常使用的一道题目。

对于这个问题，数学解法与编程解法有很大区别，产生这种区别的原因是数学与计算机在解决问题的方式上有所差异，而这种差异的实质，就是数学思维和计算思维两种思维方式的不同。数学思维的特征是概念化、抽象化和模式化，在解决问题时强调定义和概念，明确问题条件，把握其中的函数关系，通过抽象、归纳、类比、推理、演绎和逻辑分析，将概念和定义、数学模型、计算方法等与现实事物建立联系，用数学思想解决问题。计算思维是按照计算机科学领域所特有的解决方式，对问题进行抽象和界定，通过量化、建模、设计算法和编程等方法，形成计算机可处理的解决方案。

对比后可以发现，数学思维是人的大脑的思维，计算思维同样是人的大脑的思维，但却是在数学思维的基础上解决问题。也就是说，计算思维与数学思维本质上非常相似，只是在实现问题的解决方案时要依靠不同的执行对象。经过数学思维所形成的解决方案，可以单纯依靠人的大脑来实现，而经过计算思维所形成的解决方案，大都可以借助计算工具，通过机器的“自动执行”来实现。

狭义上说，计算思维源于数学思维，两者具有一致性，所不同的是，计算思维在继承数学思维的同时，结合了计算机科学的思想特征，也就是在实际理论的基础上，注重考虑客观环境的条件限制，提出可行方案。

2. 计算思维与算法及程序设计的关系

计算思维是一种抽象的思维活动，算法则是把这种思维活动具象化，描述成具体的方法与步骤。程序设计则是算法在计算机上的正确实现，它是计算思维的最终结果。

例如前面的问题，求解 SUM＝1＋2＋3＋…＋n。通过计算思维可以得到“直接从 1 累加到 n”的解决方案；算法则要考虑采用何种方法、通过何种步骤来实现这个方案，例如，如何输入与输出，怎样用循环实现累加等；程序设计是将算法所描述的方法与步骤转换成计算机所能理解和操作的指令代码，比如使用 for 语句进行循环、用 SUM＝SUM＋i 赋值语句实现累加等，使程序能够在计算机上运行并获得正确结果。

由此看来，数学思维是计算思维的基础，计算思维是解决问题的一种思考方式，算法是对计算思维的具体设计，程序设计则用于实现算法设计。

综上所述，构建计算思维活动的基本要素是“由问题引发思维、由思维产生算法、由算法形成程序”，它是体现计算思维的关键，是人脑的独立思考活动，所形成的解决方案是多样的，并且不受编程语言的限制，也就是我们所说的“一个问题可以有不同的解决方案，一个方案可以有不同的算法设计，一个算法可以用不同的编程语言来实现”。

5.1.2 算法的概念和特征

“算法”一词最早出现在唐朝，当时有《一位算法》《算法》等专著；之后，宋代出现了《算法绪论》《算法秘籍》等书籍；元代出现了《丁巨算法》；明代出现了《算法统宗》；清代出现了《开平算法》《算法一得》《算法全书》等。其中具有代表性的是宋代数学家杨辉的《杨辉算法》，如图 5-1 所示。

图 5-1 杨辉和杨辉算法

算法的英文名称是 Algorithm，来自于 9 世纪波斯数学家阿尔·花拉子米(Al-Khwarizmi)。算法原为“Algorism”，意思是阿拉伯数字的运算法则，18 世纪演变为“Algorithm”。一般认为，历史上第一个算法是欧几里得算法，即辗转相除法，用于求两个正整数的最大公约数。公元前 3 世纪，古希腊数学家欧几里得在其著作《几何原本》第七卷中阐述了这个算法，如图 5-2 所示，直到现在这个算法还经常使用。

图 5-2 欧几里得

1. 算法的概念

算法(Algorithm)是为解决某个问题而采用的一组明确的、有一定顺序的步骤。它是对问题求解规则的一种过程描述。在算法中要精确定义一组有穷的规则，这些规则规定了解决某一特定类型问题的运算系列，它们指定了相应的操作顺序，以便在有限的步骤内得到所求问题的解答。正如著名计算机教育家科尔曼(Thomas H. Cormen)所说：算法就是任何定义明确的计算步骤，它接受一些值或集合作为输入，并产生一些值或集合作为输出。这样，算法就是将输入转换为输出的一系列计算过程，如图 5-3 所示。

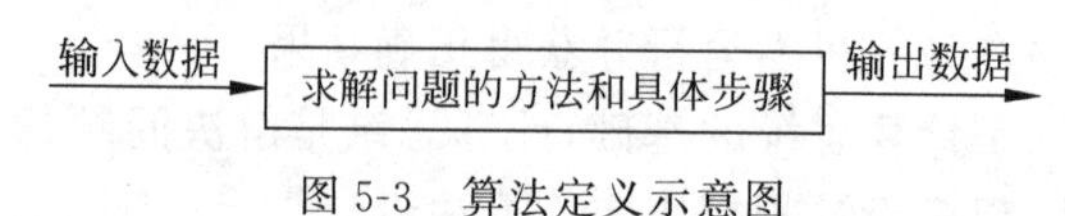

图 5-3 算法定义示意图

一个好的算法是编写程序的模型，因为它能创造计算机程序，其中还包含了程序的精髓。要写出既能正确执行又能提高效率的好程序，算法的学习是不可或缺的。学习算法的同时能提高自己的编程能力。

计算机领域的算法就称为计算机算法，计算机算法可以分为如下两类。

(1) 数值运算算法。用于求解数值，如求一元二次方程的根。

(2) 非数值运算算法。涉及领域较广，主要用于事务管理，如档案管理。

【例 5-1】 欧几里得算法。给定两个正整数 m 和 n，求解其最大公约数，即用辗转相除法能同时整除 m 和 n 的最大正整数。

问题分析：辗转相除法，又称欧几里得算法(EuClidean Algorithm)，它是求两个正整数的最大公因子的算法。设两个正整数为 m 和 n，其中 m、n 不同时为零(设 $m>n$)，输出 m、n 的最大公约数，使用辗转相除法。

算法描述如下。

s1：用 m 除以 n，令所得余数为 r(r 必须小于 n)。

s2：若 r=0，算法结束，输出结果 n；否则继续 s3。

s3：把 n 赋值给 m，把 r 赋值给 n，并返回 s1 继续进行。

例如，求 25 和 15 的最大公约数，计算过程如表 5-1 所示。通过计算得知：余数 r 为 0 时的除数 n 为 5，所以，25 和 15 的最大公约数为 5。

表 5-1　辗转相除法求最大公约数

变　量	被除数 m	除数 n	余数 r(r=m%n)
第一次值	25	15	10(10!=0)
第二次值	15(m=n)	10(n=r)	5(5!=0)
第三次值	10(m=n)	5(n=r)	0(0==0)

【例 5-2】 计算 1 累加到 n 的和，即 $1+2+3+\cdots+n$ 的和。

问题分析：本题是一个循环累加求和的问题，从第二项开始，每一项和前一项的值相差 1。可以设置两个变量：一个变量为 sum，用来保存每次累加的和，开始取值为 0；另一个变量为 i，用来保存要累加到 sum 的当前项，开始取值为 1。问题的求解过程就是不断地将 i 累加到和 sum 中，每加完一次，i 值加 1，直到 i 的值为 n(n 的值根据需求指定)，最后输出结果 sum。

算法描述如下。

s1：当前项 i 置初值 1，累加和 sum 置初值 0。

s2：判断 i 的值，若 $i\leqslant n$ 则执行步骤 3；否则转 s5 执行。

s3：将 i 加到 sum 中。

s4：i 值加 1，转 s2 执行。

s5：输出结果 sum，算法结束。

例如，求 1 累加到 100 的和，此时 n 的值为 100。

变量 i 的值为 1 时，变量 sum 为 0+1；

变量 i 的值为 2 时，变量 sum 为 0+1+2；

变量 i 的值为 3 时，变量 sum 为 0+1+2+3；

以此类推，变量 i 的值为 100 时，变量 sum 为 0＋1＋2＋3＋…＋100。

通过以上例子可以看出，一个算法由若干步骤构成，这些步骤又按照一定的顺序执行。算法是计算机科学中最具有方法论性质的核心概念，是计算机科学领域的基石，被誉为计算机科学的灵魂。

2. 算法的特征

一个算法应该具有以下五个重要的特征：

(1) 有穷性(Finiteness)。一个算法必须在执行有限运算步后终止，每一步必须在有限时间内完成。实际应用中，算法的有穷性应该包括执行时间的合理性。

实际编程时经常会出现死循环的情况，这就是不满足有穷性。当然，这里有穷的概念并不是纯数学意义的，而是指实际应用中的合理范围。如果让计算机去执行一个历时上千年才结束的算法，这虽然是有穷的，但超过了合理的限度，人们认为它不是有效算法。

(2) 确定性(Definiteness)。算法的每一步骤必须有确切的含义，对每一种可能出现的情况，算法都应给出确定的操作，不能有多义性。算法在一定条件下，只有一条执行路径，相同的输入只能有唯一的输出结果。

例如，计算分段函数

$$f(x)=\begin{cases}1 & (x>100)\\ 0 & (x<10)\end{cases}$$

算法描述如下。

s1：输入变量 x。

s2：若 x 大于 100，输出 1。

s3：若 x 小于 10，输出 0。

则算法在异常情况下(10≤x≤100)，执行结果是不确定的。

(3) 零个或多个输入(Input)。输入是指在执行算法时需要从外界获得的必要信息。尽管对于绝大多数算法来说，输入参数都是必要的，但对于个别情况，如打印“**********”这样的内容，不需要任何输入参数，因此，算法的输入可以是零个。

(4) 一个或多个输出(Output)。一个算法有一个或多个输出，算法的目的是为了求解，这里的“解”就是输出。输出可以是打印、显示、磁盘输出等。没有输出的算法是没有意义的。

有些算法可以直接使用别人设计好的，此时只需按照算法的要求进行必要的输入即可得到输出结果。但是，对于程序设计人员来说，必须要会自己设计算法，并且根据算法编写程序。

(5) 有效性(Effectiveness)。算法中执行的任何计算步骤都可以被分解为基本的可执行的操作步骤，即每个计算步骤都可以在有限时间内完成。每一个步骤都应当能有效地执行，并得到确定的结果。例如，如果算法中有除法操作，由于 0 不能作为除数，若不能排除这种情况，这个算法就是无效的。

5.1.3 算法的描述

算法描述(Algorithm Description)是指对设计出的算法，用一种方式进行详细的描述，以便与人交流。算法可采用多种描述语言来描述，各种描述语言在对问题的描述能力方面

存在一定的差异。描述算法的方法有很多，常用的有自然语言、传统流程图、N-S 流程图、伪代码和计算机语言等，但描述的结果必须满足算法的五个特征。下面通过一个实例分别对这些算法描述工具进行介绍。

1. 用自然语言描述算法

自然语言就是人们日常使用的语言，可以是英语、汉语、日语等。用自然语言描述算法通俗易懂，但文字冗长，容易出现歧义。

【例 5-3】 用自然语言描述并计算 1000 以内的所有奇数和，即 1＋3＋5＋7＋…＋999 的和。

问题分析：本题是一个循环累加求和的问题，从第二项开始，每一项和前一项的值相差 2。可以设置两个变量：一个变量为 sum，用来保存每次累加的和，开始取值为 0；另一个变量为 i，用来保存要累加到 sum 的当前项，开始取值为 1。问题的求解过程就是不断地将 i 累加到和 sum 中，每加完一次，i 值加 2，直到 i 超过 999 为止，最后输出结果 sum。

用自然语言描述例 5-3 的算法如下。

s1：当前项 i 置初值 1，累加和 sum 置初值 0。

s2：判断 i 的值，若 i＜1000 则执行 s3；否则转 s5 执行；

s3：i 加到 sum；

s4：i 值加 2，转 s2 执行；

s5：输出结果 sum，算法结束。

用自然语言描述分支和多重循环等算法时，很不方便，容易出现错误。因此，除了比较简单的算法外，一般不用自然语言描述算法。

2. 传统流程图描述算法

流程图是用不同的几何图形表示不同的操作，用流程线表示算法执行的流向。美国国家标准化协会规定了一些常用的流程图符号及其功能，如表 5-2 所示。

表 5-2　常用的流程图符号及其功能

流程图符号	符 号 名 称	符 号 功 能
	起止框(圆弧形框)	表示算法的开始或结束
	处理框(矩形框)	表示一般的处理功能
	判断框(菱形框)	表示对给定的条件进行判断，决定执行后面的哪个操作
	输入输出框(平行四边形框)	表示算法的输入或输出
↓ ↑ → ←	流程线(指向线)	表示算法执行的流向
	连接点(圆圈)	表示将画在不同位置圈中标志相同的流程连在一起
	注释框	对流程图中某些框的操作做必要的补充说明，帮助阅读的人更好地理解流程图，不反映流程和操作

【例 5-4】 用传统流程图描述并计算 1000 以内的所有奇数和，即 1＋3＋5＋7＋…＋999 的和。

用传统流程图描述例 5-4 的算法如图 5-4 所示。

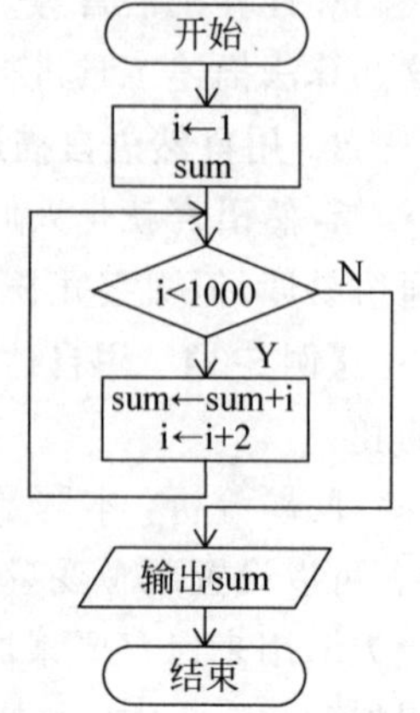

图 5-4 例 5-4 算法的传统流程图

用传统流程图描述算法形象直观、容易理解，但占用篇幅较大，流程指向随意，较大的流程图不易读懂，画流程图既费时又不方便。

3. N-S 流程图描述算法

1973 年，美国学者 I. Nassi 和 B. Shneiderman 提出了一种新的流程图。在这种流程图中，完全去掉了带箭头的流程线，全部算法写在一个矩形框内，在该框内还可以包含其他的从属结构，这种流程图就是 N-S 流程图。如图 5-5 所示是 N-S 流程图的基本结构。

【例 5-5】 用 N-S 流程图描述并计算 1000 以内的所有奇数和，即 1＋3＋5＋7＋…＋999 的和。

用 N-S 流程图描述例 5-5 的算法如图 5-6 所示。

用传统流程图和 N-S 流程图表示算法直观易懂，但画起来比较费事，在设计一个算法时，可能需要反复修改，而修改流程图是比较麻烦的。

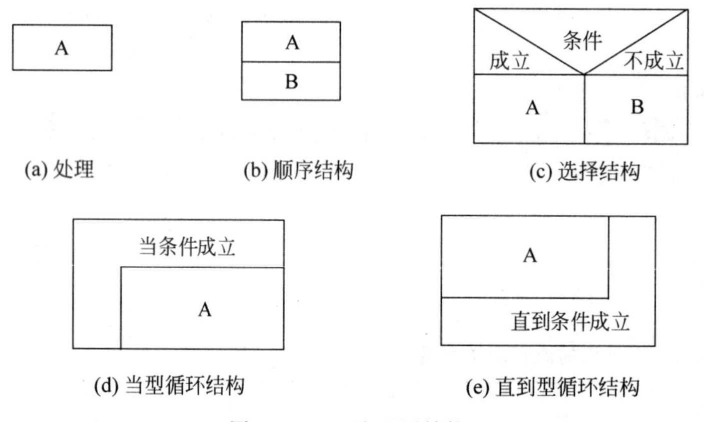

图 5-5 N-S 流程图结构

i=1
sum=0
当i<1000
sum=sum+i
i=i+2
输出sum

图 5-6 例 5-5 算法的 N-S 流程图

4. 伪代码描述算法(类语言)

伪代码是用介于自然语言和计算机语言之间的文字和符号来描述算法，它与一些高级编程语言(如 C 语言)类似，但是不需要遵循编写程序时的严格规则。伪代码用一种从顶到底、易于阅读的方式表示算法，结构清晰、代码简单。

【例 5-6】 用伪代码描述并计算 1000 以内的所有奇数和，即 1＋3＋5＋7＋…＋999 的和。

用伪代码描述例 5-6 的算法如下：

```
begin(算法开始)
    i = 1;
    sum = 0;
    当(i < 1000)
```

```
    {
        sum = sum + i;
        i = i + 2;
    }
    输出 sum
End (算法结束)
```

伪代码具有高级语言的一般语句结构，撇掉语言中的细节，以便把注意力主要集中在算法处理步骤本身的描述上。伪代码不拘泥于具体语言的语法结构，以灵活的形式表现被描述对象，可将注意力集中在处理步骤中。例如类 Pascal 语言、类 C 语言。在实际工程中描述算法常用伪代码形式，不仅直观、方便、有利于交流，而且在设计算法时能较好地考虑算法执行时的动态性。

5. 计算机高级语言

高级语言就是利用计算机程序设计语言直接表达算法，是可以在计算机上直接运行的源程序。高级语言描述的算法具有严格、准确的优点，但用于算法描述时，也有语言细节过多的弱点。

一个具体的算法使用计算机程序设计语言进行描述的过程，实际上就是程序设计的过程，其最终产物就是计算机程序。

【例 5-7】 用 C 语言计算 1000 以内的所有奇数和，即 1＋3＋5＋7＋…＋999 的和。

用 C 语言编程实现例 5-7 的算法如下：

```
void div()                          //算法的函数定义
{
    int i = 1,sum = 0;              //定义变量
    while(i < 1000)                 //判断 i 的值,若 i < 1000 则累加求和并使 i 的值增加 2
    {
        sum = sum + i;
        i = i + 2;
    }
    printf(" % d\n",sum);           //输出结果

}
```

说明：如果需要运行此程序，只要编写主函数 main()，并在主函数中调用此自定义函数即可。

上面讲述的各种算法描述方法都是既有优点又有缺点。自然语言简单易懂，但不能清晰描述逻辑关系；流程图直观、清晰，但不方便数据处理；伪代码程序语言严谨，但语言细节描述过多。使用时可以根据实际情况进行选择。

5.1.4 算法的评价

解决某一问题存在多种算法，为了有效地进行解题，不仅需要保证算法正确，还要考虑算法的质量，通过深入理解问题本质及可能的求解技术，寻求优化算法以便更高效和方便地解决问题。一个优秀的算法一般有以下几个评价标准。

1. 正确性

正确性的基本要求是对输入数据能够得出满足要求的结果并且停止；对一切合法输入

都可以得到符合要求的解。如果一个算法对于某些输入数据要么不会停止,要么在停止前给出的不是预期的正确结果,它就是错误算法。

在很多应用领域中,算法的正确性至关重要。因为算法的错误而造成重大损失甚至灾难的例子并不鲜见。如20世纪60年代,由于飞行控制计算机程序中的一个错误导致发射到金星的美国太空船水手号不幸失事,损失重大。

2. 可读性

算法的可读性是指一个算法可供人们阅读的容易程度。一个算法可读性的好坏十分重要,如果一个算法比较抽象,难以理解,那么这个算法就不易交流和推广,对于修改、扩展、维护都十分不利。所以在写算法时,要尽量写得简明易懂。算法首先是用于人们的阅读与交流,其次才是为计算机执行。一个合格的算法应该具备良好的可读性,算法简单则程序结构也会简单,这便于程序调试。

3. 健壮性

健壮性就是指当输入的数据非法时,算法也会做出相应的判断,而不会因为输入的错误造成程序瘫痪。一个合格的算法应具有一定的容错处理能力,即输入非法数据或错误操作时给出提示,而不是中断程序执行;并可以返回表示错误性质的值,以便程序进行处理。

4. 时间复杂度

通常认为,通过统计算法中基本操作重复执行的次数,就可以近似得到算法的执行效率,用$O(n)$表示,称为时间复杂度。

影响算法时间复杂度的因素很多,主要包括以下几个方面。

(1) 问题规模的大小。例如,求10的阶乘和求100的阶乘所花费的时间是有明显差异的,显然求100的阶乘所花费的时间要比求10的阶乘花费的时间多得多。

(2) 源程序编译功能的强弱以及经过编译后产生的机器代码质量的优劣。

(3) 机器执行一条目标指令所需要的时间。这个因素与计算机系统的硬件息息相关,随着硬件技术的提高,硬件性能越来越好,执行一条目标指令所花费的时间也会相应地越来越少。

(4) 程序中语句的执行次数。这个因素与算法本身有直接关系,一个好的算法应该使程序中语句执行次数尽量少。

由于同一个算法使用不同的计算机语言实现的效率不相同,使用不同的编译器效率也不相同,运行于不同的计算机系统中效率也不相同,因此使用前三个因素来衡量一个算法的时间复杂度通常是不恰当的。通常使用第四个因素,即程序中的语句的执行次数来作为一个算法的时间复杂度的度量。

5. 空间复杂度

空间复杂度指的是算法程序在执行时所需要的存储空间。空间复杂度可以分为以下两个方面:

(1) 程序的保存所需要的存储空间资源,即程序的大小。

(2) 程序在执行过程中所需要消耗的存储空间资源,如中间变量等。

需要说明的是,时间复杂度和空间复杂度共同决定算法的效率,但时间效率和空间效率往往是矛盾的。在算法设计中很多情况下可以“以空间换时间,以时间换空间”。目前,随着计算机硬件的发展,因空间所限影响算法运行的情形较为少见,空间复杂度已经不再显得那

么重要。因而在设计算法时，应把降低算法的时间复杂度作为首要考虑的因素。

5.1.5　常见问题的算法描述

本节通过最值问题、排序问题和搜索问题这几类典型问题来说明计算机求解问题的思路及具体算法。

1. 最值问题及算法描述

(1) 什么是最值问题

每次期末考试结束后，学生除了关心自己的成绩外，是不是对班级或专业排名和最高成绩也很感兴趣呢？无论在日常生活中还是在科学研究中，最值问题都是普遍的应用类问题。例如在班级中找最高的、最矮的，某一科成绩最好的、最差的，在一组数据中找最大数、最小数等。

最值问题是指任意文件(或数据集合)按照指定的关键字寻找最大、最小数据的过程。如在 Excel 中，通过 MAX、MIN 函数可以求出一组数据的最大值、最小值，如图 5-7 所示。怎样设计算法来求解最值问题呢？下面先从简单问题入手。

MAX　=MAX(F2:F10)

	A	B	C	D	E	F	G	H
1	学生成绩单							
2	姓名	性别	高数	外语	计算机	总分		
3	王大伟	男	78	80	90	248		
4	李博	男	89	86	80	255		
5	程小霞	女	79	75	86	240		
6	马宏军	男	90	92	88	270		
7	李枚	女	96	95	97	288		
8	丁一平	男	69	74	79	222		
9	张珊珊	女	60	68	75	203		
10	柳亚萍	女	72	79	80	231		
11						=MAX(F2:F10)		
12						MAX(number1, [number2], ...)		
13								

图 5-7　Excel 中求最大值问题

(2) 简单问题求最值

【例 5-8】 计算两个数的最大值(或最小值)。

问题描述：任意给定两个数，找出其中的最大者。

问题分析：定义两个变量 a 和 b 并分别赋予确定值再定义一个和 a、b 同性质的变量 max，用于存放最大值，如果 a>b，就将 a 赋予 max，否则就把 b 赋值给 max，这样最后 max 中存放的就是最大值。

算法 N-S 流程图如图 5-8 所示。

这是最简单的两个数求最大值的方法，求最小值的方法与求最大值的方法类似。如果是更多数，如 4 个数求最值，算法如何修改？

输入a、b的值
a>b
真　假
max=a　max=b
输出max

图 5-8　求两个数最大值的 N-S 流程图

【例 5-9】 计算 4 个数的最大值(或最小值)。

问题描述：任意给定 4 个数，找出其中的最大者。

问题分析：定义 4 个变量 a、b、c 和 d 并分别赋予确定值再定义一个和 a、b、c、d 同性质的变量 max，用于存放最大值。假设 a 最大，将 a 的值赋予 max 再比较 max 和 b 的值，如果 max＜b，就将 b 的值赋予 max，继续比较 c 和 max 以及 d 和 max，这样最后 max 中存放的就是最大值。

算法描述如下。

s1：输入 a、b、c、d 的值。

s2：假设 a 的值最大，则 max＝a。

s3：比较 max 和 b，若 max＜b，则 max＝b。

s4：比较 max 和 c，若 max＜c，则 max＝c。

s5：比较 max 和 d，若 max＜d，则 max＝d。

s6：输出最大数 max 的值，算法结束。

几个数求最值，通过比较就可以解决问题，如果是更多数据该如何处理？

(3) 复杂问题求最值

【例 5-10】 求信息技术与计算思维导论课程期末考试的最高分。

问题描述：依次输入班级的每一位学生的成绩，找出最高分，当所有人的成绩输入完毕，显示求得的最高分。

问题分析：定义两个变量 m 和 max，m 用来计数，初始值为 1 指向第一个学生，max 用来存放最大值，初始值为 0。先比较 max 和第一个学生的成绩，然后和第二个学生比较，依次类推。如果小于当前比较的学生，就把当前学生的成绩存入到 max 中，当 m 大于班级人数时结束循环，这样最后 max 中存放的就是最大值。

算法传统流程图如图 5-9 所示。

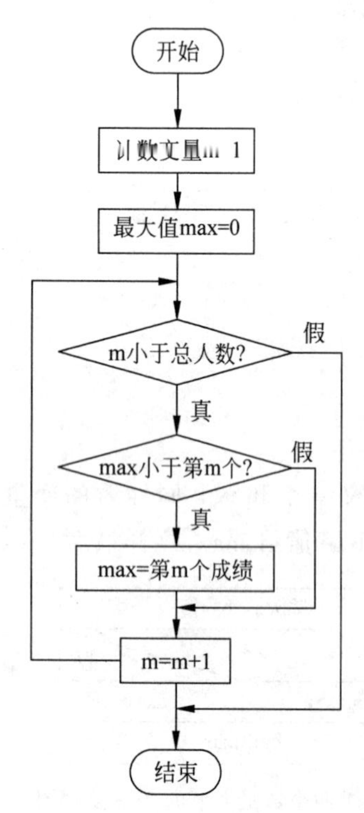

图 5-9　循环求最大值的传统流程图

2. 排序问题及算法描述

(1) 什么是排序

排序是人们在处理数据时常见的问题，其本质是将杂乱无章的一组数据元素，通过一定的方法按照某种规则进行排列的过程。例如，学生成绩按降序排列名次、2019 年某流行歌曲排行榜、Excel 中的排序（如图 5-10 所示）等都属于排序问题。许多杂乱的问题的求解中都包含排序问题，排序和查找（下一个问题详细介绍）是计算机数据处理和问题求解中的重要操作，在计算机科学中占有重要地位。

(2) 常见的排序算法

计算机编程中通常能有多种不同的算法可以用来完成给定的排序任务，如冒泡排序、选择排序、插入排序、快速排序、堆排序、归并排序等。在不同的情况下，每种算法都有自己的优缺点。在实际应用中，可以根据需要结合具体的问题选择合适的排序算法。本书主要介绍冒泡排序和选择排序。

① 冒泡排序。冒泡排序的基本思想：在每一轮（也称为趟）排序时比较相邻两个数据元素，如果次序不对，则将两个

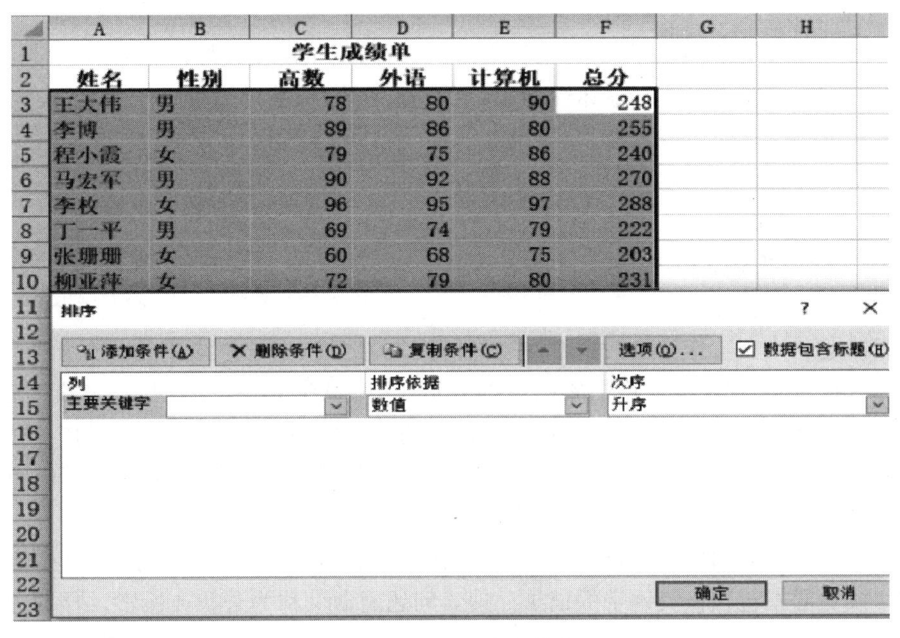

图 5-10　Excel 中的排序

元素位置互换，一趟比较结束时较小的数上浮，较大的数沉底。有 n 个数排序则进行 $n-1$ 趟上述操作。每一趟比较，都有较小的元素向上浮起，犹如冒泡。冒泡排序的具体思路和过程见 5.3 节程序案例。

② 选择排序。选择排序的基本思想：每趟从待排序的数据元素中找出最小(或最大)的元素，将其和第一个元素交换，然后，从剩下的 $N-1$ 个数中找出最小(或最大)的元素，将其和第二个元素交换，依此类推，直到所有的数据均有序为止。

【例 5-11】 输入 10 个数，利用“选择法”进行升序排序并输出。

选择排序算法如下。

s1：首先通过 $n-1$ 次比较，从 n 个数中找出最小的，将它与第一个数交换——第一趟选择排序，结果最小的数被安置在第一个元素位置上。

s2：再通过 $n-2$ 次比较，从剩余的 $n-1$ 个数中找出次小的数，将它与第二个数交换——第二趟选择排序。

s3：重复上述过程，共经过 $n-1$ 趟排序后，排序结束。

(3) 排序算法比较

选择排序和冒泡排序都是经常使用的排序算法，它们之间有以下共同点和不同点。

① 共同点

算法简单，操作方便；每一趟比较仅使一个数确定其所在数列中的位置。

② 不同点

选择排序每一趟比较中找最小元素，一趟比较结束后需要交换位置；冒泡排序在每一趟相互比较后，次序不对就交换位置。

③ 复杂度分析

冒泡排序是最简单的排序算法，运行效率低，时间复杂度在最好情况下，元素是有序的，共比较 $n-1$ 次，无须交换；在最坏情况下，元素逆序排列，共需做 $n(n-1)/2$ 次比较和交换；时间复杂度为 $O(n^2)$。

选择排序算法由一个双层循环控制，算法的时间复杂度由输入规模（也就是元素个数 n）决定，时间复杂度是 $O(n^2)$。

3. 搜索问题及算法描述

(1) 什么是搜索问题

搜索问题是人们工作和生活中经常遇到的问题，例如，在学生库中找一个学生的信息，到图书馆查找资料，在网上使用搜索引擎搜寻信息等。Word 中的“查找”“替换”与“定位”也属于搜索问题。不管搜索对象如何，其所使用的搜索方法在思想上是相似的。同时，搜索问题也是许多问题的子问题，在许多复杂问题中都包含着对象搜索，因此对搜索问题求解算法的研究具有非常重要的作用。

搜索(searching)问题就是在给定的一个文件(或数据集合)中，按照指定的关键字寻找该关键字或者寻找包含该关键字的记录。搜索问题通常又称为查找或检索，结果有两种，第一种情况是找到了包含关键字值的记录，称为查找成功；第二种情况是没有找到包含关键字的记录，称为查找失败。常见搜索方法有顺序搜索、二分搜索、枚举法、广度优先搜索、深度优先搜索等。

(2) 常见搜索算法

① 顺序查找

【例 5-12】 从键盘输入一个整数，在数组中查找是否存在该数，若存在输出其在数组中的位置。

问题分析：需要遍历整个数组，即顺序查找。设 flag=0 表示数组中没有要找的数，flag=1 表示数组中有要找的数。

下面以在数据表中 11,22,33,44,55,66,77,88 中搜索 44 为例，说明顺序查找的基本思想，如图 5-11 所示。

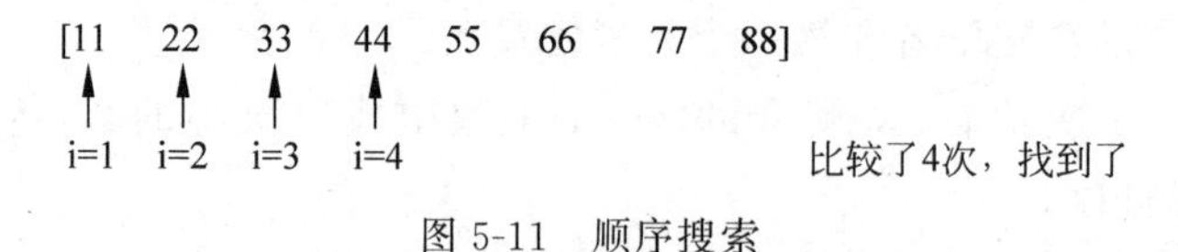

图 5-11 顺序搜索

图 5-12 给出了顺序查找算法的 N-S 流程图。

顺序搜索算法的优点是算法简单，对列表的结构无任何要求，但是查找效率低。对无序数据搜索时，需要对整个无序数据进行遍历，如果数据表规模很大，可以将表搜索分解成多个任务，并行计算，这就是并行顺序搜索，它是一种效率较高的顺序搜索方式。本节对并行搜索不再详述，大家可以查找相关资料学习。

② 二分查找

二分查找也叫折半查找，是一种在有序数据表中查找某一特定元素的搜索算法。它针对有序的数据表，充分利用了元素之间的次序关系，采用分块完成搜索任务，可以有效提高查找效率。其基本思想是不断将数据表对半分割，每次取中间元素和查找元素进行比较；

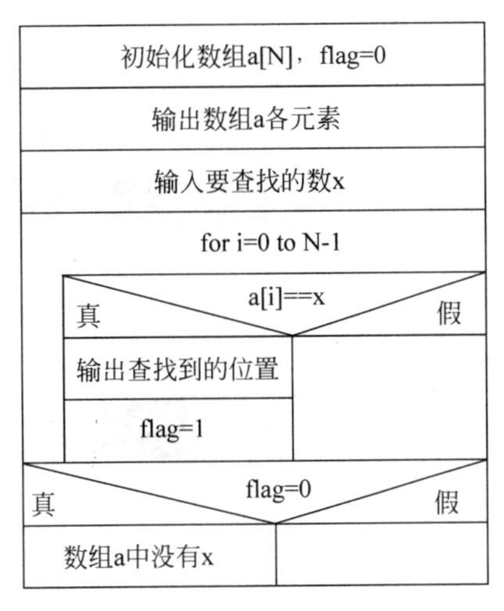

图 5-12　顺序查找算法的 N-S 流程图

如果匹配成功则查找成功，并给出查找元素的位置；如果匹配不成功，则继续进行二分查找；如果查找到最后一个元素仍然没有匹配成功，则查找元素不在列表中。

二分查找算法如下。

首先从序列的中间元素开始，如果中间元素正好是要查找的元素，则查找成功，搜索结束；如果要搜索的元素大于或者小于中间元素，则在数组大于或小于中间元素的那一半中查找，而且与开始一样从中间元素开始比较。这种搜索算法每一次比较都使搜索范围缩小一半。

【例 5-13】 利用二分法查找“58”是否在有序表{12，15，21，33，34，42，55，58，60，80}中。

搜索算法如下。

s1：第 1 次二分，设置左端点位置 low=1，设置右端点位置 high=10。

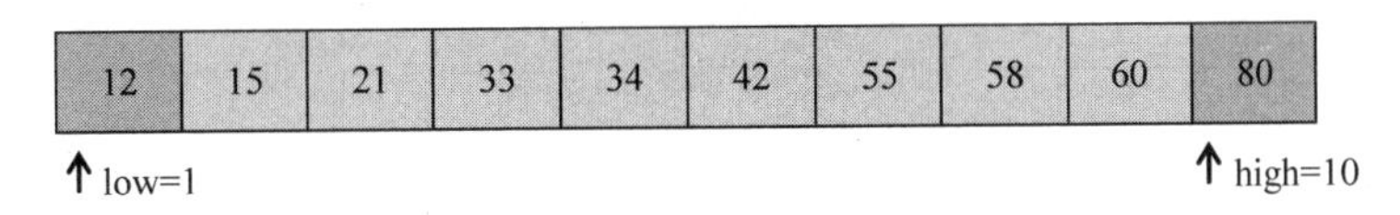

s2：计算中位数 mid=(low+high)/2=(1+10)/2=5.5，中位数 5.5 取整为 5，将第 5 个元素(34)与查找元素(58)比较；由于 34<58，因此查找元素在第 5 个元素之后(列表右边)。

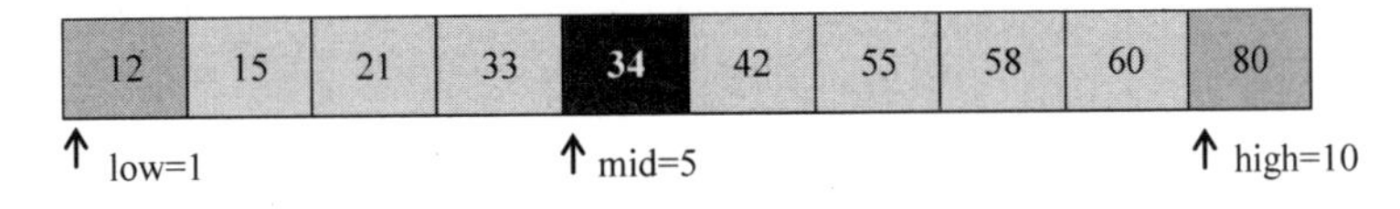

s3：第 2 次二分，将 low 位置移到第 5 个元素。

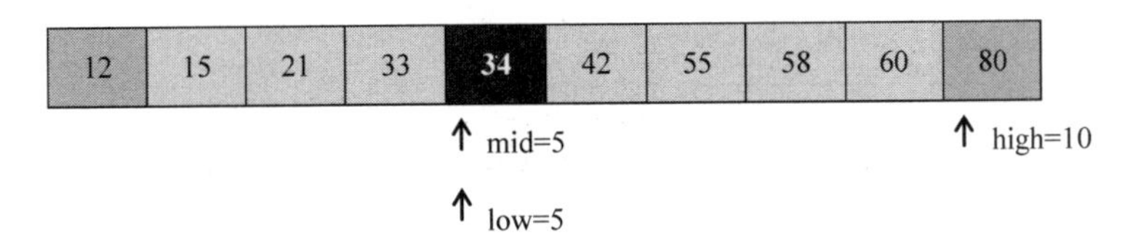

s4：计算中位数 mid=(low+high)/2=(5+10)/2=7.5，中位数 7.5 取整为 7，mid 为第 7 个元素(55)；将第 7 个元素(55)与查找元素(58)比较；由于 55<58，因此查找元素在第 7 个元素之后(列表右边)。

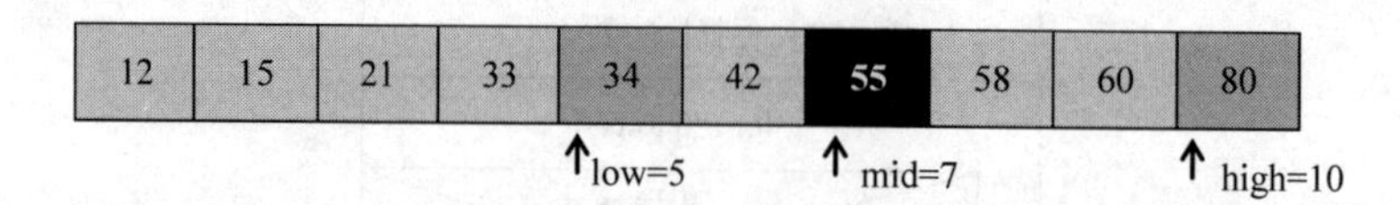

s5：第 3 次二分，将 low 位置移到第 7 个元素。

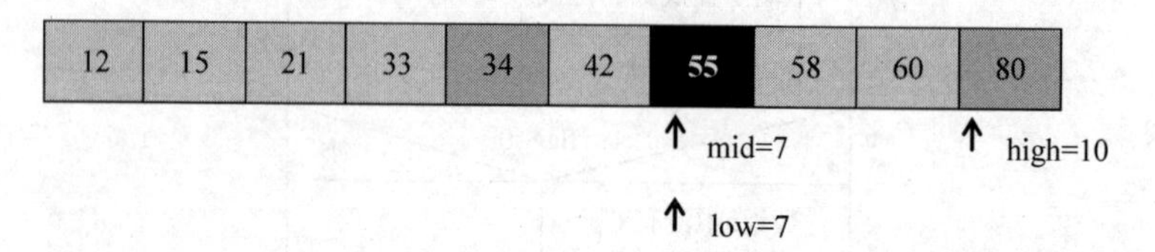

s6：计算中位数 mid=(low+high)/2=(7+10)/2=8.5，中位数 8.5 取整为 8，mid 为第 8 个元素(58)；将第 8 个元素(58)与查找元素(58)比较；由于 58 等于 58，元素匹配成功，输出找到的元素(58)和它的位置(8)。

图 5-13 所示给出了二分查找算法的传统流程图。

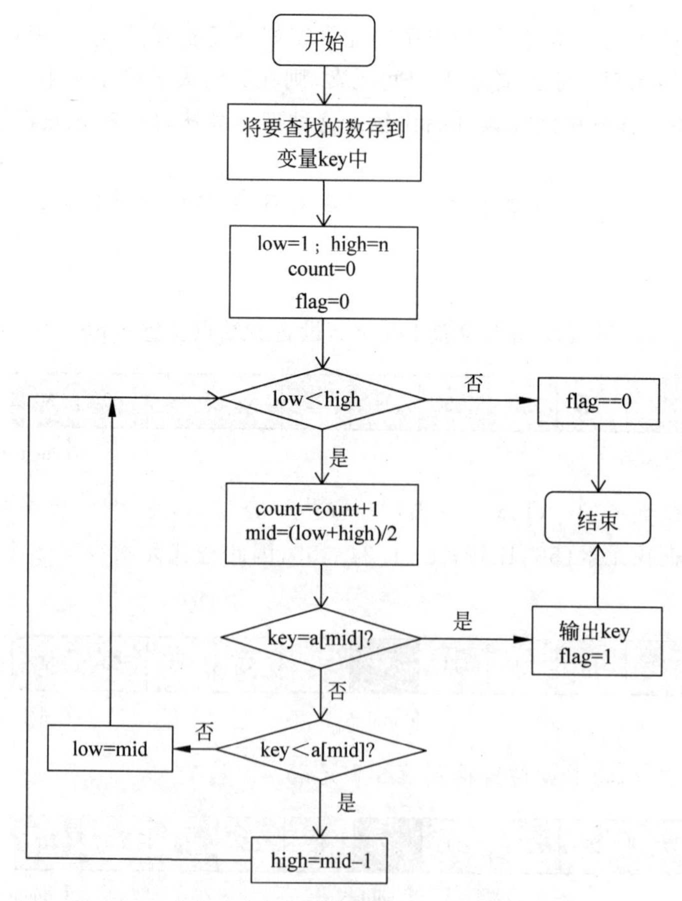

图 5-13　二分查找算法流程图

③ 穷举法

穷举法也称枚举法，基本思想是根据题目的部分条件确定答案的大致范围，并在此范围内对所有可能的情况逐一验证，直到全部情况验证完毕。若某种情况验证符合题目的全部条件，则为本问题的一个解；若全部情况验证后都不符合题目的全部条件，则本题无解。

【例 5-14】 我国古代数学家张丘建在《算经》中提出的数学问题：鸡翁一值钱五，鸡母一值钱三，鸡雏三值钱一。百钱买百鸡问题，即一百个铜钱买了一百只鸡，其中，公鸡一只5钱、母鸡一只3钱、小鸡一钱3只，问一百只鸡中公鸡、母鸡、小鸡各多少只？

问题分析：设公鸡、母鸡、小鸡的数量分别为 x、y、z，则，可以用下面方程组来求解：

$$\begin{cases}5x+3y+\dfrac{1}{3}z=100\\x+y+z=100\end{cases}$$

上面方程组中，变量个数大于算式的个数，无法直接求解。要想求得 x、y、z 的值，可以将所有可能的 x、y、z 的值带入两个算式中看是否同时满足要求，称这种方法为穷举法。穷举法最关键的是确定穷举的范围，然后在此范围内，对所有可能的情况进行逐一验证，直到所有情况验证完毕为止，若验证完毕未找到符合条件的值，则无解。通过分析，可以得到 x、y、z 的取值范围：$x(0\sim20)$、$y(0\sim33)$、$z(0\sim100)$。

算法设计：设公鸡为 x 只，母鸡为 y 只，小鸡为 z 只。如果全部买公鸡最多可以买100/5＝20 只，即 x 的取值范围是 0～20；如果全部买母鸡最多可以买 100/3＝33 只，即 y 的取值范围是 0～33；如果全部买小鸡最多可以买 100×3＝300 只，但是题目规定买 100 只鸡，所以 z 的取值范围是 0～100。由此可见，此案例的约束条件为：x＋y＋z＝100 且 5x＋3y＋z/3＝100。

本题可以用三层嵌套的循环来实现，算法的 N-S 流程图如图 5-14 所示。

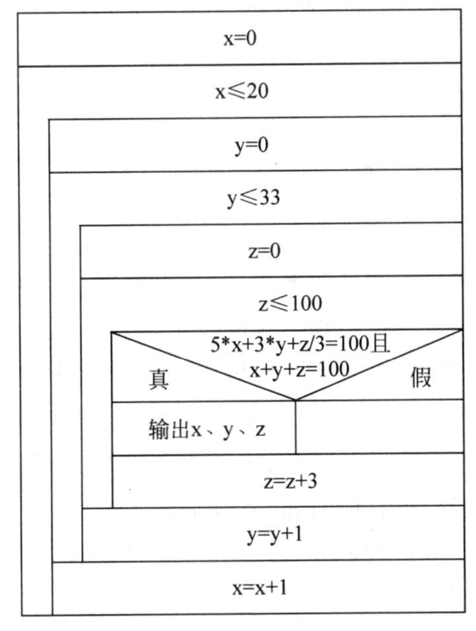

图 5-14　百钱买百鸡问题的 N-S 流程图

(3) 搜索算法比较

顺序搜索、二分搜索和穷举法是大家常见的比较简单的搜索方法，通过上面的例子大家可以看到以下共同点和不同点。

① 共同点

算法简单，操作方便，都是在数据列表中查找某个元素并确定这个元素在列表中的位置。

② 不同点

顺序搜索针对无序数据表进行遍历，二分查找待查找列表必须为有序表，顺序搜索和二分搜索找满足条件的一个值，穷举法是搜索出满足条件的多个值。

③ 复杂度分析

顺序搜索算法的优点是算法简单，对列表的结构无任何要求。对无序数据搜索，需要对整个无序数据表进行遍历，如果数据表规模很大，查找效率较低。算法时间复杂度为$O(n)$。二分查找比较次数少，查找速度快，平均性能好，但待查列表必须为有序表。算法在最坏情况下时间复杂度为$O(\log_2 n)$。穷举法搜索列举出问题的所有可能解，并用约束条件逐一判定，找出符合约束条件的所有解，算法的效率低。

5.2 程序和程序设计

如前所述，用计算机求解任何问题，首先必须给出解决问题的方法和步骤，也就是算法。再按照某种语法规则编写计算机可执行的程序，交给计算机去执行，这个过程就是程序设计的过程。编写程序所使用的语法规则的集合就是程序设计语言。程序设计语言可以是机器语言、汇编语言，也可以是高级语言。本节首先简要介绍计算机程序的基本概念和程序设计语言的演变过程，之后说明语言处理程序及程序设计的详细步骤，最后以C语言为例，阐述高级语言程序设计的基本方法以及结构控制。

5.2.1 计算机程序的概念

计算机程序是指用某种计算机程序设计语言编写的解决某个问题或完成某项任务的指令序列。如果用一个等式来表示程序的概念，可表示为：

程序＝算法＋数据结构＋程序设计方法＋语言工具和环境

其中算法即操作步骤，解决“做什么”和“怎样做”的问题，是程序的灵魂；数据结构是对数据的描述，即程序中要指定的数据类型和数据的组织形式；程序设计方法即编程所采用的适合的方法；语言工具和环境是编写程序所采用的编程环境及编程语言。

例如，从键盘输入两个数，求它们的和，并输出。

用C语言可编写出以下程序代码：

```
#include <stdio.h>                    /* 将文件 stdio.h 包含到本程序中 */
void main()
{
    int a, b, sum;                    /* 定义 3 个整型变量,用于存放输入的两个数及其和 */
```

```
    scanf("%d, %d", &a, &b);          /* 从键盘输入两个数,分别存放到变量a和变量b中 */
    sum=a + b;                         /* 对变量a和变量b求和,结果存放到变量sum中 */
    printf("%d\n", sum);              /* 输出和sum,后换行 */
}
```

程序运行结果：

```
3,6↙(说明:↙表示从键盘上按 Enter 键)
9
```

该程序的第一行 main()说明这是一个主函数,它指出一个程序的开始地址。

程序中的“{”和“}”分别标识程序段落的开始和结束。程序中用/* …… */表示的内容是注释部分,目的是增加程序的可读性,对程序的编译和运行并不起作用。

通常,命令型程序以一组说明语句开始,它们描述程序要操作的数据,在此之后是命令型语句,它们描述要执行的算法,注释语句按需要分布在程序各处。

5.2.2 程序设计语言

程序设计语言即编程语言(programming language),是用于书写计算机程序的语言,它是人与计算机进行交流的工具。要了解程序设计语言先要了解指令和程序的概念。指令是指示计算机执行某种操作的命令,程序是一系列按一定顺序排列的指令,程序设计语言是用于编写计算机程序的语言。执行程序的过程就是计算机的工作过程。从发展历程来看,程序设计语言可以分为以下四大阶段,每一个阶段都大大提高了程序设计的效率。

1. 第一代程序设计语言,机器语言——面向机器的语言

机器语言是最底层的计算机语言。在用机器语言编写的程序中,每一条指令都是“二进制”(0 和 1)形式的指令代码,计算机硬件可以直接识别,机器语言又称为二进制语言。例如,要计算 15+10,用机器语言编写的程序如下：

```
10110000 00001111          把 15 放入累加器 A 中
00101100 00001010          10 与累加器 A 中的值相加,结果仍放入 A 中
11110100                   结束,停机
```

由于机器语言程序是直接针对计算机硬件编写的,因此,它的执行效率比较高。对于不同的计算机硬件(主要是 CPU),其机器语言是不相通的,使用一种计算机的机器指令编写的程序,不能在另一种计算机上执行。使用机器语言编写程序,编程人员要熟记所用计算机的全部指令代码和代码的含义,因而,用机器语言编写程序的难度较大,容易出错,而且程序的直观性较差。除了计算机生产厂家的专业人员外,绝大多数的程序员已经不再使用机器语言。

2. 第二代程序设计语言,汇编语言——面向机器的语言

为了便于理解与记忆,人们采用能“帮助记忆”的英文缩写符号(称为指令助记符)来代替机器语言中的指令代码,这种语言称为汇编语言或符号语言。例如,要计算 15+10,用汇编语言编写的程序如下：

```
MOV  A,15                  把 15 放入累加器 A 中
ADD  A,10                  10 与累加器 A 中的值相加,结果仍放入 A 中
HLT                        结束,停机
```

由于汇编语言采用了助记符，因此，它比机器语言直观，更容易理解和记忆，但是，计算机不能直接识别用汇编语言编写的程序。此外，汇编语言也依赖于计算机硬件，因此，程序的可移植性较差。

汇编语言不像其他大多数的程序设计语言一样被广泛用于程序设计。它通常被应用在底层、硬件操作和要求高的程序优化的场合。驱动程序、嵌入式操作系统和实时运行程序都需要汇编语言。

3. 第三代程序设计语言，高级语言——面向过程、面向对象的语言

机器语言和汇编语言是低级语言，两种语言都是面向机器的。高级语言基本脱离了机器的硬件系统，具有良好的通用性和可移植性。高级语言的指令接近自然语言和数学公式，编写的程序称为源程序，高级语言编写的程序计算机也不能直接执行，需要翻译成目标程序（二进制程序）才能执行。高级语言并不是特指某一种具体的语言，而是包括很多编程语言，如流行的 Java、C、C++、C＃、Pascal 等，这些语言的语法、指令格式都不相同。例如，要计算 15＋10，用 C 语言编写的程序如下：

```
int a;                      定义变量 a
a = 15 + 10;                将 15 和 10 相加,结果存放到变量 a 中
printf(" % d\n", a);        输出结果
```

高级语言有面向过程的语言和面向对象的语言两种。面向过程的语言是以过程或函数为基础的，在编写程序时需要具体指定每一个过程的细节，这种语言对底层硬件、内存等操作比较方便，C 语言就是面向过程的语言。面向对象的语言是一切操作都以对象为基础，它是由面向过程的语言发展而来的，但正是它的这个特性使得面向对象的语言对底层的操作不是很方便，如 Java 语言。可以说面向过程就是什么事都自己做，面向对象就是什么事都指挥对象去做。当程序规模小时用面向过程的语言还可以，当程序规模比较大时用面向对象的语言比较方便。

4. 第四代程序设计语言（Fourth Generation Language，以下简称 4GL）

前几代语言都需要编程指出怎么做（运行步骤），4GL 在一定程度上只需要说明做什么（目的），不需要写出怎么做的过程，因此可大大提高软件生产率，成为面向数据库应用开发的主流工具，如 Oracle 应用开发环境、SQL Windows、Power Builder 等。虽然 4GL 具有很多优点，但也存在严重不足：

（1）4GL 虽然功能强大，但在其整体能力上却与 3GL 有一定的差距。

（2）由于缺乏统一的工业标准，4GL 产品花样繁多，用户界面差异很大，与具体的机器联系紧密，语言的独立性较差，影响了应用软件的移植与推广。

（3）4GL 主要面向基于数据库应用的领域，不适合科学计算、高速的实时系统和系统软件开发。

5.2.3 常用计算机语言介绍

与机器语言和汇编语言不同，高级语言是面向用户的，它包括很多种编程语言。目前，高级语言种类已达数百种，下面介绍几种常用高级语言。

1. FORTRAN 语言

FORTRAN(Formula Translation)语言意为"公式翻译",它是为科学、工程问题或企事业管理中的那些能够用数学公式表达的问题而设计的,其数值计算的功能较强。

FORTRAN 语言是世界上第一个被正式推广使用的高级语言。它是 1954 年被提出来的,1956 年开始正式使用,至今已有六十多年的历史,但仍经久不衰,它始终是数值计算领域所使用的主要语言。

2. C 语言、C++语言与 Visual C++

C 语言是 1973 年由美国贝尔实验室研制成功的。它最初是作为 UNIX 操作系统的主要语言开发的,并在发展过程中做了多次改进。1977 年出现了不依赖具体机器的 C 语言编译文本,使 C 语言移植到其他机器上的工作大大简化,也推动了 UNIX 操作系统在各种机器上的应用。随着 UNIX 操作系统的广泛使用,C 语言迅速得到推广。1978 年以后,C 语言成功地应用在大、中、小、微型计算机上,成为独立于 UNIX 操作系统的通用程序语言。C 语言表达简洁,控制结构和数据结构完备,具有丰富的运算符和数据类型,可移植性强,编译质量高。作为高级语言,C 语言还具有低级语言的许多功能,可以直接对硬件操作,例如对内存地址的操作、位的操作等,因此用 C 语言编写的程序可以在不同体系结构的计算机运行。用 C 语言不仅能编写出效率高的应用软件,也适用于编写操作系统、编译程序等系统软件。C 语言已成为应用最广泛的通用程序设计语言之一。

C++语言是在 C 语言的基础上发展起来的面向对象的通用程序设计语言。C++语言于 20 世纪 80 年代由贝尔实验室设计并实现。C++语言是对 C 语言的扩充,扩充的内容绝大部分来自其他著名语言(如 Simula、ALGOL68、Ada 等)的最佳特性。它既支持传统的面向过程的程序设计,又支持面向对象的程序设计,而且运行性能高。C++语言与 C 语言完全兼容,用 C 语言编写的程序能方便地在 C++环境中重用。因此 C++语言迅速流行,成为当今面向对象的程序设计的主流语言之一。就面向过程编程而言,C++和 C 几乎是一样的。由于 C 语言相对简单,各大高校都将 C 语言作为一门重要的课程,学习了 C 语言,再去学习 C++,就会达到事半功倍的效果。

Visual C++是微软公司的 Visual Studio 开发工具箱中的一个 C++程序开发包。Visual Studio 提供了一整套开发 Internet 和 Windows 应用程序的工具,包括 Visual C++、Visual Basic、Visual FoxPro 以及其他辅助工具,如代码管理工具 Visual Source Safe 和联机帮助系统 MSDN。Visual C++包中除包括 C++编译器外,还包括所有的库、例子和为创建 Windows 应用程序所需要的文档。从最早期的 1.0 版本发展到 6.0 版本,Visual C++有了很大的变化,在界面、功能、库支持方面都有许多增强。Visual C++6.0 版本在编译器、MFC 类库、编辑器以及联机帮助系统等方面都比以前的版本有了较大改进。Visual C++是一种大型语言,其功能、概念和语法规定都比较复杂,要深入掌握它需要花较多的时间,尤其需要有较丰富的实践经验,一般使用 Visual C++编程的主要是软件专业人员。

3. Java 语言

Java 语言是由 Sun 公司开发的一种新型的跨平台分布式程序设计语言。Java 语言以其简单、安全、可移植、面向对象、多线程处理和动态等特征引起世界范围的广泛关注。

Java 是一门面向对象编程语言,不仅吸收了 C++语言的各种优点,还摒弃了 C++中难以理解的多继承、指针等概念,因此 Java 语言具有功能强大和简单易用两个特征。Java 语言作为静态面向对象编程语言的代表，极好地实现了面向对象理论，允许程序员以优雅的思维方式进行复杂的编程。

狭义上 Java 是一种编程语言，它既可作为一种通用的编程语言，又可用来创建一种可通过网络发布的、动态执行的二进制"内容"。广义上 Java 不仅是一种编程语言，还包括一个客户机/服务器模式下的开发和执行环境，具有完全的平台无关性。它基于 C++，同时又抛弃了 C++ 中的非面向对象和容易引起软件错误的地方，因此是一种简单而稳定的语言。

4. BASIC 语言与 Visual Basic 语言

BASIC(Beginners' All-purpose Symbolic Instruction Code)意思就是"初学者通用符号指令代码"，是一种设计给初学者使用的程序设计语言。BASIC 语言最初是在 20 世纪 60 年代初期研制的一种交互式语言，它是一种应用广泛的计算机高级语言，特点是易学易用，人机对话能力强，非常适合于初学者。

1991 年 4 月，Visual Basic 1.0 for Windows 版本发布，许多专家把 VB 的出现当作是软件开发史上的一个具有划时代意义的事件。Visual Basic 意为"可视的 BASIC"，即图形界面的 BASIC。它是用于 Windows 系统开发的应用软件，可以设计出具有良好用户界面的应用程序。此后，微软公司又相继推出了 Visual Basic 2.0 到 Visual Basic 6.0 多种版本，之后又推出 Visual Basic 6.0 中文版。VB 6.0 作为 Microsoft Visual Studio 6.0 工具套件之一，提供了图形化、ODBC 实现整合资料浏览工具平台，提供了与 Oracle 和 SQL Server 的数据库链接工具。VB 6.0 的 Web 开发特性可以使得开发人员以更方便、组件式的方法，开发各种 HTML 和动态 HTML 的应用程序。这些新特性使得 VB 6.0 成为建立可扩展的企业应用开发平台的理想选择。2001 年，VB. NET 发布，由于使用了新的核心和特性，很多 VB 的程序员都要改写程序。2005 年 11 月 7 日，VB. NET 2005(v8.0)发布，它可以直接设计出 Windows XP 风格的界面，但是其编写的程序占用内存较多。2010 年 4 月，VB. NET 2010(v10.0)发布。

5.2.4 语言处理程序

除了机器语言外，其他使用任何软件语言书写的程序都不能直接在计算机上执行，都需要对它们进行适当的处理。语言处理系统的作用是把用软件语言书写的各种程序处理成可在计算机上执行的程序，或最终的计算结果，或其他中间形式。

语言处理系统因所处理的语言即处理方法和处理的过程不同而不同。但对任何一种语言来说，通常都包含一个翻译程序，这种翻译程序也称为语言处理程序。被翻译的汇编语言或高级语言程序称为源程序，翻译后生成的低级语言程序称为目标程序。

语言处理程序是将用程序设计语言编写的源程序转换成机器语言的形式，以便计算机能够运行。翻译程序除了要完成语言间的转换外，还要进行语法、语义等方面的检查。按照不同的源语言、目标语言和翻译处理方法，可把翻译程序分成若干种类。从汇编语言到机器语言的翻译程序称为汇编程序，从高级语言到机器语言或汇编语言的翻译程序称为编译程序。按源程序中指令或语句的动态执行顺序，逐条翻译并立即解释执行相应功能的处理程序称为解释程序。

1. 汇编程序

由于汇编语言的指令与机器语言的指令大体上保持一一对应的关系，汇编算法采用的

基本策略是简单的。汇编过程就是对汇编指令逐行进行处理，翻译成计算机可理解的机器指令。通常采用两遍扫描源程序的算法：第一遍扫描源程序根据符号的定义和使用，收集符号的有关信息到符号表中；第二遍利用第一遍收集的符号信息，将源程序中的符号化指令逐条翻译为相应的机器指令。处理的步骤如下：

（1）指令助记符操作码翻译成相应的机器操作码。

（2）把符号操作码翻译成相应的地址码。

（3）把操作码和操作数构造成机器指令。

2. 编译程序

编译方式的工作过程是：将用高级语言编写的源程序输入计算机，然后调用编译程序把源程序整个翻译成机器指令代码组成的目标程序，再经过连接程序连接后形成可执行程序，最后执行得到结果。采用编译方式执行一般效率高，高级语言大多采用编译方式。目前微型机高级语言 FORTRAN、Pascal、C 等都属于编译方式，BASIC 语言有解释方式的，也有编译方式的。图 5-15 是编译方式的工作过程示意图。

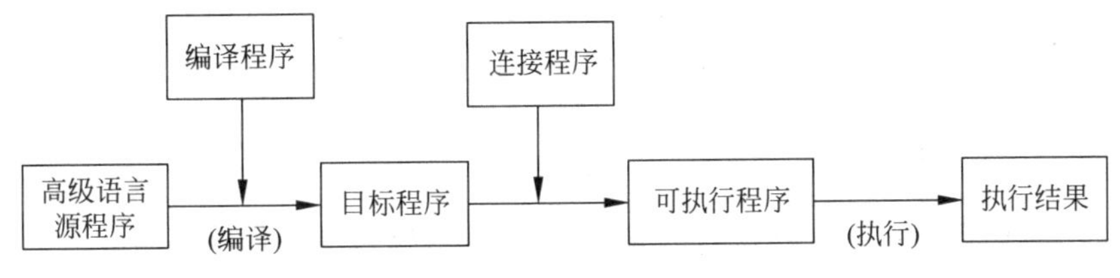

图 5-15　编译方式的工作过程

编译程序对源程序进行翻译的方法相当于“笔译”。在编译程序执行的过程中，要对源程序扫描一遍或几遍，最终生成一个可在具体计算机上执行的目标程序。由于源程序中的每个语句与目标程序中的指令通常具有一对多的对应关系，所以编译程序的实现算法较为复杂。但通过编译程序的处理可以一次性地产生高效运行的目标程序，并把它保存在磁盘上，以备多次执行。因此，编译程序更适合于翻译规模大、结构复杂、运行时间长的大型应用程序。

编译程序多遍扫描并分析源程序，然后将其转换成程序。通常编译程序在初始处理阶段建立符号表、常数表和中间语言程序等数据结构，以便在分析和综合时引用和加工。源程序的分析是经过词法分析、语法分析和语义分析三个步骤完成的，分析过程中发现有错误，给出错误提示。目标程序的综合包括存储分配、代码优化、代码生成等步骤，目的是为程序中的常数、变量、数组等数据结构分配存储空间。

随着高级语言在形式化、结构化、智能化和可视化等方面的发展，编译程序也随之向自动程序设计和可视化程序设计的方向发展。这样，可为用户提供更加理想的程序设计工具。

3. 解释程序

解释程序是对源程序的翻译方法，相当于两种自然语言间的“口译”。解释方式的工作过程是边解释边执行，即把高级语言源程序输入计算机后，解释程序对它进行逐句扫描、逐句翻译、逐句执行。这种对源程序逐句执行的工作方式显然便于实现人机对话。解释程序结构简单、易于实现，但效率较低。图 5-16 是解释方式工作过程示意图。

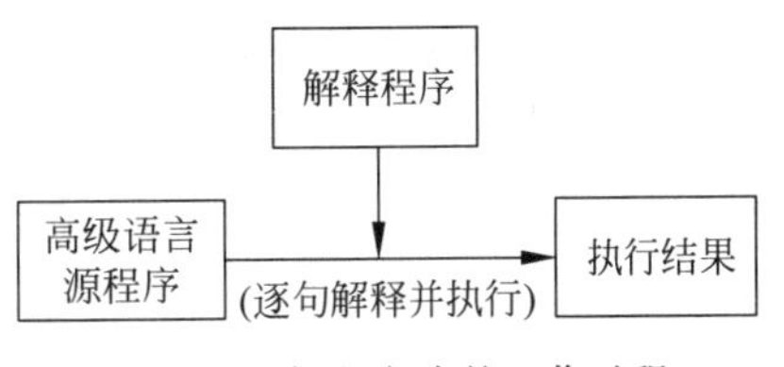

图 5-16　解释方式的工作过程

5.2.5 程序设计的步骤

计算机程序设计是根据特定问题，用计算机语言设计、编制、调试和运行程序的过程。程序设计的步骤一般要经过问题分析和建立模型、算法设计、编写程序、调试运行和编写程序文档多个步骤。

1. 问题分析和建立模型

问题分析是程序设计的第一步，其任务是对于给定的一个问题，要清楚这个问题要完成什么样的功能，哪些条件是已知的，哪些是要求解的，已知条件和要求的结果之间存在什么样的关系等，最终建立数学模型并确定数据的组织形式以及解决问题的方案。

2. 算法设计

在明确了给定的问题后，要确定采用的具体算法，并选择一种合适的算法描述工具进行描述，这一步是程序设计的关键，决定程序执行的效率。

3. 编写程序

编写程序就是根据确定的数据结构和算法，按照某种程序设计语言的语法、语义和规则实现算法的每一个步骤。最终的程序要保证语法和逻辑都是正确的，才能得到正确的结果，这一步需要上机验证。

4. 调试运行

将编写的源程序输入到计算机调试和运行，以便找出和修改程序中的语法错误、运行错误、逻辑错误等，测试程序是否达到预期结果。

5. 编写程序文档

许多程序是提供给别人使用的，如同正式的产品应当提供产品说明书一样，正式提供给用户使用的程序，必须向用户提供程序说明书。内容应包括：程序名称、程序功能、运行环境、程序的装入和启动、需要输入的数据，以及使用注意事项等。

【例 5-15】 已知圆半径为 5，求圆面积。

(1) 问题分析。根据半径求圆面积公式，可以借助数学公式完成。

(2) 算法设计。

首先确定数据结构与数学模型。

数据结构：本问题可以设计一个变量空间 r 存储半径的值，一个变量空间 s 存储面积的值。

数学模型：使用求面积公式 $s=\pi r^2$。

设计算法：求圆面积算法描述如下。

s1：输入半径 r。

s2：依据圆面积公式求圆面积 s。

s3：输出圆面积 s。

(3) 编写程序

用 C 语言编写的程序如下：

```
#include <stdio.h>                  /* 将文件 stdio.h 包含到本程序中 */
#define PI 3.14                     /* 宏定义 */
void main()
```

```
{
    int r;                          /* 定义整型变量r,用于存放输入的半径 */
    float s;                        /* 定义单精度型变量s,用于存放圆的面积 */
    printf("输入变量r的值:");
    scanf("%d", &r);                /* 从键盘输入数据,存放到变量r中 */
    s = PI * r * r;                 /* 使用求面积公式得圆面积,结果存放到变量s中 */
    printf("%f\n", s);              /* 输出面积s,后换行 */
}
```

5.2.6　程序设计的控制结构

1. 结构化程序设计

结构化程序设计的思想是把一个程序分成若干互相独立的模块，这样在设计程序时，只要各个模块设计正确，就可以保证整个程序也肯定设计正确。如果将来要对某个模块进行修改，也不会引起对整个程序的修改，因此，结构化程序设计的思想越来越深入人心。

结构化程序设计的基本要点如下。

(1) 自上而下，逐步细化

逐步细化总是和自上而下结合使用，将复杂的大问题逐步分解成多个简单的小问题，再将问题求解逐步具体化。

(2) 模块化设计

模块化是结构化程序设计的重要原则，一个程序是由一个主控模块和若干子模块组成的，主控模块用来完成某些公共操作及功能选择，而子模块用来完成某项特定功能，如图5-17所示。

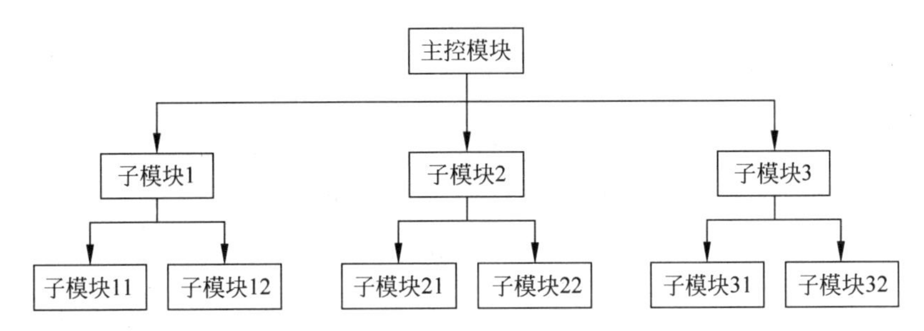

图5-17　结构化程序设计思想

(3) 结构化编码

在设计好一个结构化的算法之后，还需进行结构化编码，将已经设计好的算法用某种具体的计算机语言来表示，编写出能在计算机上进行编译与运行的程序。

结构化程序设计把程序的结构规定为顺序结构、选择结构和循环结构三种基本结构，限制使用GOTO语句。因此，系统中每个模块的功能实现应由上述三种基本结构组成。模块的划分应当遵循以下三条基本要求。

① 模块的功能在逻辑上尽可能单一化、明确化，最好做到一一对应，这称为模块的凝聚性。

② 模块之间的联系及相互影响尽可能少，对于必需的联系都应当加以明确的说明，这称为模块的耦合性。

③ 模块的规模应当足够小，以便编程和调试易于进行。

尽管结构化程序设计是一种应用非常广泛的程序设计方法，但随着计算机技术飞速发展以及计算机应用的日益广泛，需要研制的系统愈来愈复杂，这种方法也随之暴露出一些不足之处。首先，结构化程序设计是面向过程的程序设计方法，它把数据和对数据的处理过程类型分离为相互独立的实体，它的程序结构是“数据结构＋算法”，若要修改某个数据结构，就需要改动涉及此数据结构的所有处理模块，所以当应用程序比较复杂时，容易出错，难以维护。其次，结构化程序设计方法仍然存在与人的思维方式不协调的地方，所以很难自然、准确地反映真实世界。

2. 程序设计的控制结构

下面通过几个连贯性实例来讲解顺序结构、选择结构和循环结构这三种基本结构。

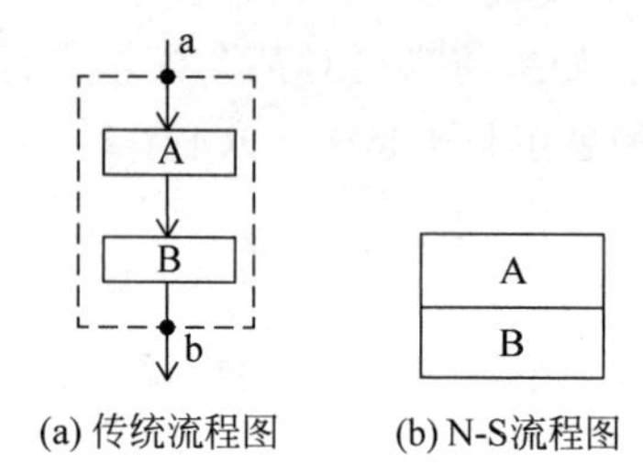

图 5-18 顺序结构流程图

（1）顺序结构

顺序结构是最简单的算法结构，只要按照解决问题的顺序写出相应的语句即可，它的传统流程图和 N-S 流程图如图 5-18(a)和图 5-18(b)所示。顺序结构的执行顺序是自上而下，依次执行，即执行完 A 操作接着执行 B 操作。

（2）选择结构

选择结构又称为分支结构，它的传统流程图和 N-S 流程图如图 5-19(a)和图 5-19(b)所示。选择结构的执行顺序是给定的条件成立时执行 A 操作，不成立时执行 B 操作。

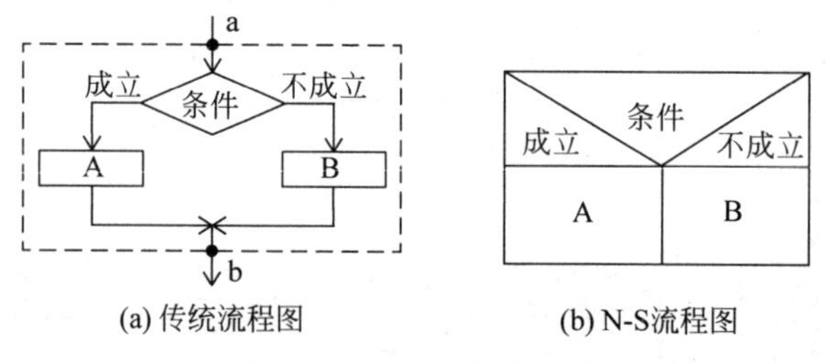

图 5-19 选择结构流程图

（3）循环结构

循环结构又称为重复结构，就是在达到指定条件前，反复执行某一部分操作。循环结构分两类：当型循环(while)结构，传统流程图和 N-S 流程图如图 5-20(a)和图 5-20(b)所示，当给定的条件成立时，反复执行 A 操作，直到条件不成立为止；直到型循环(until)结构，传统流程图和 N-S 流程图如图 5-21(a)和图 5-21(b)所示，反复执行 A 操作，直到给定的条件成立为止。

顺序、选择和循环三种基本结构是结构化程序设计的三大基本结构，它们具有以下共同的特点：

（1）只有一个入口 a 和一个出口 b。

（2）结构内的每一部分都有机会被执行。

（3）结构内不存在“死循环”(无终止的循环)。

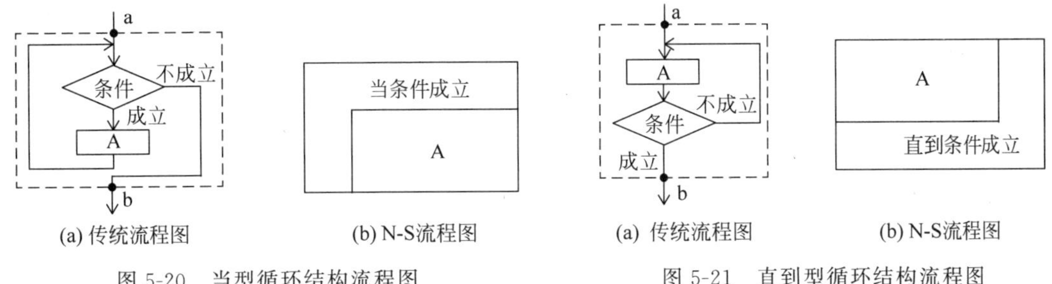

(a) 传统流程图 (b) N-S流程图

图 5-20 当型循环结构流程图

(a) 传统流程图 (b) N-S流程图

图 5-21 直到型循环结构流程图

3. 数据成分和程序基本结构的实现(举一个例子)

(1) 数据成分

数据是程序操作的对象,具有名称、类型、作用域等特征。高级语言在使用数据前要对其特征加以说明。数据名称由用户通过标识符命名,数据类型说明数据需要占用存储单元的多少、存放方式以及运算合法性,作用域说明数据可以使用的范围。

以C语言为例,其数据类型可分为基本类型、构造类型、指针类型、空类型和用户自定类型。其中,基本类型包括整型、实型、字符型、枚举型;构造类型包括数组类型、结构体类型等。例如,在程序中数值型数据是经常要使用的数据,其值是一个数,数值有范围和精度要求,若它的取值范围是一个整型数,则在程序的数据成分中可写成:

```
int x;
```

它定义了x为整型变量。

(2) 三种基本结构的实现

为了实现上述三种基本结构的功能,在程序设计语言中都有相应的语句与它们的功能对应,下面以C语言为例,介绍与上述三种基本结构对应的部分语句。

① 赋值语句。赋值语句是一种对应于顺序结构的语句,其表示形式如下:

```
变量名 = 表达式;
```

赋值运算符有两类:简单赋值运算符和复合赋值运算符,这些运算符的功能及运算规则如表5-3所示。

表 5-3 赋值运算符

运 算 符	示 例		功 能
=	a=3		将数值3赋值给变量a
+=	a+=b	等价于 a=a+b	将变量a与变量b相加的和重新赋值给变量a
-=	a-=b	等价于 a=a-b	将变量a与变量b相减的差值重新赋值给变量a
*=	a*=b	等价于 a=a*b	将变量a与变量b相乘的积重新赋值给变量a
/=	a/=b	等价于 a=a/b	将变量a与变量b相除的商重新赋值给变量a
%=	a%=b	等价于 a=a%b	将变量a与变量b相除的余数重新赋值给变量a

② if语句。if语句是一种对应于选择结构的语句,其中双分支语句的表示形式如下:

```
if(表达式)
```

```
    语句 1;
else
    语句 2;
```

其中，语句 1 和语句 2 可以是一条语句，如果是多条语句，应写成复合语句的形式。它的功能是当条件表达式的值为真时，执行语句 1；否则执行语句 2。

双分支 if 语句的执行过程如图 5-22 所示。

③ while 语句。由 while 语句构成的循环称为“当型”循环，其一般形式为：

```
while(表达式)
{
    语句序列;
}
```

其中，表达式是循环条件，可以是任意合法的表达式。语句序列构成循环体。当语句序列只有一条语句时，其外侧的一对“{}”可以省略。执行过程如下：

s1：计算表达式的值。

s2：若表达式的值为真，执行循环体语句，然后返回步骤 s1。

s3：若表达式的值为假，退出循环，接着执行循环结构后面的语句。

while 循环结构执行的流程如图 5-23 所示。

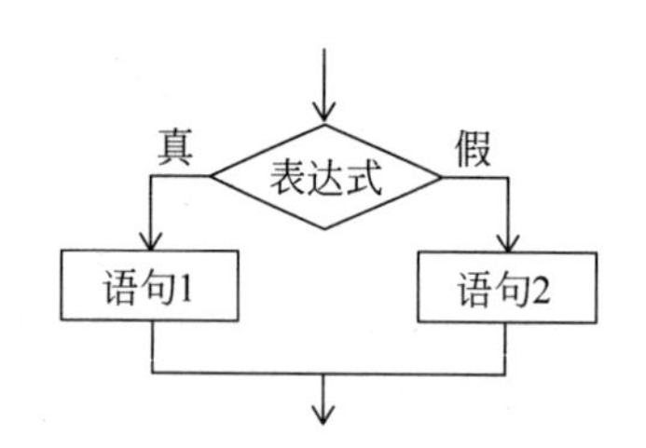

图 5-22　双分支 if 语句的执行过程

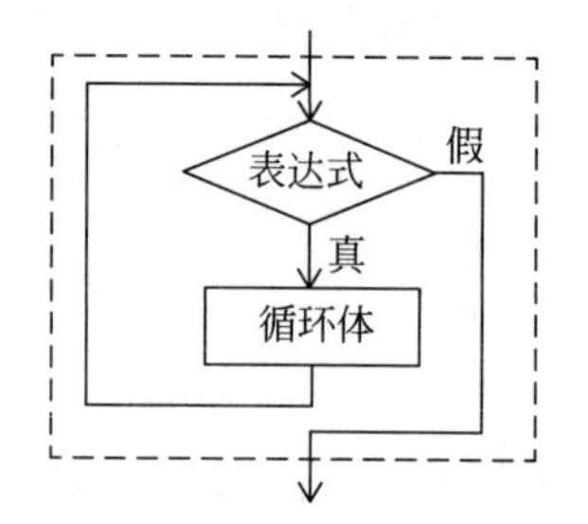

图 5-23　while 循环结构流程

④ for 语句。for 语句是三种循环结构中功能最强，使用最灵活、最广泛的一种循环语句，既可以用于循环次数已知的情况，又可用于循环次数未知的情况，其一般形式为：

```
for(表达式 1;表达式 2;表达式 3)
{
    语句序列;
}
```

执行过程如下：

s1：计算表达式 1 的值。

s2：计算表达式 2 的值，若其值为真，执行循环体语句，然后执行步骤 s3；若其值为假，退出循环，继续执行循环结构后面的语句。

s3：计算表达式 3 的值，然后回到步骤 s2 继续执行。

for 循环结构执行的流程如图 5-24 所示。

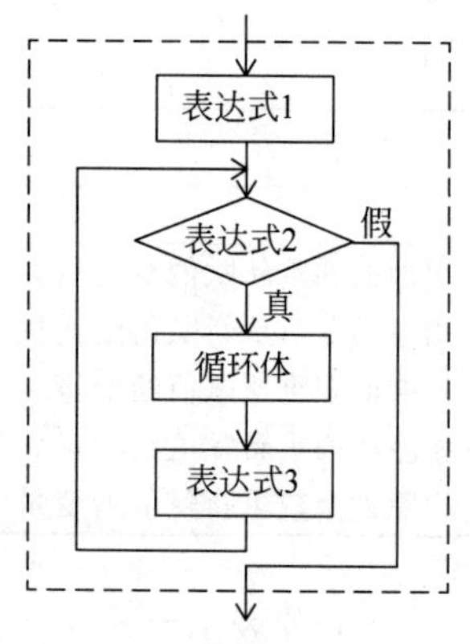

图 5-24　for 循环结构流程图

为了便于理解程序的基本组成成分，以下给出两个 C 语言程序的例子。

【例 5-16】 编程实现输入两个数，按由大到小的顺序输出。

程序代码如下：

```
#include<stdio.h>
void main()
{
  float x,y,t;
  scanf("%f %f",&x,&y);
  if (x<y)
  { t=x;x=y;y=t;}
  printf("%5.2f,%5.2f",x,y);
}
```

【例 5-17】 编程计算 1＋2＋3＋…＋100 的和。

程序代码如下：

```
#include<stdio.h>
void main()
{
  int i,sum=0;
  for( i=1;i<= 100;i++)
      sum=sum+i;
  printf ("%d",sum);
}
```

5.3　程序案例

排序是人们在处理数据时常见的问题，其本质是将杂乱无章的一组数据元素，通过一定的方法按照某种规则进行排列的过程。计算机编程中通常能有多种不同的算法可以用来完成给定的排序任务。本节通过冒泡排序这个典型案例来分析其算法、编程、结构、运行过程和结果。

5.3.1　算法设计

冒泡排序的基本思想：在每一轮（也称为趟）排序时比较相邻两个数据元素，如果次序不对，则将两个元素位置互换，一趟比较结束时较小的数上浮，较大的数沉底。有 n 个数排序则进行 $n-1$ 趟上述操作。每一趟比较，都有较小的元素向上浮起，犹如冒泡。

【例 5-18】 输入 10 个数，利用“冒泡法”进行升序排序并输出。

下面以 6 个数 9,3,2,8,6,4 为例，说明“冒泡法”排序的基本思想。

冒泡法排序算法如下。

s1：比较第一个数与第二个数，若为逆序，则交换；然后比较第二个数与第三个数；依次类推，直至第 $n-1$ 个数和第 n 个数比较为止。第一趟冒泡排序，结果最大的数被安置在最后一个元素位置上。如图 5-11 所示是第一趟比较的过程和结果。其中，带“□”的数是要比较的两个数，带“■”的数是已排好序的数。

第一趟比较的过程和结果如图 5-25 所示。

第1次	第2次	第3次	第4次	第5次	结果
9	3	3	3	3	3
3	9	2	2	2	2
2	2	9	8	8	8
8	8	8	9	6	6
6	6	6	6	9	4
4	4	4	4	4	9

图 5-25　第一趟比较的过程和结果

s2：对前 $n-1$ 个数进行第二趟冒泡排序，结果使次大的数被安置在第 $n-1$ 个元素位置。如图 5-12 所示是第二趟比较的过程和结果。其中，带“ ”的数是要比较的两个数，带“ ”的数是已排好序的数。

第二趟比较的过程和结果如图 5-26 所示。

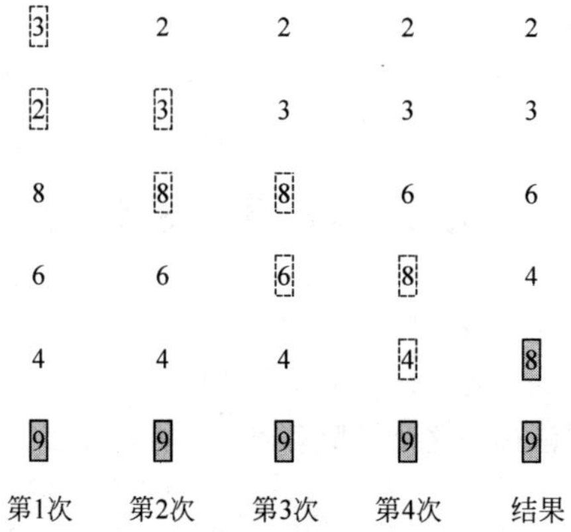

第1次	第2次	第3次	第4次	结果
3	2	2	2	2
2	3	3	3	3
8	8	8	6	6
6	6	6	8	4
4	4	4	4	8
9	9	9	9	9

图 5-26　第二趟比较的过程和结果

s3：重复上述过程，共经过 $n-1$ 趟冒泡排序后，排序结束。图 5-27 是冒泡法排序过程示意图。

原始数据	9	3	2	8	6	4
第一趟比较	3	2	8	6	4	9
第二趟比较	2	3	6	4	8	9
第三趟比较	2	3	4	6	8	9
第四趟比较	2	3	4	6	8	9
第五趟比较	2	3	4	6	8	9

图 5-27　比较的过程和结果

第一趟比较、调整：两两比较 5 次，找到最大的数 9。

第二趟比较、调整：两两比较 4 次，找到第 2 大的数 8。

第三趟比较、调整：两两比较 3 次，找到第 3 大的数 6。

第四趟比较、调整：两两比较 2 次，找到第 4 大的数 4。

第五趟比较、调整：两两比较 1 次，找到第 5 大的数 3。

剩下的一个数 2 自然是最小的，经 5 轮比较、调整，所有数据都排好序。

下面对例 5-11 引申思考。

引申思考：现有 N 个数，利用“冒泡法”进行升序排序并输出。

问题分析：对于 N 个数需要 $N-1$ 轮比较、调整，第 i 轮两两比较的次数为 $N-i$ 次，可以利用二重循环实现。为了使比较的轮数和每轮比较的次数与数组下标一致，存放 N 个数可定义数组为 int a[$N+1$]，使用 a[1]～a[N]存放 N 个数，a[0]不用。算法 N-S 流程图如图 5-28 所示。

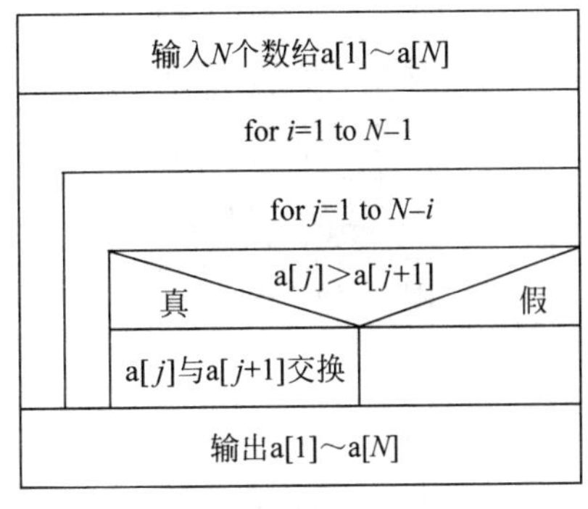

图 5-28　冒泡法排序算法的 N-S 流程图

5.3.2　程序设计和调试运行

1. 程序设计

输入 10 个数，利用“冒泡法”进行升序排序并输出。根据算法描述和 N-S 流程图给出以下源程序：

```
#define N 10
void main()
{
    int a[N+1],i,j,t;
    printf("input %d numbers:\n",N);
    for(i=1;i<=N;i++)                  /* 用 a[1]到 a[10]存放 10 个数,a[0]不用 */
        scanf("%d",&a[i]);
    for(i=1;i<=N-1;i++)                /* N个数,共比较 N-1 轮 */
        for(j=1;j<=N-i;j++)            /* 第 i 轮中,两两比较 N-i 次 */
            if(a[j]>a[j+1])
                { t=a[j];a[j]=a[j+1];a[j+1]=t;}   /* 交换两个数 */
    printf("the sorted numbers:\n");
    for(i=1;i<=N;i++)
        printf("%d ",a[i]);
}
```

2. 调试运行

下面具体介绍利用 Visual C++6.0 上机运行“冒泡法”排序源程序的操作过程。

(1) 创建工程

启动 Visual C++6.0 环境后，单击菜单“文件”→“新建”，弹出“新建”对话框，显示如图 5-29 所示的“新建”对话框。在左侧的“工程”选项卡中选择 Win32 Console Application 项，然后在右侧的“工程名称”框中输入工程名称，如 FirstC，单击“位置”右方按钮 ... ，可以更改工程保存的位置,在下方的"平台"中勾选 Win32 复选框。

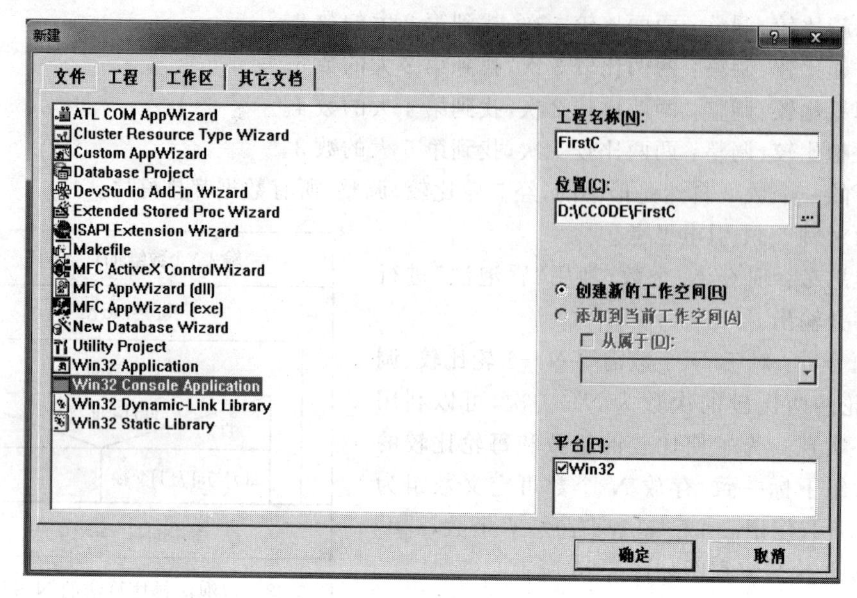

图 5-29 "新建"对话框

单击"确定"按钮,弹出 Win32 Console Application 向导对话框。在该对话框中选择要创建的控制台程序类型,单击选择"一个空工程"项,如图 5-30 所示。

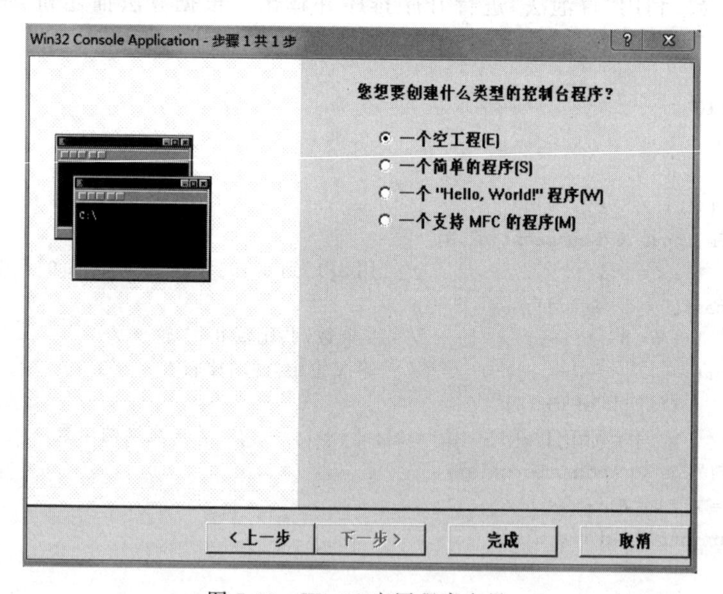

图 5-30 Win32 应用程序向导

单击"完成"按钮,将弹出"新建工程信息"对话框,该对话框中显示所创建的新工程的相关信息。单击"确定"按钮,便完成了工程的创建。

(2) 添加文件

单击菜单项"文件"→"新建",弹出"新建"对话框,在"文件"选项卡中选择 C++ Source File 项,在右边的"文件名"框中输入文件名,如 FirstC.c,勾选上面的"添加到工程"复选框,

如图 5-31 所示。单击“确定”按钮，即为工程添加了名称为 FirstC 的 C 源文件。

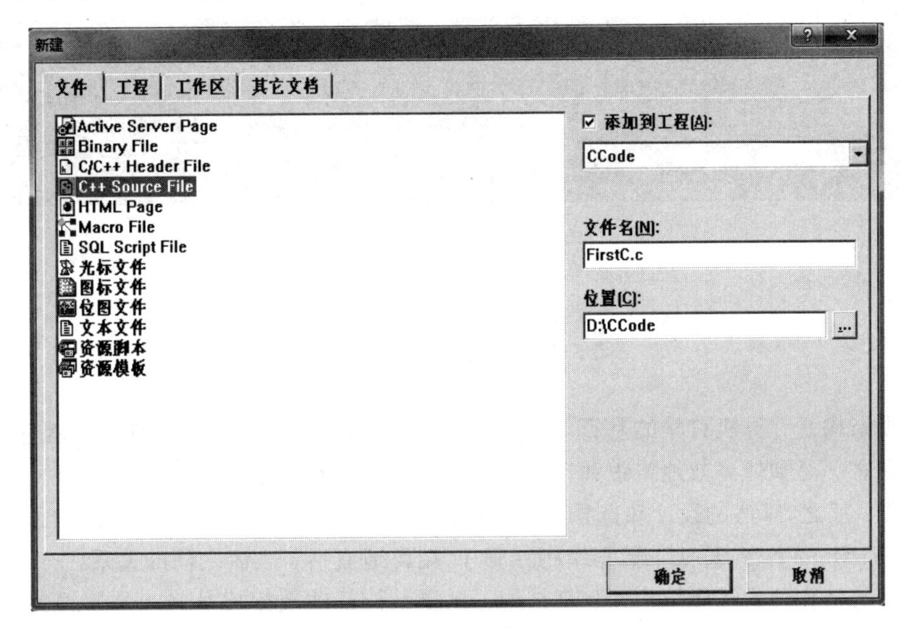

图 5-31　添加文件到工程

(3) 编辑、编译、链接与运行

如图 5-32 所示，在右侧的代码编辑区输入“冒泡法”排序的源代码，单击菜单项“组建”→“编译[FirstC. c]”完成编译过程，单击菜单项“组建”→“组建[FirstC. exe]”完成链接过程，编译、链接成功后，单击菜单项“组建”→“执行[FirstC. exe]”执行程序并查看结果，如图 5-33 所示。

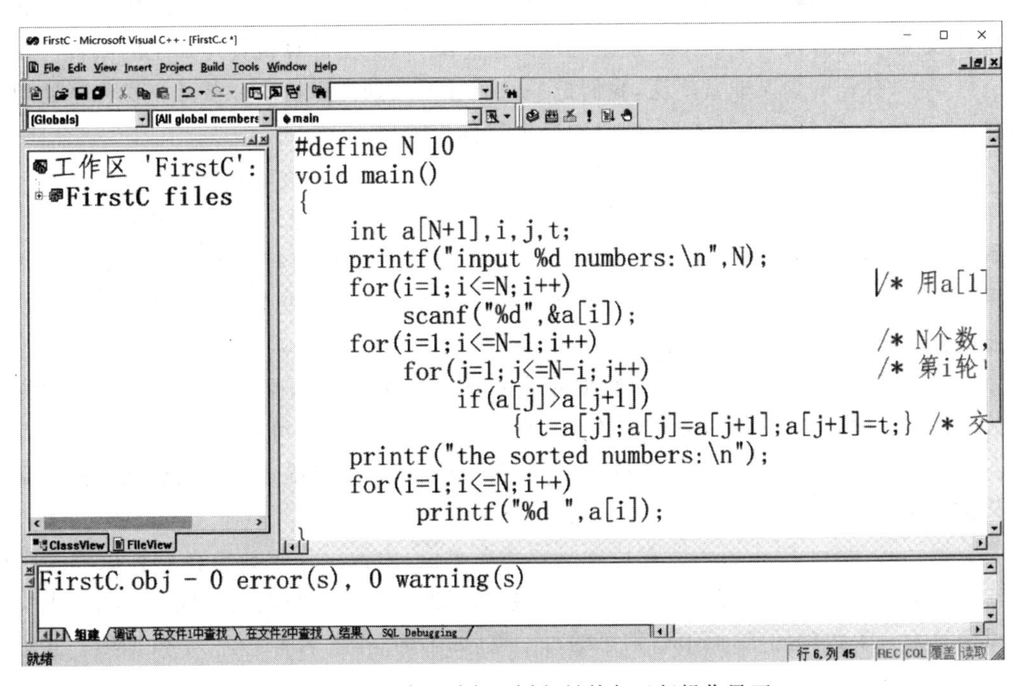

图 5-32　源程序的编辑、编译、链接与运行操作界面

```
"F:\01c语言\c语言2017-18-2\01ppt课件\Debug\FirstC.exe"
input 10 numbers:
3 5 7 8 9 6 -1 4 0 2
the sorted numbers:
-1 0 2 3 4 5 6 7 8 9 Press any key to continue
```

图 5-33　程序的运行结果

5.4　数据结构

数据结构是计算机科学的基石,也是计算机科学与技术专业的核心课程。程序设计的关键问题之一是如何高效地组织和描述数据。不了解施加在数据上的算法就无法决定如何构造数据;反之,算法的设计和选择在很大程度上依赖于作为基础的数据结构,二者相辅相成。N. Wirth 的名言"算法+数据结构=程序"精辟地概括了三者之间的关系。

数据的结构分为逻辑结构和物理结构。逻辑结构反映数据成员之间的逻辑关系,而物理结构反映数据成员在计算机内部的存储安排。数据结构主要研究数据的各种逻辑结构和物理存储结构,以及对数据的各种操作(或算法)。通常,算法的设计取决于数据的逻辑结构,算法的实现取决于数据的物理存储结构。

5.4.1　基本概念

在系统学习数据结构知识之前,首先应对一些基本概念和术语赋予确切的含义。

数据(Data)。它是人们利用文字、数字及其他符号对现实世界的事物及其活动所做的描述,即能够被计算机识别、存储、加工处理的信息载体,它是计算机程序加工的原料。在计算机科学中,数据的含义非常广泛,我们把一切能够输入到计算机中并被计算机程序处理的信息,包括数值、字符、文字、图形、图像语音等都称为数据。

数据类型(Data Type)。数据的定义域,是一个值的集合以及定义在这个值集上的一组操作。常见的数据类型有字符型、整数型、逻辑型、数组、集合、记录等。变量是用来存储值的所在处,它们有名字和数据类型。变量的数据类型决定了如何将代表这些值的位存储到计算机的内存中。在声明变量时也可指定它的数据类型。所有变量都具有数据类型,以决定能够存储哪种数据。

数据项(Data Item)。数据项是数据的不可分割的最小单位,是数据记录中最基本的不可分的有名数据单位,是具有独立含义的最小标识单位。数据项可以是字母、数字或两者的组合。通过数据类型(逻辑的、数值的、字符的等)及数据长度来描述。数据项用来描述实体的某种属性。

数据元素(Data Element)。它是数据的基本单位,由数据项组成。在计算机程序中通常作为一个整体进行考虑和处理。有时一个数据元素可由若干数据项组成,例如,一本书的书目信息为一个数据元素,而书目信息的每一项(如书名、作者名等)为一个数据项。同类数据元素的集合称为数据对象。

数据结构(Data Structure)。它是相互之间存在着一种或多种关系的数据元素的集合和该集合中数据元素之间的关系组成,记为 Data_Structure=(D,R),其中 D 是数据元素的集合,R 是该集合中所有元素之间的关系的有限集合。

例如,在学生成绩排序问题中有 5 条记录(表中的一行称为一条记录),即有 5 个数据元素,每个数据元素包括 3 个数据项:学号、姓名、成绩。其中学号、姓名为字符型数据,成绩为整数型数据。所有学生记录放在一起构成的集合(表)即为数据对象。

数据结构研究的内容包括数据的逻辑结构、存储结构以及基本数据操作。

1. 数据的逻辑结构

数据的逻辑结构指数据元素之间的逻辑关系,其中的逻辑关系是指数据元素之间的前后关系,它与数据在计算机中的存储位置无关。数据的逻辑结构分为三类:

(1) 线性结构。数据之间存在前后顺序关系,除第一个元素和最后一个元素外,其他节点都有唯一一个前驱和一个后继节点(一对一关系),包括数组、链表、栈和队列等,如图 5-34 所示。

(2) 树形结构。数据之间存在顺序关系,除了一个根节点外,其他节点都有唯一一个前驱节点,且可以有多个后继节点(一对多关系),如图 5-35 所示。

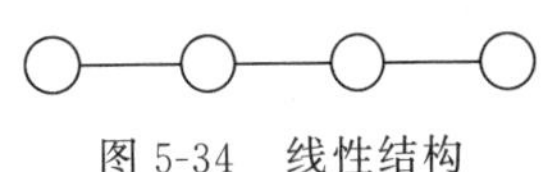

图 5-34 线性结构

(3) 网状结构。每个节点都可以有多个前驱和多个后继节点(多对多关系),如图 5-36 所示。

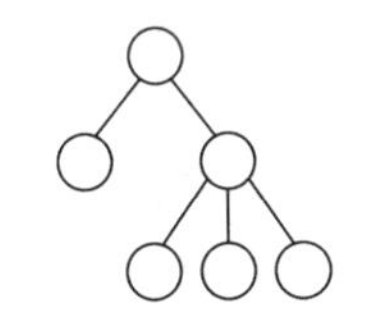

图 5-35 树形结构

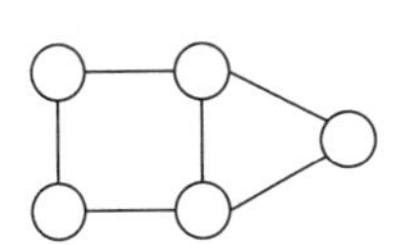

图 5-36 网状结构

例如,排好序的学生成绩之间构成线性结构,企事业单位各部门之间的隶属关系是树形结构,旅行商问题中城市之间的公路连接则为网状结构。

2. 数据的存储结构

数据的存储结构指数据的逻辑结构到计算机存储器的映像。它有多种方式,顺序存储结构和链式存储结构是两种最主要的存储方式。

(1) 顺序存储结构

顺序存储结构是把一组节点存放在地址相邻的存储单元里,节点间的逻辑关系用存储单元的自然顺序关系来表达,即用一块连续存储区域存储线性数据结构。

顺序存储结构的优点在于:数据之间逻辑相邻、物理相邻,可随机存储任一数据元素,存储空间较紧凑。其缺点在于:每次插入或者删除数据元素都需要移动大量数据,且顺序存储结构需要事先分配好内存空间,有可能不需要那么多内存空间而造成内存空间损失,也有可能内存空间分配不够,造成数据缺失。

(2) 链式存储结构

链式存储结构是在节点的存储结构中附加指针域(指针字段)来存储节点间的逻辑关系。链式存储结构中数据节点包括两部分,即数据域(数据字段)和指针域(指针字段),如

图 5-37 所示。

data：数据域，存放节点本身的值。

next：指针域，存放节点的直接后继节点的地址。

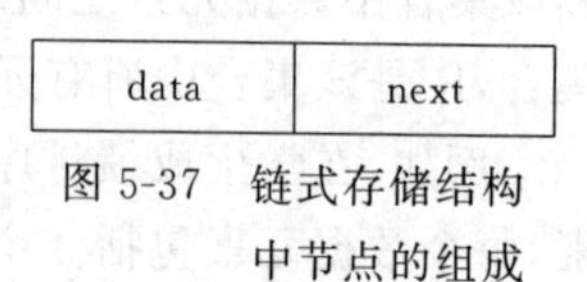

图 5-37 链式存储结构中节点的组成

链式存储结构打破了计算机存储单元的连续性，可以将逻辑上相邻的两个数据元素存放在物理上不相邻的存储单元中。其特点如下：

① 节点中除数据外，还有表示链接信息的指针域，因此与顺序存储结构相比，占用的存储空间更大。

② 逻辑上相邻的节点物理上不一定相邻，可用于线性表、树、图等多种逻辑结构的存储。

③ 插入、删除等操作灵活方便，不需要大量移动节点，只需修改节点的指针值即可。

3. 基本数据操作

数据的每一种逻辑结构都有相对应的基本运算或操作，主要包括查找(检索)、排序、插入、更新及删除等。例如，从学生表中删除一个学生记录，向家族树中插入一个家庭成员等。数据的运算定义在数据逻辑结构上，而其运算的具体实现要在存储结构上进行。

数据类型这一概念最早出现在高级程序设计语言中，它与数据结构密切相关，用于描述程序操作对象的特性。在传统的程序设计语言中，所提供的数据类型即反映了其数据结构。无论采用哪种高级语言编写程序，其中的每个变量、常量以及表达式都有其确定的数据类型。简单的数据结构可以用单一的标准数据类型(如整型、实型和字符型等)来定义，而复杂的数据结构(如数组、记录、指针等)需要用简单的数据结构复合而构成，在此基础上还可以得到更为复杂的数据结构。各种数据类型明显或隐含地规定了在程序执行期间变量或表达式的取值范围及其允许的操作。由此可见，数据类型是一个值的集合和定义在这个集合上的一组操作的总称。数据类型也可以说是某种程序设计语言中已实现的数据结构。

近些年使用的面向对象语言(如 C++语言)则根据抽象数据类型的理论，在程序中可以将数据结构的逻辑构成和它的运算操作一并定义，封装成一个整体作为一类对象。在程序使用时，即可对相应对象类的变量进行调用。

5.4.2 线性表

下面简要介绍几种常用数据结构。

线性表(Linear List)是由 n 个数据元素构成的有限序列($a_1, a_2, \cdots, a_n$)，即按照一定的线性顺序排列而成的数据元素的集合。线性表是最简单最常用的一种线性结构。该结构上的基本操作包括对元素的查找、插入和删除等。

例如，学生成绩按高低排序问题中，可将学生成绩按线性表组织和存储。

数组、链表、栈和队列是最常用的线性表。

1. 数组

它是 n 个类型相同的数据元素构成的序列，它们连续存储在计算机的存储器中，且数组中的每个元素占据相同的存储空间。

对数组的描述通常包含下列 5 种属性。

数组名称：声明数组第一个元素在内存中的起始地址。

数组下标：元素在数组中的储存位置。

数组类型：声明此数组的类型，它决定数组元素在内存所占有的存储空间的大小。

数组元素个数：是数组下标上限与数组下标下限的差加1。

维度：每一个元素所含数据项的个数，如一维数组、二维数组等。

对数组的常见操作包括插入、删除、排序、查找等。

如果数组中存放的是串，它的典型操作与数字数组不同。串是字母表中的字符序列，并以一个特殊字符来标识串的结束。由0和1组成的字符串称为二进制串或比特串。串的常见操作包括计算串长度，按照字典序比较两个串的优先顺序，以及连接两个串（由两个给定的字符串构造一个新串，将第二个串附加在第一个串的尾部）。

2. 链表

用链式存储结构存储的线性表称为链表。根据链接方式的不同，链表可分为线性链表、双向链表和循环链表等。

（1）线性链表（单链表）

线性链表就是链式存储的顺序表，其节点中只含有一个指针域，用来指出其后继节点的存储位置。线性链表的最后一个节点无后继节点，它的指针域为空（记为NULL或0）。另外，要设置表头节点，指向线性表的第一个节点。单链表及其插入和删除操作如图5-38所示。

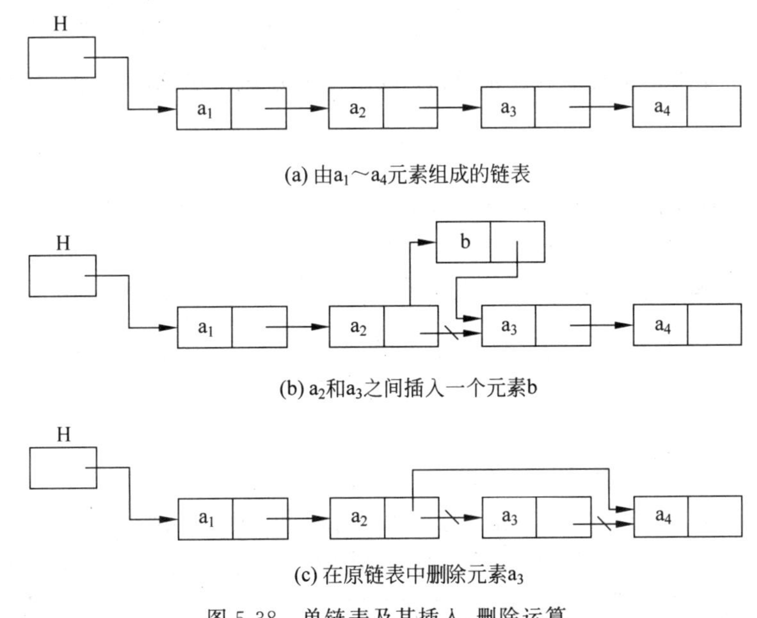

图5-38 单链表及其插入、删除运算

（2）双向链表

双向链表是指链表中每个节点有两个指针：左指针和右指针。左指针指向前驱，右指针指向后继。

（3）循环链表

循环链表是指在链表中增加一个表头节点，链表的最后一个节点的指针域不为空，而是指向表头节点。

为了访问链表中的某个特定元素，可以从链表的第一个元素开始，沿着一系列指针前进，直到访问到该特定元素为止。所以，访问单链表中的元素需要的时间依赖于该元素在链表中所处的位置。其优点是链表不需要事先分配任何存储空间，并且通过重新链接一些相关指针，使插入和删除操作效率非常高。我们可以把链表想象成火车，有多少人就挂多少节车厢，人多了就向系统多要一个车厢；人少了就把车厢还给系统。链表也是一样，有多少数据就用多少内存空间，有新数据加入就向系统再要一块内存空间；而数据删除后，就把空间还给系统。

3. 栈

栈(堆栈)是一种操作上受限的特殊线性表，它只允许在一端进行插入和删除操作。允许进行操作的一端称为栈顶，栈顶的位置是随插入和删除操作动态变化的。不允许操作的一端称为栈底。这种结构的特点是"后进先出"，因此栈也被称为"后进先出表"。

与线性表类似，栈的存储结构可以采用顺序存储结构，也可以采用链式存储结构。采用顺序结构存储的栈称为顺序栈，采用链式结构存储的称为带链接的栈。无论采用哪种存储方式，对栈的操作只能在栈顶进行。栈的逻辑结构如图 5-39 所示。

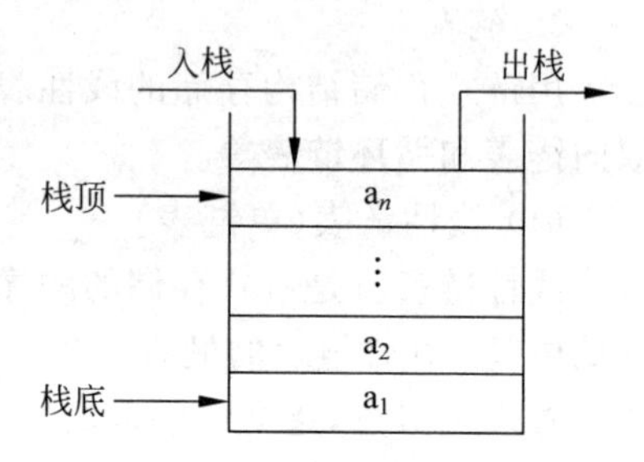

图 5-39　栈的逻辑结构示意图

栈的基本运算包括入栈运算、出栈运算等。入栈运算是指在栈顶插入一个新元素。入栈运算的步骤是：将栈顶指计加 1，然后在栈顶插入新元素。出栈运算是指从栈顶取出一个元素。出栈运算的步骤是：取出栈顶元素，并赋给一个指定的变量，然后将栈顶指针退 1。

4. 队列

队列也是一种操作上受限的特殊线性表，它和堆栈所受的限制不同，只允许在表的一端进行插入操作，在另一端进行删除操作。队列中允许插入的一端称为队尾，允许删除的一端为队首。因此，这样的队列又称为"先进先出表"。队列的示意图如图 5-40 所示。

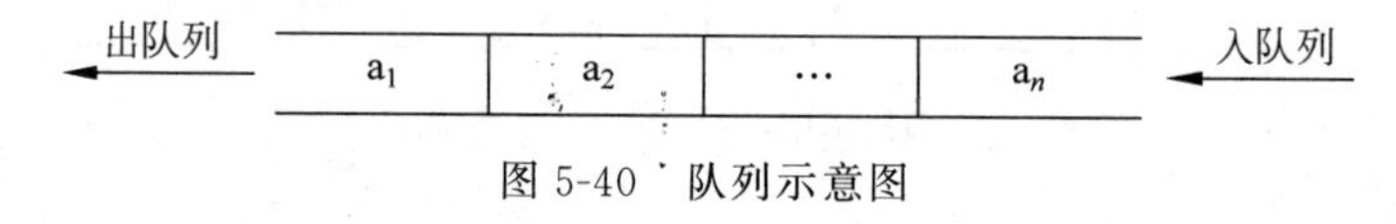

图 5-40　队列示意图

由于队列也是一种特殊的线性表，因此队列的存储结构可以采用顺序存储结构，也可以采用链接存储结构，采用顺序存储结构的队列称为顺序队列，采用链接存储结构的队列称为带链接的队列。无论采用哪种存储方式，对队列的操作只能限制在队尾插入和队首删除。

为了充分利用空间，在实际应用中，队列的顺序存储结构一般采用循环队列的形式。所谓循环队列，就是将队列存储空间的最后一个位置指向第一个位置，从而使顺序队列形成逻辑上的环状空间。在循环队列中，当存储空间的最后一个位置已被使用而要进行入队运算时，只要存储空间的第一个位置空闲，便可将元素加入第一个位置，即将存储空间的第一个位置作为队尾。

队列的基本运算有入队运算和出队运算。入队运算是指在队尾插入一个元素，入队运算的步骤是：首先将队尾指针加 1；然后将新元素插入到队尾指针指向的位置。出队运算是指在队首删除一个元素，出队运算的步骤是：将队首指针减 1；然后将队首指针指向的元素赋给指定的变量。

5.4.3　树

1. 树的定义和相关术语

树(tree)是由 $n(n \geqslant 0)$ 个有限节点组成一个具有层次关系的集合。有一个特定的节点称为根(root),其余的节点分为 $m(m \geqslant 0)$ 个互不相交的有限集合,其中每一个集合自身又是一棵树,称为根节点的子树。

例如,树的示意图如图 5-41 所示,树中的 A 节点是根节点,这棵树共有 13 个节点。

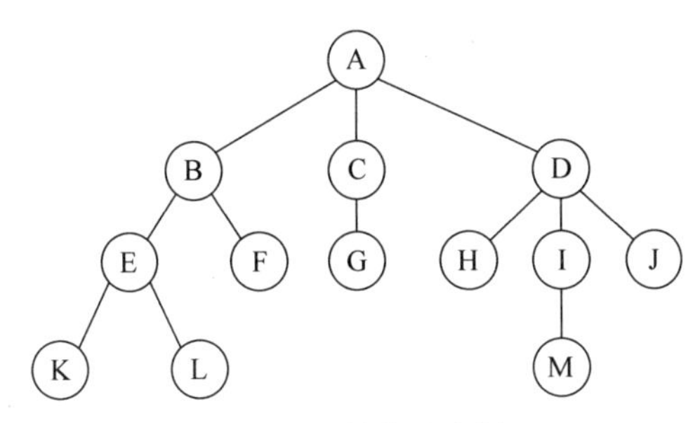

图 5-41　树的示意图

下面介绍树形结构的常用术语。

根节点:树形结构的最高层次的节点称为根节点,这个节点无直接前驱节点。

子树:除根节点以外的其余节点可分为若干互不相交的有限集,其中每一个集合本身又是一棵树,将它们称为子树。

双亲节点或父节点:若一个节点含有子节点,则这个节点称为其子节点的父节点。图 5-41 中,A 是 B、C、D 的父节点。

孩子节点或子节点:一个节点含有的子树的根节点称为该节点的子节点。图 5-41 中,B、C、D 是 A 的子节点。

兄弟节点:具有同一个父节点的子节点互称为兄弟节点。图 5-41 中,B、C、D 互为兄弟节点。

节点的度:一个节点的子树的个数。图 5-41 中,节点 A 的度为 3,节点 B 的度为 2。

树的度:一棵树中,最大的节点的度称为树的度。图 5-41 中,树的度为 3。

叶子节点:度为 0 的节点。图 5-41 中,K、L、F、G、H、M、J 是叶子节点。

节点的层数:根节点的层数为 1,从根节点到某节点的层数称为该节点的层数。从根开始定义起,根为第 1 层,根的子节点为第 2 层,以此类推。图 5-41 中,节点 A 的层数是 1,节点 B 的层数是 2,节点 M 的层数是 4。

树的高度或深度:树中所有节点的层数最大值。图 5-41 中,树的深度为 4。

2. 二叉树

二叉树是树形结构的一种重要类型,它的每个节点最多有两个子节点,且有先后次序。由于对二叉树的操作算法简单,而任何树都可以转化为二叉树处理,所以二叉树在树结构的实际应用中起着重要的作用。

(1) 二叉树的定义

二叉树是 $n(n \geqslant 0)$ 个节点的有限集合。它或者为空集,或者是由一个根节点加上两棵

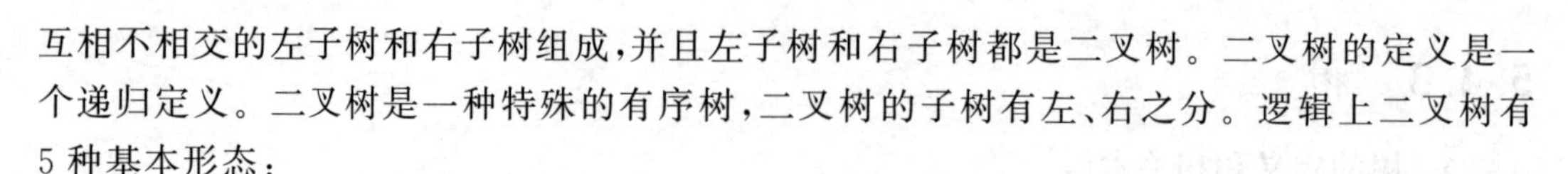

互相不相交的左子树和右子树组成，并且左子树和右子树都是二叉树。二叉树的定义是一个递归定义。二叉树是一种特殊的有序树，二叉树的子树有左、右之分。逻辑上二叉树有5种基本形态：

空二叉树——如图5-42(a)所示；

只有一个根节点的二叉树——如图5-42(b)所示；

只有左子树——如图5-42(c)所示；

只有右子树——如图5-42(d)所示；

完全二叉树——如图5-42(e)所示。

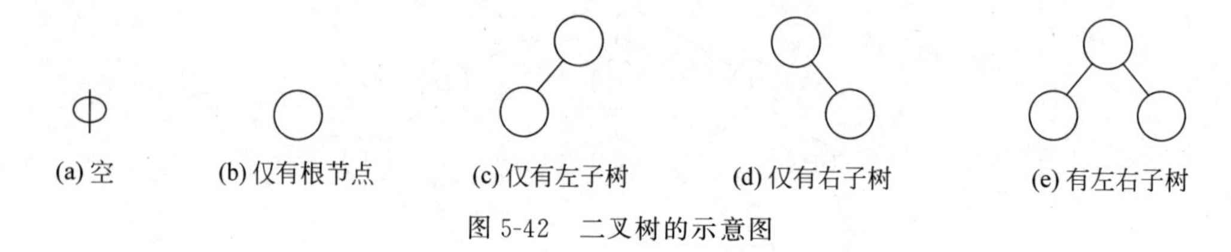

图5-42　二叉树的示意图

（2）二叉树的存储

二叉树有两种存储结构：顺序存储结构和链式存储结构。

顺序存储结构借用数组将二叉树中的数据元素存储起来，此方式只适用于完全二叉树，如果想存储普通二叉树，需要将普通二叉树转化为完全二叉树。使用数组存储完全二叉树时，从数组的起始地址开始，按层次顺序从左往右依次存储完全二叉树中的节点。当提取时，根据完全二叉树的相关性质，可以将二叉树进行还原。

采用链式存储结构存储二叉树，就非常容易理解了。根据每个节点的结构，至少需要3部分组成，如图5-43所示。

Lchild	data	Rchild

图5-43　二叉树链式存储结构的节点结构

Lchild代表指向左孩子的指针域；data为数据域；Rchild代表指向右孩子的指针域。使用此种节点构建的二叉树称为“二叉链表”。如图5-44所示的就是二叉树的链式存储结构。

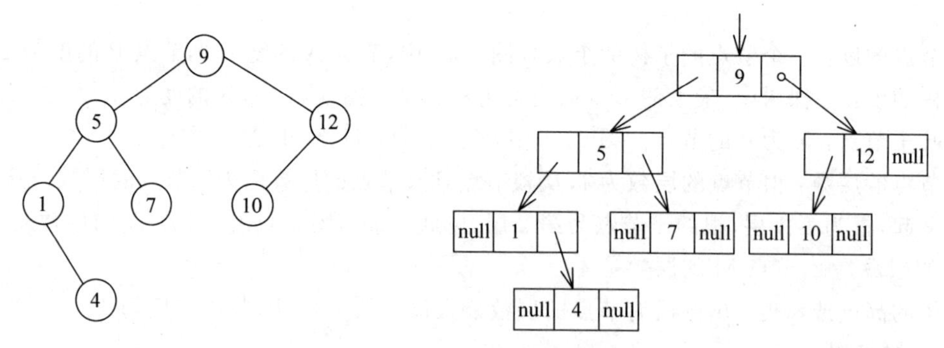

图5-44　二叉树的链式存储结构

（3）二叉树的遍历

遍历是对树的一种最基本的运算。所谓遍历二叉树，就是按一定的规则和顺序走遍二叉树的所有节点，使每一个节点都被访问一次，而且只被访问一次。由于二叉树是非线性结构，因此，树的遍历实质上是将二叉树的各个节点转换成为一个线性序列来表示。

根据访问节点的次序不同，遍历表达法有 3 种方法：先序遍历、中序遍历、后序遍历。

① 先序遍历。先访问根，然后按先序遍历左子树，最后按先序遍历右子树。

② 中序遍历。先访问左(右)子树，然后访问根，最后访问右(左)子树。

③ 后序遍历。先按后序遍历左子树，然后按后序遍历右子树，最后访问根。

例如，对于图 5-45 中的二叉树，采用上述 3 种遍历次序节点序列如下。

先序遍历为 ABDECF；

中序遍历为 DBEAFC；

后序遍历为 DEBFCA。

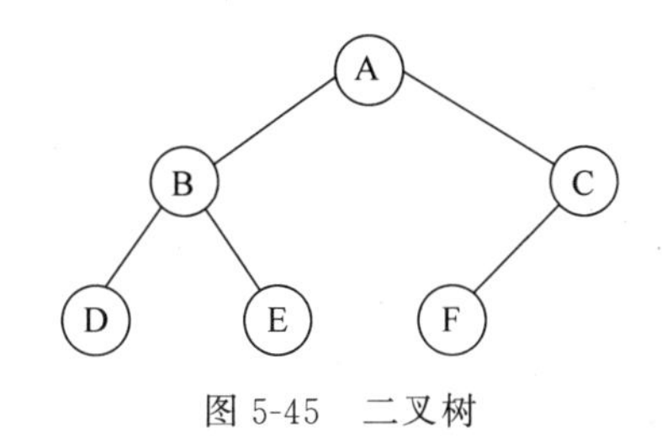

图 5-45　二叉树

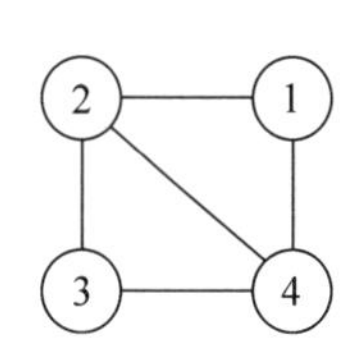

图 5-46　有向图和无向图示意图

5.4.4　图

1. 图的定义

图是由一组数据元素(称为顶点)的有限集和描述顶点间相互关系的边(或弧)的有限集组成。它是一种网状结构。

图分为有向图和无向图。在有向图中，顶点与顶点之间的连线是具有方向的，这样的线称为弧；在无向图中，顶点与顶点间的连线是没有方向的，这样的连线称为边。有向图和无向图的示意如图 5-46 所示。

2. 图的存储结构及运算

(1) 图的存储结构

图是比线性表和树更为复杂的一种数据结构，它是非线性的。由于图中任何两个数据元素之间都有可能存在关系，所以对图要进行运算，一定要采用合适的存储结构。图也有顺序存储结构和链式存储结构，常用的图的存储结构有邻接矩阵、邻接表、邻接多重表等。

(2) 图的遍历

图的遍历是图形结构的重要运算，它是指从图的某一个节点开始按照某种顺序依次访问图中的所有节点，而且每个节点只访问一次。

图的遍历要考虑如下问题：

① 任意一个顶点都可作为第一个被访问的节点。

② 若有回路存在，那么一个顶点被访问之后，有可能沿回路又回到该顶点。

③ 非连通图中，从一个顶点出发，只能访问它所连通的所有顶点，怎样选取下一个出发点以便访问其余的连通顶点。

④ 一个顶点若和其他多个顶点相连，访问它以后怎样选取下一个要访问的顶点。

第6章 软件工程导论

6.1 软件工程概述

随着计算机系统的发展，一系列与软件相关的问题不断出现，在20世纪60年代爆发的“软件危机”使人们开始重视软件的开发过程。1968年北大西洋公约组织的计算机科学家在联邦德国召开的国际会议上正式提出了“软件工程”的概念，从此，软件工程作为计算机科学领域的一门新兴学科诞生了。它涉及程序设计语言、数据库、软件开发工具、系统平台、标准、设计模式等方面。

6.1.1 软件的定义

软件是用户与硬件之间的接口界面。用户主要是通过软件与计算机进行交流。软件是计算机系统设计的重要依据。为了方便用户，使计算机系统具有较高的总体效用，在设计计算机系统时，必须通盘考虑软件与硬件的结合，以及用户的要求和软件的要求。概括地说，软件由以下三部分构成：

(1) 运行时，能够提供所要求功能和性能的指令或计算机程序集合。

(2) 程序能够满意地处理信息的数据结构。

(3) 描述程序功能需求以及程序如何操作和使用所要求的文档。

即“软件＝程序＋数据结构＋文档”。

软件的经典定义是：软件是能够完成预定功能和性能，并对相应数据进行加工的程序和描述程序及其操作的文档。

通常可以把计算机软件划分为系统软件和应用软件两部大部分。其中系统软件是一套紧密连接硬件并管理系统资源使之能够更好地为其他程序服务的一类软件，它包括操作系统、语言编译程序、文件管理程序、驱动程序、数据库系统和网络软件等。应用软件则是指完成用户特定业务需要的软件。应用软件的种类繁多，涵盖了计算机应用的各个领域，如工程/科学计算、商业管理软件、嵌入式软件、人工智能软件、计算机辅助系统、Web应用等。

6.1.2 软件危机

软件危机是指在计算机软件的开发和维护过程中所遇到的一系列严重问题。一般来说,软件危机是落后的软件生产方式无法满足迅速增长的计算机软件需求,从而导致软件开发与维护过程中出现一系列严重问题的现象。

软件危机在软件发展过程中是客观存在的。具体来说,软件危机主要有以下一些典型的表现:

(1) 软件开发成本和进度估计极不准确。实际成本往往大大超过估计成本,同时,开发进度比计划推迟很长时间。这种情况就会极大影响软件开发组织的信誉,会引起用户的强烈不满。

(2) 软件产品质量较差,可靠性低。软件开发过程中不能坚持严格监督管理和测试,使得软件可靠性差、质量问题多。

(3) 用户对开发出来的软件产品不满意。其原因一般是开发人员与用户之间的交流不充分,在没有充分了解用户需求的前提下就匆忙开始写程序。

(4) 开发出来的软件几乎是不可维护的。在实际项目中,很多程序的错误往往难以修改,而且不能适应硬件环境的变化,也无法添加用户需求的一些新增功能。

(5) 软件产品缺少应有的文档资料。软件实质上是程序、数据结构和文档共同构成的集合。由于开发人员对于文档的认识不足,因此不能保证在开发过程中文档记录的完整性和准确性。缺少文档资料会造成软件开发管理、审查和用户交流等方面的一系列问题,同时,软件的后期维护在很大程度上同样也依赖于文档。

(6) 软件开发的生产效率远低于计算机硬件发展速度和用户的需求,造成了软件产品的供不应求。

软件危机严重制约了软件业的发展,究其本质,软件危机的问题可以概括为两个方面:一是如何开发出符合用户需求的高质量软件产品;二是如何维护不断增加的已有软件。

6.1.3 软件工程的概念

软件工程即采用工程的概念、原理、技术和方法来开发与维护软件,把经过时间考验而证明正确的管理技术与当前能够得到的最好的技术方法结合起来,以经济地开发出高质量的软件并有效地维护它。

软件工程一直以来都缺乏一个统一的定义,很多学者、组织机构分别给出了很多不同说法,但是各方面对于软件工程的本质认识是一致的:软件工程一般更关注于大型软件系统的开发;其中心任务是控制整个软件系统的复杂性、提高软件开发效率、加强人员和技术的管理,更好地满足用户的需求。

6.1.4 软件工程的基本原理

关于软件工程的基本原理,业内一直以来比较尊崇的是著名软件工程专家 B. W. Boehm 提出的 7 条最基本的原则。

1) 用分阶段的生命周期计划严格管理

经统计发现,在不成功的软件项目中有一半左右是由于计划不周造成的,可见把建立完善的计划作为第一条基本原理是吸取了前人的教训而提出来的。在软件开发与维护的漫长生命周期中，需要完成许多性质各异的工作。这条基本原理意味着，应该把软件生命周期划分成若干阶段，并相应地制定出切实可行的计划，然后严格按照计划对软件的开发与维护工作进行管理。Boehm 认为，在软件的整个生命周期中应该制定并严格执行六类计划、它们是项目概要计划、里程碑计划、项目控制计划、产品控制计划、验证计划、运行维护计划。不同层次的管理人员都必须严格按照计划，各尽其职地管理软件开发与维护工作，绝不能受客户或上级人员的影响而擅自背离预定计划。

2）坚持进行阶段评审

软件的质量保证工作不能等到编码阶段结束之后再进行。至少有两个理由：第一，大部分错误是在编码之前造成的。根据 Boehm 等人的统计，设计错误占软件错误的 63%，编码工作仅占 37%；第二，错误发现与改正得越晚，所需付出的代价也越高。因此，在每个阶段都进行严格的评审，以便尽早发现在软件开发过程中所犯的错误，是一条必须遵循的重要原则。

3）实行严格的产品控制

在软件开发过程中不应随意改变需求，因为改变一项需求往往需要付出较高的代价。但是，在软件开发过程中改变需求又是难免的，由于外部环境的变化，相应地改变用户需求是一种客观需要，显然不能硬性禁止客户提出改变需求的要求，只能依靠科学的产品控制技术来顺应这种要求。也就是说，当改变需求时，为了保持软件各个配置成分的一致性，必须实行严格的产品控制，其中主要是实行基准配置管理。所谓基准配置又称基线配置，它们是经过阶段评审后的软件配置成分(各个阶段产生的文档或程序代码)。基准配置管理也称为变动控制：一切有关修改软件的建议，特别是涉及对基准配置的修改建议，都必须按照严格的规程进行评审，获得批准以后才能实施修改。绝对不能谁想修改软件(包括尚在开发过程中的软件)，就随意进行修改。

4）采用现代程序设计技术

从提出软件工程的概念开始，人们一直把主要精力用于研究各种新的程序设计技术。20 世纪 60 年代末提出的结构程序设计技术，已经成为绝大多数人公认的先进的程序设计技术。以后又进一步发展出各种结构分析(SA)与结构设计(SD)技术。实践表明，采用先进的技术既可提高软件开发的效率，又可提高软件维护的效率。

5）结果应能清楚地审查

软件产品不同于一般的物理产品，它是看不见摸不着的逻辑产品。软件开发人员(或开发小组)的工作进展情况可见性差，难以准确度量，从而使得软件产品的开发过程比一般产品的开发过程更难以评价和管理。为了提高软件开发过程的可见性，更好地进行管理，应该根据软件开发项目的总目标及完成期限，规定开发组织的责任和产品标准，从而使得所得到的结果能够清楚地审查。

6）开发小组的人员应该少而精

软件开发小组的组成人员应该素质高，而人数则不宜过多。开发小组人员的素质和数量是影响软件产品质量和开发效率的重要因素。素质高的人员的开发效率比素质低的人员的开发效率可能高几倍至几十倍，而且素质高的人员所开发的软件中的错误明显少于素质低的人员所开发的软件中的错误。此外，随着开发小组人员数目的增加，因为交流情况讨论

问题而造成的通信开销也急剧增加。当开发小组人员数为 N 时，可能的通信路径有 $N/2$ 条，可见随着人数 N 的增大，通信开销将急剧增加。因此，组成少而精的开发小组是软件工程的一条基本原理。

7）承认不断改进软件工程实践的必要性

遵循上述六条基本原理，就能够按照当代软件工程基本原理实现软件的工程化生产，但是，仅有上述六条原理并不能保证软件开发与维护的过程能赶上时代前进的步伐，能跟上技术的不断进步。因此，Boehm 提出应把承认不断改进软件工程实践的必要性作为软件工程的第七条基本原理。按照这条原理，不仅要积极主动地采纳新的软件技术，而且要注意不断总结经验，例如，收集进度和资源耗费数据，收集出错类型和问题报告数据等。这些数据不仅可以用来评价新的软件技术的效果，而且可以用来指明必须着重开发的软件工具和应该优先研究的技术。

6.1.5　软件工程方法学

软件工程包括技术和管理两方面的内容，是技术与管理紧密结合所形成的工程学科。这里提到的管理指的是合理地配置和使用各种资源以达到既定目标的过程。通常把在软件生命周期全过程中使用的一整套技术方法的集合称为方法学（methodology），也称为范型（paradigm）。

软件工程方法学包含 3 个要素：方法、工具和过程。其中，方法是完成软件开发的各项任务的技术方法，回答“怎样做”的问题；工具是为运用方法而提供的自动的或半自动的软件工程支撑环境；过程是为了获得高质量的软件所需要完成的一系列任务的框架，它规定了完成各项任务的工作步骤。目前使用最多的是面向对象方法学和传统方法学。

1. 传统方法学

传统方法学通常指结构化方法，也称生命周期方法学。结构化方法是一种传统的软件开发方法，它是由结构化分析（SA）、结构化设计（SD）和结构化实现（SP）三部分有机组合而成，如图 6-1 所示。

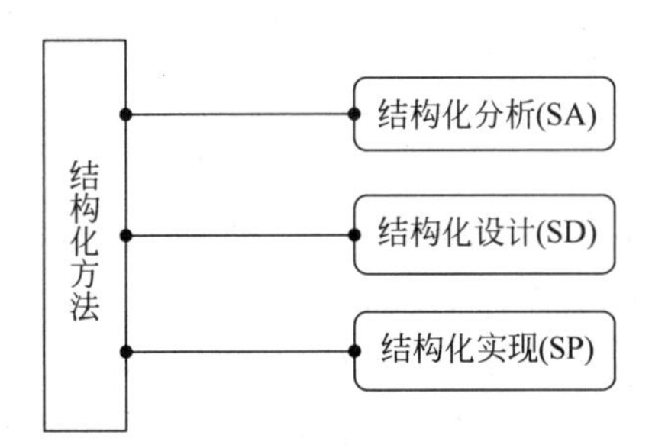

图 6-1　结构化方法图示

结构化分析阶段主要是搞清楚所要开发的软件是为了解决什么问题以及在技术等方面是不是可行。这一阶段要对整个项目进行可行性研究和需求分析。

结构化设计阶段就将软件的过程、模块、接口等设计好。其主导思想就是模块化，这样会减少各个功能之间的相互联系。最好是每一个模块完成单个功能，这样会使开发人员更容易控制这些模块。

不过模块太多也不是好事，原因就是模块增多接口就会增加，必然费用也就会相应增加，如图 6-2 所示。通过对这幅图的分析，我们知道开发软件要将模块控制在一个合理的范围之内。

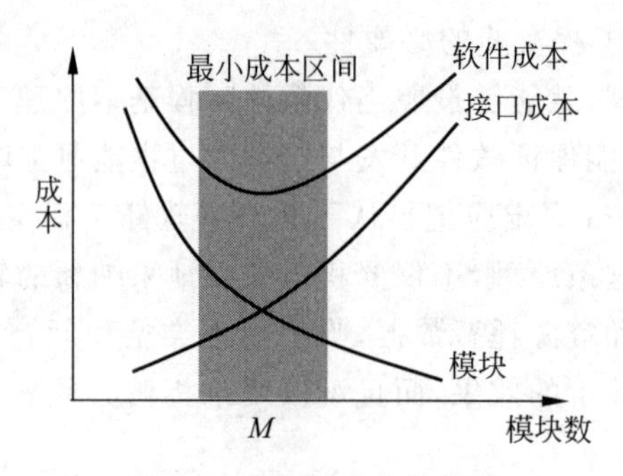

图 6-2　模块与成本的关系

结构化分析方法以模块为基本单位，把大的程序划分为若干相对独立、功能简单的程序模块。以过程为中心，强调的是过程，强调功能和模块化。以一系列经过实践的考验被认为正确的原理和技术为支撑，以数据流图、数据字典、结构化语言、判定表、判定树等图形表达为主要手段，强调开发方法的结构合理性和系统的结构合理性的软件分析方法。通过一系列过程的调用和处理完成相应的任务，把一个复杂问题的求解过程分阶段进行，使得每个阶段处理的问题都控制在人们容易理解和处理的范围内。结构化方法的核心要点就是：自顶向下、逐步求精、模块化设计、结构化编码。

结构化实现阶段利用一种编程语言产生一个能被机器理解和执行的系统，测试时发生和排除程序中的错误，最终产生一个正确的系统。也就是我们常见的编码、测试、调试以及可靠性验证等工作。

传统方法学对于一定规模的软件开发具有较高的成功率，但是，当软件规模庞大或者需求模糊且不断变化时，用它开发往往难以成功。此外，使用传统方法学所开发出来的软件可维护性较差，维护难度相对较大。主要原因在于传统方法将事物的数据和操作分离，而现实中，数据和基于数据上的操作是密不可分的。这样强行分离数据的操作必然增加了开发和维护的难度。

2. 面向对象方法学

面向对象方法(Object-Oriented Method)是一种把面向对象的思想应用于软件开发过程中，指导开发活动的系统方法，简称 OO(Object-Oriented)方法，是建立在“对象”概念基础上的方法学。对象是由数据和对数据的操作组成的封装体，与客观实体有直接对应关系，一个对象类定义了具有相似性质的一组对象。继承性是对具有层次关系的类的属性和操作进行共享的一种方式。所谓面向对象就是基于对象概念，以对象为中心，以类和继承为构造机制，来认识、理解、刻画客观世界和设计、构建相应的软件系统。

一般来说，面向对象方法学包含以下几点：

(1) 面向对象的软件系统是由对象组成的，软件中的任何元素都是对象，复杂的软件对象由比较简单的对象组合而成，对象分解代替了传统方法学中的功能分解。

(2) 把所有对象都划分成各种对象类(简称为类，class)，每个对象类都定义了一组数据和操作。数据用于表示对象的静态属性，而施加在上面的操作则反映了对象的动态特点。

(3) 按照子类(或称为派生类)与父类(或称为基类)的关系,把若干对象类组成一个层次结构的系统(也称为类等级)。

(4) 对象彼此之间仅能通过消息传递机制互相联系。

面向对象的方法具有以下主要特点。①按照人类习惯的思维方法,对软件开发过程所有阶段进行综合考虑;②软件生存周期各阶段所使用的方法、技术具有高度的连续性;③软件开发各阶段有机集成,有利于系统的稳定性;④具有良好的重用性。

6.1.6　软件生命周期

1. 软件生命周期的概念

软件生命周期又称为软件生存周期或系统开发生命周期,是软件从设计、开发、改良、成熟直到废弃的整个生命周期。

软件周期是由软件定义、软件开发和软件维护三个主要时期构成。每个时期又可以细化成若干阶段。

软件定义时期通常划分为三个阶段:问题定义、可行性研究、需求分析。其主要任务包括:确定软件开发的总体目标和工程的可行性;导出实现策略和系统必须完成的功能;并进行成本效益的估算;制定开发计划等。

软件开发时期主要划分为四个阶段:总体设计、详细设计、编码、单元测试、综合测试。其主要任务就是具体设计和实现前一个时期定义的软件。

软件维护时期一般不再进一步划分阶段,其主要任务就是使软件持久稳定地满足用户的需要。每一次维护工作本质上说就是一次简化的开发过程。

2. 软件生命周期中每个阶段的基本任务

(1) 问题定义

确定好要解决的问题是什么(what),通过对客户的访问调查,系统分析员扼要地写出关于问题性质、工程目标和工程规模的书面报告,经过讨论和必要的修改之后这份报告应该得到客户的确认。

(2) 可行性研究

确定该问题是否存在一个可以解决的方案。这个阶段的任务不是具体解决问题,而是研究问题的范围,套索这个问题是否值得去解决,是否有可行的解决办法。可行性研究的结果是客户做出是否继续进行这项工程的决定的重要依据,一般来说,只有投资可能取得较大的效益的那些工程项目才值得继续进行下去。

(3) 需求分析

需求分析阶段是一个非常重要的阶段,这一阶段做得好,将为整个软件开发项目的成功打下良好的基础。"唯一不变的是变化本身",同样需求也是在整个软件开发过程中不断变化和深入的,因此必须制定需求变更计划来应付这种变化,以保护整个项目的顺利进行。通常用数据流图、数据字典和简要的算法表示系统的逻辑模型。用《规格说明书》记录对目标系统的需求。

(4) 概要设计(总体设计)

概括地说,概要设计即应该怎样实现目标系统,设计出实现目标系统的几种可能方案,设计程序的体系结构,也就是确定程序由哪些模块组成以及模块之间的关系。

（5）详细设计

详细设计实现系统的具体工作，编写详细规格说明，程序员可以根据它们写出实际的程序代码。详细设计也称模块设计，在这个阶段将详细地设计每个模块，确定实现模块功能所需的算法和数据结构。

（6）程序编码（编码工作占全部开发工作量的10%～20%）

此阶段是将软件设计的结果转化成计算机可运行的程序代码。在程序编码中必须要制定统一、符合标准的编写规范，以保证程序的可读性，易维护性，提高程序的运行效率。

（7）软件测试（测试占全部开发工作量的40%～50%）

在软件设计完成后要经过严密测试，以发现软件在整个设计过程中存在的问题并加以纠正。整个测试过程分单元测试、组装测试以及系统测试三个阶段进行。测试的方法主要有白盒测试和黑盒测试两种。在测试过程中需要建立详细的测试计划，并严格按照测试计划进行测试，以减少测试的随意性。

（8）软件维护

软件维护是软件生命周期中持续时间最长的阶段。在软件开发完成并投入使用后，由于多方面的原因，软件不能继续适应用户的要求。要延续软件的使用寿命，就必须对软件进行维护。软件的维护包括纠错性维护和改进性维护两个方面。

3. 软件生命周期的模型

软件生命周期模型是指人们为开发更好的软件而归纳总结的软件生命周期的典型实践参考。软件生命周期模型实质上就是一个框架，它描述从软件需求定义直至软件经使用后废弃为止，跨越整个生存期的软件开发、运行和维护所实施的全部过程、活动和任务，同时描述生命周期不同阶段产生的软件工件，明确活动的执行角色等。

下面简单介绍几个典型的软件生命周期模型。

（1）瀑布模型

瀑布模型（见图6-3）是一个经典的软件生命周期模型，也叫预测型生命周期、完全计划驱动型生命周期，是软件工程中应用最为广泛的过程模型。在这个模型里，项目团队一开始就要确定好开发计划，确定项目范围及交付此范围所需的时间和成本。对于经常变化的项目而言，瀑布模型是不适用的。

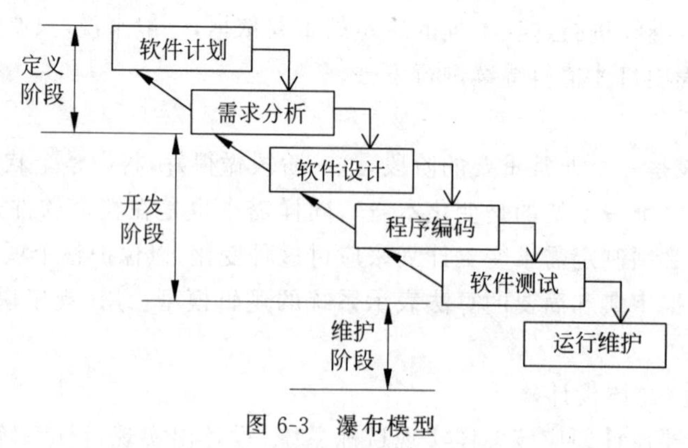

图6-3 瀑布模型

如同瀑布流水逐级而下，瀑布模型在一开始就规定了软件开发的顺序。其主要有以下四个特点：

① 各阶段之间有依赖性和严格的顺序性。在瀑布模型中，每个阶段的工作都依赖前一个阶段的输出文档，前一阶段没有完成就不能开展后续的工作。

② 推迟实现。正是由于严格的顺序性，使瀑布模型开发的软件产品“面世”都相对较晚，瀑布模型要求在分析和设计阶段清楚地区分逻辑设计和物理设计，尽量将程序的物理实现推迟。如果在分析阶段或者设计阶段出现问题而未能及时纠正，最后阶段用户看到产品时往往为时已晚。

③ 严格的阶段质保。为了避免最后的灾难性后果，瀑布模型要求在每个阶段都必须完成规定的文档，并通过阶段性评审。这样可以尽可能地发现早期分析和设计的问题，保证软件产品质量、降低开发和维护成本。

④ 文档驱动。瀑布模型几乎完全依赖于书面文档，可以使开发人员采用规范的方法，认真提交各阶段的文档，为以后的维护工作打下良好的基础。静态的文档与人们在开发中不断变化的思维难以保持一致，也可能使设计人员不能正确认识软件产品来满足用户的需求。

传统的瀑布模型作为一种应用广泛的模型虽然有很多优点，也存在一些不容忽视的问题：首先，主要是由于它的线性特性在很多项目中导致了“阻塞”严重，开发小组中的很多人员需要等待其他人员完成相关的任务。其次，项目很少严格遵守瀑布模型的顺序，这样会造成很多混乱。另外，用户在开始阶段往往不能准确描述自己的需求，从而使项目在开始阶段就存在不确定性，而且可能在项目接近尾声时发生重大缺陷，这些都是用户无法承受的。

结合这些优势与不足，瀑布模型适用于指导需求明确且规模较小的系统的开发过程。

(2) 原型模型

原型模型又称快速原型模型，它指的是在执行实际软件的开发之前，应当建立系统的一个工作原型。

在很多实际项目中，客户只能提出基本需求，并不能详细定义输入和输出，这就需要一个能快速开发出来的“样机”用于讨论和沟通。原型模型就是快速建立起来的可以运行的系统，但是它所完成的功能通常只是最终产品的一个子集。它的开发过程如图 6-4 所示，原型模型是一个快速开发的过程。首先和用户沟通，进行主要功能的需求分析和快速设计，然后建立一个原型，再请用户评价和反馈。开发人员根据用户的反馈进一步细化需求，改进原型系统的设计，如此反复直至用户满意。

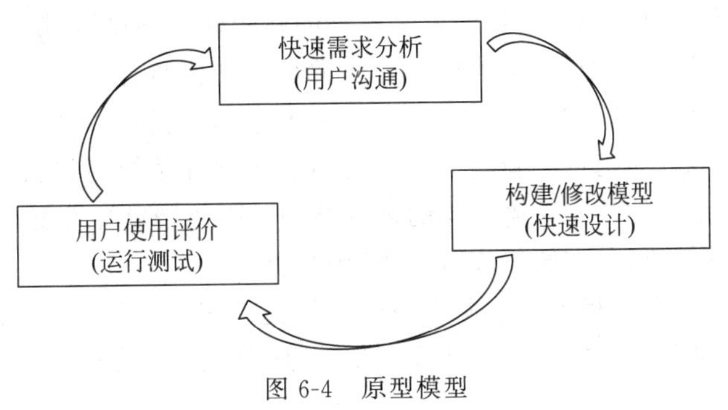

图 6-4　原型模型

由此可见，原型模型的本质是快速建立原型系统，采用迭代的技术提高了软件开发的速度，同时原型产品也提供了与用户交流的平台，可以获知用户真正的需求，一旦需求确定，旧的原型被抛弃，新的模型将重新建立。这种方法改进了过去瀑布模型中推迟实现和与用户沟通不足的缺点。

一般来说，由于是快速开发，第一个构建的原型系统很少是可用的，因此下一个模型必须重新开始，即使是这样，用户和开发人员也十分喜欢原型。因为它使用户有了对系统的直观认识，使开发人员对需求有了更为准确的认识。

原型模型也存在一些问题和不足：第一，由于开发者进行的是快速设计，往往在实现中使用折中手段（如效率低下的算法），后面开发中人们更注重需求的细化而忽视它们，最终造成折中手段成为系统的组成部分；第二，开发者急于完成原型而忽略了整体设计和可维护性；第三，用户的参与过多也造成了软件开发管理的混乱。

尽管存在一些问题，原型模型对于软件开发人员来说仍是一个行之有效的模型，尤其是对一些系统需求不太明确，而且具有复杂交互和算法的系统。

（3）增量模型

增量模型也称为渐增模型，是瀑布模型和原型模型的综合，如图 6-5。增量模型把待开发的软件系统模块化，将每个模块作为一个增量组件，从而分批次地分析、设计、编码和测试这些增量组件。运用增量模型的软件开发过程是递增式的过程。相对瀑布模型，采用增量模型进行开发，开发人员不需要一次性地把整个软件产品提交给用户，而是可以分批次进行提交。

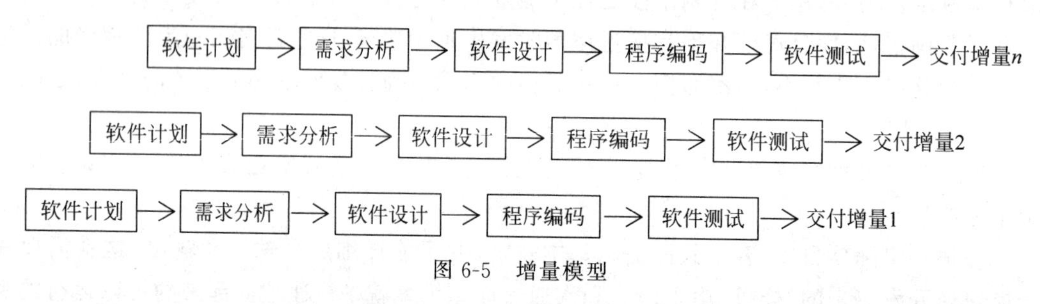

图 6-5　增量模型

在整体上按照瀑布模型的流程实施项目开发，以方便对项目的管理；但在软件的实际创建中，则将软件系统按功能分解为许多增量构件，并以构件为单位逐个地创建与交付，直到全部增量构件创建完毕，并都被集成到系统之中交付用户使用。

如同原型进化模型一样，增量模型逐步地向用户交付软件产品，但不同于原型进化模型的是，增量模型在开发过程中所交付的不是完整的新版软件，而只是新增加的构件。

比较瀑布模型、原型模型，增量模型具有非常显著的优越性。但是，增量模型对软件设计有更高的技术要求，特别是对软件体系结构，要求它具有很好的开放性与稳定性，能够顺利地实现构件的集成。在把每个新的构件集成到已建软件系统的结构中时，一般要求这个新增的构件应该尽量少地改变原来已建的软件结构。因此增量构件要求具有相当好的功能独立性，其接口应该简单，以方便集成时与系统的连接。

总而言之，软件开发过程中的生命周期模型种类很多，除了上述介绍的三种模型之外，常用的模型还有渐进式开发模型——螺旋模型、面向对象的开发模型——喷泉模型等，这里就不详细介绍了。

6.2　可行性研究

任何问题都要放在特定的环境、时间等框架下去解决，同样，软件问题也要去考虑在预定的系统规模或时间限制内是否可以解决。如果盲目地进行开发，结果只能是在浪费了大量的人力、软硬件资源、财力之后以失败告终。

本章介绍软件工程的可行性研究内容，包括如何开展软件工程的调研，可行性研究的目标和任务，步骤及开发工具，成本-效益分析的方法，以及如何制定软件工程项目开发计划。

6.2.1　可行性研究的目标和任务

在进行任何一项较大的工程时，首先要进行可行性研究。软件可行性研究的目的就用最小的代价在尽可能短的时间内确定该软件工程项目是否能够开发，是否值得去开发。

只要资源和时间不加以限制，所有项目都是可以的，但是资源缺乏加上收到交付时间的限制，使得基于计算机系统的开发变得比较困难。因此，尽早对软件工程项目的可行性进行科学而有效的评估是十分必要的。及早发现将来可能在软件开发过程中遇到的问题，及早做出决策，可以避免大量的人力、财力和时间上的浪费。

可行性研究实质上是要进行一次简化、压缩了的需求分析和设计过程，是在较高层次上以比较抽象的方式进行需求分析和设计的过程。

进行可行性研究的任务可以分为如下几步：

- 需要进一步分析和澄清问题定义，初步确定项目的规模和目标，确定项目的约束和限制，并将它们清楚地列出来。
- 分析员进行简要的需求分析抽象出该项目的逻辑结构，建立逻辑模型。
- 从逻辑模型出发，经过压缩的设计，探索出若干可供选择的主要解决方案，对于每一种解决方案都要分析它的可行性。
- 为每个可行的解法制定一个粗略的实现进度。可以从下面 4 个方面分析研究每种解决方案的可行性。

1. 技术可行性

技术可行性研究的内容是对于要开发项目的功能、性能和限制条件进行分析，确定在现有的资源条件下，技术风险有多大，项目能否实现。

技术可行性常常是最难决断的。一般可以从以下几个方面考虑技术可行性。

(1) 技术。相关技术的发展是否支持这个软件系统。

(2) 资源的有效性。开发人员有无问题，可用于建立系统的其他资源是否具备。这里的资源一般包括已有的或可以得到的硬件、软件资源，以及现有的技术人员的技术水平和已有的工作基础。

(3) 开发的风险。在给出的限制范围内，能否设计出系统并实现必需的功能和性能。

2. 经济可行性

经济可行性研究的内容是进行开发成本的估算以及进行效益的评估，以确定要开发的项目是否值得投资开发。

经济可行性研究涉及范围较广，包括成本-效益分析、长期的公司经营策略、对其他的单位或产品的影响、开发所需的成本和资源以及潜在的市场前景等。对于大多数系统(除国防系统、空间计划等高技术应用系统)一般都会衡量经济上是否合算,是否超过"底线"。

3. 操作可行性

操作可行性研究系统的操作方式在这个应用范围内是否行得通。

4. 社会可行性

社会可行性主要研究开发的项目是否存在任何侵犯、妨碍等责任问题,要开发项目的运行方式在用户组织内是否行得通,现有管理制度、人员素质和操作方式是否可行。社会可行性涉及的范围也比较广,包括合同、责任、侵权、用户组织的管理模式及规范,其他一些技术人员常常不了解的陷阱等。可行性研究需要的时间长短取决于工程的规模。成本只是预期工程总成本的5%~10%。

6.2.2 可行性研究的过程

1. 复查并确定系统规模和目标

分析员对有关人员进行调查访问,仔细阅读和分析有关的材料,对项目的规模和目标进行定义和确认,清晰地描述项目的一切限制和约束,确保系统分析员正在分析的问题确实是要解决的问题。

2. 研究目前正在使用的系统

现有的系统是信息的重要来源。正在运行的系统可能是一个人工操作的系统,也可能是旧的计算机系统。因为需要开发一个新的计算机系统来代替现有系统。人们需要研究它的基本功能,存在什么问题,运行现有系统需要多少费用,对新系统有什么新的功能要求,新系统运行时能否减少使用费用等。

收集、研究和分析现有系统的文档资料,实地考察现有系统,访问有关人员,描绘现有系统的高层系统流程图,并与有关人员一起审查该系统流程图是否反映了现有系统的基本功能和处理流程。这个步骤重在分析现有系统可以做什么。

3. 建立新系统的高层逻辑模型

根据对现有物理系统的分析研究,导出现有系统的逻辑模型,并且使用建立逻辑模型的工具——数据流图和数据字典来描述。再根据现有的逻辑模型,逐层明确新系统的功能、处理流程以及所受的约束,设计目标体系的逻辑模型。

4. 导出和评价各种方案

系统分析员建立了新系统的高层逻辑模型之后,要从技术角度出发提出实现高层逻辑模型的不同方案。根据技术可行性、经济可行性和社会可行性对各种选择方案进行评估,去掉行不通的解法,即可得到可行的解法。

5. 推荐可行方案

根据上述可行性研究的结果,决定项目是否值得去开发,如果值得开发,解决方案是什么,并说明该方案是可行的原因和理由。

对于推荐的系统方案主要是从经济上看是否合算,这就要求分析员对推荐的可行方案进进行成本-效益分析。

6. 草拟初步的开发计划

针对所推荐的方案,分析员应该草拟一份开发计划,包括制订工程进度表。对各类开发

人员和各种资源的需求情况，说明何时使用且使用多长时间，系统生命周期每个阶段的成本。

7. 编写可行性研究报告提交审查

将上述可行性研究过程的结果写成相应文档，即为可行性研究报告，提交用户或使用部门审查，从而决定该项目是否进行开发，是否接受可行的实现方案。

6.2.3　可行性研究的工具

软件工程中各个阶段都有一些工具帮助项目相关人员进行分析和设计。这些工具包括图形工具、表格工具等。其目的都是为了更好地来分析和设计项目，以便在开发过程中方便交流和沟通。在可行性研究阶段主要用到的图形工具包括系统流程图和数据流图。

1. 系统流程图

系统流程图是概括的描绘物理系统的传统工具。它所表达的是数据在系统各个部件之间流动的情况，而不是对数据进行加工处理的控制过程。系统流程图不同于程序流程图。它的基本思想是使用图形符号以黑盒子的形式来描绘出组成系统的每个部件。在系统流程图中可以将程序、文档、数据库人工过程等作为系统流程图中的系统部件。

以概括的方式抽象地描绘一个实际系统时，可以使用表 6-1 中列出的基本符号。如果需要更具体地描绘一个物理系统，则可以使用表 6-2 列出的系统符号。

表 6-1　基本符号

符　　号	名　　称	说　　明
	加工或处理	能改变数据值或数据位置的加工或部件。例如，程序、处理机、人工加工等
	输入输出	表示输入或输出(或既输入又输出)是一个广义的不指明具体设备的符号
	连接或汇合	指出转到图的另一部分或从图的另一部分转来，通常在同一页上
	换页连接	指转出到另一页图上或由另一页图转来
	控制流向	用来连接其他符号，指明数据流动的方向

表 6-2　系统符号

符　　号	名　　称	说　　明
	穿孔卡片	表示用穿孔卡片输入或输出，也可以表示一个穿孔卡片文件
	文档	通常表示打印输出，也可以表示要用打印终端输出数据
	磁带	磁带输入输出，或表示一个磁带文件

续表

符　　号	名　　称	说　　明
	磁盘	任何种类的联机存储，包括磁带、磁鼓、软盘和海量存储器件等
	联机存储	磁盘输入输出，也可表示存储在磁盘上的文件数据库
	磁鼓	磁鼓输入输出，也可以表示存储在磁鼓上的文件或数据库
	显示	CRT 终端或者类似的显示文件，可以用于输入或输出，也可以既输入又输出
	人工输入	人工输入数据的脱机处理，例如，填写表格
	人工操作	人工完成的处理，例如，会计在工资支票上签字
	辅助操作	使用设备进行脱机操作
	通信链路	通过远程通信线路或链路传送数据

例如，某库房存放各种零件器材，库房中的各种零器材的数量及其库存量临界值等数据记录在库存主文件上，当库房中零件器材数量发生化时，应更改库存文件。若某种零件器材的库存量少于库存临界值，则立即报告采购部以便订货，规定每天向采购部门送一份采购报告。

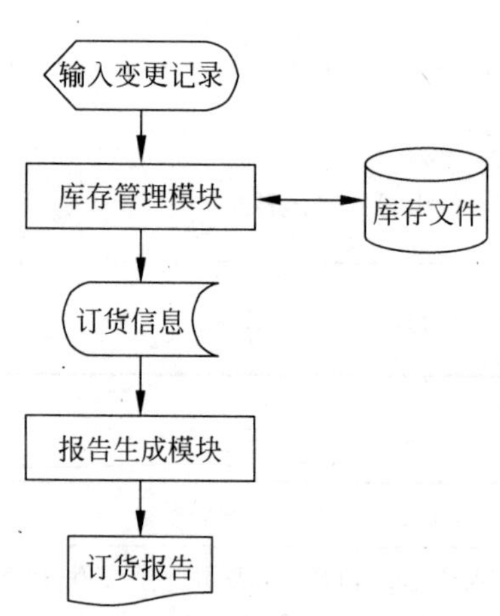

图 6-6　库存管理的系统流程图

现使用一台小型计算机处理更新库存文件和产生订货报告的任务。零件器材发放和接收称为变更记录，由键盘输入到计算机中。系统中库存清单程序对变更记录进行处理，更新存储在磁盘上的库存清单主文件，并且把必要的订货信息记录写在联机存储。最后，每天由报告生成程序读一次联机存储，并且打印出订货报告。该库存管理的系统流程图如图 6-6 所示。

2. 数据流图

数据流图(Data Flow Diagram，DFD)是描绘信息流和数据从输入移动到输出的过程中所经过的变换。从数据传递和加工的角度，数据流图以图形的方式刻画数据流从输入到输出的移动变换过程。在数据流图中没有任何具体的物理部件，它只是描绘数据在软件中流动和被处理的逻辑过程。数据流图只考虑系统必须完成的基本逻辑功能，不需要考虑怎样具体实现这些功能。数据流图对于开发人员与用户之间的沟通有极好的作用。

(1) 数据流图的主要图形元素

数据流图主要由 4 种图形元素构成，图形元素有多种符号化表达式，比较常见的如表 6-3 所示。

表 6-3　数据流图的主要图形元素

基本符号	名　称	说　明
□ 或 立方体	数据源点或终点	在实际问题中代表系统之外的实体，可以是人、物或其他软件系统
圆角矩形 或 ○	变换数据的处理或加工	以数据结构或数据内容作为加工对象，接收输入，产生输出
开口矩形 或 双横线	数据存储	起到保存数据的作用，可以是数据库文件或任何形式的数据组织
——→	数据流	沿箭头方向传递数据的通道，指被加工的数据与流向

(2) 数据流图元素的命名原则

① 为数据流(数据存储)命名

- 应代表整个数据流(数据存储)的内容；
- 不使用空洞、缺乏具体含义的名字(如数据、信息等)；
- 数据流图分解得当是前提。

② 为处理命名

- 与数据流命名相关联；
- 应反映整个处理的功能；
- 及物动词＋宾语；
- 处理分解要得当。

③ 为数据源点/终点命名

数据源点/终点不属于数据流图的核心内容，只属于目标系统的外围环境部分。通常在命名时采用它们在问题域中习惯使用的名字。

(3) 分层的数据流图

为了表达数据处理过程的数据加工情况，用一个数据流图是不够的。为了表达稍微复杂的实际问题，需要按照问题的层次结构进行逐步分解，并以分层的数据流图反映这种结构关系。先把整个数据处理过程暂且看成一个加工，它的输入数据和输出数据实际上反映了系统和外界环境的接口。这就是分层数据流图的顶层，但只有顶层并未表明数据的加工要求，需要进一步细化。如果必要可以对子系统继续进行分解，直到其加工不需再做分解的数据流图。其中任何一层数据流图的上层图为父图，下一层的图则称为子图，如图 6-7 所示。

在多层数据流图中，顶层流图仅包含一个加工，它代表被开发系统。它的输入流是该系统的输入数据，输出流是系统的输出数据。底层流图是指其加工不需再做分解的数据流图，它处在最底层。中间层流图则表示对其上层父图的细化。它的每一个加工可能继续细化，形成子图。

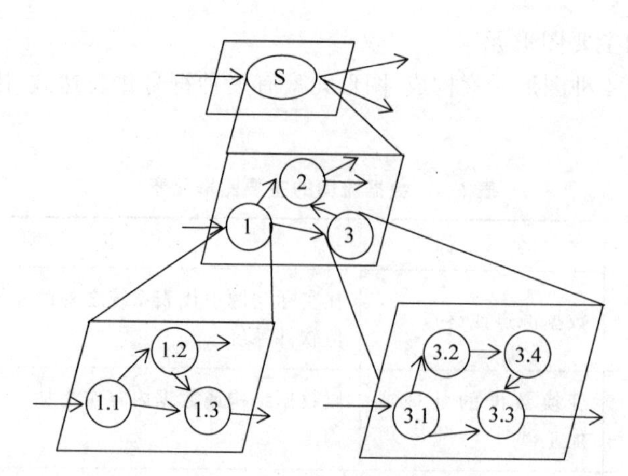

图 6-7　分层的数据流图

(4) 数据流图的画法

概括地说，数据流图的基本步骤是自顶向下，逐层细化。具体步骤如下：

① 先找外部实体(可以是人、物或其他软件系统)，找到了外部实体，则系统与外部世界的界面就得以确定，系统的源点和终点也就找到了。

② 找出外部实体的输入和输出数据流。

③ 在图的边上画出系统的外部实体。

④ 从外部实体的输出流(源点)出发，按照系统的逻辑需要，逐步画出一系列变换数据的加工，直到找到外部实体处所需的输入流(终点)，形成数据流的封闭。

⑤ 按照“(5)检查和修改数据流图的原则”进行检查和修改。

⑥ 最后按照上述步骤画出所有子图。

(5) 检查和修改数据流图的原则

① 数据流图上所有图形符号只限于前述四种基本图形元素。

② 数据流图主图上的数据流必须封闭在外部实体之间。

③ 每个加工至少有一个输入数据流和一个输出数据流。

④ 在数据流图中，需按层给加工框编号。编号表明该加工所处的层次及上下层的父子关系。

⑤ 规定任何一个数据流子图必须与它上一层的一个加工对应，两者的输入数据流和输出数据流必须一致。此即父图与子图的平衡。

⑥ 图上每个元素都必须有名字。

⑦ 数据流图中不可夹带控制流。

⑧ 初画时可以忽略琐碎的细节，以集中精力于主要数据流。

(6) 画数据流图注意事项

① 画数据流图时，只考虑数据流的静态关系，不考虑其动态关系(如启动、停止等与时间有关的问题)，也不考虑出错的问题。

② 画数据流图时，只考虑常规状态，不考虑异常状态，这两点一般留在设计阶段解决。

③ 画数据流图和程序流程图是不同的，二者有本质的区别。数据流图只描述“做什么”，不描述“怎么做”和做的顺序；流程图则表示对数据进行加工的控制细节。

④ 不能期望数据流图一次画成，而是要经过各项反复才能完成。

⑤ 描绘复杂系统的数据流图通常很大，对于画在几张纸上的图，很难阅读和理解。一个比较好的方法是分层描绘这个系统。在分层细画时，必须保持信息的持续性，父图和子图要平衡；每次只细画一个加工。

(7) 数据流图的用途

基本目的是利用它作为交流信息的工具；另一个用途就是作为分析和设计的工具。

6.2.4　成本-效益分析

随着计算机和信息技术的发展，各行各业对软件的需求越来越复杂，规模越来越大，传统的开发方法已经不适用于现代软件项目开发。软件项目组需要具备良好科学的软件项目管理技术才能顺应时代的发展。在软件项目的开发过程中，项目的成本以及收益的良好控制直接关系到项目成功与否。由于成本-效益而导致的失败的软件项目开发问题约占40%～60%。因此成本-效益分析做得好坏，直接影响到软件项目的期望目标能否实现。

成本-效益分析的目的是从经济的角度评价开发一个软件项目是否可行。对准备进行的软件项目成本-效益分析，最常用的方法是将该项目的开发和运行的期望成本与它所具有的效益进行比较和评估。评估基于对估计的成本是否超过预计的收入和其他效益的分析。另外，通常需要考虑项目是否是许多待选项目中最合适的项目，以使资源能够得到有效的分配。成本-效益分析是评价任何项目的经济效益的一个标准方法，包含以下两个步骤。

1) 评价和估计所有执行该项目和运行该系统的成本和效益

分析系统的开发成本、运行成本和预计从开发的系统的实施中获得的效益。这些分析应该反映项目完成过后，新的系统所产生的成本和效益的变化。例如：新开发了一个销售订单处理系统，不能按总的销售价值来衡量它给组织带来的效益，而应按它的使用所带来的新增的业绩来衡量。

2) 按统一单位来表现这些成本和效益

要评价净效益，即从该系统获得的总效益与创建和运行它的总成本之差。因此我们应该用统一的单位来表示每项成本和效益。例如，钱是基本的测量单位，所以，应该从钱的角度来表示每项的成本和效益。多数直接成本相当容易标识和用近似的钱数来量化。按它们在项目生命周期中的出现阶段对成本进行分类是有用的，主要可分为以下三类。

(1) 开发的成本。包括参与开发项目的员工的工资和其他雇用成本及所有的相关成本。

(2) 安装的成本。包括使该系统投入使用需要的成本。这主要由任何新的硬件和外部设备的成本所组成，但也包括文件转换、招聘和员工培训的成本。

(3) 运行的成本。由运行该系统的成本组成。

通过对项目的成本-效益分析能得到项目能否去实现的依据。一般效益超过成本的项目都值得，考虑去实现。但是也有可能会面临以下问题：现有资金无法支付成本，项目风险太大等。

成本-效益分析和收益管理涵盖了效率、技术和管理等多方面的知识，对软件项目开发的成败有着非常重要的意义，它是一个软件项目成功与否的关键因素之一。在软件开发过程中要树立既注重技术，又注重管理的意识，努力提高分析管理的水平。

6.3 需求分析

需求分析是软件计划阶段的一项重要活动，也是软件生存周期中的一个重要环节，它的基本任务就是要准确回答“系统需要实现什么功能”这个功能，而不是考虑如何去“实现”。需求分析的目标是把用户对待开发软件提出的“要求”或“需要”进行分析与整理，确认后形成描述准确、完整、清晰与规范的文档，确定软件需要实现哪些功能，完成哪些工作。

6.3.1 需求获取的常用方法

需求获取主要有三种来源渠道：

(1) 从已有的市场需求中提炼。

(2) 策划并激活市场新需求(也叫创造需求)。

(3) 从组织所建设的若干类似项目中提炼出产品需求。

围绕需求获取的这三种来源渠道，总结出五种需求获取的方法。

1. 用户调查法

用户访谈是一种最基本的需求获取手段，它是指分析人员以个别访谈或小组会议的形式与用户进行初步沟通。用户访谈的形式包括结构化和非结构化两种，结构化是指分析人员按照一定准则事先准备好一系列问题，通过用户对问题的回答来获取有关目标软件方面的内容；非结构化则是只列出一个粗糙的想法，根据访谈的具体情况来进行发挥。

对于一个具体的项目，应该访谈不同类型的用户，并且要针对不同类型的用户设计不同的话题中心，访谈的目标也是完全不同的。被访谈者大致可以分为以下四类，如表 6-4 所示。

表 6-4 访谈内容

被访谈者	话题中心	目标
高层管理人员	问题、机会	探讨系统的目标及范围
中层管理人员	业务事件	理清需求的脉络信息
操作层	具体的业务活动	填充需求的细节
技术团队	解决方案	论证解决方案的可行性

2. 问卷调查法

在进行用户访谈时，由于很多关键人员的时间有限，不易安排过多的时间或者项目涉及的客户面较广，不可能一一访谈；或者在已经拥有比较完整的产品需求的基础之上，就一些细节需求、需要进一步明确的需求(或问题)时，就需要借助问卷调查的方法。通过精心设计要调查的问题，然后下发到相关人员手中，再从他们填写所填写的内容中获取系统的需求信息，这样就可以克服上述的问题。

当然问卷调查存在着一个最大的不足，就是缺乏灵活性，而且可能存在受调查人员不能很好表述自己想法的限制。

3. 现场观摩法

俗话说，百闻不如一见，较为复杂的流程和系统是很难用自然语言表达清楚的。因此，

为了能够对系统的需求获得全面的了解，实际观察用户的操作过程就是一种行之有效的方法。现场观摩就是走到客户的工作场所，一边观察，一边听客户讲解，甚至可以安排人员跟随用户一起工作一段时间。这样就可以使得分析人员对客户的需求有更加直观的理解。但是，在现场观摩过程中必须切记：建造软件系统不仅仅只是为了模拟客户的手下操作过程，还必须将最好的经济效益、最快的处理速度、最合理的操作流程和最友好的用户界面等作为软件设计的目标。

4. 建立联合分析小组法

由软件开发方和客户方共同组成联合分析小组，是一种很好的需求方法，这种方法也称为简易的应用规格说明技术。参加小组的用户也属于分析人员，他们肩负着与需求分析员相同的任务——把系统的需求描述清楚，进而开发出一个双方都满意的系统。

联合小组要制定小组工作计划和进度安排，确定专门的记录员和负责人。同时还要选定一种简洁、准确、易于理解的符号，作为共同交流的语言。如果需要，在小组内还可以加入领域专家，领域专家的作用是在用户和分析员之间建立一座沟通的桥梁。

5. 快速原型法

快速原型法指根据自己所了解的产品需求，开发出原型系统给目标群体试用，借助原型系统和目标群体进行交流和沟通，挖掘出产品需求的一种需求获取方法。

原型是在软件开发中被广泛使用的一种工具，在软件系统的很多开发阶段都起着非常重要的作用。原型法就是尽可能快地建造一个粗糙的系统，该系统实现了目标系统的某些或全部功能，但是这个系统可能在可靠性、界面的友好性或其他方向上存在缺陷。建造这样一个系统的目的是为了考察某一方面的可行性。如算法的可行性、技术的可行性，或考察是否满足用户的需求等。原型是在最终系统产生之前的一个局部真实表现，可以让人们对一些具体问题进行基于实物的有效沟通，从而尽早解决软件开发中存在的各种不确定性。

随着现代需求获取技术的发展，越来越多新的、更高效率的方法不断涌现，如市场搜索法、大数据分析法、头脑风暴法、快速应用开发法等。通常在需求获取的过程中，往往是结合几种方法同时使用，目的就是为了能更快更准确地获取用户的需求。

6.3.2 需求分析的方法

软件需求分析的基本任务就是分析和汇总已获取的需求信息。选择一种业务导向的线索将零散的需求串起来，形成一个体系完整、内容清晰的系统框架，来指导后续的设计和开发工作。

目前，软件需求的分析与设计方法较多，有的大同小异，有的则基本思路相差很大。从开发过程及特点出发，软件开发一般采用软件生存周期的开发方法，有时采用开发原型以帮助了解用户需求。在软件分析与设计时，自上而下由全局出发全面规划分析，然后逐步设计实现。

从系统分析出发，可将需求分析方法大致分为功能分解法、结构化分析法、信息建模法和面向对象的分析法。

1. 功能分解法

功能分解法是最早的分析方法，这种方法是将一个复杂的系统看作是由多个功能和模块是所构成的一个集合。各功能又可分解为若干子功能及接口，子功能再继续分解，便可得到系统的雏形，即功能分解法由“功能”“子功能”“功能接口”3个要素组成。

这种方法的关键是利用以往的经验，对一个新的系统预先设定加工步骤，重点放在这个新系统需要进行什么样的加工上。也就是把软件需求当作一棵倒置的功能树，每个节点都是一项具体的功能，从树根往下，功能由粗到细，树根是总功能，树叶是子功能，整棵树是一个信息系统的全部功能树。

功能分解法体现了“自顶向下，逐步求精”的思想，本质上是采用过程抽象的观点来看待需求，符合传统程序设计人员的思维特征。最后分解的结果一般已经是系统程序结构的一个雏形，实际它已经很难与软件设计明确分离。这种方法的缺点是难以适应用户的需求变化。

2. 结构化分析法

结构化分析法是一种从问题空间到某种表示的映射方法，是结构化方法中重要且被普遍接受的表示系统，由数据流图和数据词典构成并表示。此分析法又称为数据流法。其基本策略是跟踪数据流，即研究问题域中数据流动方式及在各个环节上所进行的处理，从而发现数据流和加工。结构化分析可定义为数据流、数据处理或加工、数据存储、端点、处理说明和数据字典。

3. 信息建模法

它从数据角度对现实世界建立模型。大型软件较复杂，很难直接对其分析和设计，常借助模型。模型是开发中常用工具，系统包括数据处理、事务管理和决策支持。实质上，也可看成由一系列有序模型构成，其有序模型通常为功能模型、信息模型、数据模型、控制模型和决策模型。有序是指这些模型是分别在系统的不同开发阶段及开发层次一同建立的。建立系统常用的基本工具是E-R图。经过改进后称为信息建模法，后来又发展为语义数据建模方法，并引入了许多面向对象的特点。

信息建模可定义为实体或对象、属性、关系、父类型/子类型和关联对象。此方法的核心概念是实体和关系，基本工具是E-R图，其基本要素由实体、属性和联系构成。该方法的基本策略是从现实中找出实体，然后再用属性进行描述。

4. 面向对象的分析法

面向对象的分析法的关键是识别问题域内的对象，分析它们之间的关系，并建立三类模型，即对象模型、动态模型和功能模型。面向对象主要考虑类或对象、结构与连接、继承和封装、消息通信，只表示面向对象的分析中几项最重要特征。类的对象是对问题域中事物的完整映射，包括事物的数据特征（即属性）和行为特征（即服务）。

6.4 软件总体设计

人们把设计定义为“应用各种技术和原理，对设备、过程或系统做出足够详细的定义，使之能够在物理上得以实现”。系统设计与其他领域的工程设计一样，具有其自己独特的方法、策略和理论。

进入设计阶段，就要把软件“做什么”的逻辑模型变换为“怎么做”的物理模型，即开始实现软件的需求，并将设计的结果体现在设计说明书的文档中，所以系统设计是把前期工程中的软件需求转换为软件表示的过程。这种表示可以分为总体设计（概要设计）和详细设计两

个阶段。总体设计主要任务是根据用户需求分析得到的结果适当进行功能分解，确定一个合理的软件系统的体系结构。详细设计阶段也称为过程设计，是在概要设计的基础上，确定怎样具体实现目标系统，得到对目标系统的精确描述，为后面的编码阶段做准备。总体设计是整体说明软件的实现思路，而详细设计是对总体设计的进一步细化，是具体的细节的实现。

6.4.1　总体设计的目标和任务

1. 目标

总体设计阶段的基本目标就是回答“概括地说，系统应该如何实现？”这个问题，也就是说要如何设计出一个优化的软件。一个优化的软件必须具有运行效率高、可变性强、控制性能好等特点。要提高系统的运行效率，应尽量采用经过优化的数据处理算法。为了提高系统的可变性，最有效的方法是采用模块化的结构设计方法，即先将整个系统看成一个模块，然后按功能逐步分解为若干第一层模块、第二层模块等。一个模块只执行一种功能，一种功能只用一个模块来实现。这样设计出来的系统才能做到可变性好。为增强系统的控制能力，在输入数据时，要拟定对数字和字符出错的检验方法。在使用数据文件时，要设立口令，防止数据泄密和被非法修改，保证只能通过特定的通道存取数据。

2. 任务

总体设计阶段主要包括两个方面的任务。系统设计阶段确定系统的具体实现方案；结构设计阶段确定软件结构。

1）设计软件结构

为了实现目标系统，最终是必须设计出组成这个系统的所有程序和数据库（文件）。对于程序，则首先进行结构设计。具体过程如下：

（1）通过需求分析阶段得到的数据流图设想各种可能方案。

（2）确定每个模块的功能。

（3）确定模块之间的调用关系。

（4）评价模块结构的质量。

软件结构的设计是以模块为基础的。软件结构的设计是总体设计的关键一步，直接影响到详细设计与编程的工作，软件系统的质量及整体性都将在软件结构的设计中决定。

2）数据结构及数据库设计

对于大型数据处理的软件系统，除了软件结构设计外，数据结构与数据库设计也是重要的。数据结构的设计采用逐步细化的方法。在需求分析阶段可通过数据字典对数据的组成、操作约束和数据之间的关系等方面进行描述，确定数据的结构特性。在总体设计阶段要加以细化，详细设计阶段则规定具体的实现细节。例如，在总体设计阶段，宜采用抽象的数据类型，如，“栈”是数据结构的概念模型，在详细设计阶段可用线性表和链表来实现“栈”。设计有效的数据结构，将大大简化软件模块处理过程的设计。

需要使用数据库的应用系统，软件工程师应该在需求分析阶段所确定的数据需求的基础上，进一步设计数据库。

（1）确定测试要求并且制订测试计划。

在软件开发的早期阶段考虑测试问题，能促使软件设计人员在设计时注意提高软件的可测试性。

(2) 编写总体设计文档《概要设计说明书》。

(3) 评审。

在评审阶段，对设计部分是否完整地实现需求中规定的功能、性能等要求，设计方案的可行性、关键的处理及内外部接口定义正确性、有效性，及各部分之间的一致性等进行评审。

6.4.2 软件结构设计原理

软件结构设计是用结构化的方法构筑软件的逻辑模型和物理模型，在系统的总体设计中，分析信息流程，绘制出数据流程图；根据数据的规范，编制数据字典；根据概念结构的设计，确定数据文件的逻辑结构；选择系统执行的结构化语言，以及采用控制结构作为软件的设计工具。

这种用结构化方法构筑的软件，组成清晰，层次分明，便于分工协作，易于修改调试，是系统研发较为理想的工具。下面介绍结构设计的有关模块化的基本概念。

1. 模块化

模块化的概念在程序设计技术中就出现了。模块在程序中是数据说明、可执行语句等程序对象的集合，且都是单独命名和编址的元素，如高级语言中的过程、函数和子程序等。在软件的体系结构中，模块是可组合、分解和更换的单元。例如，人事信息管理系统中的员工信息管理子程序就是一个模块，工资汇总过程也是一个模块。模块具有以下几种基本属性：

① 接口。指模块的输入与输出。

② 功能。指模块实现什么功能。

③ 逻辑。描述内部如何实现要求的功能及所需的数据。

④ 状态。指该模块的运行环境，即模块的调用与被调用关系。

⑤ 功能、状态与接口反映模块的外部特性，逻辑反映它的内部特性。

模块化指的是解决一个复杂问题时自顶向下逐层把软件系统划分成若干模块的过程。每个模块完成一个特定的子功能，所有的模块按某种方法组装起来，成为一个整体，完成整个系统所要求的功能。模块化的过程最终可以将一个复杂的系统由大化小，各个击破。

模块化是软件解决复杂问题应具备的手段，为了说明这一点，可将问题的复杂性和工作量的关系进行推理。

由此可知，开发一个大而复杂的软件系统，将它进行适当的分解，不但可降低其复杂性，还可减少开发工作量，从而降低开发成本，提高软件生产率，这就是模块化的依据。但是否将系统无限制地分割，就可使最后开发软件的工作量趋于零？事实上模块划分越多，块内的工作量减少了，但模块之间接口的工作量增加了，如图 6-2 所示。从该图中可以看出，存在着一个使软件开发成本最小区域的模块数 M，虽然目前还不能确定 M 的准确数值，但在划分模块时，应避免模块数目过多或过少，一个模块的规模应当取决于它的功能和用途。同时，应减少接口的代价，提高模块的独立性。

采用模块化原理可以使软件结构清晰，不仅容易设计也容易阅读和理解。模块化也有助于提高软件的可靠性。因为程序的错误一般容易出现在相关的模块以及它们之间的接口中，所以模块化使软件容易测试和调试。

2. 抽象与逐步求精

(1) 抽象

抽象是认识复杂现象过程中使用的思维工具，即抽出事物本质的共同特性而暂不考虑它的细节，不考虑其他因素。例如，将某公司里面有普通员工、部门经理、业务经理等人的本质特性抽象出来后，就得到“职员”这个概念了。

抽象的概念被广泛应用于计算机软件领域，在软件工程学中更是如此。软件工程实施中的每一步都可以看作是对软件抽象层次的一次细化。在系统定义阶段，软件可作为整个计算机系统的一个元素来对待；在软件需求分析阶段，软件的解决方案是使用问题环境中的术语来描述；从概要设计到详细设计阶段，抽象的层次逐步降低，将面向问题的术语与面向实现的术语结合起来描述解决方法，直到产生源程序时到达最低的抽象层次。

这是软件工程整个过程的抽象层次。具体到软件设计阶段，又有不同的抽象层次。在进行软件设计时，抽象与逐步求精、模块化密切相关，可帮助定义软件结构中模块的实体。由抽象到具体地分析和构造出软件的层次结构，提高软件的可理解性。

逐步求精和模块化的概念，与抽象是密切相关的。在软件结构每一层中的模块，都是对软件抽象层次的一次精化。

(2) 逐步求精

逐步求精是 Niklaus Wirth 最初提出的一种自顶向下的设计策略，是人类解决复杂问题时常采用的一种基本技术。逐步求精是为了能集中精力解决主要问题而尽量推迟考虑问题的细节。

以下是 Writh 的有关概述：“我们对付复杂问题的最重要的办法是抽象，因此，对于一个复杂的问题不应该立刻用计算机指令、数字和逻辑符号来表示，而应该用较自然的抽象与语句来表示，从而得出抽象程序，抽象程序对抽象的数据进行某些特定的运算，并用某些合适的记号(可能是自然语言)来表示。对抽象程序作进一步的分解，并进入下一个抽象层次，这样的精细化过程一直进行下去，直到程序能被计算机接受为止。这使得程序可能使用某种高级语言或机器指令编写。”

著名的 Miller 法则认为，“一个人在任何时候都只能把注意力集中在(7＋2)个知识块上”。而一般软件设计师要考虑的知识块数量是远远大于 7 个的，此时逐步求精就变得非常重要，可以将众多模块进行自顶向下的方式排列展开。

求精实际上是一个细化的过程，在软件设计高抽象级别的功能陈述中，仅仅是概念性地描述了功能，并没有涉及功能内部的工作情况。求精要求设计者逐步细化原始的描述，而随着每个后续求精步骤的完成，越来越多的细节慢慢展现出来。

3. 信息隐蔽与局部化

信息隐蔽是指在设计中确定模块时，使得一个模块内包含的信息(过程或数据)，对于不需要这些信息的其他模块来说，是不能访问的。通过信息隐蔽，可以定义和实施对模块的过程细节和局部数据结构的存取限制。“隐蔽”的意思是，有效的模块化通过定义一组相互独立的模块来实现，这些独立的模块彼此之间仅仅交换那些为了完成系统功能所必需的信息，而将那些自身的实现细节与数据“隐藏”起来。

一个软件系统在整个生存周期中要经过多次修改，信息隐蔽为软件系统的修改、测试及以后的维护都带来好处。因此，在划分模块时要采取措施，如采用局部数据结构，使得大多数过程(即实现细节)和数据对软件的其他部分是隐藏的,这样,修改软件时偶然引入的错误所造成的影响只局限在一个或少量几个模块内部,不涉及其他部分。

简言之,信息隐蔽和局部化可以有效地防止错误的扩大与传播。

模块化、抽象、信息隐蔽和局部化概念的直接结果是产生模块独立的概念。

模块独立性指每个模块只完成系统要求的独立的子功能,并且与其他模块的联系最少且接口简单。

为了降低软件系统的复杂性,提高可理解性、可维护性,必须把系统划分成为多个模块,但模块不能任意划分,应尽量保持其独立性。良好的模块独立性能使开发的软件具有较高的质量。

设计的模块独立性强,信息隐藏性能好,并完成独立的功能,且它的可理解性、可维护性及可测试性好,必然导致软件的可靠性高。另外,接口简单、功能独立的模块易开发,且可并行工作,有效地提高了软件的生产效率。

如何衡量软件的独立性呢?根据模块的外部特征和内部特征,提出了两个定性的度量标准——耦合和内聚。

(1) 耦合

耦合也称块间联系,指软件系统结构中各模块间相互联系紧密程度的一种度量。模块之间联系越紧密,其耦合性就越强,模块的独立性则越差。

如果一个模块在不需要另一个模块的情况下,能够完整地执行其功能,就称这两个模块是完全独立的。这里指出两个模块之间是不存在直接的或间接的、明确的或者暗含的、清晰的或者模糊的相互联系的。但是,模块之间总是相互关联的,很少是相互独立的,因为完全独立的模块是无所谓构成系统的。

在软件结构设计的目标是努力实现松耦合系统。也就是说,能够研究一个系统中的任何一个模块而无须太多地去了解系统中的其他模块。

模块间耦合高低取决于模块间接口的复杂性、调用的方式及传递的信息。模块的耦合性有:无直接耦合、数据耦合、特征耦合、控制耦合、公共耦合、内容耦合 6 种类型。

这 6 种由低到高的耦合类型,为设计软件、划分模块提供了决策准则。提高模块独立性、建立模块间尽可能松散的系统,是模块化设计的目标。为了降低模块间的耦合度,可采取以下几点措施:

① 在耦合方式上降低模块间接口的复杂性。模块间接口的复杂性包括模块的接口方式、接口信息的结构和数量。接口方式不采用直接引用(内容耦合),而采用调用方式(例如过程语句调用方式)。接口信息通过参数传递且传递信息的结构尽量简单,不用复杂参数结构(如过程、指针等类型参数),参数的个数也不宜太多,如果很多,可考虑模块的功能是否庞大复杂。

② 在传递信息类型上尽量使用数据耦合,避免控制耦合,慎用或有控制地使用公共耦合。这只是原则,耦合类型的选择要根据实际情况综合地考虑。

(2) 内聚

内聚性也称块内联系,指模块的功能强度的度量,即一个模块内部各个元素彼此结合的紧密程度的度量。若一个模块内各元素(语气之间、程序段之间)联系得越紧密,则它的内聚性就越高。内聚性有偶然内聚、逻辑内聚、时间内聚、过程内聚、通信内聚、顺序内聚、功能

内聚。

耦合性与内聚性是模块独立性的两个定性标准，将软件系统划分成模块时，尽量做到高内聚低耦合，提高模块的独立性，为设计高质量的软件结构奠定基础。但也有内聚性与耦合性发生矛盾的时候，为了提高内聚性而可能使耦合性变差，在这种情况下，建议给予内聚性以更高的重视。

6.4.3 软件结构设计工具

1. 层次图

层次图主要用来描述软件的层次结构。层次图中的一个矩形框代表一个模块，矩形框之间的连线表示调用关系而不像层次方框图中那样表示组成关系。如图 6-8 所示，最顶层的方框代表图像处理系统的主控模块，它调用下层模块完成图像处理系统的全部功能；第二层的每个模块控制完成图像处理系统的一个主要功能，例如“编辑”模块通过调用它的下属模块可以完成编辑功能中的任何一种。

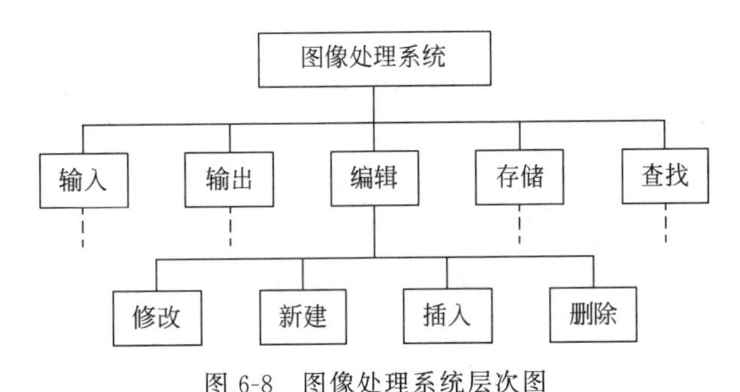

图 6-8 图像处理系统层次图

层次图很适合在自顶向下设计软件的过程中使用。

2. HIPO 图

HIPO 图是美国 IBM 公司发明的，即层次图（H 图）＋输入/处理/输出图（IPO 图）。为了使 HIPO 图具有可追踪性，在 H 图里除了顶层的矩形框之外，每个矩形框都加了编号，如图 6-9 所示。

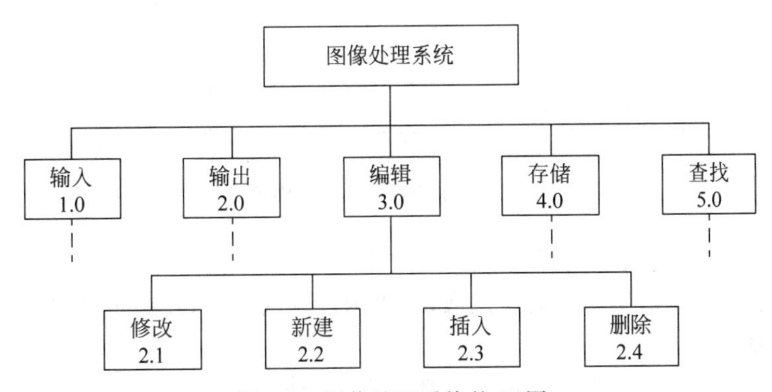

图 6-9 图像处理系统的 H 图

与 H 图中每个矩形框相对应，应该有一张 IPO 图描述这个矩形框代表的模块的处理过程。如图 6-10 所示，在左边的框内列出有关的输入数据，在中间的框内列出主要的处理功

能，在右边的框内列出产生的输出数据。处理框中列出处理的次序暗示了执行的顺序，最后用类似向量符号的粗大箭头指出数据流通的情况。

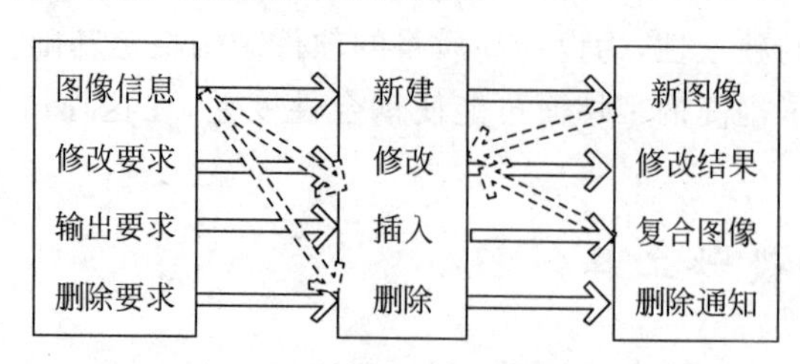

图 6-10　图像处理系统编辑处理的 IPO 图

3. 软件结构图

软件结构图是软件系统的模块层次结构，反映了整个系统的功能实现，即将来程序的控制层次体系。对于一个“问题”，可用不同的软件结构来解决，不同的设计方法和不同的划分和组织，可得出不同的软件结构。

软件结构往往用树状或网状结构的图形来表示。软件工程中，一般采用 20 世纪 70 年代中期美国 Yourdon 等提出的称为结构图(Structure Chart，SC)的工具来表示软件结构。

软件结构图的主要内容如下：

(1) 模块。用方框表示，方框中写上模块的名字，模块名最好能反映模块功能。

(2) 模块的调用关系。两个模块之间用单向箭头或直线连接起来表示它们的调用关系：按照惯例，总是图中位于上方的模块调用下方的模块，所以不用箭头也不会产生二义性。调用模块和被调用模块的关系称为上属与下属的关系，或者称为“统率”与“从属”的关系。

(3) 模块间的信息传递。模块间还经常用带注释的短箭头表示模块调用过程中来回传递的信息。如图 6-11 所示，模块“查询学生成绩”调用模块“输入学生学号”“查询”和“打印学生成绩”。其中，模块“输入学生学号”向模块“查询学生成绩”传送参数，模块“查询学生成绩”向模块“查询”传送参数“学号”，模块“查询”返回参数“成绩”，模块“查询学生成绩”再将参数“成绩”传递给模块“打印学生成绩”。

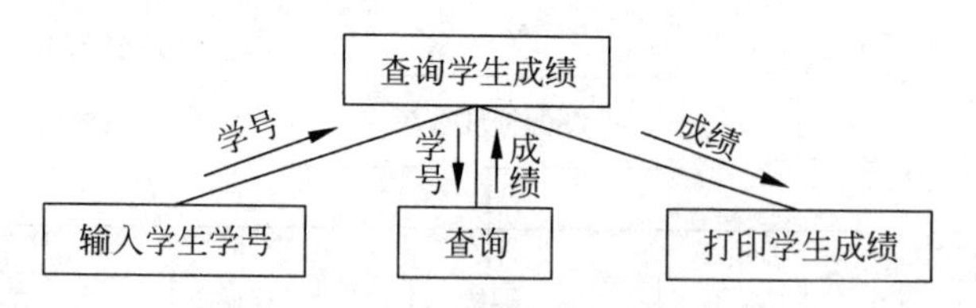

图 6-11　结构图的简单调用示例

结构图的形态特征包括深度、宽度、扇出、扇入。

(1) 深度指软件结构中模块的层次数，它表示控制的层数，在一定意义上能粗略地反映系统的规模和复杂程度。

(2) 宽度指同一层次中最大的模块个数。它表示控制的总分布。

(3) 扇出是一个模块直接调用的模块数目。经验证明，好的系统结构的平均扇出数一般是 3～4，不能超过 5～9。

(4) 扇入指有多少个上级模块直接调用它。

如图 6-12 中所示的结构图中，结构图的深度为 5；宽度为 8；模块 M 的扇出为 3；模块 T 的扇入为 4。

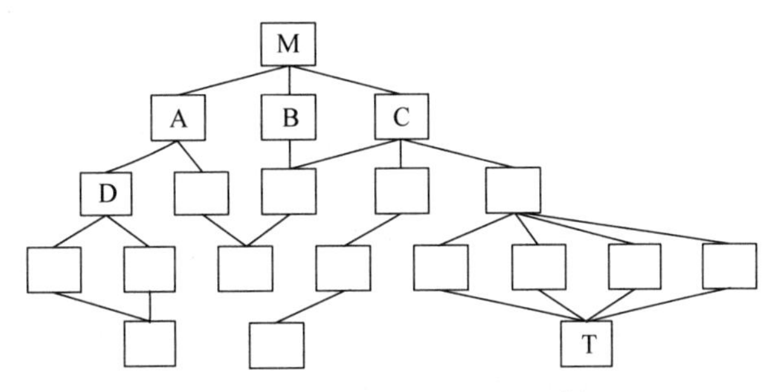

图 6-12　结构图形态特征示例

画结构图应注意的事项如下：

(1) 同一名字的模块在结构图中仅出现一次。

(2) 调用关系只能从上到下。

(3) 不严格表示模块的调用次序，习惯上从左到右。有时为了减少连线的交叉，适当地调整同一层模块左右位置，以保持结构图的清晰性。

结构图最主要的质量特征是模块的内聚和耦合特性。结构图所显示的模块结构的耦合性和内聚关系代表了系统的一种静态结构，指出了模块间是否有关系，是否相互发生影响，而不是具体地说明了如何相互发生影响。流程框图是用来描述一个模块的内部控制过程，结构图描述了模块间的调用结构，通过组织功能单一、相互独立的模块来实现一个整体的目标。

6.4.4　软件结构设计优化准则

软件总体设计的主要任务就是软件结构的设计为了提高设计的质量，必须根据软件设计的原理改进软件设计，提高程序设计的效率。人们在长期的软件开发实践中积累了丰富的经验，提出了以下软件结构的设计优化准则。

1. 模块独立性准则

划分模块时，尽量做到高内聚、低耦合，保持模块相对独立性，并以此原则优化初始的软件结构。

(1) 如果若干模块之间耦合强度过高，每个模块内功能不复杂，可将它们合并，以减少信息的传递和公共区的引用，如图 6-13(a)所示。

(2) 若有多个相关模块，应对它们的功能进行分析，消去重复功能，如图 6-13(b)所示。

2. 模块的作用范围应该在控制范围内

一个模块的影响范围应在其控制范围之内，且条件判定所在的模块应与受其影响的模块在层次上尽量靠近。

在软件结构中，由于存在着不同事务处理的需要，某一层的模块会存在着判断处理，这样可能影响其他层的模块处理。为了保证含有判定功能模块的软件设计质量，引入了模块的作用范围与控制范围的概念。

模块的作用范围指受该模块内一个判断影响的所有模块的集合。模块的控制范围指模块本身以及其所有直接或者间接从属于它的模块集合。在设计好的软件结构中,所有受判断影响的模块都从属于做出判断的那个模块。这样可以降低模块之间的耦合性,并且可以提高软件的可靠性和可维护性。

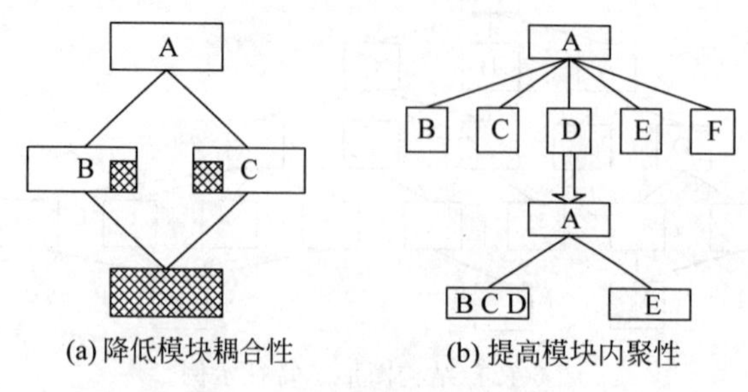

图 6-13　模块的分解与合并

如图 6-14 所示符号◇表示模块内有判定功能,阴影表示模块的作用范围。如图 6-14(a)所示,模块 D 的作用范围是 C、D、E 和 F,模块 D 的控制范围是 D、E、F,作用范围超过了控制范围,这种结构最差。因为 D 的判定作用到了 C,必然有控制信息通过上层模块 B 传递到 C,这样增加了数据的传递量和模块间的耦合。若修改 D 模块,则会影响到不受它控制的 C 模块,这样不易理解与维护。再看图 6-14(b),模块 TOP 的作用范围在控制范围之内,但是判定所在模块与受判定影响的模块位置太远,也存在着额外的数据传递(模块 B、D 并不需要这些数据),增加了接口的复杂性和耦合强度。这种结构虽符合设计原则,但不理想。最理想的结构图是图 6-14(c),消除了额外的数据传递。

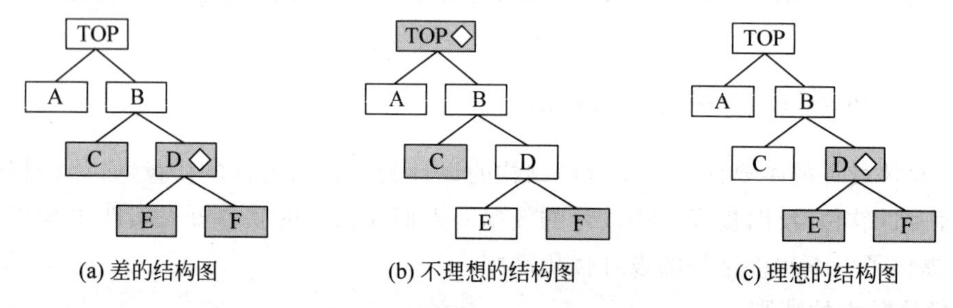

图 6-14　模块的判定作用范围

如果在设计过程中,发现模块作用范围不在其控制范围之内,可用以下方法加以改进。

(1) 上移判断点。如图 6-14(a)所示,将模块 D 中的判断点上移到它的上层模块 B 中,或者将模块 D 整个合并到模块 B 中,使该判断的层次升高,以扩大它的控制范围。

(2) 下移受判断影响的模块。将受判断影响的模块下移到判断所在模块的控制范围内,如图 6-14(a)所示,将模块 C 下移到模块 D 的下层。

3. 软件结构的形态特征准则

在涉及软件结构图时可从以下几个方面考虑使深度、宽度、扇出和扇入数适当。

(1) 深度能粗略地反映系统的规模和复杂程度,宽度也能反映系统的复杂情况。宽度与模块的扇出有关,一个模块的扇出太多,说明本模块过分复杂,缺少中间层。

(2) 单一功能模块的扇入数大比较好,说明本模块为上层几个模块共享的公用模块,重用率高。

(3) 不能把彼此无关的功能凑在一起形成一个通用的超级模块,虽然它扇入高,但低内聚。因此非单一功能的模块扇入高时应重新分解,以消除控制耦合的情况。

软件结构从形态上看,应是顶层扇出数较高一些,中间层扇出数较低一些,底层扇入数较高一些。

4. 模块大小准则

在考虑模块的独立性时,为了增加可理解性,模块的大小最好在 50～150 条语句左右,可以用 1～2 页纸打印,便于人们阅读与研究。

5. 模块的接口准则

(1) 模块接口设计要简单,以便降低复杂程度和冗余度。

(2) 设计功能可预测并能得到验证的模块。

(3) 适当划分模块规模,以保持其独立性。

6.4.5 结构化设计的方法

通常所说的结构化设计方法(简称 SD 方法),也就是基于数据流的设计方法。面向数据流的设计方法的目标是给出设计软件结构的一个系统化的途径。

面向数据流的设计方法定义了一些不同的"映射",利用这些映射可以把数据流图变换成软件结构。因为任何软件系统都可以用数据流图表示,所以面向数据流的设计方法理论上可以设计任何软件的结构。

面向数据流的设计方法把信息流映射成软件结构,即要把数据流图转换成软件结构,必须研究数据流图的类型。不同类型的信息流的类型决定了映射的方法。各种软件系统,不论数据流图如何庞大与复杂,一般可分为变换型数据流图和事务型数据流图两类。

1. 变换型数据流图

变换型数据流图由输入、变换(或称处理)和输出三部分组成,如图 6-15 所示,虚线为标出的流界。变换型数据处理的工作过程一般分为取得数据、变换数据和给出数据。这三步体现了变换型数据流图的基本思想。

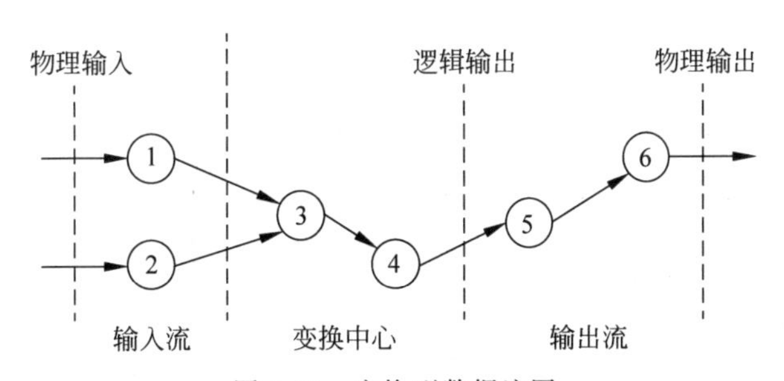

图 6-15 变换型数据流图

变换是系统的主加工,变换输入端的数据流为系统的逻辑输入,输出端为逻辑输出。而直接从外部设备输入的数据称为物理输入,反之称为物理输出。外部的输入数据一般要经过输入正确性和合理性的检查、编辑及格式转换等预处理,这部分工作都由逻辑输入部分完成,它将外部形式的数据变成内部形式,送给主加工。同理,逻辑输出部分把主加工产生的数据的内部形式转换成外部形式然后物理输出,因此变换型数据流图是一个顺序结构。

2. 事务型数据流图

若某个加工将它的输入流分离成许多发散的数据流，形成许多平行的加工路径，并根据输入的值选择其中一个路径来执行，这种特征的数据流图称为事务型数据流图，这个加工称为事务处理中心，如图 6-16 所示。

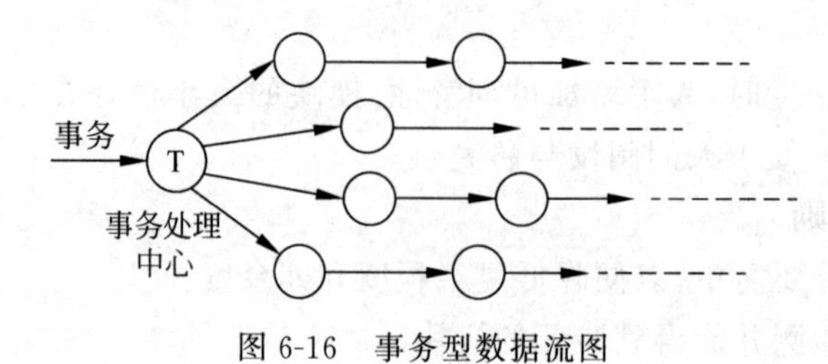

图 6-16　事务型数据流图

第7章　数据库技术基础

数据库是一种可以高效管理数据的技术，是计算机科学的重要分支。数据库相关技术的研究始于20世纪60年代，从诞生至今形成了坚实的理论基础、成熟的商业产品和广泛的应用领域，不断地改变人们对于信息处理的观念。作为信息处理系统的基础与核心，数据库技术的使用非常重要，从企业到部门、从基础设施到日常生活，数据管理无处不需、无处不在，已经成为衡量一个国家信息化、智能化的重要标志之一。

7.1　数据库系统概述

在介绍数据库技术之前，首先介绍一些数据库中常用的术语和概念，以便更好地了解数据库。

7.1.1　数据库的几个基本概念

信息、数据、数据库、数据库管理系统和数据库系统是与数据库技术紧密相关的几个基本概念。

1. 信息

在当前社会，信息(Information)这个词汇我们经常听到，和信息相关的产业与领域也往往代表着主流和未来。从本质来说，信息就是对社会、自然界的事物特征、现象、本质及规律的描述，是客观事物的反映，是所述内容的特性表征和传播载体。

2. 数据

数据(Data)是描述现实世界事物的符号记录，也是数据库中存储的基本对象。数据描述事物可以是数字、文字、图形、图像、音视频等多种形式，但是通过这些表现形式并不能完全表达数据内容，还需要对数据的含义进行解释，数据的含义可称为数据的语义，因此数据与数据的语义是不可分的。例如，2018这个数据既可以代表一位学生的入学时间，也可以代表一个人的出生日期，所以在使用时需加以说明。

3. 数据库

数据库(Database，DB)是以一定的数据模型进行组织，能够长期存放数据的一组可以共享的相关数据的集合。简单地说，数据库就是存储数据的仓库，是人们能够在计算机中保存和管理的大量的、复杂的信息资源。

4. 数据库管理系统

数据库管理系统(Database Management System，DBMS)是数据库系统中对数据进行管理的大型软件系统，也是对数据库系统进行控制的核心组成部分。数据库系统的操作包括查询、更新等各种控制都是通过数据库管理系统来完成。

5. 数据库系统

数据库系统(Database System，DBS)是由数据库、数据库管理系统、应用程序和数据库管理员组成的存储、管理、处理和维护数据的系统，如图 7-1 所示。在不引起混淆的情况下，人们一般也把数据库系统称为数据库。

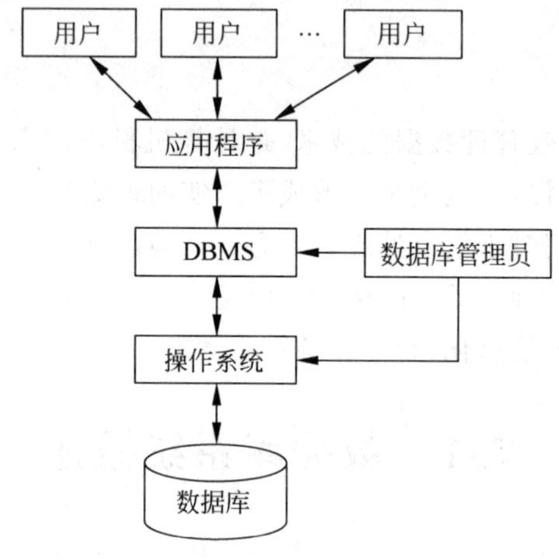

图 7-1 数据库系统

7.1.2 数据管理的历史

数据管理指的是对数据进行组织、分类、编码、存储、检索和维护的过程，它是数据处理的中心问题。随着软件、硬件技术的进步以及计算机应用范围的不断扩展，数据管理经历了三个阶段：人工管理阶段、文件系统管理阶段和数据库管理阶段。

1. 人工管理阶段

在 20 世纪 50 年代中期以前，计算机作为一种单纯的计算工具刚刚问世不久，软硬件水平还处于发展的初级阶段，那时并没有直接的数据存储设备，只能使用纸带、卡片、磁带等简单的工具代替。人们把程序和准备计算的数据通过纸带送入计算机中，数据只能依赖应用程序存在且不能分割。当计算机执行完内存中的程序后，这些数据就会被一并移出计算机，计算的结果由用户自己手工保存。

因此，当时的数据缺乏独立性，数据之间不能共享更不能被相互调用，产生了大量的冗余数据。数据也缺乏逻辑和组织，只能通过人工去管理，这个时期是数据管理的初级阶段。总结这一阶段的数据管理特点就是：

(1) 数据不可共享。数据面向程序，数据与程序一一对应，不同程序数据间不能相互利用，很难共享。

(2) 数据不保存。数据并不能长期保存在计算机内。

(3) 应用程序管理数据。没有专业的数据管理应用程序对数据进行管理,只能由程序员自行处理,效率低下。

(4) 数据不独立。数据不能独立存在,想要对数据进行修改,只能依靠应用程序进行编辑。

在人工管理阶段,应用程序与数据之间的关系如图 7-2 所示。

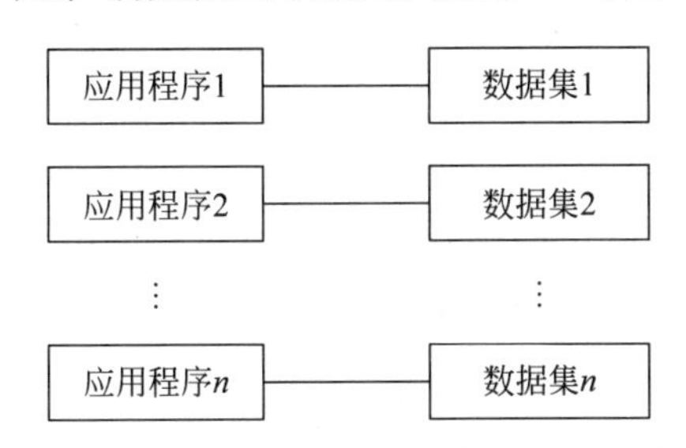

图 7-2 人工管理阶段应用程序与数据的关系

2. 文件系统管理阶段

20 世纪 50—60 年代,随着使用环境的巨大变化,计算机不再作为单一的科学计算工具被使用,而且随着处理数据规模的增大,数据的存储与维护成为迫切的需求。此时数据结构和数据管理技术也在不断发展与进步:在硬件方面,磁盘、磁鼓等支持直接存取的存储设备已经出现;在软件方面,为了用户能够更好地使用计算机,产生了以操作系统为核心的系统软件。此时,数据是以文件的形式进行组织和保存的,操作系统则对文件进行管理。

文件系统是数据管理发展的重要阶段,文件的出现将数据与程序进行分离,丰富了数据的结构与算法,也提供了更多的数据的处理方式,为下一个数据管理阶段的发展打下了基础。此时的数据管理特点是:

(1) 数据可以长期保存在存储器的磁盘中,方便对数据进行管理。

(2) 数据的结构发生了变化,彻底从程序中"独立"出来,可以直接存取而不必关心数据的位置。

(3) 文件的组织更加多样,可以重复使用。

但是,此时的数据组织仍然是面向应用程序的,所以会存在大量的数据冗余,而且数据的逻辑结构很难修改与扩充,哪怕是微小的改变,都会影响到应用程序。文件系统中应用程序与数据的关系如图 7-3 所示。

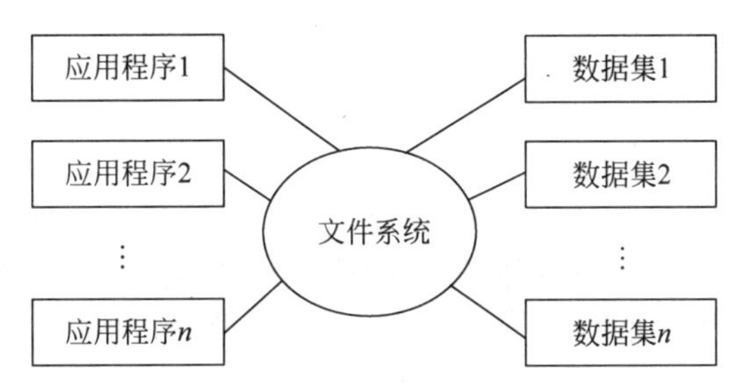

图 7-3 文件系统中应用程序与数据的关系

3. 数据库系统阶段

20 世纪 60 年代后期，计算机用于数据管理的规模越来越大，数据量急剧增长，人们也对多应用的数据共享提出了更强烈的需求。在这一时期，计算机技术也有了飞速发展：在硬件方面，磁盘的容量更大、价格更低，为庞大数据的存储与处理提供了物理基础；在软件方面，成熟的操作系统也使得程序设计语言更加强大，操作更加便利。

正是在这样的背景下，数据库技术应运而生，并出现了对数据进行统一管理的专门的软件系统——数据库管理系统。这项技术的出现解决了多用户、多应用对于数据共享的需求，也提高了数据的一致性和完整性，减少了大量的数据冗余。和文件管理相比，数据库系统具有更出色的数据管理能力。

数据库系统的出现使得计算机对信息的处理从以程序加工为中心转向以数据库为中心的新阶段，也标志着数据管理技术的一次飞跃。数据库系统阶段应用程序与数据的关系如图 7-4 所示。

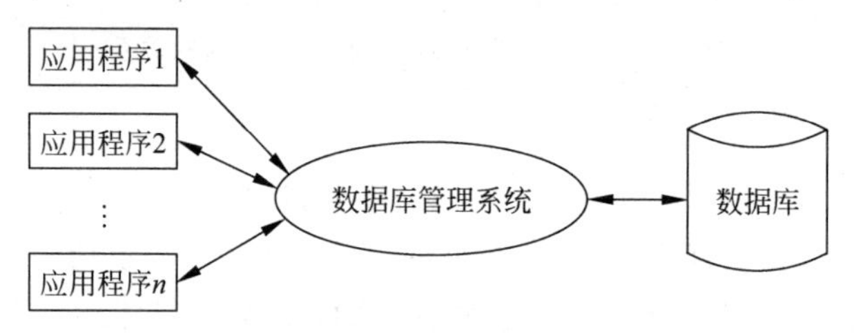

图 7-4　数据库系统阶段应用程序与数据的关系

7.1.3　数据库系统的主要特征

为了克服文件系统管理数据的不足，数据库系统在发展的初期就是以数据的高效管理与方便共享为目标的，因此数据库管理数据有如下几个特征。

(1) 数据结构化

数据库中的数据是有结构的，是由数据库管理系统所支持的数据模型表现出来的，这种结构化不仅在数据的内部，数据库中的数据也不再仅针对某一个应用，数据之间是有联系的，是整体的结构化。这是数据库系统区别于文件系统的主要特征。

(2) 数据共享性提高、冗余度降低

首先需要明确的是数据库技术不能够消除冗余，有些时候为了提高使用效率是需要适度的冗余存在的，但因为数据库系统是通过整体去描述数据的，数据也不再面向某个应用，因此相比于文件管理技术数据库系统还是大大减少了数据冗余，并且能够保证数据之间在进行修改、更新时的相容性与一致性。

(3) 具有较高的数据独立性

数据独立性一直都是数据库管理数据的一个突出的优点。独立性包含两个含义：第一，用户不用关心数据是怎么进行存储的，应用程序与数据库中的数据在物理存储方面是分开管理的，这是所谓的物理独立性；第二，数据库中的数据在逻辑方面也独立于某个应用程序，这就是数据的逻辑独立性。

在数据库系统中，数据库管理系统提供映像功能，实现了应用程序对数据的总体逻辑结构、物理存储结构之间较高的独立性。用户只以简单的逻辑结构来操作数据，无须考虑数据

在存储器上的物理位置与结构，这部分内容会在7.1.4节中详细介绍。

(4) 有统一的数据控制功能

数据库可以被多个用户或应用程序共享和使用，数据库系统拥有完整的数据管理和控制功能，提供包括并发访问控制、数据的安全性控制和数据的完整性控制等。

综上所述，数据库是长期存储在计算机内的有组织、大量、共享的数据集合。它可以被各种用户共享，具有最小的冗余度和较高的数据独立性。数据库管理系统可以对数据库的建立、运行和维护进行统一管理，以保证数据的完整性和安全性。数据库系统的使用标志着信息系统从以程序加工为中心转为以共享的数据库为中心的新阶段。数据存储三个阶段的特点及其对比如表7-1所示。

表7-1　数据管理三个阶段特点的比较

背景及特点		人工管理阶段	文件系统阶段	数据库系统阶段
背景	应用背景	科学计算	科学计算、管理	大规模数据管理
	硬件背景	无直接的存取设备	磁盘等	大容量的存取设备
	软件背景	无操作系统	文件系统	数据库管理系统
	处理方式	批处理	联机实时处理、批处理	批处理、分布处理等
特点	数据的管理者	人	文件系统	数据库管理系统
	数据的面向对象	某一应用程序	某一应用程序	现实世界
	数据的共享程度	无共享、冗余极大	共享性差、冗余大	共享性高、冗余小
	数据的独立性	不独立，完全依赖程序	独立性差	具有高度的物理独立性和一定的逻辑独立性
	数据的结构化	无结构	整体无结构、记录内有结构	整体结构化，用数据模型描述
	数据控制能力	应用程序自己控制	应用程序自己控制	有数据库管理系统提供数据安全性、完整性、并发控制和恢复能力

7.1.4　数据库系统的结构

考察数据库系统的结构，通常可以从不同的角度或不同层次来分析。从数据库开发者的角度来看，数据库通常可以分为三级模式结构；从数据库使用者角度来看，数据库系统的结构又可分为主从式结构、分布式结构等。

1. 型和值的概念

数据的“型”(type)是指数据的结构，或者说是指数据的内部构成和对外联系，而“值”则是型的一个具体赋值。例如，某张学生记录表为(学号，姓名，性别，年龄，专业)这样的记录型，而(1810520217，张成，男，18，计算机)则是该记录型的一个记录值。

数据库的模式是数据库全体数据逻辑结构和特征的描述，仅涉及型的描述，不涉及具体的值，因此模式反映的是数据的结构及其联系，是稳定的。模式实例(instance)指的是模式的一个具体值，反映的是数据库在某一时刻的状态，是随着数据库中数据的变化而变化的。

虽然实际的数据库产品有很多，所支持的数据类型也不同，且使用不同的数据库语言，但是它们体系结构上通常具有共同的特征，即采用三级模式结构，并提供两级映像功能。

2. 数据库系统的体系结构

数据库系统的体系结构是指数据库的总框架。大多数数据库系统在总的体系结构上都具有三级模式结构的特征，即外部级、概念级和内部级。外部级对应数据库的外模式，是单个用户能够看到的外部特征；概念级对应数据库的模式，涉及所有用户的数据定义；内部级对应数据库内模式，涉及物理存储的结构。因此，数据库的三级模式结构即数据库的内部体系结构是指外模式、模式、内模式。三级模式的结构如图 7-5 所示。

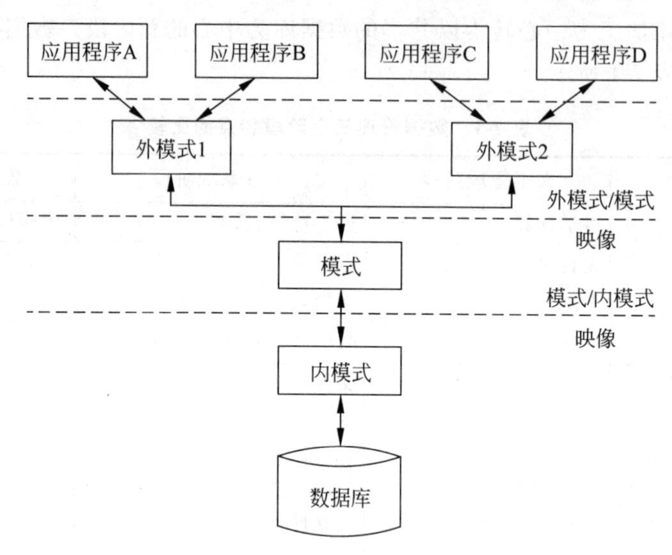

图 7-5　数据库的体系结构

(1) 外模式

外模式，又称用户模式或子模式(subschema)，它是数据库用户(包括应用程序员和最终用户)能够看见和使用的局部数据的逻辑结构和特征的描述，是数据库用户的数据视图，是某一应用有关的数据的逻辑表示，是用户与数据库系统之间的接口。

外模式使用 DBMS 提供的子模式 DDL(数据定义语言)进行定义，是对数据结构、数据的构造规则及数据的安全性、完整性进行描述。使用外模式主要有以下优点：

① 方便用户使用，简化用户接口。

② 在一定程度上保证了数据的安全性。

③ 有利于数据的共享。

④ 保证了数据的独立性。

(2) 模式

模式也称为逻辑模式，是数据库中全体数据的逻辑结构和特征的描述，是所有公共数据视图。模式以某一种数据模型为基础，综合考虑了所有用户的需求，并将这些需求有机地结合为一个整体。

一个数据库系统只能拥有一个模式，以模式为框架的数据库为概念数据库，它是数据库系统三级模式结构的中间层，既不涉及数据的物理存储细节和硬件环境，也与具体的应用程序以及程序设计语言无关。

(3) 内模式

内模式也称存储模式(storage schema),一个数据库只有一个内模式。它是数据物理结构和存储方式的描述,是数据在数据库内部的组织方式。

内模式的设计目标是将系统的全局逻辑模式组织成最优的物理模式,以提高数据的存取效率,改善系统的性能。在数据库系统中,只有物理数据库才是真正存在的,它是存放在外存储器的实际数据文件。因此,内模式是 DBMS 管理的最底层,是物理存储设备上存储数据时的物理抽象。

3. 数据库系统的二级映像功能

数据库系统的三级模式结构是对数据进行的 3 个级别的抽象,使用户能从逻辑上操作数据,不涉及数据在计算机中是怎样存放的。但三级模式结构之间往往存在很大差别,为了实现 3 个抽象级别的联系和转换,DBMS 在三级模式结构之间提供了两个层次的映像: 外模式/模式映像、模式/内模式映像。所谓映像,就是一种对应的规则,这样三级模式就可以通过一定的规则实现相互转换,同时保证了数据与程序的逻辑独立性。

(1) 外模式/模式映像

外模式/模式映像定义了外模式与模式之间的映像关系。由于外模式和模式的数据结构可能不一致,即记录类型、字段类型的命名和组成可能不一样,因此需要这个映像来说明外部记录和概念之间的对应性。

当模式改变时,由数据库管理员对各个外模式/模式映像作相应改变,可以使外模式保持不变。应用程序是依据数据的外模式编写的,因此应用程序不必修改,保证了数据与程序的逻辑独立性。

(2) 模式/内模式映像

模式/内模式映像定义了内模式与模式之间的映像关系。例如说明逻辑记录和字段在内部是如何表示的。

当数据库的存储结构发生改变时,由数据库管理员对模式/内模式映像做相应改变,可以使模式保持不变,从而程序也不必改变。保证了数据与程序的物理独立性。

总之,数据库的三级模式结构是数据管理的结构框架,依照这些数据框架组织的数据才是数据库的内容。在设计数据库时,主要是定义数据库的各级模式; 在使用数据库时,关心的是数据库的内容。

7.1.5 数据库技术的发展

数据库是计算机科学技术中发展最快、应用最广的重要分支,是计算机信息系统建设的支柱。数据库技术的发展归根结底体现在数据模型的发展上,按照这条发展主线,数据库技术的发展可以分为以下三个阶段。

1. 第一代数据库: 层次和网状数据库系统

层次和网状数据库的代表产品是 IBM 公司在 1969 年提出的层次模型数据库系统。层次数据库是数据库系统的先驱,而网状数据库则是数据库概念、方法、技术的基础。

2. 第二代数据库: 关系数据库系统

1970 年,IBM 公司的 E. F. Codd 在题为《大型共享数据库数据的关系模型》的论文中提出了数据库的关系模型,为关系数据库奠定了理论基础。

真正使得关系数据库从理论迈向实用的关键人物是James Gray。他在解决如何保障数据的完整性、安全性、并发性以及数据库故障恢复能力等重大技术问题方面作出了突出贡献。关系数据库的出现,促进了数据库的小型化和普及化,使得微型计算机配置数据库系统成为可能,这以后的很长一段时间内新开发的数据库系统几乎都是关系型的。

3. 新一代数据库技术的发展

从最初的层次、网状数据模型到现在使用的关系数据模型,数据库技术已经逐渐发展成熟。随着近些年大数据、云计算、人工智能等技术的发展以及计算机应用需求的扩大,新一代的数据库技术在数据模型、新技术内容及应用领域方面都取得了突破,表现在以下几个方面。

(1) 面向对象的数据库及方法论对数据库的发展影响最为深远

与传统数据库相比,方法论作为数据库技术发展的原动力,一直为数据库提供理论支撑,如面向对象数据库(OODB)等技术都是这项理论的发展所带来的成果。

20世纪80年代,随着面向对象程序设计和面向对象分析思想与技术的发展日益成熟,面向对象数据模型随之面世。其包含了很多优秀的程序设计思想,如封装、模块化、数据抽象与继承等。其核心概念就是对象与消息:世界中的任何事物都可以通过建模转化为对象,而对象状态的改变则是通过对其发送消息来完成的。

面向对象数据库具有以下特点:

① 面向对象方法综合了在关系数据库中发展的全部工程原理、系统分析等内容,能够有效地表达客观世界和查询信息。

② 面向对象数据库在耦合性和内聚性方面性能突出,这使得数据库拥有极佳的可维护性,数据库的设计者可以在花费很小代价的前提下修改数据库,并且在出现特殊情况时,可以通过增加类来解决问题而不会不影响现存的数据。

③ 面向对象数据库很好地解决了关系数据库中应用程序语言与数据库管理系统对数据类型支持不一致的问题。

尽管如此,面向对象数据库技术还很不成熟,数据库的操作语言过于复杂,没有得到广大用户的认可,还需要时间来完善。

(2) 数据库技术与多学科技术的有机结合

数据库技术与多学科技术的有机结合是目前数据库发展的重要特征。计算机相关领域中其他新兴技术的进步,对数据库技术产生了巨大的影响。在与这些技术不断结合、相互渗透中,新的数据库技术层出不穷,数据库的许多概念、技术内容、应用领域甚至某些原理都发生了重大的发展与变化,产生了一系列的新型数据库系统,如分布式数据库、并行数据库、演绎数据库等。

分布式数据库是在计算机网络和数字通信技术的基础上发展起来的,其数据分布在不同的计算机终端中,这些终端节点都具有独立处理能力,可以执行局部应用,同时每个节点还可以通过网络执行全局应用。就本质而言,分布式数据库系统的数据在逻辑上是统一的,在物理上却是分散的。

分布式数据库具有以下特点:

① 分布式数据库的数据并不集中在一个节点上,而是分散在各个地方,它们通过计算机网络连在一起。

② 分布式数据库的数据虽然分布在不同的节点上，但对用户而言它们在逻辑上是一个整体，在处理事务时会在一个框架下统一进行。

③ 分布式数据库具有本地自治性，可以自己处理局部节点的事务，还可以实现和其他节点的通信。

④ 分布式数据库将数据分布封装，用户在访问数据时和集中式数据库没有分别，不用关心这些数据的分布位置和存放方式等细节。

(3) 面向专门应用领域的数据库技术

在传统数据库技术的基础上，结合各个专业应用领域的特点，研究适合该应用领域的数据库技术，适应数据库应用多元化的需求是当前数据库发展的又一重要特征。如统计数据库、科学数据库、空间数据库、地理数据库等。

如今我们身处的是一个大数据的时代，怎么样更好地分析和利用大规模数据，不仅关系着企业的利润能否提高，还将决定其他许多学科能否取得进步。作为管理和利用数据的基础，数据库技术将会拥有前所未有的机遇。

7.2 数据模型

数据库技术的发展一直都是按照数据模型的衍化而推进的，是我们理解数据库的基础。模型的概念对于人们并不陌生，大到飞机、航空模型，小到虚拟的手机电子地图，一眼望去就会使人联想到真实生活中的某种事物，所以我们可以通过模型来对现实世界的某个事物的某些特征进行模拟和抽象。

7.2.1 数据模型概念

在信息世界中由于计算机不能直接处理现实生活中的具体事务，这就需要人们将这些事物通过某种方法转换为计算机能够处理的数据。也就是说，从数据建模角度来看，人们可以把现实世界中的客观数据对象抽象组织为信息世界中的某一种信息结构，然后再将它转换为机器世界中某种可以被处理的数据。通俗地讲，数据模型就是对现实世界的数据特征的抽象，是现实世界的模拟。数据模型是数据库系统的核心，是能够处理现实世界实际问题的基础。因此了解数据模型是学习数据库技术的重要内容。

1. 信息的3个世界

建立数据模型时应该尽量满足三方面的要求：①能够真实地模拟现实世界，准确描述事物的特性；②容易被人所理解；③方便在计算机中实现。但是一种数据模型要想全面满足上面三个要求，在目前的技术环境下很难实现，因此数据库系统只能针对不同的使用对象和应用目的，采用不同类别的数据模型。

从不同的使用目的来看，我们可以将数据模型分为三大类：概念模型、逻辑模型和物理模型。如果要为一个数据库建立模型，首先需要对现实世界进行深入的需求分析后，用概念模型对其进行全面的、真实的描述，然后再通过一定的方法将概念模型转化为数据模型。因此数据从现实世界进入数据库实际经历了3个阶段，即信息的3个世界：现实世界、信息世界和机器世界。

(1) 现实世界

信息的现实世界是指人们要管理的客观存在的各种事物、事物之间的项目联系,以及事物发生、变化的过程。人们通过对现实世界的了解和认知,将要管理的对象、过程和方法使用概念模型加以描述,并通过实体、特征、实体集进行划分和认知,这一过程称为系统分析。

(2) 信息世界

信息世界不是现实世界的无差别反映,这是因为现实世界中的事物反映到人们的头脑里,还需要经过认知、选择、命名、分类等综合分析才能形成印象和概念,从而得到信息。当现实事物用信息来描述时,即进入了信息世界。信息世界是通过属性、实体记录等来描述的。

(3) 机器世界

信息世界的信息,经过数字化处理形成计算机能够识别和处理的数据,即进入机器世界。机器世界也称为计算机世界或数据世界。因受到计算机软硬件的限制,在信息转换为数据的过程中,信息的表示方法和信息处理能力都会受到制约,也就是说,数据模型需要符合具体的计算机系统和DBMS的要求。机器世界中信息是通过数据项、记录和文件等来描述的。

(4) 现实世界、信息世界和机器世界的关系

现实世界、信息世界和机器世界是人们由客观到认知、由认知再到使用管理的3个不同层次,后一个领域是前一个的抽象描述。这3个世界的关系如图7-6所示。

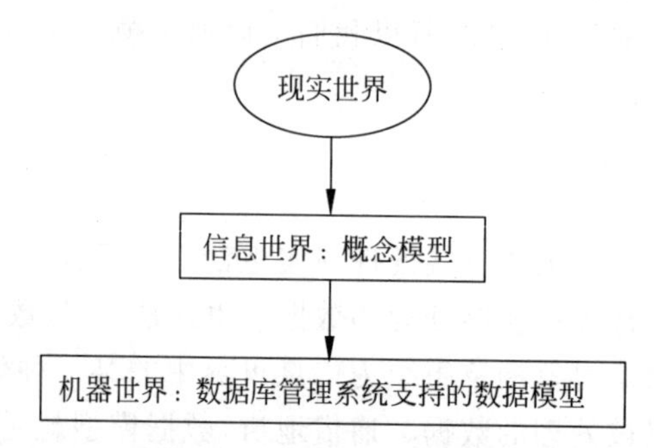

图7-6 现实世界、信息世界和机器世界的关系

在图中可以看到,概念模型是现实世界到机器世界的一个中间层次。它是一种抽象的信息结构,并不依赖于具体的计算机系统,也不是某一个DBMS所支持的数据模型,而是概念级的模型,即信息世界的信息模型,然后再将概念模型转换为数据库管理系统支持的逻辑模型,最后转换为计算机能够直接处理的物理模型。

2. 数据模型的3要素

一个数据库的数据模型通常是由数据结构、数据操作和数据的完整性约束3部分组成。

(1) 数据结构

数据结构指的是数据库组成对象以及对象之间的表达与联系,是描述数据库系统的静态特性的。数据结构包含两类内容:一类是与对象的内容、性质有关的,如某学生选课表中的数据包括学号、课程号、成绩等数据;一类是与数据之间联系有关的,如学生选择了什么样的课程,取得了什么样的成绩等。

数据结构是描述一个数据模型最重要的方面,人们往往习惯按照其数据结构的类型来

命名数据结构，如层次结构、网状结构、关系结构等，其所对应的模型分别命名为层次模型、网状模型和关系模型等。

(2) 数据操作

数据操作指的是对数据库中各种对象执行操作的集合，是描述数据库系统动态特性的。数据库主要有查询和更新(包括插入、删除、修改)两大类操作，数据模型必须明确这些操作的相关规则以及实现操作的语言。

(3) 数据的完整性约束

数据的完整性约束是一组完整性规则的集合。这些规则描述了数据模型中数据及联系所具有的制约和存储规则，以保证这些数据的正确、有效和相容。例如某学生信息表中的学号不能有相同的记录，就是一种实体完整性的约束条件。所以一般的数据库系统都提供定义完整性约束条件的机制。

7.2.2 概念模型

概念模型是对现实世界的客观反映，用于信息世界的建模，是现实世界到机器世界的一个中间层次，是数据库设计者进行数据库设计的有力工具。概念模型应该使用简单的概念，清晰地表达出客观事物，便于用户理解。

1. 概念模型的几个基本概念

(1) 实体

实体是客观世界中存在的且可相互区分的事物。实体可以是人、事、物，如一位学生、一门课、一所学校等；也可以是抽象的概念或联系，如一次学生的选课、教师与学校的工作关系等。

(2) 属性

属性是实体所具备的某一种性质。通常一个实体需要若干属性来刻画。例如，学生实体需要由学号、姓名、性别、年龄、专业等属性组成，属性组合(1810520217，张成，男，18，计算机)即表征了一名学生。

(3) 码

唯一能够标识实体的属性集称为码。例如，学生的学号就是学生实体的码。

(4) 域

属性的取值范围称为该属性的域。例如，学生的年龄是由两位整数所组成的集合。

(5) 实体型

实体型是用实体名和属性名集合来描述同类实体，这类实体必然具有相同的特征和性质。例如，学生(学号、姓名、性别、年龄、所在院系)就是一个实体型。

(6) 实体集

同一类型的实体的集合称为实体集，即具有同一类属性的事物的集合。例如，李思、王武每个人都是学生中的一个实体，所有的学生就组成了一个实体集。

(7) 联系

在现实世界中，事物内部以及事物之间是有联系的，这些联系在信息世界中反映为实体内部联系和实体之间的联系。

2. 实体的联系

在现实中，实体之间的联系是多种多样的，实体之间的各种联系按照涉及的群体可以划分为两种：一种是实体集内部的联系，反映了实体集不同属性之间的联系。例如每一位学生都隶属于某一班级，每位学生和其隶属的某个班级之间就存在一个隶属联系。另一种指的是实体集之间的联系，如果有两个实体集，它们的联系可以分为三类，即一对一联系、一对多联系和多对多联系。

如果对于实体集A中的每一个实体，实体集B中至多有一个实体与之联系，反之亦然，则称实体集A与实体集B具有一对一的联系。例如，一个班级中只有一位班长，而且一个班长只会在一个班级中任职，这时班级与班长之间具有一对一的联系，如图7-7所示。

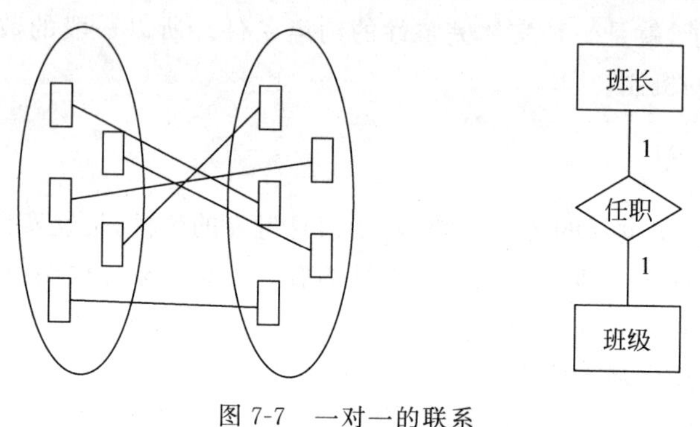

图7-7　一对一的联系

如果实体集A中的每一个实体，实体集B中有n个实体($n\geqslant 0$)与之联系；反之，对于实体集B中的每一个实体，实体集A中至多只有一个实体与之联系，则称实体集A与实体集B有一对多联系。例如，一个班级会有多名学生组成，而一个学生只会隶属于一个班级中，则班级与学生就是一对多联系，如图7-8所示。

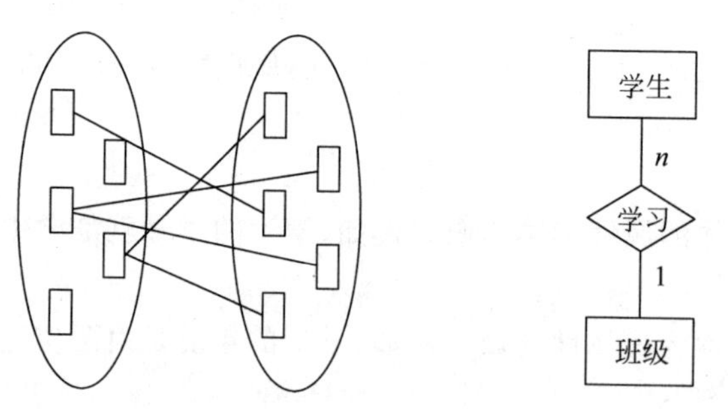

图7-8　一对多的联系

如果实体集A中的每一个实体，实体集B中有n个实体($n\geqslant 0$)与之联系；反之，对于实体集B中的每一个实体，实体集A中也有m个实体($m\geqslant 0$)与之联系，则称实体集A与实体集B存在多对多联系。例如，某位同学可以选修多门课程，而一门课程也可以被多个学生选择，这时学生和课程之间就是多对多联系，如图7-9所示。

3. 概念模型的表示

概念模型的表达方法有很多，其中最著名、最常用的是P. P. S. Chen提出的实体-联系方法(Entity-Relationship Approach)。这是一种使用E-R图来直接描述现实世界的概念模型的方法，该方法也称为E-R模型。

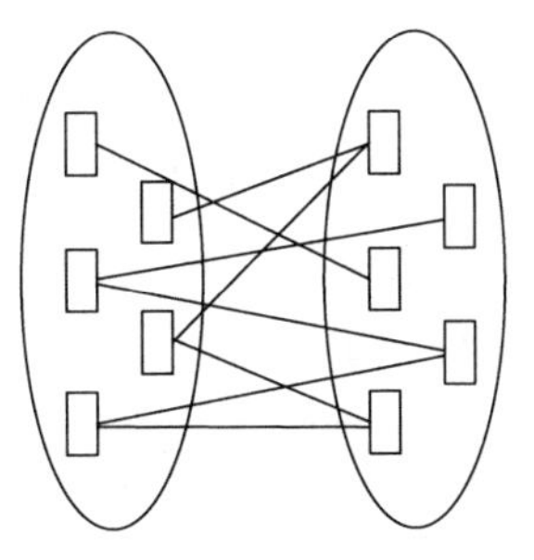

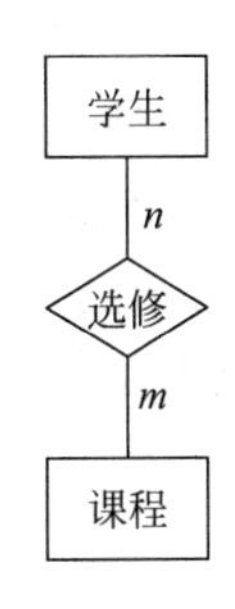

图 7-9 多对多的联系

E-R 图提供了表示实体型、属性和联系的方法，一般由 4 部分组成：其中矩形表示实体型，矩形框内写明实体名；椭圆表示实体和联系的属性；菱形表示联系，菱形框内写明联系名；使用无向边将实体集与属性之间、联系与属性之间、联系与实体集之间连接起来。同时在连接线上注明联系的类型（1∶1，1∶n 或 m∶n）。如图 7-10 所示为某学生选课系统的 E-R 图。

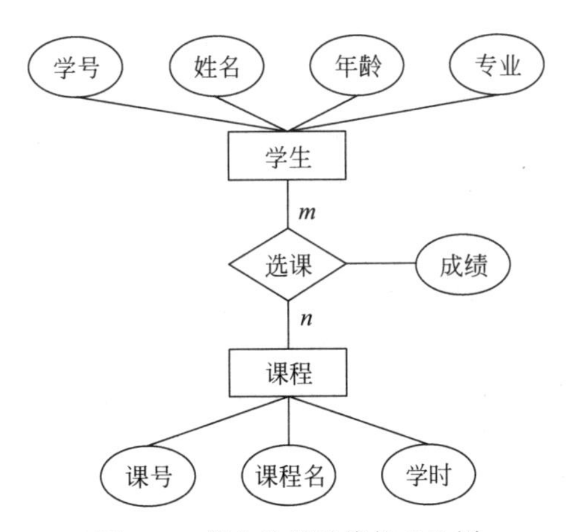

图 7-10 学生选课系统的 E-R 图

7.2.3 逻辑数据模型

逻辑数据模型（Logical Data Model）简称为逻辑模型，这种模型既要面向系统，又要面向用户，是一种能够被用户看到的模型。在逻辑数据模型中最常用的是层次模型、网状模型和关系模型，其中商用最广泛、技术理论最为成熟的是关系模型。

逻辑模型反映的是系统分析设计人员对数据组织的观点，是对概念数据模型的进一步分解和细化。如果逻辑数据模型设计得足够完善，那么在建立物理模型时就会拥有更多的宽容度以及更多的选择。下面介绍几种常用的逻辑数据模型。

1. 层次模型

层次模型是采用树形结构表示实体及其之间联系的数据模型，是数据库发展历史上出现最早的数据模型。层次模型使用树形结构来表示各种实体及实体间的联系，现实世界中的很多关系，如家族关系、行政机构关系等都呈现了一种很自然的层次关系。1968 年 IBM 公司曾经推出过一个得到广泛使用的大型商用数据库系统 IMS（Information Management

System)，就是使用层次模型的代表。

层次模型的定义有两层含义：

(1) 有且只有一个节点没有双亲节点，这个节点称为根节点。

(2) 根节点以外的其他节点有且只有一个双亲节点。

满足以上两个限制的基本层次联系的集合称为层次模型，如图 7-11 所示。

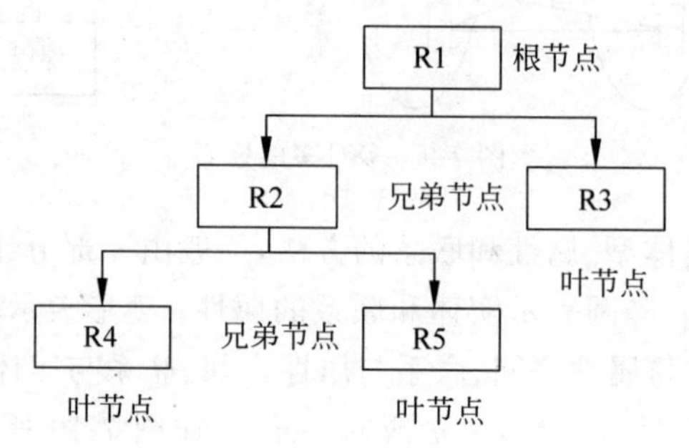

图 7-11　层次模型结构示意图

层次模型就像一棵倒立树，根节点在最上层，其他节点都有上一级节点作为其双亲节点，同一双亲节点的子节点互相称为兄弟节点，没有子节点的节点称为叶节点。每个节点表示一个记录类型，记录类型之间的联系用节点之间的有向连线表示，这种联系是父子之间的一对多的联系，这也使得层次数据库只能处理一对多的实体联系。

综上所述，层次模型的主要优点有：

(1) 层次模型的数据结构简单清晰。

(2) 层次模型中的记录联系都是通过有向边表示的，DBMS 只需要沿着一条路径就可以很容易地找到所需要查询的记录，所以层次数据库的查询效率要优于关系数据库。

(3) 层次数据库拥有良好的完整性支持。

层次模型的主要缺点有：

(1) 现实世界的很多联系并不是层次型的，这时层次数据库会暴露很多局限性。

(2) 对于某些特定关系的表达时，层次数据库会显得比较笨拙，如，一个节点有不止一个双亲节点时，就需要引入冗余来解决，这样会让数据库系统对插入、删除等操作限制较多。

(3) 有些查询必须依赖双亲节点。

(4) 层次命令趋于程序化。

2. 网状模型

网状模型是用网状结构表示实体及其之间联系的模型。现实世界中事物的联系更多的是非层次关系的，使用层次模型去表示这种非层次结构很不恰当，网状模型则可以解决这类问题。20 世纪 70 年代，美国数据库系统语言协会下的数据库任务组提出了一个称为 DBTG 的系统方案，这是网状数据模型的典型代表，对网状数据库系统的研制和发展做出了巨大的贡献。

网状模型的定义也具有两层含义：

(1) 允许一个以上的节点没有双亲。

(2) 一个节点可以有多于一个的双亲。

满足以上两个限制的基本层次联系的集合称为网状模型，它去掉了层次模型的两个限

制，允许出现多个节点没有双亲节点，允许节点有多个双亲节点，还允许两个节点间有多种联系，是一种比层次模型更具普遍性的结构，更适宜直接的描述现实世界。

综上所述，网状模型的优点有：

(1) 能够更为直接有效地描述现实世界。

(2) 具有良好的性能，存储效率较高。

网状模型的缺点有：

(1) 网状模型的数据库结构不易控制，会随着应用环境的变化而越来越复杂，不利于用户的使用。

(2) 网状模型的数据定义语言(DDL)和数据操纵语言(DML)复杂，不能独立作用，需要嵌入到某种高级语言中，用户不易掌握。

(3) 记录间的联系是通过路径实现的，用户必须了解系统结构的各个细节，才能够为应用程序访问数据时提供合适的存取路径。

3. 关系模型

1970年，IBM公司的研究员E. F. Codd首次提出了关系模型的概念，并开创和建立了关系数据库的理论基础，是目前应用最广的一种数据模型，也是最重要的一种数据模型。它使用二维表结构来表述实体与实体之间的联系。对用户来说，数据库系统可以用一种称为“关系”的表来表达数据结构。关于关系模型，在7.3节详细介绍。

关系模型的主要优点有：

(1) 关系模型的概念简单，无论是实体还是实体之间的联系都可以用关系表示。

(2) 关系模型拥有严格的数学理论支撑，如集合论、关系方法、规范化理论等，是一种数学化的模型。

(3) 关系模型具有较高的数据独立性，更好的安全保密性，可以大大降低用户的使用成本。

关系模型的缺点有：

(1) 关系模型的查询效率一般不如非关系模型。

(2) 关系模型在处理多媒体数据时有局限性，需要和其他新技术结合。

4. 面向对象的数据模型

20世纪80年代，面向对象的方法和技术对计算机程序设计语言、信息系统设计等诸多领域都产生了深远的影响，也促进了数据库中新一代对象模型的研究和发展，面向对象方法在数据库应用领域也日益体现出了强大的生命力。面向对象的数据模型能够更好地描述复杂对象，更好地维护复杂的对象语义信息，并且面向对象数据库的机制正好可以满足多媒体数据在建模方面的要求。

面向对象数据模型的优点有：

(1) 与传统数据库不同，面向对象数据模型更适合处理不同种类的数据模型，如文本、图片、声音、视频等。

(2) 面向对象数据模型提供了强大的特性，如继承、多态、动态绑定，这些特性有效地提高了用户的开发效率。

(3) 面向对象数据模型可以明确地表示实体联系，提高数据的访问性能。

(4) 面向对象数据模型可以和其他技术相结合，提供多样的集成开发环境。

面向对象数据模型的缺点有：

(1) 面向对象数据模型技术不成熟，没有准确的定义。

(2) 适合特定的应用领域，通用性能不高，不适用于所有的应用环境。

7.3 关系模型

1970 年，E. F. Codd 在美国计算机学会会刊 *Communications of the ACM* 中发表了一篇关于关系数据结构的论文，严格提出了关系模型的概念，开创了数据库系统的新篇章，为以后数据库技术的发展奠定了坚实的基础。E. F. Codd 也因此在 1981 年获得了计算机领域的至高荣誉——图灵奖。

关系模型由关系数据结构、关系操作及关系的完整性约束三部分组成。

7.3.1 关系数据结构

关系模型的数据结构非常简单，只用关系来表示现实世界的实体以及实体之间的关系。在用户看来，关系模型中的逻辑结构就是一张扁平的二维表，并由行和列组成。

关系模型是建立在严格的数学概念的基础上的，这与以往的模型不同。下面以表 7-2 学生信息表为例，介绍关系模型中常用的几个概念。

表 7-2 学生信息表

学号	姓名	性别	年龄	专业
1810520217	张成	男	18	计算机
1810560102	李明	男	19	信息
1810520115	王晓丽	女	19	计算机
1810560304	李明	男	20	软件工程
1810560201	周莹	女	18	软件工程

(1) 关系(relation)

由若干实体属性构成的二维表。如表 7-2 所示的“学生信息表”。

(2) 元组(tuple)

二维表中的一行就是一个元组(或称为记录)。例如学生信息表中的一行(1810560102，李明，男，19，信息)。

(3) 属性(attribute)

表中的一列即为一个属性(或称为字段)，属性的名称即属性名。例如表 7-2“学生信息表”中的 5 列，分别对应着 5 个属性：学号、姓名、性别、年龄和专业。

(4) 码(key)

在表中可以唯一确定一个元祖的属性(组)称为码，也可称为码键。例如表 7-2“学生信息表”中的学号可以唯一地确定某位学生，也就是这个关系中的码。

当某一个属性组的值可以唯一地标识某一个元组，且其子集不能时，则称该属性组为候

选码(candidate key)。若一个关系中有多个候选码,则选定其中的一个作为主码(primary key)。主码是一个重要的概念,每个关系中必定会有一个主码,如果单一的属性不能区分表中的元组,可以试着使用两个或者两个以上的属性作为主码,最极端的情况下也可使用全部属性作为主码,此时称为全码。

候选码的诸属性称为主属性(primary attribute),不包含在任何候选码中的属性称为非主属性或非码属性(non-key attribute)。

(5) 域(domain)

域是一组具有相同数据类型的值的集合,或是属性的取值范围。例如学生的年龄只能是1~120岁。

(6) 分量

分量指的是元组中的一个属性值。

(7) 关系模式

关系模式是指对关系的描述,一般表示为

关系名(属性1,属性2,…,属性n)

例如表7-2的关系就可以表示为

学生(学号,姓名,性别,年龄,专业)

基本关系具备以下属性:

(1) 关系中的每一个分量都必须是不可再分的最小数据单位(不能表中套表)。

(2) 关系中的任意两个元组不能完全相同。

(3) 每一列中的分量是同一类型的数据,来自同一个域,所以同一属性的数据具有同质性。

(4) 同一关系的属性名具有不能重复性,即不同的列具有不同的属性名,但不同的列的属性数据可出自同一个域。

(5) 关系中的行、列的位置具有顺序无关性,即行、列的顺序可以任意交换,并不会影响访问速度。

7.3.2 关系操作

关系模型采用集合操作方式来表达关系操作,即操作的对象和结果都是集合。表达或描述关系操作的关系数据语言可以分为三类:关系代数语言、关系演算语言和SQL语言(Structure Query Language)。

关系代数语言,简称关系代数,是用对关系的运算来表达查询要求的方式。本节会对关系代数进行介绍。

关系演算语言,简称关系演算,是用谓词来表达查询要求的方式,只需描述所需信息的特性。关系演算又可按谓词变元的基本对象是元组变量还是域变量,分为元组关系演算和域关系演算。

SQL是一种介于关系代数和关系演算之间的语言，它不仅具有丰富的查询功能，而且具有数据定义和数据控制功能，是集数据查询(DQL)、数据定义(DDL)、数据操纵(DML)和数据控制(DCL)于一体的关系数据语言。因为这种语言充分体现了关系数据结构的特点，目前已经成为数据库领域的一种主流语言，后面会详细讲解。

关系代数是E. F. Codd于1972年提出的，作为研究关系数据语言的数学工具，可分为传统的集合运算和专门的关系运算两类操作。

传统集合运算是二目运算，包括并、交、差、广义笛卡儿积四种。设关系R和关系S具有相同的目(即两个关系都具有 n 个属性)，且相应的属性取自同一个域，如图7-12所示的两张表。

关系R

学　号	姓　名	性　别	专　业
1810520217	张成	男	计算机
1810560102	李明	男	信息
1810520115	王晓丽	女	计算机

关系S

学　号	姓　名	性　别	专　业
1810520217	张成	男	计算机
1810560201	周莹	女	软件工程

图7-12　关系R与关系S

运算定义如下。

(1) 并

关系R与关系S的并由属于R或属于S的元组组成，其结果关系仍为 n 目关系。

记作R∪S(其中将元组表示为t)：

$$R \cup S = \{t \mid t \in R \vee t \in S\}$$

结果如表7-3所示。

表7-3　R∪S的结果

学　号	姓　名	性　别	专　业
1810520217	张成	男	计算机
1810560102	李明	男	信息
1810520115	王晓丽	女	计算机
1810560201	周莹	女	软件工程

(2) 交

关系R与关系S的交由既属于R又属于S的元组组成，其结果关系仍为 n 目关系。

记作R∩S：

$$R \cap S = \{t \mid t \in R \wedge t \in S\}$$

结果如表7-4所示。

表 7-4　R∩S 的结果

学　　号	姓　　名	性　　别	专　　业
1810520217	张成	男	计算机

(3) 差

关系 R 与关系 S 的差由属于 R 而不属于 S 的所有元组组成，其结果关系仍为 n 目关系。

记作 R－S：

$$R-S=\{t \mid t\in R \wedge t\notin S\}$$

结果如表 7-5 所示。

表 7-5　R－S 的结果

学　　号	姓　　名	性　　别	专　　业
1810560102	李明	男	信息
1810520115	王晓丽	女	计算机

(4) 广义笛卡儿积

两个分别为 n 目和 m 目的关系 R 和 S 的笛卡儿积是一个 $(n+m)$ 列的元组的集合。元组的前 n 列是关系 R 的一个元组，后 m 列是关系 S 的一个元组。若 R 有 A1 个元组，S 有 A2 个元组，则关系 R 和关系 S 的广义笛卡儿积有 A1×A2 个元组。

记作 R×S：

$$R\times S=\{t1\times t2 \mid t1\in R \wedge t2\in S\}$$

结果如表 7-6 所示。

表 7-6　R×S 的结果

R. 学号	R. 姓名	R. 性别	R. 专业	S. 学号	S. 姓名	S. 性别	S. 专业
1810520217	张成	男	计算机	1810520217	张成	男	计算机
1810520217	张成	男	计算机	1810560201	周莹	女	软件工程
1810560102	李明	男	信息	1810520217	张成	男	计算机
1810560102	李明	男	信息	1810560201	周莹	女	软件工程
1810520115	王晓丽	女	计算机	1810520217	张成	男	计算机
1810520115	王晓丽	女	计算机	1810560201	周莹	女	软件工程

专门的关系运算包括：选择、投影、连接、除等。其规则定义如下：

(5) 选择(selection)

选择又称为限制，它是在关系 R 中选择满足给定条件的诸元组，记作：

$$\sigma F(R)=\{t \mid t\in R \wedge F(t)='真'\}$$

其中，F 表示选择条件，它是一个逻辑表达式，取逻辑值“真”或“假”。选择运算是根据某些条件对关系做水平分割，即选择符合条件的元组。

例如，要在表 7-2“学生信息表”中找出所有计算机专业的学生的情况，可以对此表做选择操作，条件是专业为“计算机”，就可以得到满足条件的记录所组成的新的表 7-7。

表 7-7 选择运算的结果

学号	姓名	性别	年龄	专业
1810520217	张成	男	18	计算机
1810520115	王晓丽	女	19	计算机

(6) 投影(projection)

投影运算是从关系中挑选出若干属性组成新的关系。经过投影运算可以得到一个新的关系,其关系模式所包含的属性个数往往比原关系少,或者属性的排列顺序不同,因此投影运算提供了垂直调整关系的手段。如果新关系中包含重复元组,则要删除重复元组。关系的投影操作记作:

$$\Pi A(R)=\{t[A]\mid t\in R\}$$

其中,A 为 R 中的属性列。

投影操作是对关系进行垂直分割,消去某些列,并重新安排列的顺序。

例如,在表 7-2“学生信息表”中找出所有学生的姓名和性别,可以对此表进行投影操作,选择“姓名”和“性别”列,其结果为表 7-8 所示。其中新关系中包含“李明,男”的重复元组,需要删除其中一个。

表 7-8 投影运算的结果

姓名	性别
张成	男
李明	男
王晓丽	女
周莹	女

(7) 连接(join)

连接也称作 θ 连接,是从两个关系的笛卡儿积当中选取属性之间满足一定条件的元组,记作:

$$R\underset{A\theta B}{\bowtie}S=\{\widehat{t_r t_s}\mid t_r\in R\wedge t_s\in S\wedge t_r[A]\theta t_s[B]\}$$

其中,A 和 B 分别为 R 和 S 上的度数相等且可比的属性组。θ 指的是一个条件。连接运算是从 R×S 中选取 R 关系在 A 属性组上的值与 S 关系在 B 属性组上值满足比较关系 θ 的元组。

连接运算具体的计算过程为先取得 R 和 S 的笛卡儿积,后从笛卡儿积中选择满足条件的元组。结果如图 7-13 所示。

(8) 除运算(division)

给定关系 R(X,Y)和 S(Y,Z),其中 X,Y,Z 为属性组。R 中的 Y 与 S 中的 Y 可以有不同的属性名,但必须出自相同的域集。R 与 S 的除运算得到一个新的关系 P(X),P 是 R 中满足下列条件的元组在 X 属性列上的投影,即元组在 X 上分量值 x 的象集 Yx 包含 S 在 Y 上的投影的集合。记作:

$$R\div S=\{tr[X]\mid tr\in R\wedge \Pi Y(S)\subseteq YX\}$$

其中,YX 为 x 在 R 中的象集,x=tr[X]。

R

A	B	C
a_1	b_1	5
a_1	b_2	6
a_2	b_3	8
a_2	b_4	12

S

B	E
b_1	3
b_2	7
b_3	10
b_3	2
b_5	2

自然连接关系R和S

A	B	C	E
a_1	b_1	5	3
a_1	b_2	6	7
a_2	b_3	8	10
a_2	b_3	8	2

连接条件为R.B=S.B

A	R.B	C	S.B	E
a_1	b_1	5	b_1	3
a_1	b_2	6	b_2	7
a_2	b_3	8	b_3	10
a_2	b_3	8	b_3	2

连接条件为R.C<S.E

A	R.B	C	S.B	E
a_1	b_1	5	b_2	7
a_1	b_1	5	b_3	10
a_1	b_2	6	b_2	7
a_1	b_2	6	b_3	10
a_2	b_3	8	b_3	10

图 7-13 连接运算示例

除运算是同时从行和列的角度进行运算。结果如图 7-14 所示。

R

A	B	C
a_1	b_1	c_2
a_2	b_3	c_7
a_3	b_4	c_6
a_1	b_2	c_3
a_4	b_6	c_6
a_2	b_2	c_3
a_1	b_2	c_1

S

B	C	D
b_1	c_2	d_1
b_2	c_1	d_1
b_2	c_3	d_2

R÷S

A
a_1

图 7-14 除运算的示例

7.3.3 关系的完整性约束

关系模型的完整性约束规则是对关系的某种约束条件，无论关系的值做出何种变化都需要满足这些约束条件。关系模型中有三类完整性约束：实体完整性(entity integrity)、参照完整性(referential integrity)和用户定义的完整性(user-defined integrity)。其中实体完整性和参照完整性是关系模型必须满足的完整性约束条件，被称作是关系的两个不变性，应该有关系系统自动支持。用户定义的完整性则体现了具体应用领域中的语义约束。

1. 实体完整性

实体完整性规则：若属性 A 是基本关系 R 的主属性，则属性 A 不能取空值(null value)。这里的空值指的是“不知道”“不存在”“无意义”的值。

例如,在表 7-2“学生信息表”中,如果某位学生“学号”为空,则由于“姓名”(有重名的可能性)、“性别”“年龄”“专业”都不能唯一的标识每一位同学实体,均不能作为主码。如果该学生关系要满足实体完整性约束规则,则必须由“学号”作为主码,且这一列的属性值不能为空值,但其他列的属性值没有这样的约束,可以因为各种原因设为空值。

实体完整性规则的意义在于:

(1) 在关系模型中,一个基本表通常对应着现实世界的一个实体集,而现实中的各个实体是可以区分的,即它们具有某种唯一性的标识。

(2) 关系模型中的主码就是那个区分实体的唯一标识。若这个值为空值,则说明这个实体不可与其他实体区分开来,这显然是错误的,因为现实世界中没有哪两个事物是完全一样、不可区分的。

(3) 如果表中定义了主码,系统将会自动地进行强制检查,这是大多数关系数据库都支持的。

实体完整性规则是关系模型中必须满足的完整性约束条件,这就是关系模式中的实体完整性。

2. 参照完整性

在现实世界中,实体与实体之间往往也会存在着某种联系,所以在数据库中这些表之间往往也不是完全不相关的,甚至有些属性名会在多个表中重复出现,为了保证数据完整性,需要对表之间的数据进行约束。参照完整性是在表之间存在关系的基础上实施的数据约束或是一个关系的不同元组之间的制约,是定义外码与主码的引用规则的。

外码指的是,如果 F 是基本关系 R 的一个或一组属性,但 F 不是 R 的主码,如果 F 与基本关系 S 的主码相对应,则称 F 是 R 的外码或外关键字,这时称 R 为参照关系,S 为被参照关系。

例如,在表 7-9“学生信息表”与表 7-10“专业信息表”中,学生信息表是参照关系,专业信息表是被参照关系。根据外码的定义,在学生信息表中的“专业代码”是该关系的外码。学生信息表中的“专业代码”属性与专业信息表的主码“专业代码”属性相对应。

表 7-9 学生信息表

学号	姓名	性别	年龄	专业代码
1810520217	张成	男	18	ZY001
1810560102	李明	男	19	ZY002
1810520115	王晓丽	女	19	ZY001
1810560304	李明	男	20	ZY003
1810560201	周莹	女	18	ZY003

表 7-10 专业信息表

专业代码	专业名称
ZY001	计算机
ZY002	信息
ZY003	软件工程

参照完整性规则：若属性(或属性组)F 是关系 R 的外码，它与关系 S 的主码 KS 相对应(基本关系 R 和 S 不一定是不同关系)，则对于 R 中每个元组在 F 上的值要么为空值(即 F 的每个属性值均为空值)，要么等于 S 中的某个元组的主码值。

参考完整性规则的意义就在于如果关系 R 的某个元组参照了关系 S 的某个元组，则 S 的这个元组必须是存在的。任何关系数据库系统都应该支持实体完整性和参考完整性。

3. 用户自定义完整性约束

关系数据库应该允许用户自定义完整性规则。用户自定义完整性规则为：根据应用环境的不同决定某一具体数据的约束条件，表达在应用领域中数据必须满足的语义条件。

由于不同的关系数据库系统有着不同的应用环境，往往需要用户根据需要指定一些特殊的约束条件。例如年龄通常需要限定在某个范围内，性别通常只能选择“女”或“男”等。类似这些约束不是关系模型本身所要求的，而是用户按照实际的数据库运行环境要求，为满足所涉及领域的某项要求而提出的。

这三类完整性约束条件为关系数据库的使用带来了极大的便利。在早期的关系数据库中是没有定义和检查完整性约束的机制的，这就需要用户在程序中进行检查和修改。例如在一张学生表中插入一条学生信息时就需要编写程序来检查这位学生的学号和已经存在的学生的学号是否重复，如果重复需要显示错误信息等。

在现在的系统中，完整性约束一般在建库的同时进行定义，系统会提供检查这类完整性规则的机制，这样就不需要用户通过应用程序来完成这项工作了，更为重要的是完整性约束规则也为用户和程序提供了一个能够保证数据正确的使用环境。

7.3.4　由 E-R 图转换为关系模型

前面已经介绍过，E-R 图是一种最常用的表示概念模型的方法。而在数据库的逻辑结构设计阶段，我们还需将 E-R 图转换为关系数据模型。E-R 图是由实体、实体的属性和实体之间的联系组成的，因此，E-R 图转换为关系模型实际上就是将实体、实体的属性和实体之间的联系转化为关系模式，这种转化一般遵循以下规则。

1. 一个 1∶1 联系的转换

一个 1∶1 联系可以转换为一个独立的关系模式，也可以与任意一端对应的关系模式合并。

2. 一个 1∶*n* 联系的转换

一个 1∶*n* 联系可以转为一个独立的关系模式，也可以与 *n* 端对应的关系模式合并。如果转换为一个独立的关系模式，则与该联系相连的各个实体的主码以及联系本身的属性均转换为关系的属性，而关系的主码为 *n* 端实体的主码。

3. 一个 *m*∶*n* 联系的转换

与该联系相连的各个实体属性以及联系本身的属性均转换为关系的属性，而关系的主码则为各个实体的主码的组合。例如，图 7-10“学生选课系统的 E-R 图”是一个 *m*∶*n* 联系，按照规则，分别找出各个实体与联系(学生、课程、选课)，之后将其属性均转换为关系的属性，而主码则为各个实体的主码组合。转换结果如下所示：

学生(<u>学号</u>,姓名,年龄,专业)
课程(<u>课号</u>,课程名,学时)

选课(<u>学号,课号</u>,成绩)

其中,带下画线的属性表示该关系的主码。

4. 3个或3个以上实体间的一个多元联系转换为一个关系模式

与该多元联系相连的各实体的属性以及联系本身的属性均转换为关系的属性,而关系的主码为各个实体的主码的组合。

5. 具有相同码的关系模式可以合并

7.4 关系数据库

7.4.1 关系数据库概述

关系数据库就是基于关系数据模型的数据库,在关系模型中,实体以及实体间的联系是用关系表示的,所有的实体以及实体之间联系的关系的集合构成了一个关系数据库。

关系数据库模式是关系数据库中的一组关系模式的集合,是对关系数据库结构的描述,它包括若干域的定义以及在这些域上定义的若干关系模式,因此可以把关系数据库模式看作是关系的型,即关系数据库框架的描述,称为数据库的内涵(intension)。

与关系数据库模式对应的是数据库中的当前值,也就是关系数据库的内容,称为关系数据库的实例。关系数据库的值是这些关系模式在某一时刻对应的关系的集合,称为数据库的外延(extension)。

7.4.2 关系数据库的安全性与完整性

数据库的安全性与完整性是两个不同的概念。数据库安全性强调的是数据库中的数据不被非法使用或者恶意破坏,完整性是防止合法用户在无意中的操作造成的数据错误。通俗地说,安全性防范的是非法用户的有意破坏,而完整性防范的是合法用户的无意破坏。

1. 数据库安全性的含义

数据库安全性指的是保护数据库,防止因用户非法使用数据库造成的数据泄露、更改或破坏。非法使用指的是不具有相关权限的用户进行的越权的数据操作。安全性措施是否有效也是衡量数据库系统性能的重要指标。

2. 数据库安全性控制的一般方法

在一般的计算机系统中,安全措施是层层进行设置的,数据库系统也不是裸露在外的,要经过多层安全关卡才可以进出数据库。用户申请进入计算机系统时,系统会首先对该用户进行身份验证,只有身份合法的用户才能进入计算机系统。那些已经进入系统中的合法用户,数据库会对其进行存取控制,只允许用户进行指定的操作。操作系统本身也有自己的安全保护措施。数据最终也可以使用密码的方式存储在数据库中,可以用图7-15来表示数据库安全。

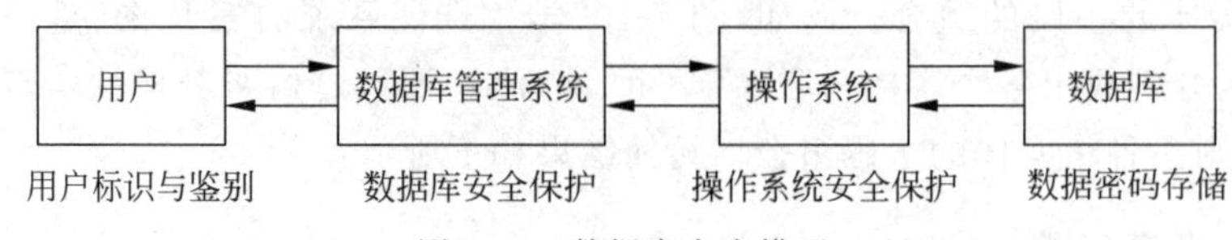

图7-15 数据库安全模型

(1) 用户的标识与鉴定

用户身份的鉴定(Identification and Authentication)是系统提供的最外层的安全保护措施,只有被系统认可的用户才可以访问数据库。每一个合法的用户在系统中都会有一个用户标识。每个标识都由用户名(User Name)和用户标识号(UID)两部分组成,每个用户的标识号都是唯一的。任何数据库用户要想访问数据库数据时,都需要向系统提供自己的用户标识信息,系统会将这些用户提供的信息与其内部记录的所有合法用户标识进行核对,通过鉴定之后系统才会提供相应的使用权限。

系统中用户身份鉴别的方法有很多,而且这些方法往往会同时出现以获得更好的安全性。目前常用的鉴别方法有以下几种,其中口令(Password)是最常用的一个。当用户进入系统时,常常被要求输入口令,系统会根据这些口令核对用户的身份信息。为了防止口令泄露,系统一般不会将其直接显示在屏幕上,而是使用"*"代替。口令还可以细分为固定口令和动态口令,一般使用的是固定口令,如果系统安全级别要求较高,可以使用动态口令。这种口令一般会随时间周期的变化而变化,会具备较高的安全性,当然也会增加用户的使用门槛和成本。除了口令之外,利用某些用户的生物特征来进行身份鉴别也更加普及,如指纹、脸部特征、虹膜、声音等。随着相关技术的不断成熟,其操作更简便、更安全,因此在某些机构与领域逐渐取代原有的口令鉴别方法。

(2) 存取控制

用户标识解决了用户身份是否合法之后,就需要对这些合法用户存取数据的权限加以约束。也就是说数据库需要确保只授权给有资格的用户访问数据库的权限,同时所有未被授权的用户无法接近数据,这些主要是通过数据库系统的存取控制机制来实现的。

存取控制由两个要素组成:数据对象和操作类型。用户的存取权限指的就是这个用户可以在哪些数据对象上进行哪些类型的操作,在数据库系统中,定义存取权限称为授权(Authorization)。这些授权经过处理后会存放在数据字典中,对于已经获得身份认证又要进一步对数据库数据进行存取操作的用户,数据库管理系统会根据数据字典的内容对其存取数据的合法性进行检查,如果该用户的操作请求超出了定义的权限范围,系统将拒绝进行操作,这就是数据库中的存取控制。

在关系数据库系统中,用户可以通过数据库管理员(DBA)来获得建立、修改基本表的权限,除此之外用户还可以创建表的索引与视图。因此,关系数据库系统中的存取控制的数据对象不仅是数据本身,如表、属性列等;还可以是模式、外模式和内模式的内容。DBMS一般都会提供存取控制语句来进行存取控制的定义。

(3) 视图机制

数据库中的视图指的是从一个或者多个表中导出的虚表,是另一种查看数据的方式,系统中只存放视图的定义,不存放视图的数据。在关系数据库系统中,可以为不同的用户定义不同的视图,通过视图机制把那些需要保密的数据对没有使用权限的用户隐藏起来,从而自动对这些数据提供一定程度的保护。但是视图主要功能还是提供数据的独立性,而非为数据的安全来服务,其安全性能也不精细,远不能达到系统的需求。因此,在实际的应用中视图机制总是和其他安全性手段配合使用,如先使用视图屏蔽掉一部分保密数据,然后再进一步定义数据的存取权限。

(4) 审计

前面所提到的用户身份鉴别、存取控制和视图等安全措施均为强制性机制,是数据库安全保护的重要技术。但是实际上没有什么安全措施是绝对可靠的,为了使数据库管理系统达到一定的安全级别,尤其是对于某些高度敏感的保密数据,可以使用审计(Audit)作为预防手段。审计功能是把用户对数据库的所有操作(如修改、查询等)自动记录下来存放在审计日志(Audit Log)中。审计员可以利用这些日志来监控数据库中的各种行为,重现导致数据库发生状况的一系列事件,找出非法存取数据的人、时间和内容等。

审计通常是很费时间和空间的,使用成本高昂,所以数据库管理系统往往都会把审计设置为可选特征,允许 DBA 根据应用对安全性的需求,灵活地打开或者关闭此功能。审计一般还可以细分为用户级审计和系统级审计,主要应用于那些对安全性要求较高的部门。

(5) 数据加密

对于一些特殊的数据,如财务数据、军事数据、国家机密数据等,除了前面介绍的安全措施之外,还可以采用数据加密技术。数据加密也是能够防止数据库中的数据在存储和传输中失密的有效手段,非常适合高度敏感的数据使用。数据加密的基本思想就是按照一定的算法将原始数据(明文)转换为不可以直接识别的格式(密文),从而使得不知道解密算法的人无法获知数据内容。例如某用户通过非法手段访问数据时,看到的只是一些无法识别的二进制代码,而合法用户在访问数据时可以通过密码钥匙获得系统认可后得到可识别的数据。

数据加密的方法主要有两种:①替换方法。该方法使用密钥将明文中的每个字符转换为密文中的字符。②置换方法。该方法仅将明文的字符按照不同的顺序重新排列。在实际应用中这两种方法会结合使用,这样能够为数据提供相当高的安全程度。和审计一样,数据加密不仅会占用大量系统资源,还会增加数据库查询处理的复杂性,影响查询的效率,因此这个功能通常也作为可选特征,允许用户自由选择。

3. 数据库的完整性

数据库的完整性(Integrity)是指数据的正确性和相容性。数据库中存在的信息是对客观世界的反映,数据需要符合现实世界的语义、反映当前实际的情况,这是数据的正确性。数据库中的同一对象在不同关系表中的数据也应该是符合逻辑的,这是数据的相容性。如一个学生的年龄只能是含有 0,1,2,…,9 的数值型数据,不会含有其他的字母或符号,否则就不是一个正确的数据。同样的,一个学生不能拥有两个学号,因为表达同一实体的数据应该相同,不然就会发生数据不相容的情况。

为了实现对数据库完整性的控制,DBA 应向 DBMS 提交一组完整性规则,用来检验数据库中的数据是否满足语义的约束。这些语义的约束组成了数据库完整性规则,具体来说,它定义了何时检查、检查什么、查出问题怎么处理等事项,可以将其归纳为以下 3 部分:

(1) 触发条件。规定系统什么时候使用规则检查数据。

(2) 约束条件。规定系统检查用户发出的操作请求违背了哪些完整性约束条件。

(3) 违约响应。规定了系统如果发现用户的操作请求违反了完整性约束条件,应该采取什么动作来保证数据的完整性。

在早期的数据库管理系统中是不支持完整性检查的,因为这些操作会消耗大量资源。但是现在的数据库管理系统都原生支持完整性控制,不必使用其他应用程序来完成,既减轻

了系统的使用成本，也避免了约束条件被其他程序破坏，因此这种完整性控制已经成为数据库管理系统的核心功能，能够为所有用户和应用提供一致的数据库完整性。

7.4.3　关系数据库的设计

1. 数据库设计概述

数据库设计是指在一个给定的应用环境，构造优化的数据库逻辑模式和物理结构，并据此建立数据库及其应用系统，使之能够有效地存储和管理数据，满足各种用户的应用需求。这些需求包括信息管理要求和数据操作要求：其中信息管理要求指的是在数据库中哪些数据对象是应该被存储和管理的；数据操作要求是指需要对数据进行哪些操作，如增、删、查、改等。

由于系统使用环境的多样和数据结构的复杂，在相当长的一段时期内，数据库的设计没有科学理论和工程方法的支撑，主要依靠设计人员的经验来完成。这样完成的设计质量难以保证，使得数据库在运行一段时间后又不同程度地出现各种问题，增加了系统维护的成本。随着软件工程技术的发展，人们提出了各种规范化的设计准则和方法，甚至有些厂商还开发了专门用于数据库设计的软件工具，为自动或者辅助设计人员进行设计提供了巨大的帮助。

2. 关系数据库设计的基本步骤

按照结构化系统设计的方法，考虑数据库及其应用系统开发的全过程，可以将数据库设计分为 6 个阶段：需求分析、概念结构设计、逻辑结构设计、物理结构设计、数据库实施、数据库运行和维护，如图 7-16 所示。

(1) 需求分析阶段

需求分析简单地说就是分析和表达用户的需求(包括数据与处理)。需求分析是整个数据库设计阶段的基础，是最困难和耗时的一步，往往需要大量的人力、物力和财力。需求分析做得是否准确、充分，是关系数据库设计成败的关键。如果将数据库比喻为一座大厦的话，需求分析就相当于它的地基，决定了以后各设计步骤的速度与质量。需求分析做得不好，可能会导致整个数据库的返工重做。一般来说，在这个阶段需要获得用户如下的需求：信息需求、处理需求和安全性与完整性需求。

(2) 概念结构设计阶段

概念结构设计是将用户需求抽象为概念模型的过程，是对用户的需求进行综合、归纳与抽象，形成一个独立于具体 DBMS 的概念模型的过程，是整个数据库设计阶段的关键步骤。概念模型应尽量满足如下特点：能真实、充分地反映现实世界，易于理解，易于更改，易于向关系、网状、层次等各种数据模型转换。

(3) 逻辑结构设计阶段

逻辑结构设计阶段的任务就是将独立于数据库管理系统的概念模型，转化为某个数据库管理系统所支持的数据模型，并对其性能进行优化。目前商业应用领域中普遍采用的是支持关系数据模型的关系数据库管理系统，常用 E-R 图向关系数据模型转换的方法进行逻辑结构的设计。

(4) 物理结构设计阶段

物理结构设计是指对给定的逻辑数据模型选取一个最合适应用要求的物理结构的过

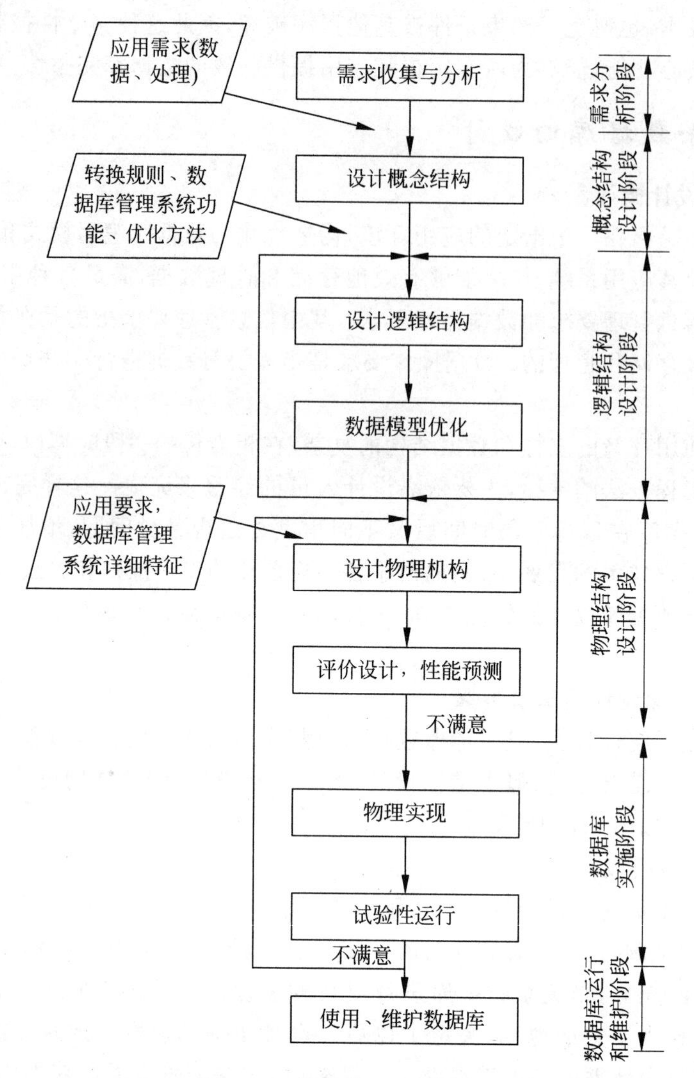

图 7-16　数据库设计的步骤

程。物理结构说的是数据库在物理设备上的存储结构与存取方法。

（5）数据库实施阶段

设计人员在完成物理结构设计之后，根据数据库逻辑设计与物理结构设计的结果建立数据库及相应的数据对象（包括表、视图、存储过程等），并运用 DBMS 所提供的数据操作语言编写与调试相应的应用程序，组织数据入库运行与测试的过程称为数据库实施阶段。

（6）数据库运行和维护阶段

当数据库系统正式投入运营后，设计人员需收集和记录系统实际运行的数据，评价系统的性能，根据发现的问题对数据库做进一步调整与修改，以保证系统在安全性、完整性方面的有效控制，能准确地处理数据库故障并及时恢复数据库。

需要注意的是，设计一个完善的数据库系统是不会一蹴而就的，它往往是上述 6 个阶段不断反复的过程。这 6 个阶段从数据库应用系统设计和开发的全过程来考察数据库设计的问题。因此，它既是数据库也是应用系统的设计过程。在设计过程中，努力使数据库设计和

系统其他部分的设计紧密结合，把数据和处理的需求收集、分析、抽象、设计和实现在各个阶段同时进行、相互参照、相互补充，以完善两方面的设计。

7.4.4 关系数据库标准语言 SQL

1. SQL 的产生与发展

结构化查询语言(Structured Query Language，SQL)是一种用于访问和处理数据库的计算机语言。其功能不仅包括数据的查询，还可以进行数据库模式的创建、数据库数据的插入、删除与修改、数据库安全性完整性定义与控制等一系列功能。所以，SQL 是一种集数据定义、数据操纵、数据控制于一体的、功能强大的通用性语言，也是关系数据库的标准语言。

1974 年，SQL 诞生于 IBM 公司。那时有两位研究人员 Boyce 和 Chamberlin 创建了一种名为 Sequel 的数据子语言，并在关系数据库管理系统中将其应用。由于其简单易学、功能丰富，深受用户及计算机工业界的欢迎，被数据库厂商广泛使用，后因商标权问题改名为 SQL。

经过反复完善与酝酿，1986 年 10 月美国国家标准局(American National Standard Institute，ANSI)的数据库委员会批准 SQL 作为关系数据库语言的美国标准，并公布了 SQL 标准文本(简称 SQL-86)。次年，国际标准化组织(International Organization for Standardization，ISO)也采纳了这一标准。此后 SQL 标准不断发展与完善，相继推出了 SQL-89、SQL-92 标准。2008 年和 2011 年又对该标准做了修改和补充，使得新标准的大致页数超过 3700 页，这个数字在 1989 年的时候只是 120 页左右。

SQL 语言标准化为数据库的发展带来了巨大的推动力，各大厂商都使用 SQL 作为数据库产品存取语言和数据接口，使得不同数据库系统产品之间有了进行相互操作的基础。此外，随着云计算、大数据等技术的发展，SQL 也逐渐与物联网、人工智能领域相结合，为信息及计算机技术的发展发挥着更大的作用。

2. SQL 的主要特点

SQL 作为关系数据库系统的标准化语言具有以下几个鲜明特点。

(1) 一体化

SQL 语言拥有完整的数据定义语言(DDL)、数据操作语言(DML)和数据控制语言(DCL)的功能，也就是说，在关系数据库系统中，SQL 语言不仅可以定义关系模式的数据结构、录入数据、建立数据库，还可以完成数据的更新、删除、查询、维护以及数据库安全等一系列的操作要求。

(2) 高度非过程化

SQL 是一种高度非过程化的语言，“非过程化”指的是 SQL 在进行数据操作时只需要指出“做什么”，不用关心系统是“怎么做”的，也无须了解存取路径是什么，这些都会在 SQL 运行的过程中由系统自动完成，这样就大大地减轻了用户的负担和使用成本。

(3) 使用方式多样且统一

SQL 既是一种独立的语言，又可作为嵌入式语言来使用。作为独立式语言，SQL 可以直接在终端的键盘上输入语言内容来对数据库进行操作；作为嵌入式语言，SQL 可以嵌入其他高级语言程序中，作为程序的一部分来对数据库进行操作。常见的宿主语言包括 C、C++、Java 等。这样，在 SQL 与过程性语言相结合的环境下，用户可以充分利用两种语言特性，为工作的完成提供了巨大的便利。

(4) 语言简洁、易学易用

虽然 SQL 语言的功能很强大，并且还可以兼具两种使用方式，但由于设计极为巧妙，语言十分简洁。它由一套命令和命令的使用规则组成，基本操作只涉及 9 个动词：CREATE、DROP、ALTER、SELECT、INSERT、UPDATE、DELETE、GRANT、REVOKE。SQL 语法简单，和自然语言很接近，非常易于学习和使用。

3. SQL 的主要功能

SQL 的主要功能包括以下几个方面：

(1) 数据定义功能。包括表、视图等的建立、删除与修改操作。

(2) 数据操作功能。包括数据的查询与更新两方面的操作。

(3) 数据控制功能。对用户定义和使用数据的权利的控制。

其中，SQL 的主要功能与动词的关系如表 7-11 所示。

表 7-11 SQL 功能与动词的关系

SQL 功能	动　词
数据查询	SELECT
数据定义	CREATE，DROP，ALTER
数据操作	INSERT，UPDATE，DELETE
数据控制	GRANT，REVOKE

在 SQL 各种功能中，数据查询是对数据库的核心操作。实现查询功能的 SELECT 语句是使用最频繁语句，该语句拥有灵活的使用方式和丰富的功能。它的一般格式是：

```
SELECT <目标列>
    FROM <表或视图列>
    [WHERE <条件表达式>]
    [GROUP BY <列名> [HAVING <条件>]]
    [ORDER BY <列名> [ASC/DESC]];
```

有关 SQL 语言的具体用法，本书不再详细阐述，感兴趣的读者可以参考相关资料。

7.5 数据库管理系统

数据库管理系统(Database Management System，DBMS)是数据库系统中对数据进行管理的大型软件系统，是数据库系统的核心组成部分。数据库系统中的一切操作以及控制都通过 DBMS 来完成。目前较常用的 DBMS 产品有 Access、Microsoft SQL Sever、Oracle、MySQL、DB2 等。

7.5.1 数据库管理系统的主要功能

DBMS 的主要功能包括以下几个方面。

1. 数据库的定义

DBMS 提供数据定义语言(DDL)，用来描述数据的结构与操作，以及数据的完整性约

束与访问控制条件等,并负责将这些信息存储在数据字典中,以供用户在控制或者操作数据时查用。

2. 数据的操作

DBMS提供数据操作语言(DML),来实现数据库的操作,如查询、插入、修改和删除等。例如,在一张表中进行简单查询操作;在多个相关表中进行复杂查询操作;更新或者删除记录内容等。DML一般可以分为两类:一类可以独立地进行使用,称为自主型DML,常见的有Transact-SQL等;另一类是嵌入宿主语言中的,称为宿主型DML如嵌入Java、C等语言中。

3. 数据库的保护

数据库可以提供对多用户访问的支持,充分实现了数据资源的共享,所以DBMS必须对数据提供保护措施,保证在用户使用数据时,只有被授权时才能查看或者处理数据。因此DBMS会在4个方面对数据库提供保护:数据安全性控制、数据完整性控制、数据并发性控制和数据库的恢复。

4. 数据库的维护

DBMS提供一系列程序来完成包括数据库的初始数据的装入、转化功能,数据库的存储、恢复功能,数据库的重新组织功能和性能监视、分析功能等。

5. 数据库的数据管理

数据字典(Data Dictionary)是数据库系统中各种描述信息和控制信息的集合,不仅存放着对实际数据库三级模式的定义,还存放着数据库运行时的系统信息,是对数据库进行管理的有力工具。出于安全性等因素的考虑,用户通常不能直接访问数据字典,只有在DBMS里才能进行访问,方便用户对数据进行管理。

7.5.2 Access

1. Access的历史

自1992年作为一个独立产品由微软公司首次发行,到1995年作为微软Office 95办公系列软件中的一部分,Access开始普及并迅速得到发展。Access 97、Access 2000、Access 2003和Access 2007是其发展历程中的辉煌时刻。Access 2007较之前的版本除了新增加了功能之外,还在用户界面上做出了重大改变。2010年,微软公司推出了Microsoft Office 2010,对许多功能进行了改进。

作为Microsoft Office重要组成的Access 2010自然也新增了许多功能,例如,可以创建Web数据库,并在Web浏览器窗口中使用数据库;可以将数据导出为.pdf或.xps文件,以便打印、发布及以电子邮件形式进行分发等。图7-17所示为首次进入Access 2010的界面。

2. Access 2010的特点

Access 2010作为数据库管理系统和应用软件,具有以下特点。

(1) 操作简单

Access 2010管理的对象有表、查询、窗体、报表、页、宏和模块。在Access 2010中,以上对象都存放在扩展名为.accdb的数据库文件中,用户可以很方便地操作和管理数据库。

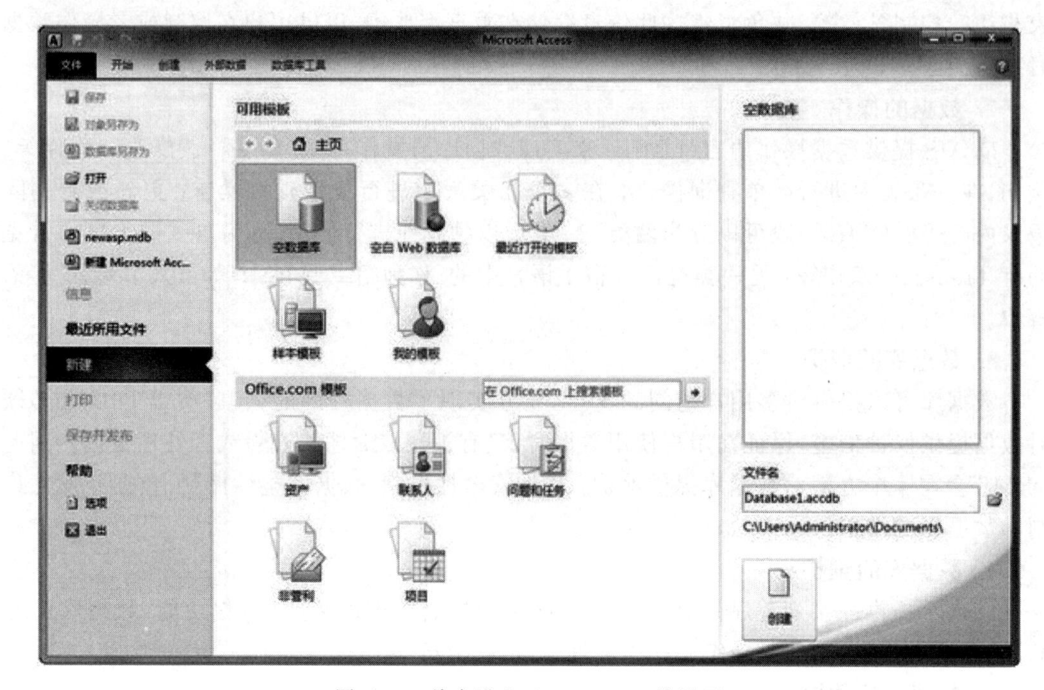

图 7-17　首次进入 Access 2010 的界面

(2) 容易掌握

Access 2010 的操作过程非常简单。用户若要生成对象并应用,只要使用鼠标进行拖放即可,操作过程非常便捷。另外,系统还提供了表生成器、查询生成器、报表生成器、宏设计器以及数据库向导、表向导、查询向导、窗体向导、报表向导等工具,使得操作过程非常方便,用户容易使用和掌握。

(3) 可面向对象开发

面向对象的开发软件可以将各种功能对象化,大大方便用户的开发工作。Access 2010 就是一款面向对象的开发软件,它对每一个对象都定义了各自的方法、属性,通过它们来完成数据库的操作和管理,极大地简化了用户的开发方式。

(4) 可处理多种数据格式

Access 2010 是 Windows 操作系统下的开发软件,它和操作系统原生的兼容性使其极大地提高了开发者的工作效率,在建立数据库、创建表、设计用户界面、设计数据查询、报表打印、建立数据宏等操作时可以方便有序地进行,同时能够打开 Excel 文件、文本文件等。

7.5.3　Microsoft SQL Server

1. Microsoft SQL Server 的历史

1988 年 6 月,微软公司联合 Sysbase 公司与 Ashton Tate 公司推出了一个基于 OS/2 平台的关系数据库管理系统,并于次年正式面世。这就是 Microsoft SQL Server(简称 SQL Sever)的第一个版本,其在市场上取得了较大的成功,从此微软公司有了进军企业级数据库市场的资本,并开始与 Oracle、IBM 等其他大型数据库系统生产商展开竞争。随后微软公司与 Ashton Tate 公司解除了合作关系。1993 年 7 月,伴随着服务器操作系统 Windows

NT 的巨大成功，SQL Server 也成为畅销品。次年，微软公司与 Sysbase 公司分道扬镳，从此开始独立开发 SQL Server 所有内容，并将其作为自家操作系统的独占资源，而 Sysbase 公司则开始致力于在 UNIX 操作系统上推广数据库管理系统的应用。

微软公司在 1995 年推出了 SQLServer 6.0，这是该公司独立开发和发布的第一个 SQL Server 版本，并取得了成功。此后微软公司又相继推出了 Microsoft SQL Server 6.5 版、Microsoft SQL Server 7.0 版、Microsoft SQL Server 2000、Microsoft SQL Server 2005 等经典版本。

2. Microsoft SQL Server 的特点

作为一种能够满足当今复杂的商业需求的数据库管理解决方案和使用广泛的数据库管理系统，SQL Server 有许多优点。

（1）易用性

继承了 Microsoft 软件家族图形化用户界面的特性，提供了简单易用的系统使用环境，对数据库中的数据的管理与使用也更加有效和直观。

（2）可伸缩性

因为 SQL Server 与 Windows 操作系统高度集成，这样在所有微软公司的服务器系统产品中都可以运行该系统。

（3）性价比高

因为提供了用于决策支持的数据仓库功能，使得 SQL Server 具备良好的性价比。

（4）与 Internet 连接紧密

SQL Server 可以通过 Web 浏览器显示数据库操作的结果数据，从数据管理和分析角度看，将原始数据转化为商业智能信息和充分利用 Web 带来的机会非常重要。

（5）丰富的编程接口工具

SQL Server 为用户进行程序设计提供了更大的选择余地，具备真正的客户机/服务器体系结构。

7.5.4 Oracle

1. Oracle 的历史

1977 年，Larry Ellison 在同伴的帮助下出资在硅谷创办了一家软件开发公司，这家公司建立初期并不是开发数据库产品的，公司的名称也不叫 Oracle。之所以要开发数据库产品，还是受 IBM 发表的关于关系数据模型文章的启发，Larry Ellison 从中看到了巨大的商机。当时他们为美国政府开发数据库产品，项目的名字就叫 Oracle。此后，Larry Ellison 就把研发的数据库产品叫做 Oracle，并且还将自己公司的名字也改成了 Oracle。Oracle 数据库的第一个商用版本是在 1979 年诞生的，到现在已经 40 余年了，Oracle 公司的 Oracle 产品也成为家喻户晓的产品，2013 年超越 IBM 成为微软之后的全球第二大软件公司，Larry Ellison 本人也被《福布斯》排行榜收录，Oracle 数据库目前已经是企业级用户进行数据管理和开发的首选。

2. Oracle 的特点

Oracle 的主要特点如下。

(1) 开放性

Oracle 能在所有主流平台上运行(包括 Windows),完全支持所有工业标准,采用完全开放策略使客户可以选择适合的自己的解决方案并提供全力支持。这要比只支持 Windows 系统的 SQL Server 数据库方便很多。

(2) 安全性

Oracle 数据库获得了最高认证级别的 ISO 标准认证,相比于 SQL Server,Oracle 安全性能更加出色。

(3) 高性能

Oracle 一直是高性能数据库的代表,长期保持着开放平台下 TPC-D 和 TPC-C 性能的世界纪录。

不过 Oracle 价格昂贵,中小型企业很难负担使用成本,并且 Oracle 数据库的管理和维护也比较麻烦,需要技术水平较高的管理者进行操作和使用。

7.5.5 MySQL

1. MySQL 的历史

MySQL 是一个开放源码的小型关系数据库管理系统,其开发者为瑞典 MySQL AB 公司。2008 年后这家公司先后被 Sun 公司和 Oracle 公司收购,就这样 MySQL 成为 Oracle 公司的另一个数据库项目。

与其他大型数据库管理系统相比,MySQL 规模小、功能有限,但是它体积小、速度快、成本低,且它提供的功能对稍微复杂的应用也可胜任,这些特性使得 MySQL 成为世界上最受欢迎的开放源代码数据库。

2. MySQL 的特点

MySQL 的主要特点如下。

(1) 速度快

因为 MySQL 的规模极小,所以它的运行速度非常快速。

(2) 价格低

MySQL 对大多数个人来说都是免费的,所以其价格极具优势。

(3) 易学习

与其他大型数据库的设置和管理相比,MySQL 的复杂程度较低,易于学习。

(4) 可移植

MySQL 具有良好的可移植性,能够工作在众多不同的系统上,例如 Windows、Linux、UNIX、Mac OS 等。

(5) 较安全

十分灵活、安全的权限和密码系统,允许基于主机的验证,连接到服务器时,所有的密码传输均采用加密形式,从而保证了密码的安全。

第8章　计算机网络基础

8.1　数据通信基础

20世纪，通信技术和计算机技术蓬勃发展，从19世纪的模拟电话、电报通信到20世纪的Internet，人类的通信手段发生了翻天覆地的变化。目前，计算机已经由过去的单机应用模式越来越多地依赖于计算机之间的互连和网络互连，实现了计算机之间的通信、资源共享和网络计算。

数据通信是计算机技术与通信技术结合的产物，主要研究计算机或数字终端之间的数据传输、交换、存储、处理的理论、方法和技术。通信技术是计算机互连的基础，掌握一些基本的通信知识，可以加深对计算机网络技术的理解，提高计算机网络和Internet的应用水平。

8.1.1　数据与信号

1. 模拟数据与数字数据

通信的目的是为了交换信息，数据是信息的载体，具体表现形式可以是字母、数字、语音、图形、图像或视频等。在数据通信中，数据可分为模拟数据和数字数据。模拟数据是指在某一区间范围内连续变化的数值，如声音数据和压力数据；数字数据是离散的，如数字、字符等。

2. 模拟信号与数字信号

数据是通过信号传输的，信号是数据的电气或电磁波的表现形式。信号也可分为模拟信号和数字信号。

模拟信号是一种随时间推移而平稳变化的连续波形式，如图8-1所示。我们通常又把模拟信号称为连续信号，实际生产生活中的各种物理量，例如，摄像机摄下的图像，录音机录下的声音，车间控制室记录的压力、流速、转速、湿度等，这些信号在时间上或幅度上都是连续变化的，是模拟信号。

数字信号是一种脉冲式波形，是在模拟信号的基础上经过采样、量化和编码而形成的，在取值上是离散的、不连续的信号，如图8-2所示。例如，电报信号就是数字信号。

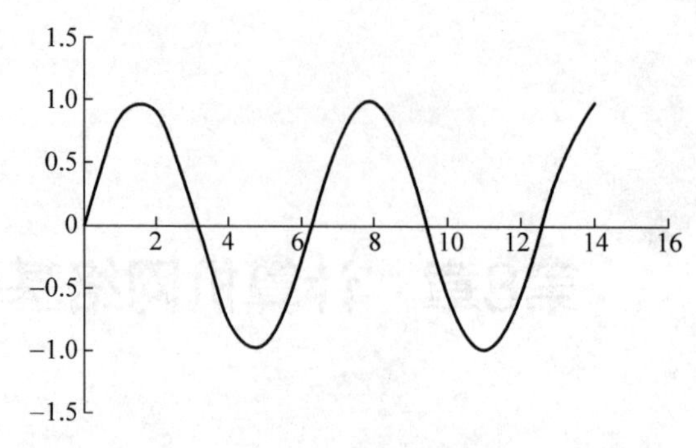

图 8-1　模拟信号

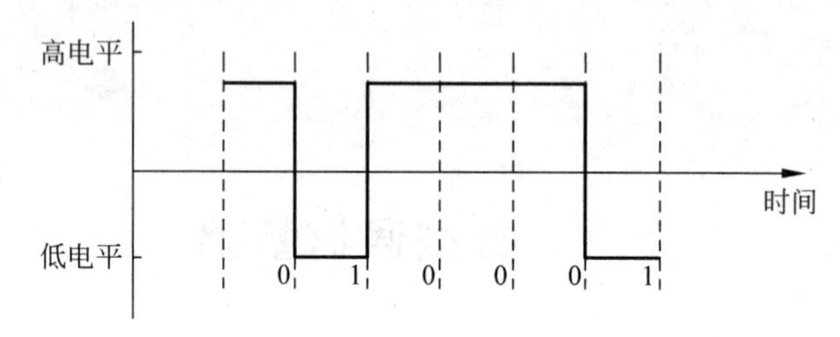

图 8-2　数字信号

近百年来，无论是有线相连的电话，还是无线发送的广播电视，很长时间内都是用模拟信号来传递的。模拟信号在传输过程中会受到一些噪声干扰，干扰容易引起信号失真。失真和附加的噪声会随着传送的距离增加而积累起来，严重影响通信质量。例如，打电话时常常遇到听不清、杂音大的现象，电视图像上时有雪花点闪烁。

数字电路中，数字信号只有 0、1 两个状态，它的值是通过中央值来判断的，在中央值以下规定为 0，以上规定为 1，所以即使混入了其他干扰信号，只要干扰信号的值不超过阈值范围，就可以再现出原来的信号。与模拟信号相比，数字信号在传输过程中具有更高的抗干扰能力，更远的传输距离，且失真幅度小。此外，数字信号还便于加密和纠错，具有较强的保密性和可靠性。

8.1.2　数据通信系统模型

数据通信系统就是将信源的数据可靠地传输到信宿。如图 8-3 所示，一个数据通信系统大致可以划分为 3 部分，即源系统（发送端、信源）、传输系统（传输网络）、目的系统（接收端、信宿）。

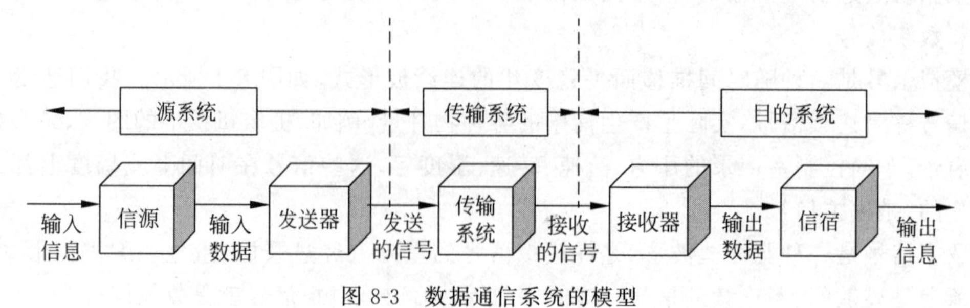

图 8-3　数据通信系统的模型

1. 源系统

源系统一般包含以下两个部分：

① 信源。信息的发送端，产生要传输的数据。按照信源所发出信号的性质来分，信源可分为模拟信源和数字信源。例如，从计算机键盘输入汉字，计算机产生输出数字比特流。

② 发送器。信源产生的数据一般不能通过传输媒体直接传输，通常需要通过发送器编码后才能够在传输系统中传输，这一过程称为调制。典型的发送器就是调制解调器（Modem）。例如，调制解调器将计算机输出的数字比特流转换成能够在电话线上传输的模拟信号。

2. 目的系统

目的系统一般包含以下两个部分：

① 接收器。负责接收传输系统传送过来的信号，并将其转换为能够被信宿设备处理的信息，这个过程称为解调。例如，调制解调器接收来自传输线路的模拟信号，并将其转换为数字比特流。

② 信宿。信息的接收端，接收者将接收器得到的信息进行利用，从而完成一次信息的传递过程。例如，把汉字在计算机屏幕上显示出来。

3. 传输系统

传输系统位于源系统和目的系统之间，它既可以是简单的物理通信线路，也可以是由中继器、多路复用器、集线器和交换机等设备组成的复杂网络系统。无论利用哪种形式传输，由于传输媒体和电信号的固有物理特性，信号在传输过程中都会产生干扰和信号衰减。为了提高传输媒体的效率，在通信中传输媒体往往被分成若干不同的通信信道。信道是信号传输的通道，信道越多，信号强度及通信质量越高。一条通信电路往往包含一条发送信道和一条接收信道。

8.1.3 通信方式

从通信双方交换信息的方式来看，数据通信有 3 种基本形式。

1. 单工通信

单工通信指数据信号只能在一个方向上传输，如图 8-4 所示。例如，无线电广播就是单工通信。

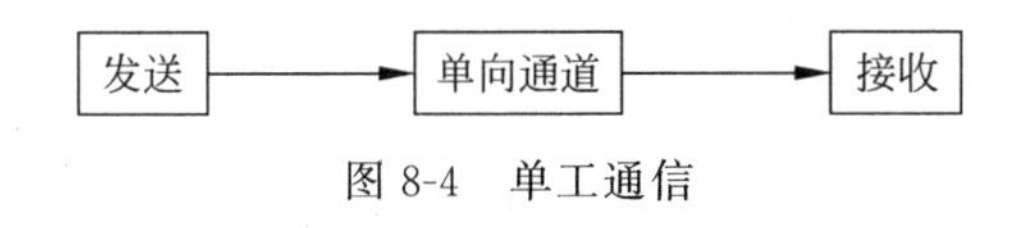

图 8-4 单工通信

2. 半双工通信

半双工通信允许数据在两个方向上传输，但在同一时刻只允许数据在一个方向上传输。半双工通信实际上是一种可切换方向的单工通信，如图 8-5 所示。例如，对讲机的通信。

图 8-5 半双工通信

3. 全双工通信

全双工通信允许数据同时在两个方向上传输，即通信的发送端既可以发送数据，也可以接收数据，接收端亦是如此，如图 8-6 所示。例如，计算机之间的通信。

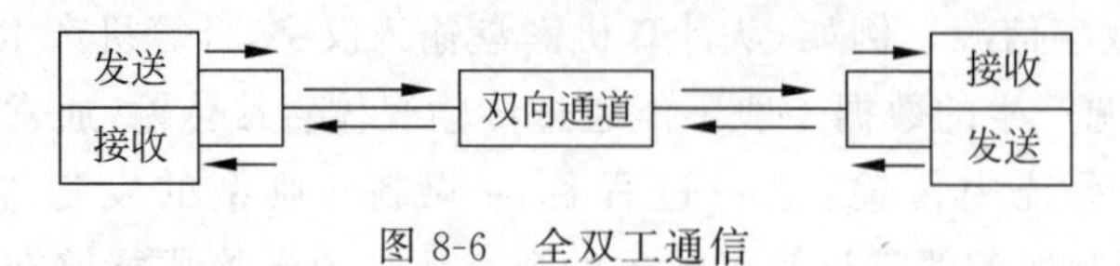

图 8-6　全双工通信

8.1.4　数据交换技术

在数据通信系统中，当终端与计算机之间，或者计算机与计算机之间没有直通专线连接，而是要经过通信网络中若干节点转接而成的通信方式称为交换，中间节点也称为交换节点。实现数据交换的主要技术有电路交换、报文交换、分组交换、快速交换。本节介绍早期主要采用的电路交换和现在主要采用的分组交换。

1. 电路交换

电路交换也称为线路交换，其原理与一般电话交换原理相同，是指两个用户终端在开始通信之前，建立一条临时的物理电路，在通信期间独占这条电路，一直保持到通信结束才拆除。例如，我们平时打电话使用的就是电路交换方式，实时性强，通话时独占线路。

电路交换过程需要经历以下 3 个阶段：

① 建立连接。

② 数据传输。

③ 释放连接。

电路交换的优点有：

① 由于通信线路为通信双方专用，数据直达，所以传输数据的时延非常小。

② 通信双方之间的物理通路一旦建立，双方可以随时通信，实时性强。

③ 交换设备(交换机等)及控制均较简单，交换成本较低。

电路交换的缺点有：

① 电路交换的连接需要占据一定的时间，甚至比通话的时间还长。

② 电路交换连接建立后，物理电路被通信双方独占，即使通信线路空闲，也不能供其他用户使用，因而信道利用率低。

2. 分组交换

分组交换是将较长的报文分割成较短的、有固定格式的数据段，然后为每个数据段前面添加上首部构成分组，如图 8-7 所示。每个分组首部都包含地址等控制信息。分组交换网中的节点交换机根据收到的分组的首部中的地址信息，把分组转发到下一个节点交换机。经过中间交换节点的多次存储转发，最终到达目的节点。目的节点收到分组后剥去首部还原成报文。例如，我们通过网络用微信收发消息，这种不要求实时的通信方式就用分组交换。

分组交换的优点有：

① 由于能将数据分割到不同的路由，因此能对带宽资源进行有效利用。

② 如果网络的一条特定的链路出现故障而中断，剩余的数据包可以通过其他路由

传送。

分组交换的缺点有：

① 存在延时。

② 会出现丢包的情况。

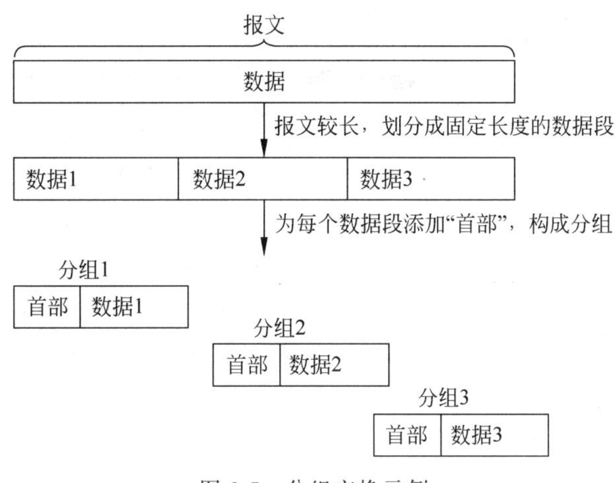

图 8-7　分组交换示例

8.2　计算机网络概述

8.2.1　网络的发展

计算机网络最早出现于 20 世纪 50 年代，人们开始使用一种叫做收发器（Transceiver）的终端，将穿孔卡片上的数据从电话线路上发送到远地的计算机。后来，用户可在远地的电传打字机上输入自己的程序，而算出的结果又可从计算机传送到电传打字机打印出来。计算机与通信的结合就此开始了。随着计算机技术和通信技术的不断发展，计算机网络也经历了由简单到复杂、由单机到多机、由局部应用发展到如今全球的互连网络的发展过程，大致可分为以下 4 个阶段。

1. 诞生阶段——计算机终端网络

第一代计算机网络，是以单个计算机为中心、面向终端的计算机网络，也是网络的雏形阶段。其特点是：将地理位置分散的多个终端通过通信线路与主机连接起来形成网络。在这里终端本身没有处理能力，人们在终端上传输指令和数据，指令和数据通过通信线路传递给主机；主机执行指令进行数据处理，将处理结果传递给终端，在终端上显示结果或将结果打印出来。主机是网络的中心和控制者，如图 8-8 所示。

该阶段的典型代表是美国军方在 1954 年推出的半自动地面防空系统 SAGE，以及美国在 1963 年投入使用的飞机订票系统 SABBRE-1。

2. 形成阶段——计算机通信网络

第二代计算机网络，以多个主机通过通信线路互连起来，为用户提供服务，主机之间不是直接用线路相连，而是由接口报文处理机（IMP）转接后互连的。IMP 和它们之间互联的通信线路一起负责主机间的通信任务，构成了通信子网。通信子网互联的主机负责运行程序，提供资源共享，组成资源子网，如图 8-9 所示。

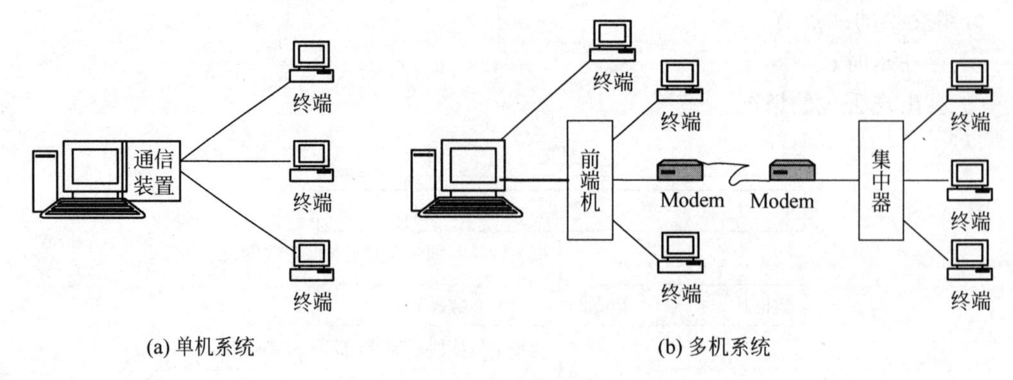

图 8-8　面向终端的计算机网络

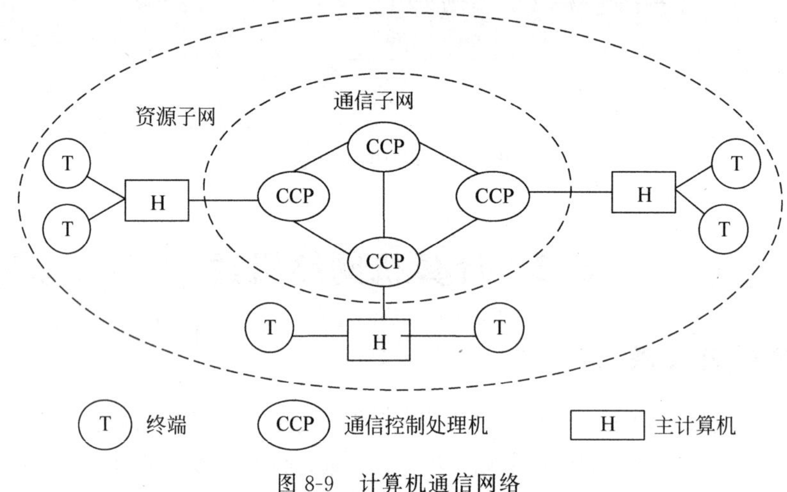

图 8-9　计算机通信网络

这一阶段的最初代表是美国国防部高级研究计划局开发的 ARPANET，它是世界上第一个以资源共享为目的的计算机网络，被视为现代计算机网络诞生的标志。

ARPANET 是以通信子网为中心的典型代表。在 ARPANET 中，负责通信控制处理的 CCP 称为接口报文处理机 IMP(或称节点机)，以存储转发方式传送分组的通信子网称为分组交换网。

3. 互连互通阶段——开放式的标准化计算机网络

第三代计算机网络，是具有统一的网络体系结构并遵守国际标准的开放式和标准化的网络。ARPANET 兴起后，计算机网络发展迅速，各大计算机公司相继推出自己的网络体系结构及实现这些结构的软硬件产品。但是因为没有统一的标准，不同厂商的产品之间互连难以实现，人们迫切需要一种开放性的标准化实用网络环境，因此应运而生了两个国际通用的最重要的体系结构，即 TCP/IP 体系结构和国际标准化组织的 OSI 体系结构。有了这个标准，一个系统就可以和位于世界上任何地方的，也遵循同一标准的其他任何系统进行通信。

具有代表性的系统是 1985 年美国国家科学基金会的 NSFnet。

4. 高速网络技术阶段——新一代计算机网络

第四代计算机网络，由于局域网技术发展成熟，出现光纤及高速网络技术，计算机网络向互连、高速、智能化和全球化发展，并且迅速得到普及，实现了全球化的广泛应用。代表是Internet。

8.2.2 网络的定义与功能

1. 计算机网络的定义

计算机网络是利用通信线路和通信设备，把分布在不同地理位置的具有独立功能的多台计算机、终端及其附属设备互相连接，按照网络协议进行数据通信，利用完善的网络软件实现资源共享的计算机系统的集合。

对于普通网络用户来说，计算机网络能够提供即时通信、电子商务、信息检索等服务。但是对于网络专业人士而言，网络的功能就是任意两台主机之间的数据传输，只要实现了这种数据传输，就可以开发出各种具体的网络应用。例如，数据集中处理、办公自动化、远程教育、网络娱乐。还可以在 Internet 提供数据传输的基础上，开发新的应用，例如美团外卖、共享单车。

2. 计算机网络的功能

(1) 数据通信

数据通信(或数据传输)是计算机网络最基本的功能。

(2) 资源共享

资源共享是计算机网络最有吸引力的功能，它使网络中的所有资源能够互通有无、分工协作，极大提高了系统资源的利用率。

(3) 实现分布式处理

许多大型信息处理问题，可以借助分散在网络中的多台计算机协同完成，解决单机无法完成的信息处理任务。特别是分布式数据库管理系统，使分散存储在网络中不同系统中的数据，在使用时就好像集中管理一样。例如，网上购物、网上银行、网上订票。

(4) 提高计算机系统的可靠性和可用性

网络中的计算机通过网络可以互为后备，当某台计算机出现故障时，其他计算机可以代替其来完成任务，避免了系统瘫痪的局面，提高了系统的可靠性，对于银行、航空、军事等重要部门起到了很好的保护作用。

当网络中某个计算机负荷过重时，通过网络和一些应用程序的控制和管理，可以将任务分配给网络中较空闲的计算机进行处理，从而均衡了各台计算机的负荷，提高了系统的可用性。

8.2.3 网络的工作模式

计算机网络的工作模式主要有两种。

1. 客户机/服务器模式

客户机/服务器模式简称 C/S 模式，它把客户端(Client)和服务器端(Server)区分开来。C/S 模式是一个逻辑概念，而不是指计算机设备。

服务器是专门提供服务的高性能计算机或专用设备，客户机是使用服务资源的用户计算机。如果一个服务器在响应请求时不能单独完成任务，还可能向其他服务器发出请求。这时，发出请求的服务器就成为另一个服务器的客户。

C/S模式通过不同的途径，应用于很多不同类型的应用程序，最常见的就是Internet上的网页。

2. 对等模式

对等模式(Peer to Peer，P2P)通常称为对等网。在对等网络中，所有计算机地位平等，没有从属关系，也没有专用的服务器和客户机。每一台计算机都有可能成为服务器，也有可能成为客户机。对等网能够提供灵活的共享模式，组网简单、方便，但难以管理，安全性能较差。它可满足一般数据传输的需要，所以一些小型单位在计算机数量较少时可选用对等网结构。Windows中的“网上邻居”、QQ即时通信都是对等网应用的例子。

8.2.4 网络的分类

传统的计算机网络分类方法是根据计算机分布的地理位置划分的，一般分为如下三种。

1. 局域网

局域网(Local Area Network，LAN)的地理范围一般在几百米到几千米之内，属于小范围内的连网。传统局域网的传输速率为10～100Mb/s，新型局域网的传输速率达到数百Mbps甚至更高。局域网主要用于实现短距离的资源共享，常用于组建办公室、单位的计算机网络，例如各大学的校园网。主要特点是组建简单、灵活，使用方便。

对于局域网，由于地理位置相对较近，计算机之间的通信不需要电信服务。按照网络标准和连线方式的不同，局域网分为以太网、令牌环网络和FDDI网络等。

2. 城域网

城域网(Metropolitan Area Network，MAN)是在一个城市范围内所建立的计算机通信网。它的传输媒介主要是光缆，传输速率在100Mb/s以上。MAN主要完成介入网中的企业和个人用户与在骨干网络上的运营商之间全方位的协议互通。可以被看作是一个城市的信息通信基础设施，是国家信息高速公路与城市广大用户之间的中间环节。

3. 广域网

广域网(Wide Area Network，WAN)的地理范围一般为几千千米，是网络系统中最大型的网络，能实现大范围(如几个城市、一个或几个国家)的资源共享。WAN由端点系统和通信子网组成。端点系统可以是LAN或者MAN。通信子网由传输线和交换单元组成。其中交换单元是一种用于连接两条或者更多传输线路的特殊计算机。

广域网通常使用电信运营商提供的设备和通信线路作为信息传输平台，例如可以通过PSTN(公用交换电话网)连接到广域网，也可以通过专线或卫星进行连接。对照OSI(Open System Interconnect Reference Model，开放系统互连参考模型)，广域网技术主要位于底层的3个层次，即物理层、数据链路层和网络层。

8.2.5 网络的拓扑结构

网络中的设备要实现互连，就要以一定的几何结构方式进行连接，这种连接方式的抽象就叫做“网络拓扑结构”。在有线局域网中可采用的网络拓扑结构主要有总线型、星状、环状、树状、网状、混合型等。

1. 总线型拓扑

总线型拓扑是最早被使用的网络拓扑结构，它是利用单根同轴电缆作为传输介质，所有的节点都通过相应的硬件接口直接连接到传输介质(总线)上，如图 8-10 所示。

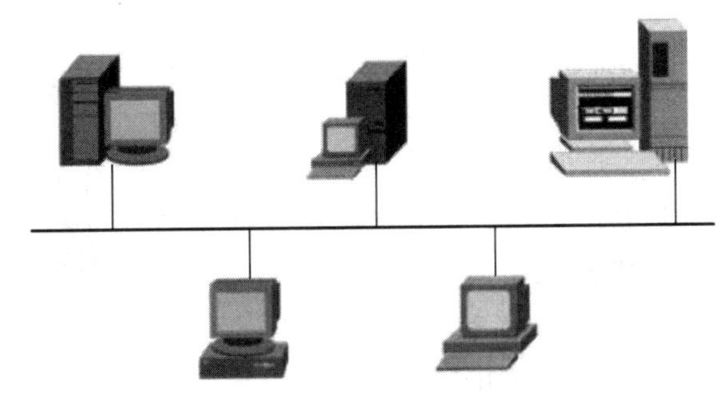

图 8-10 总线型拓扑

总线上的任意一个节点将带有目的地址的信息包广播发送到总线上时，由于所有节点共享一条数据通道，因此被发送的信息可以被总线上的每个节点接收。当总线上某条信息的目的地址与某节点的物理地址(MAC 地址)相符时，该节点的接收器便接收这条信息。

总线型拓扑具有如下特点：

① 总线型拓扑只需要电缆和 T 形头等连接器，不需要专用的网络设备，因此具有结构简单、布线容易、造价低等优点，是局域网常采用的拓扑结构。

② 由于没有中心节点，当网络发生故障时，例如某个节点连接松动，将导致整个网络瘫痪，故障诊断较为困难。最著名的总线型拓扑结构是以太网(Ethernet)。

2. 星状拓扑

星状拓扑是目前最为流行的网络拓扑结构，可将网络中的所有计算机都通过点到点的方式与中心站相连，该中枢设备完成网络数据的转发，如图 8-11 所示。在网络发展早期主要用集线器作为中枢设备，随着网络设备价格的降低，现在的星状布线中一般都采用交换机作为中枢设备。

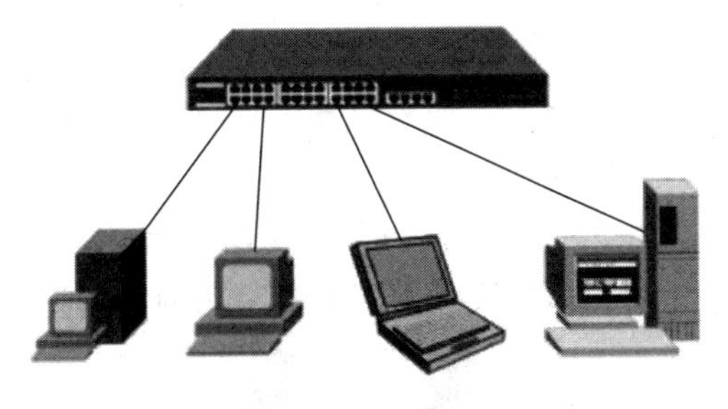

图 8-11 星状拓扑

星形拓扑具有如下特点：

① 由于采用了中枢设备，因此能够实现集中管理。当网络发生故障时，比较容易维护，一个节点发生故障，不影响其他节点的使用。

② 一旦中枢设备出现故障会导致全网瘫痪；由于采用点到点的布线方式，使用的电缆相对较多，线路成本高。

3. 环状拓扑

环状拓扑是网络中各节点通过一条首尾相连的通信线路连接起来的闭合环路，如图 8-12 所示。环状网络有单环结构和双环结构两种类型。单向环状网络的数据只能沿着一个方向传送，数据依次经过两个通信节点之间的每个设备，直到数据到达目标节点为止，令牌环(Token Ring)是单环结构的典型代表；双向环状网络中的节点可直接与两个相邻节点通信，如果某一方向的环发生故障，可在另一方向的环中传输数据，光纤分布式数据接口(FDDI)是双环结构的典型代表。

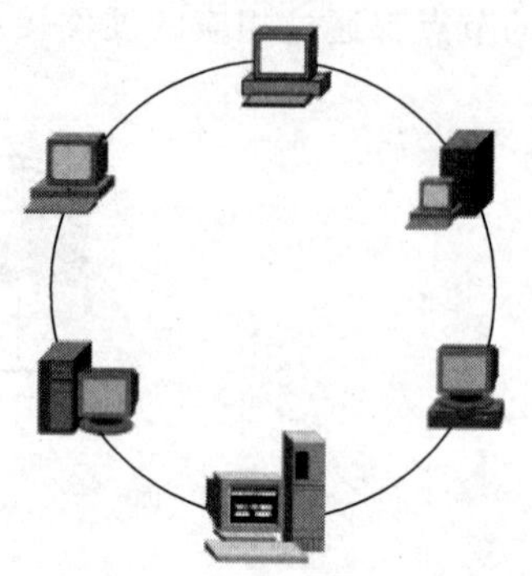
图 8-12　环状拓扑

环形拓扑具有如下特点：

① 点到点的连接，实时性好，适用于光纤。

② 节点故障易引起全网故障，且难以检测故障。

4. 树状拓扑

树状拓扑是从总线型拓扑和星状拓扑演变过来的，形如一棵倒置的树，如图 8-13 所示。一组节点通常经由一个次级集线器连接到中央集线器。

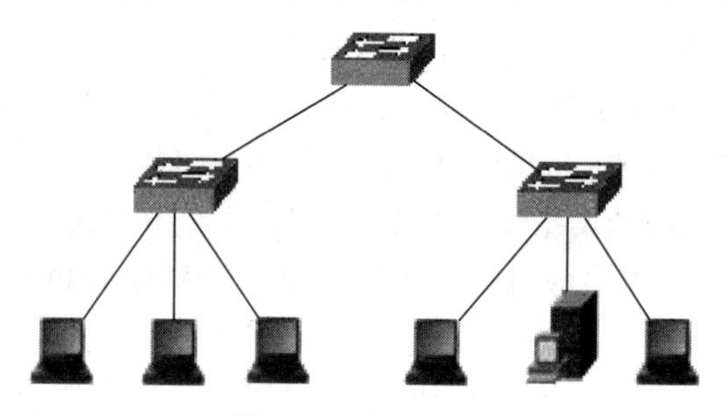
图 8-13　树状拓扑

树状拓扑的特点大多与总线型拓扑或星状拓扑相同，但也有一些特殊之处：

① 易于扩展，增删节点容易；通信线路较短，网络成本低；对于某分支的节点或线路发生的故障易于检测，并容易将故障分支与整个系统隔离。

② 各个节点对根节点的依赖性大，如果根发生故障，则全网不能工作。

5. 网状拓扑

网状拓扑中节点由通信线路以不规则的形状互连形成，通常每个节点至少与其他两个节点直接相连，如图 8-14 所示。大型广域网一般都采用网状拓扑。

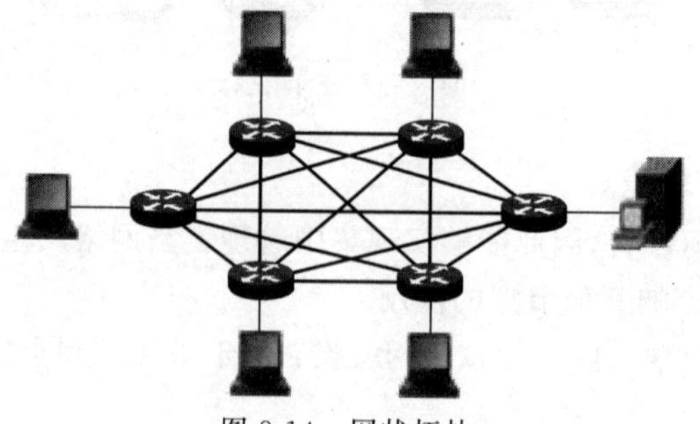
图 8-14　网状拓扑

网形拓扑具有以下特点：

① 可靠性高。提供多条路径选择传送数据，改善流量分配，提高网络性能。

② 线路成本高，路径选择比较复杂；结构复杂，难以管理和维护。

6. 混合型拓扑

混合型拓扑是由以上几种拓扑结构混合构成，例如总线-环状拓扑，如图 8-15 所示。在实际网络中，拓扑结构常常是混合结构。

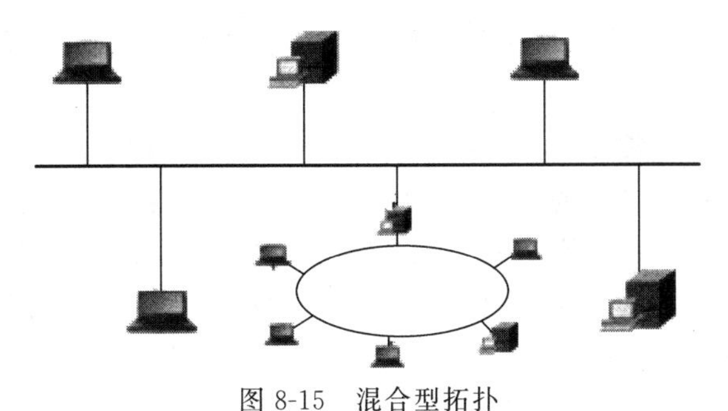

图 8-15 混合型拓扑

8.2.6 网络体系结构

1. 网络体系结构概念

连接在网络上的两台计算机要想实现相互通信，必须能够互相准确理解对方的意思并做出正确的回应。计算机网络体系结构制定了很多规则、标准或约定，就是为了解决两个计算机系统在进行通信时能达成高度默契。这些规则就如同交通规则，用来约束公路上行驶的汽车。也正是因为有了交通规则，数量众多的汽车才能在公路上有序行驶，顺利到达目的地。

两台计算机间高度默契的通信背后需要十分复杂、完备的网络体系结构作为支撑。对于复杂问题的处理，分解治之不失为一种良策。也就是说，我们可以将这个庞大而复杂的问题转化为若干较小的、容易处理的单一问题，然后在不同层次上予以解决。

在我们的日常生活中有很多分层思想的应用，例如物流系统。如图 8-16 所示，将通过物流系统传递物品这一过程分为四层。

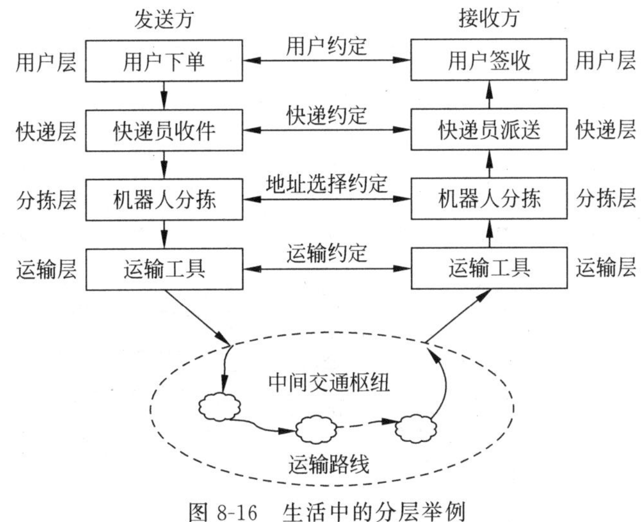

图 8-16 生活中的分层举例

① 每一层都按照该层的约定来提供一定的服务，保持了层次之间的独立性。例如根据用户约定，发送方用户应如实填写好寄件信息，内容包括接收方用户姓名、手机号、地址；快递约定快递员如何收件（按照一定的标准检查和包装物品），然后把物品送至何处。

② 每一层的工作实施都依赖于下一层提供的服务，但却不用考虑这些服务是如何实现的。例如，快递层对用户层提供收件服务，但是用户却不需要关心快递、分拣、运输等细节，感觉物品就是从发送方用户到接收方用户。

③ 上面三层中，对等实体（如用户和用户、快递员和快递员）之间是一种虚拟通信，实际的物理通信发生在运输层。

计算机网络是一个非常复杂的系统，因此网络体系结构就采用了分层思想，被定义为网络协议的层次划分与各层协议的集合。网络协议就是为网络中的数据通信而建立的规则，同一层中的协议根据该层所要实现的功能来确定。各对等层之间的协议功能由相应的底层提供服务完成。层次化的网络体系的优点在于每层实现相对独立的功能，层与层之间通过接口来提供服务，每一层都对上层屏蔽如何实现协议的具体细节，使网络体系结构做到与具体物理实现无关。

2. OSI 参考模型

在网络发展初期，各个公司都有自己的网络体系结构，公司内部计算机可以相互连接，可是却不能与其他公司连接。因为没有一个统一的规范，传输的信息对方不能理解。随着全球经济的发展，这种困扰成为燃眉之急。为此，国际标准化组织 ISO（International Standards Organization）在 20 世纪 80 年代提出了一个定义异构计算机连接标准的框架结构，以实现不同体系结构的计算机网络之间的互连。这就是著名的开放系统互联参考模型（Open System Interconnection，OSI），这个模型将计算机网络通信协议分为七层，如图 8-17 所示。划分层次的原则如下：

① 网络中各节点都有相同的层次。

② 不同节点的同等层具有相同的功能。

③ 同一节点内相邻层之间通过接口通信。

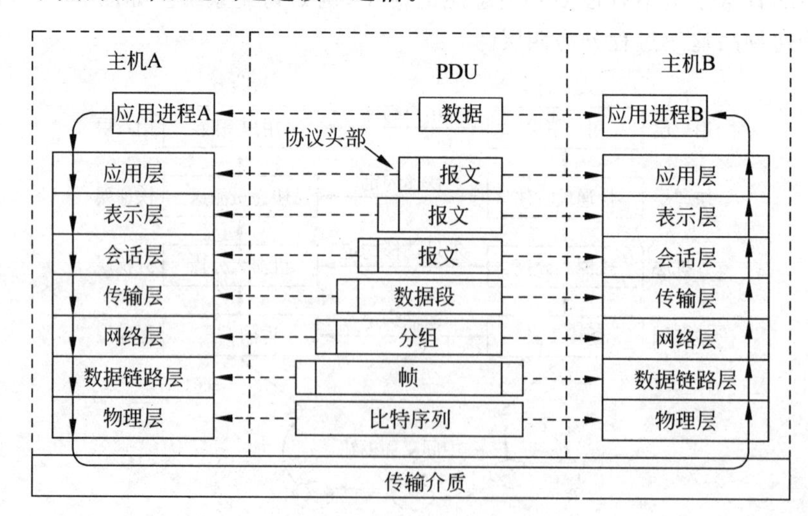

图 8-17　OSI 参考模型

④ 每一层使用下层提供的服务,并向其上层提供服务。

⑤ 不同节点的同等层按照协议实现对等层之间的通信。

⑥ 根据功能需要进行分层,每层应当实现定义明确的功能。

⑦ 向应用程序提供服务。

在 OSI 网络体系结构中,除了物理层之外,网络中数据的实际传输方向是垂直的。数据由用户发送进程交给应用层,向下经表示层、会话层等到达物理层,再经传输介质到达接收端。由接收端物理层接收,向上经数据链路层等到达应用层,再由用户获取。

计算机网络体系结构中,对等层之间交换的信息报文统称为协议数据单元(Protocol Data Unit,PDU)。PDU 由协议头部(控制信息)和数据组成。其中,协议头部中含有完成数据传输所需的控制信息,如地址、序号、长度、分段标志、差错控制信息等。传输层以上的 PDU 都称为"报文",传输层及以下各层的 PDU 有各自特定的名称:

① 传输层——数据段(Segment)。

② 网络层——分组或数据包(Packet)。

③ 数据链路层——帧(Frame)。

④ 物理层——比特(Bit)。

数据由发送进程交给应用层时,由应用层加上本层的协议头部形成本层的 PDU(这一过程称为封装),然后向下传送(到达物理链路层封装时,还要加上协议尾部)。这一过程一直重复到物理层。在接收端信息向上传递时,各层的协议头部(和尾部)被逐层剥去,最后数据送到接收进程。OSI 参考模型各层功能解释如图 8-18 所示。

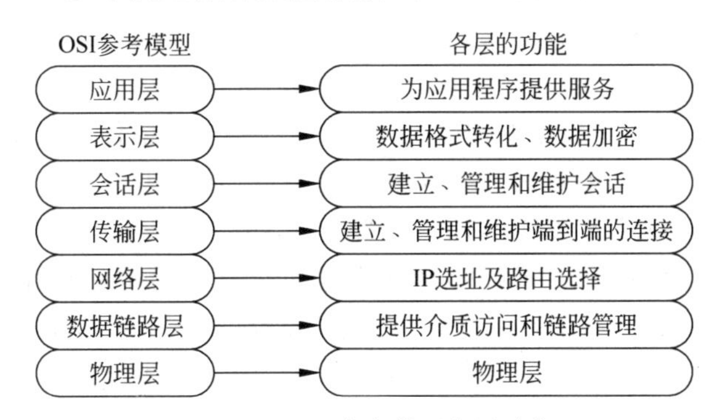

图 8-18 OSI 参考模型各层功能

OSI 参考模型并没有提供一个可以实现的方法,而是一个概念性框架。一般在制定网络协议和标准时,都把 OSI 参考模型作为参照基准,并说明与该参照基准的对应关系。一般来说,网络的低层协议决定了一个网络系统的传输特性,例如所采用的传输介质、拓扑结构及介质访问控制方法等,这些通常由硬件来实现;网络的高层协议则提供了网络服务和应用环境,这些通常是由网络操作系统来实现的。

3. TCP/IP 模型

TCP/IP 参考模型是 ARPANET 和互联网使用的参考模型。ARPANET 是由美国国防部赞助的研究网络。当无线网络和卫星出现以后,现有的协议在和它们相连的时候出现了问题,所以需要一种新的参考体系结构。这个体系结构在它的两个主要协议出现以后,被称为 TCP/IP 参考模型(TCP/IP Reference Model)。

OSI 参考模型很好地定义了网络各层的功能，但是缺少相应的网络协议支持，使得该模型没有真正在实际应用中得以实现。TCP/IP 协议族（包含一系列协议），对每一层都定义了相应的协议，以实现该层所定义的网络功能。因此对应于 TCP/IP 模型有一组广泛使用的网络协议，从而使得 TCP/IP 成为互联网事实上的通信标准。

TCP/IP 模型从上到下共分为四层：应用层、传输层、网际层和网络接口层。TCP/IP 与 OSI 参考模型的对应关系如表 8-1 所示。

表 8-1　TCP/IP 与 OSI 参考模型的对应关系

OSI 参考模型	TCP/IP 模型	TCP/IP 协议族
应用层 表示层 会话层	应用层	Telnet、FTP、HTTP、SMTP、DNS 等
传输层 网络层	传输层 网际层	TCP、UDP IP
数据链路层 物理层	网络接口层	各种物理通信网络接口

（1）应用层

应用层对应于 OSI 参考模型的高层，该层向用户提供一组常用的应用程序，例如，远程登录协议（Telnet）、文件传输协议（FTP）、超文本传输协议（HTTP）、简单邮件传输协议（SMTP）、域名系统（DNS）等。

（2）传输层

传输层对应于 OSI 参考模型的传输层，该层提供一个应用程序到另一个应用程序的通信，称为端-端通信。其主要功能是信息格式化、数据确认和丢失重传等。该层定义了两个主要的协议：传输控制协议（TCP）和用户数据报协议（UDP）。

TCP 提供的是一种可靠的、连接的数据传输服务，大部分应用程序采用 TCP；而 UDP 提供的则是不保证可靠的（并不是不可靠）、无连接的数据传输服务，能尽力进行快速数据传输，例如音频和视频信息的传输就采用 UDP。

（3）网际层

网际层对应于 OSI 参考模型的网络层，规定了在整个的互连网络中，所有计算机统一使用的编址和数据包格式（称为 IP 数据报）；以及将 IP 数据报从一台计算机通过一个或多个路由器，到最终目标的路由选择和转发机制。该层的核心协议是网际协议（IP），它是无连接的协议，不保证数据报传输的可靠性。

（4）网络接口层

网络接口层与 OSI 参考模型中的物理层和数据链路层相对应。该层负责与物理网络的连接，它规定了怎样把网际层的 IP 数据报组织成适合在具体的物理网络中传输的帧，以及怎样在网络中传输帧。事实上，TCP/IP 本身并未定义该层的协议，而是旨在提供灵活的、以适用于不同的物理网络，物理网络不同，接口也不同。

8.3 计算机网络的组成

计算机网络系统由硬件、软件和协议三部分组成。其中,硬件包括计算机设备、传输介质和网络连接设备;软件包括网络操作系统和网络应用软件;协议就是网络中各种协议的集合,这些协议大多以软件的形式表现出来。

8.3.1 计算机设备

1. 服务器

服务器是整个网络系统的核心,是一台高档计算机,其各种速度、硬盘容量、内存容量的指标都较高,且配置较多的高端外部设备。在其上运行的操作系统是网络操作系统。

在局域网中,它为网络用户提供服务并管理整个网络;在互联网中,服务器之间互通信息,相互提供服务,具有同等地位。随着局域网络功能的不断增强,根据服务器在网络中所承担的任务和所提供的功能不同,把服务器分为文件服务器、打印服务器、域名服务器和数据库服务器等。

2. 工作站

如果一台计算机没有与其他计算机连接,它就是独立的计算机。当这台计算机使用通信介质连接到局域网,它就成为网络上的一个工作站。用户可以在工作站上处理日常工作,并随时向服务器索取各种信息及数据,请求服务器提供各种服务,如打印、传输文件等。

3. 共享外部设备

共享外部设备是指为众多用户共享的高速打印机、大容量磁盘等公用设备。

8.3.2 传输介质

传输介质是数据通信系统中传送信息的载体,在网络中是连接发送方和接收方的物理通路。传输介质的性能对网络传输速率、通信距离、可连接的网络节点数等有很大影响,因此应根据不同的通信要求来选择合适的传输介质。

1. 有线传输介质

(1) 铜介质(利用电流传送信息)

① 双绞线。双绞线是把两条互相绝缘的铜导线按规则互相绞合在一起,如图 8-19 所示。它是局域网布线中最常用到的一种传输介质,尤其在星型网络拓扑中必不可少。与其他传输介质相比,双绞线在传输距离、信道宽度和数据传输速度等方面均受到一定限制,但价格较为低廉。

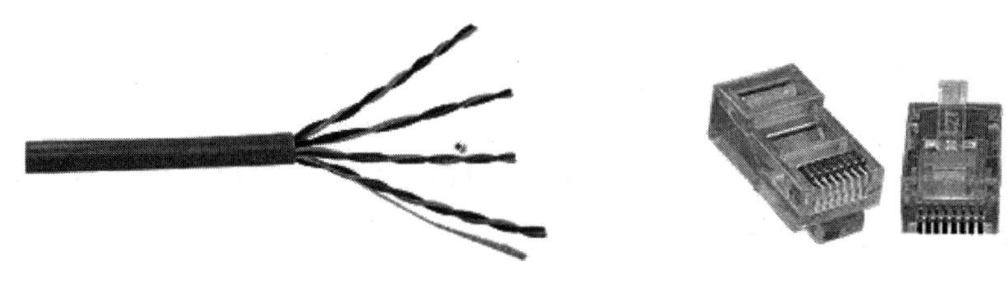

图 8-19 双绞线

② 同轴电缆。同轴电缆是一种通信电缆，它以硬铜线为芯（导体），外包一层绝缘材料（绝缘层），这层绝缘材料再用密织的网状导体环绕构成屏蔽，其外又覆盖一层保护性材料（护套），如图 8-20 所示。同轴电缆的这种结构使它对外界具有很强的抗干扰能力，因此被广泛应用于较高速率的数据传输，例如在相对较长而无中继器的线路上支持高宽带通信。

图 8-20　同轴电缆

（2）光介质（利用光波传送信息）

光纤是光导纤维的简写，是一种由玻璃或塑料制成的纤维，依靠光的全反射原理，作为光传导的工具。多数光纤在使用前必须由几层保护结构包裹，包裹后的缆线即被称为光缆。由于光在光导纤维中的传导损耗比电在电线传导的损耗低很多，一般用于长距离信息传输，具有不受外界电磁场的影响、无限制的带宽等特点。

2. 无线传输介质（利用电磁波辐射传送信息）

不同频谱的电磁波通过自由空间传播，可以实现多种无线通信。在自由空间传输的电磁波根据频谱可将其分为无线电波、微波、红外线、激光等，信息被加载在电磁波上进行传输。无线传输的介质有无线电波、红外线、微波、卫星和激光。在局域网中，通常只使用无线电波和红外线作为传输介质。

无线传输的优点在于安装、移动以及变更都较容易，不会受到环境的限制。但信号在传输过程中容易受到干扰和被窃取，且初期安装费用较高。

8.3.3 网络中的连接设备

1. 线路连接设备

（1）网络适配器

网络适配器，也称为网络接口卡，简称网卡，是插在计算机主板总线插槽上的一个硬件设备。网络适配器是工作在链路层的网络组件，是局域网中连接计算机和传输介质的接口，不仅能实现与局域网传输介质之间的物理连接和电信号匹配，还涉及数据帧的发送与接收、数据帧的封装与拆封、介质访问控制、数据的编码与解码以及数据缓存等功能。

每个网络适配器携带有一个固定且全球唯一的地址，称为 MAC 地址或物理地址。网络适配器会检测收到的数据帧目的 MAC 地址与自己的 MAC 地址是否一致。如果一致则接收该数据帧，否则丢弃数据帧。

（2）调制解调器

调制解调器是一个电子设备，可以安装在计算机内部，也可以在外部通过 USB 接口与计算机连接。调制解调器的英文名称是 Modem，也称为“猫”。

通过调制解调器，两台计算机就可以利用廉价的公共交换电话线路实现远程通信。调制，就是把计算机产生的数字信号转换成可在电话线路上传输的模拟信号；解调，即把模拟

信号转换成数字信号。传统电话拨号 Modem 的传输速率相对较低,理论上的最高传输速率为 56kb/s,而电缆调制解调器(Cable Modem)传输速率相对较高。

2. 网络连接设备

网络连接设备的作用是将两个或多个网络相互连接起来,以实现网络和网络之间互相通信。

(1) 中继器

中继器是局域网互连的最简单设备,它工作在 OSI 的物理层,是一种放大信号的网络连接设备,通常具有两个端口。它接收传输介质中的信号,将其复制、调整和放大后再发送出去,从而使信号能传输得更远,延长信号传输的距离。中继器不具备检查和纠正错误信号的功能,它只是转发信号。

(2) 集线器

集线器(Hub),意为"中心",也工作在 OSI 的物理层,主要功能是对接收到的信号进行整型放大,以扩大网络的传输距离,同时把所有节点集中在以它为中心的节点上。集线器实际上是一个拥有多个网络接口的中继器。

集线器是一种共享设备,本身不能识别目的地址。当同一局域网内的 A 主机给 B 主机传输数据时,数据包在以 Hub 为架构的网络上是以广播方式传输的,由每一台终端通过验证数据包头的地址信息来确定是否接收。

(3) 交换机

交换机(Switching),意为"开关",也称为交换式集线器,工作在 OSI 的数据链路层。交换机已经成为组网中普遍使用的网络连接设备,而集线器逐渐在被淘汰。

交换机是一种基于 MAC 地址识别,能完成封装转发数据包功能的网络设备。交换机可以"学习"MAC 地址,并把其存放在内部地址表中,通过在数据帧的发送方和接收方之间建立临时的交换路径,使数据帧直接由源地址到达目的地址。这种交换技术避免了传统广播技术带来的数据冲突,可以大幅度提高网络的通信功能。

(4) 路由器

路由器是用于连接异构网络的基本硬件设备,它用于连接多个逻辑上分开的网络。路由器工作在 OSI 的网络层,相当于一台专门完成网络互连任务的专用计算机,它具备处理器和内存,对所连接的每个网络都有一个单独的输入输出接口。路由器具有判断网络地址和选择 IP 路径的功能,它能在多网络互连环境中建立灵活的连接,可用完全不同的数据分组和介质访问方法连接各种子网。

8.3.4 网络软件系统

为实现网络功能,就得使用各种网络软件。网络软件主要包括各种协议软件、网络操作系统和网络应用软件。

1. 常见协议软件

(1) NetBEUI 协议。网络基本输入输出系统扩展用户接口,适用于结构简单的小型局域网,是一款虽小但高效率的通信协议。

(2) IPX/SPX 协议。Novell 公司局域网 NetWare 上使用的通信软件。

(3) TCP/IP 协议。Internet 最基本的协议,是由上百个协议组成的协议集合。详见

8.2.6 节介绍。

2. 网络操作系统

网络操作系统是网络用户和计算机网络之间的接口。经常使用的网络操作系统主要有以下 3 类。

(1) Windows 系统服务器版。如 Windows Server 2012 等,主要用于中低档服务器。

(2) UNIX 操作系统。如 AIX、HP-UX 等,其功能强大、性能稳定,一般用于大型网站。

(3) Linux 操作系统。如 Red Hat(红帽子)等,其最大特点是源代码开放,主要用于中高档服务器。

3. 网络应用软件

计算机网络通过网络应用软件向用户提供网络服务,即信息传输和资源共享。网络应用软件通常分为两类。

(1) 网络软件厂商开发的通用应用软件。面向广大用户,例如电子邮件软件、即时通信软件等。

(2) 软件公司根据用户业务而研发的应用软件。例如网络上的金融、电信管理。

8.4 Internet 及其应用

8.4.1 Internet 概述

1. Internet 概念

Internet(因特网)并非一个具有独立形态的网络,而是将分布在世界各地、类型各异、规模大小不一、数量众多的计算机网络互连在一起而形成的网络集合,成为当今最大和最流行的国际性网络。

Internet 采用 TCP/IP 作为共同的通信协议,用户只要与 Internet 相连,就能主动利用 Internet 上的网络资源或与其他用户交流信息。Internet 的用途非常广,例如网络音乐、搜索引擎、网络购物、网上支付、网上银行等。

2. Internet 的起源与发展

(1) Internet 的雏形阶段

Internet 起源于 1968 年,由美国国防部高级研究计划局主持研制的用于支持军事研究的计算机实验网络(ARPANET),帮助为美国军方工作的研究人员利用计算机进行信息交换。最初它分别在洛杉矶和圣巴巴拉的加利福尼亚大学、圣巴巴拉的斯坦福大学和犹他州州立大学连接了 4 台主机,网络设计的主导思想是当网络的某部分失去作用时,能保证网络其他部分运行并仍能维持正常通信。随着学术研究机构及政府机构的加入,到 1972 年时这个系统连接了 50 所大学和研究机构的主机。1982 年,ARPANET 又实现了与其他多个网络的互连,从而形成了以 ARPANET 为主干网的互联网,也称为研究网。

(2) Internet 的发展阶段

美国国家科学基金会(NSF)在 1985 开始建立计算机网络 NSFNET。NSF 规划建立了 15 个超级计算机中心及国家教育科研网,用于支持科研和教育的全国性规模的 NSFNET,并以此作为基础,实现同其他网络的连接。

NSFNET 成为 Internet 上主要用于科研和教育的主干部分，代替了 ARPANET 的骨干地位。1989 年 MILNET(由 ARPANET 分离出来)实现和 NSFNET 连接后，就开始采用 Internet 这个名称。自此以后，其他部门的计算机网络相继并入 Internet，ARPANET 就宣告解散了。

(3) Internet 的商业化阶段

20 世纪 90 年代初，商业机构开始进入 Internet，使 Internet 开始了商业化的新进程。由欧洲原子核研究组织 CERN 开发的万维网 WWW(World Wide Web)被广泛使用在 Internet 上，大大方便了广大非网络专业人员对网络的使用，成为 Internet 的这种指数级增长的主要驱动力。Internet 服务提供商(ISP)开始为个人访问 Internet 提供各种服务。1995 年，NSFNET 停止运作，Internet 彻底商业化了。

由于 Internet 存在技术上和功能上的不足，加上用户数量猛增，使得现有的 Internet 不堪重负。因此 1996 年美国的一些研究机构和 34 所大学提出研制和建造新一代 Internet 的设想。同年 10 月，美国总统克林顿宣布在今后 5 年内用 5 亿美元的联邦资金实施"下一代 Internet 计划"，即"NGI 计划"。除了要在规模上扩大 Internet 外，还要使用更加先进的网络服务技术和开发许多带有革命性的应用，如高性能的全球通信、环境监测和预报、紧急情况处理等。NGI 计划将使用超高速全光纤网络，能实现更快速的交换和路由选择，同时具有为一些实时应用保留带宽的能力。

3. Internet 在中国的发展

Internet 在我国的发展大致分为两个阶段：

第一阶段是 1987 年至 1993 年，一些科研机构通过拨号的方式连接到 X.25 网上，实现与 Internet 的电子邮件转发，这一阶段是以 1987 年 9 月 20 日钱天白教授发出我国第一封电子邮件揭幕的。

第二阶段从 1994 年开始，中国科技网(CstNet)首次实现与 Internet 直接连接，同时建立了我国的最高域名(CN)服务器，这标志着我国正式接入 Internet。随后又相继建立了中国教育科研网(CerNet)、中国公用计算机互联网(ChinaNet)和中国金桥网(ChinaGBN)，从此中国的网络建设进入了大规模发展阶段。

8.4.2 Internet 的接入方式

个人用户或企业使用 Internet 上的资源，必须使自己的主机与 Internet 相连接。Internet 服务提供商(Internet Server Provider，ISP)为用户提供了接入 Internet 的桥梁。计算机连接 Internet 时，并不是直接接入 Internet，而是通过某种方式与 ISP 提供的某一种服务器相连接，通过该服务器接入 Internet。国内主要的 ISP 就是中国电信、中国联通和中国移动。

单位用户或家庭用户要接入 Internet，常用以下几种方式。

1. PSTN 公共电话网接入

计算机用户通过 Modem 连接公用电话网，再通过公用电话网连接到 ISP，通过 ISP 的主机接入 Internet，在建立拨号连接以前，向 ISP 申请拨号连接的使用权，获得使用账号和密码，每次上网前需要通过账号和密码拨号。拨号上网方式又称为拨号 IP 方式，因为在拨号上网之后会被动态地分配一个合法的 IP 地址。在用户和 ISP 之间使用的是专门的通信协议 SLIP 或 PPP。

2. ISDN 接入

ISDN 是综合业务数字网络的缩写，是提供端到端的数字连接网络。ISDN 专线接入又称为一线通，因为它通过一条电话线就可以实现集语音、数据和图像通信于一体的综合业务，如可以在上网的同时拨打电话、收发传真，就像两条电话线一样。ISDN 连接通过网络终端(NT)、终端适配器(TA)等一些网络设备连接到 ISP。与拨号上网不同的是，ISDN 在电话线上传输的是数字信号。

3. xDSL 接入

DSL 是数字用户线技术，可以利用双绞线实现高速传输数据。现有的 DSL 技术已有多种，如 HDSL、ADSL、VDSL、SDSL 等。我国电信部门为用户提供了 HDSL、ADSL 接入技术，本节就用 ADSL 举例说明。

ADSL 是非对称式数字用户线路的缩写，采用了先进的数字处理技术，将上传频道、下载频道和语音频道的频段分开，在一条电话线上同时传输 3 种不同频段的数据，且能够实现数字信号与模拟信号同时在电话线上传输。它的连接是主机通过 DSL Modem 连接到电话线，再连接到 ISP，通过 ISP 连接到 Internet。与拨号上网或 ISDN 相比，减轻了电话交换机的负载，不需要拨号，属于专线上网，不需另缴电话费。

4. DDN 专线接入

DDN 是数字数据网络的缩写，它是利用铜缆、光纤、数字微波或卫星等数字传输通道，提供永久或半永久连接电路，是以传输数字信号为主的数字传输网络。它通过 DDN 专线连接到 ISP，再通过 ISP 连接到 Internet。局域网通过 DDN 专线连接 Internet 时，一般需要使用基带调制解调器和路由器。

这种线路优点很多：有固定的 IP 地址，可靠的线路运行，永久的连接等；但是性价比低，除非用户资金充足，否则不推荐使用这种方法。

5. 电缆调制解调器接入

目前，我国有线电视网遍布全国，现在能够利用一些特殊的设备把这个网络的信号转化成计算机网络数据信息，这个设备就是电缆调制解调器(Cable Modem)。通过 Cable Modem 把数字信号转化成模拟信号，从而可以与电视信号一起通过有线电视网络传输，在用户端，使用电缆分线器将电视信号和数据信号分开。

这种方法具有连接速率高、成本低的优点，并且提供非对称的连接，与使用 ADSL 一样用户上网不需要拨号，提供了一种永久型连接；还有就是不受距离的限制。但是 Cable Modem 的工作方式是共享带宽的，所以有可能在某个时间段出现速率下降的情况。

6. 光纤接入

光纤具有宽带、远距离传输能力强、保密性好、抗干扰能力强等优点，是未来接入网的主要实现技术。光纤宽带就是把要传送的数据由电信号转换为光信号进行通信。在光纤的两端分别都装有“光猫”进行信号转换。光纤宽带和 ADSL 接入方式的区别就是：ADSL 是电信号传播，光纤宽带是光信号传播。

随着光纤接入技术的发展，在一些城市开始兴建高速城域网，主干网速率可达几十 Gb/s，并且推广宽带接入。光纤可以铺设到用户的路边或者大楼，实现 100Mb/s 以上的速率接入。

7. 无线接入

随着无线通信技术的发展,用户可以随时随地访问 Internet 而不受时间地点限制。采用无线接入的技术主要有 3 类:无线局域网接入、GPRS 移动电话网接入、3G/4G 移动电话网接入。

无线局域网通常与有线局域网连接并通过路由器接入 Internet,需要使用无线网卡、无线接入点等设备。许多公共场所都部署了 AP 接入点,如校园、机场、车站等。家里的多台计算机可以通过无线路由器连接 ADSL Modem(或 Cable Modem 或光纤以太网)接入互联网。

Wi-Fi 称作"行动热点",以 Wi-Fi 联盟制造商的商标作为产品的品牌认证,是一个创建于 IEEE 802.11 标准的无线局域网技术。

8. 小区宽带

小区宽带是现在接入互联网的一种常用方式,实现过程是"光纤+局域网"(LAN)的方式。ISP 通过光纤将信号接入小区交换机,然后通过交换机接入家庭。

8.4.3 IP 地址与域名系统

1. IP 地址的格式

IP 地址是一种在 Internet 上给主机编址的方式,也称为网络协议地址。它给每一个连接在 Internet 上的主机分配一个在全球范围内唯一的 32 位标识符。

IP 协议第 4 版(简称 IPv4)规定,每个 IP 地址使用 4 字节的二进制数表示,由网络号(Net-Id)和主机号(Host-Id)两部分组成。网络号用来指明主机所从属的物理网络的编号,主机号是主机在物理网络中的编号。IP 地址的这种结构使我们可以在 Internet 上很方便地进行寻址:先按 IP 地址中的网络号把网络找到,再按主机号把主机找到。

为了方便书写和记忆,每个 IP 地址采用"点分十进制"的方式来记录,例如,二进制 IP 地址 11010011 01000100 01110000 00001100,写成十进制数 211.68.112.12,用来表示网络中某台主机的 IP 地址。

Internet 委员会定义了 5 种 IP 地址类型以适合不同容量的网络,即 A 类~E 类。其中 A、B、C 类由 InternetNIC 在全球范围内统一分配,D、E 类为特殊地址,如图 8-21 所示。

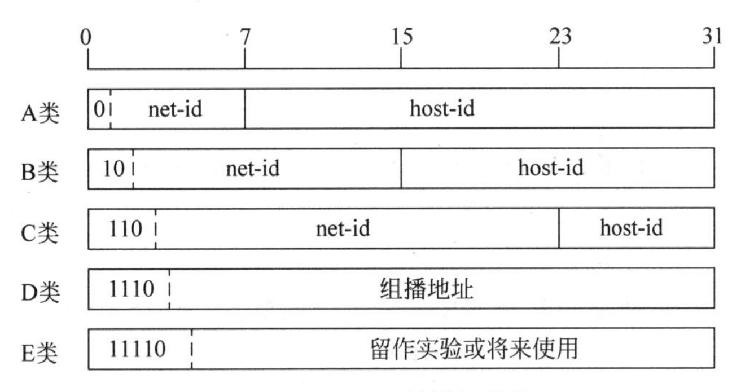

图 8-21 IP 地址的详细结构

(1) A 类 IP 地址

一个 A 类 IP 地址是指,由 1 字节的网络地址和 3 字节主机地址组成,网络地址的最高位必须是“0”。A类网络地址数量较少，有126个网络，每个网络可以容纳主机数达1600多万台，适用于拥有大量主机的大型网络。

(2) B类IP地址

一个B类IP地址是指，由2字节的网络地址和2字节主机地址组成，网络地址的最高位必须是“10”。B类网络地址有16384个网络，每个网络所能容纳的计算机数为6万多台，适用于中等规模的网络。

(3) C类IP地址

一个C类IP地址是指，由3字节的网络地址和1字节主机地址组成，网络地址的最高位必须是“110”。C类网络地址数量较多，有209万余个网络。适用于小规模的局域网络，每个网络最多只能包含254台计算机。

(4) D类IP地址

D类IP地址在历史上被叫做多播地址(multicast address)，即组播地址。它的最高位必须是“1110”，范围为224.0.0.0到239.255.255.255。

(5) 特殊的网址

每个字节都为0的地址(0.0.0.0)对应于当前主机；IP地址中的每个字节都为1的IP地址(255.255.255.255)是当前子网的广播地址；IP地址中凡是以“11110”开头的E类IP地址都保留用于将来和实验使用。

由于Internet的蓬勃发展，IP地址的需求量愈来愈大，使得IP地址的发放日趋严格，地址空间的不足必将妨碍互联网的进一步发展。为了扩大地址空间，拟通过IPv6重新定义地址空间，采用128位地址长度。在IPv6的设计过程中，除了一劳永逸地解决了地址短缺问题以外，还考虑了在IPv4中解决不好的其他问题。

2. IP地址的类型

根据使用情况，IP地址可分为静态IP地址和动态IP地址。通常网络中的服务器、通信设备(如路由器)等持有固定不变的IP地址，这些固定分配给某设备的IP地址称为静态IP地址；另一些IP地址则会被DHCP(Dynamic Host Configure Protocol，动态主机配置协议)服务器动态地分配给网络中的客户机或个人拨号入网的计算机，在它们接入Internet期间持有此IP地址，断开网络连接时，这些IP地址将会被回收，以便于DHCP服务器统一管理和分配。

3. 子网掩码

(1) 子网与子网划分

IP地址的分类设计有很多好处，但也存在弹性不足的缺点。例如，某企业被分配到B类IP地址，若将6万多台计算机连接到同一个网络中，显然会出现网络效率低、管理困难等现象，因此在实际应用中不可行。

子网划分就是在IP地址的基础上加入一个子网层次。这样IP地址的结构就由原来的网络号+主机号，变成网络号+子网号+主机号。

在一个单位从ISP申请到网络ID之后，可将该网络进一步划分成更小的子网，分别分配给不同的部门，从而方便了管理。通过划分子网，还可以减少IP地址浪费、减少网络通信冲突。

(2) 子网掩码

TCP/IP 协议标准规定：每一个使用网址的网点，都必须选择一个除 IP 地址外的 32 位的位模式。位模式中的某位置为 1，则对应 IP 地址中的某位就为网络地址中的一位；位模式中的某位置为 0，则对应 IP 地址中的某位就为主机地址中的一位。这种位模式称为子网掩码。

对于 A 类地址来说，默认的子网掩码是 255.0.0.0；对于 B 类地址来说，默认的子网掩码是 255.255.0.0；对于 C 类地址来说，默认的子网掩码是 255.255.255.0。

子网掩码可以用来判断任意两台计算机的 IP 地址是否属于同一子网络。最为简单的理解就是，两台计算机各自的 IP 地址与子网掩码进行 AND 运算后，如果得出的结果是相同的，则说明这两台计算机是处于同一个子网上的，可以进行直接通信。例如，假设有两个 IP 地址 192.168.0.1 和 192.168.0.254，子网掩码为 255.255.255.0，分别进行 AND 运算后，结果都为 192.168.0.0，所以这两台计算机就被视为是同一子网络。

子网掩码的另一个作用就是重新划分网络。例如，某 IP 地址为 210.33.120.100，其最高位为 110，因此是 C 类 IP 地址，可知此 IP 地址的前 3 字节为网络号；子网掩码为 255.255.255.224，表示对应 IP 地址的前 27 位为网络号与子网号。其网络划分如图 8-22 所示。

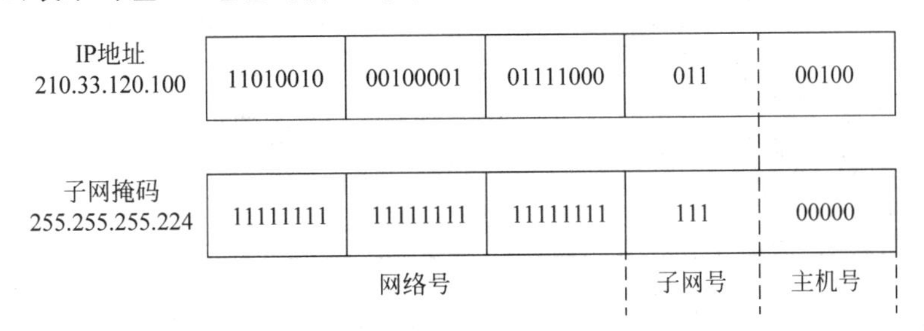

图 8-22 子网划分

4. 域名系统

在 Internet 上，IP 地址是全球通用地址，但是由于 IP 地址由一连串的数字组成，记忆和书写很不方便。为此，TCP/IP 协议在 IP 地址的基础上向用户提供域名系统(Domain Name System，DNS)服务，即用字符来识别网络上的计算机。从概念上讲，域名就是网上某一站点或某一服务器的另一种地址表示方式。DNS 就是一种帮助人们在 Internet 上用字符来唯一标识自己的计算机，并保证主机名(域名)和 IP 地址一一对应的网络服务。例如，要访问新浪网站，在浏览器的地址栏中输入 202.108.33.32 或输入域名 sina.com.cn 的作用是相同的。

DNS 是一个以分组的、基于域的命名机制为核心的分布式命名数据库系统。DNS 将整个 Internet 视为一个域名空间，域名空间是由树状结构组织的分层域名组成的集合，如图 8-23 所示。DNS 域名空间树的最上面是根(root)域，根域之下就是顶级域名。

顶级域名由 Internet 网络信息中心(Internet Network Information Center)控制，一般分为地理上的和组织上的两类。除美国以外，其他国家或地区都采用代表同家或地区的顶级域名，如表 8-2 所示，是部分常用的地理上的顶级域名。表 8-3 所示，是部分常用的组织上的顶级域名。

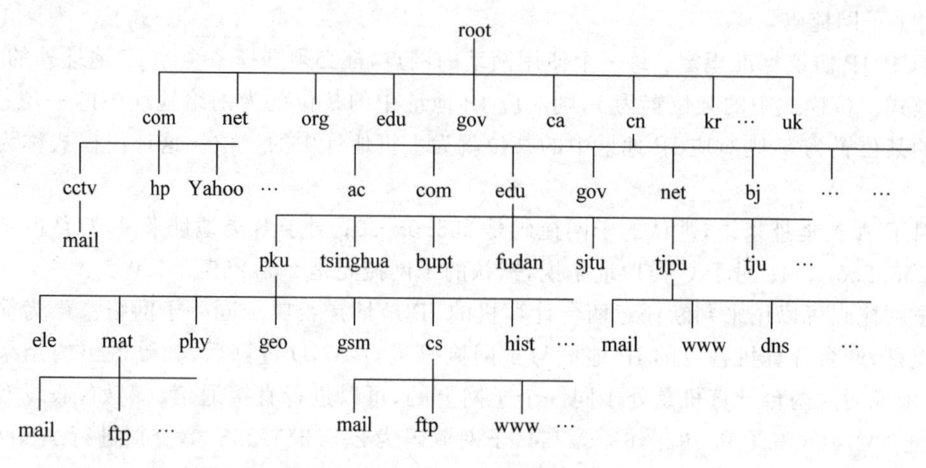

图 8-23　DNS 域名空间

表 8-2　常用的地理上的顶级域名

域　名	含　义
au	Australia 澳大利亚
cn	China 中国
fr	France 法国
kr	Korea-south 韩国
ca	Canada 加拿大
jp	Japan 日本

表 8-3　常用的组织上的顶级域名

域　名	含　义
com	commercial organization 工商界
mil	military 军事部门
edu	educational institutions 教育机构
gov	govermental organizations 政府部门
net	network operations and service centers 网络服务商
org	非盈利性组织
int	international and organizations 国际组织

顶级域名之下是二级域名，通常是由 NIC 授权给其他单位或组织自己管理。一个拥有二级域名的单位可以根据自己的情况，再将二级域名分为更低级的域名授权给单位下面的部门管理。DNS 域名树的最下面的叶节点为单个的计算机，域名的级数通常不多于 5 个。在 DNS 树中，每个节点都用一个简单的字符串标识，那么在 DNS 域名空间中，可以用以圆点“.”分隔的、从叶节点到根的字符串连接来标识计算机：

叶节点名.三级域名.二级域名.顶级域名

例如，mail.cs.pku.edu.cn 这个域名表示北京大学计算机系的一台邮件服务器，它和一个唯一的 IP 地址 162.105.230.56 对应。该域名中 mail 是一台主机名，这台计算机是由 cs 域管理的；cs 表示计算机系，它是属于北京大学(pku)的一部分；pku 是中国教育领域

(edu)的一部分；edu 又是中国(cn)的一部分。这种表示域名的方法可以保证主机域名在整个域名空间中的唯一性。因为即使两个主机的标识是相同的，只要它们的上一级域名不同，那么它们的主机域名就是不同的。比如 mail. cs. pku. edu. cn 与 mail. math. pku. edu. cn 分别表示两台不同的主机。

8.4.4　Internet 应用

1. 万维网

万维网上的一个超文本文件称为一个网页。用户通过浏览器访问一个网站时所看到的首个网页称为主页，主页中通常包括指向其他相关网页的超链接。所谓超链接，就是一种统一资源定位器(URL)，通过激活(点击)它，可使浏览器方便地获取新的网页。

浏览器是一种用于检索并展示万维网信息资源的应用程序，也就是浏览网页使用的应用程序，如 IE 浏览器(Internet Explorer)、火狐浏览器、QQ 浏览器等。

(1) 超链接

超链接在本质上属于网页的一部分，是指从一个网页指向一个目标的连接关系。当移动鼠标到网页中的某文本或图片上时，鼠标指针变成手指形状，就说明这些文本和图片是带有超链接的(文本超链接通常带下画线)。网页浏览者只要单击超链接就可以自动跳转到超链接的目标对象，且超链接的数量是不受限制的。

(2) 统一资源定位器

统一资源定位器(URL)是 Internet 上标准资源的地址。互联网上的每个文件都有一个唯一的 URL，它包含的信息指出浏览器处理文件的方式(即访问协议)以及文件位置。URL 的标准格式为 scheme://host. domain:port/path/filename。

① scheme 指定因特网服务的类型，即访问时所使用的协议，常用的 scheme 如表 8-4 所示。

表 8-4　常用的 scheme

scheme	访问协议	用　　途
http	超文本传输协议	以 http://开头的普通网页，不加密
https	安全超文本传输协议	安全网页，加密所有信息交换
ftp	文件传输协议	用于将文件下载或上传至网站
file		您计算机上的文件

② host 指定此域中的主机。如果被省略，HTTP 默认为 www。

③ domain 指定因特网域名，如 baidu. com、jd. com 等。

④ port 指定主机的端口号，端口号通常可以被省略，HTTP 服务的默认端口号为 80。

⑤ path 指定远程服务器上的路径，该路径也可被省略，省略路径则默认被定位到网站的根目录。

⑥ filename 指定远程文档的名称，如果被省略，通常会定位到 index. html、index. htm 等文件，或定位到 Web 服务器设置的其他文件。

例如，http://www. tjpu. edu. cn/表示天津工业大学 Web 服务器的主页。

(3) 超文本传输协议

超文本传输协议(HTTP),是用于分布式协作超文本信息系统的、通用的、面向对象的协议,它规定了浏览器和服务器之间如何互相交流。WWW 使用 HTTP 协议传输各种超文本页面和数据。HTTP 协议会话过程包括 4 个步骤。

① 建立连接。客户端的浏览器向服务端发出建立连接的请求,服务端给出响应就可以建立连接了。

② 发送请求。客户端按照协议的要求通过连接向服务端发送自己的请求。

③ 给出应答。服务端按照客户端的要求给出应答,把结果(HTML 文件)返回给客户端(HTML 文件即网页文件,是用超文本标记语言 HTML 编写的,其文件扩展名是.htm 和.html)。

④ 关闭连接。客户端接到应答后关闭连接。

2. 文件传输协议

文件传输协议(FTP)是 Internet 中用于访问远程机器的一个协议,它使用户可以在本地机和远程机之间进行有关文件的操作。FTP 允许传输任意文件,并且允许文件具有所有权与访问权限。也就是说,通过 FTP,可以与 Internet 上的 FTP 服务器进行文件的上传或下载等动作。

和其他 Internet 应用一样,FTP 也采用了客户机/服务器模式,客户端 FTP 启动传送过程,而服务器 FTP 对其做出应答。在 Internet 上有一些网站,它们依照 FTP 提供服务,让用户进行文件的存取,这些网站就是 FTP 服务器。网上的用户若想连上 FTP 服务器,就需要用到 FTP 的客户端软件。通常 Windows 都有 ftp 命令,这实际就是一个命令行的 FTP 客户端程序。其他常用的 FTP 客户端软件还有 CuteFTP、Leapftp、FlashFXP 等。

3. 远程登录

远程登录(Telnet)是一个简单的远程终端协议,用户可以在本地计算机上登录到远程主机,使用远程主机的资源。例如,在家里通过电话线或局域网登录到办公室的主机上,登录后用户可以进行各种命令操作,就像直接通过终端或控制台在主机进行操作一样。

(1) 远程登录的工作方式

和其他 Internet 信息服务一样,Telnet 采用客户机/服务器模式,它们之间通过 Telnet 协议通信。服务器要运行 Telnet 服务进程,用户的本地计算机上必须安装运行一个 Telnet 客户软件。

为了与支持 Telnet 服务的远程主机建立 Telnet 连接,除了要事先知道远程主机的域名或 IP 地址外,还需要在远程主机上有一个合法的账号,也就是要在远程主机上建立一个用户名和口令。Telnet 的工作过程是:通过本机安装的 Telnet 应用程序在 TCP/IP 和 Telnet 协议的帮助下向远程主机发出请求,远程主机在收到请求后进行响应,一旦远程主机系统验证证明是合法用户,登录就成功了。此时,本地计算机就成为远程主机的一个终端,使用本地计算机键盘所输入的任何命令都将通过 Telnet 程序送往远程主机,在远程主机中执行这些命令,并将执行结果返回到本地计算机屏幕上。

(2) 使用远程登录的途径

目前很多机构也提供了开放远程登录,即用户不需要事先取得账号和口令就可以进行登录。用浏览器进行远程登录连接时,只要在浏览器的地址栏中输入 Telnet 服务器的

URL，就可以登录 Telnet 服务器。如在地址栏中输入 telnet://202.112.58.200 可以登录到清华大学的 BBS 服务器。用户可以以 guest 为用户名进行登录。

进行远程连接时，还可使用远程登录的客户软件 telnet 程序。首先运行 Telnet 程序，在命令提示符下使用命令行格式输入命令名及参数，如输入 Telnet [host-address]（其中 Telnet 为命令名，host-address 为主机地址），即可登录到相应的服务器上。

4. 电子邮件

电子邮件（E-mail）是一种通过计算机网络与其他用户进行联系的快速、简便、高效和廉价的通信手段。

为大众提供网络服务的商业公司都会在它们的服务器系统中用一台计算机来独立处理电子邮件业务，这台计算机就叫做“邮件服务器”。要与他人实现电子邮件的收发，必须知道收件人的 E-mail 地址。这个地址是由 ISP 向用户提供的，或者是 Internet 上的某些 Web 站点向用户提供的，这里所说的邮箱实际上是邮件服务器硬盘上的一块存储空间。

邮件地址具有统一的格式：用户名@邮件服务器域名。

例如 wang@tjpu.edu.cn，其中 wang 为用户名，而 tjpu.edu.cn 则为该电子邮件服务器域名。邮件地址的含义可以理解为“在某邮件服务器上的某人”。

在 Internet 上传输邮件是通过简单邮件传送协议（SMTP）和邮局协议（POP3）完成的。其中 SMTP 的作用是当发送方计算机与支持 SMTP 协议的电子邮件服务器连接时，将电子邮件从发送方的计算机中准确无误地传送到接收方的电子信箱中；POP3 的作用是当用户计算机与支持 POP3 协议的电子邮件服务器连接时，把存储在该服务器的电子信箱中的邮件准确无误地传送到用户的计算机中。

5. 即时通信

即时通信（Instant Messaging，IM）是指能够即时发送和接收互联网消息等的通信服务。自 1998 年面世以来，特别是近几年的迅速发展，即时通信不再是一个单纯的聊天工具，它已经发展成为集交流、资讯、娱乐、搜索、电子商务、办公协作和企业客户服务等为一体的综合化信息平台。

微软、腾讯、Yahoo 等重要即时通信提供商都提供通过手机接入互联网即时通信的业务。用户可以通过手机，与其他已经安装了相应客户端软件的手机或计算机收发消息。

最早使用的即时通信软件是 ICQ。之后是 Yahoo 公司的 Yahoo！Messenger 和微软公司的 MSN Messenger，但已退出市场。现在国内外广泛使用的即时通信有腾讯的 QQ 和微信（WeChat）、Facebook、Skype 等。

8.5 物 联 网

物联网是新一代信息技术的重要组成部分，也是“信息化”时代的重要发展阶段。其英文名称是“Internet of Things”。顾名思义，物联网就是物物相连的互联网。这有两层含义：其一，物联网的核心和基础仍然是互联网，是在互联网基础上的延伸和扩展的网络；其二，其用户端延伸和扩展到了任何物品与物品之间，进行信息交换和通信，也就是物物相息。

8.5.1 物联网起源

物联网的实践最早可以追溯到 1990 年,施乐公司的网络可乐贩售机——Networked Coke Machine。

1999 年,美国麻省理工学院建立了“自动识别中心”(Auto-ID),提出“万物皆可通过网络互联”,阐明了物联网的基本含义。

2005 年 11 月 17 日,在突尼斯举行的信息社会世界峰会(WSIS)上,国际电信联盟(ITU)发布《ITU 互联网报告 2005:物联网》,引用了“物联网”的概念。

2009 年 1 月 28 日,奥巴马就任美国总统后,与美国工商业领袖举行了一次“圆桌会议”,作为仅有的两名代表之一,IBM 首席执行官彭明盛首次提出“智慧地球”这一概念。当年,美国将新能源和物联网列为振兴经济的两大重点。

2009 年 8 月,时任国务院总理温家宝“感知中国”的讲话把我国物联网领域的研究和应用开发推向了高潮,无锡市率先建立了“感知中国”研究中心,中国科学院、运营商、多所大学在无锡建立了物联网研究院。物联网被正式列为国家五大新兴战略性产业之一,写入“政府工作报告”,其受关注程度是美国、欧盟以及其他各国不可比拟的。

物联网在中国受到了全社会极大的关注,物联网的概念已经是一个“中国制造”的概念。截至 2010 年,发改委、工信部等部委正在会同有关部门,在新一代信息技术方面开展研究,形成支持新一代信息技术的一些新政策措施,从而推动我国经济的发展。

8.5.2 物联网的概念

1. 物联网的定义

物联网是指把所有物品通过信息传感设备与互联网连接起来,进行信息交换,即物物相息,以实现智能化识别和管理。其目的是实现物与物、物与人,所有的物品与网络的连接,方便识别、管理和控制。

2. 物联网的架构

物联网架构可分为三层:感知层、网络层和应用层。

① 感知层由各种传感器构成,包括温湿度传感器、二维码标签、RFID 标签和读写器、摄像头、红外线、GPS 等感知终端。感知层是物联网识别物体、采集信息的来源。

② 网络层由各种网络组成,包括互联网、广电网、网络管理系统和云计算平台等,是整个物联网的中枢,负责传递和处理感知层获取的信息。

③ 应用层是物联网和用户的接口,它与行业需求结合,实现物联网的智能应用。

8.5.3 关键技术

在物联网应用中有以下 3 项关键技术。

1. 传感器技术

传感器技术也是计算机应用中的关键技术。截至目前,绝大部分计算机处理的都是数字信号。自从有计算机以来,就需要传感器把模拟信号转换成数字信号计算机才能处理。

2. RFID

RFID(射频识别)标签也是一种传感器技术，RFID 技术是融合了无线射频技术和嵌入式技术为一体的综合技术，RFID 在自动识别、物品物流管理方面有着广阔的应用前景。

3. 嵌入式系统技术

嵌入式系统技术是综合了计算机软硬件、传感器技术、集成电路技术、电子应用技术为一体的复杂技术。经过几十年的演变，以嵌入式系统为特征的智能终端产品随处可见；小到人们身边的 MP3，大到航天航空的卫星系统。嵌入式系统正在改变着人们的生活，推动着工业生产以及国防工业的发展。

如果把物联网用人体做一个简单比喻，传感器相当于人的眼睛、鼻子、皮肤等感官，网络就是用来传递信息的神经系统，嵌入式系统则是人的大脑，在接收到信息后要进行分类处理。

8.5.4 物联网的应用

1. 应用模式

根据物联网的实质用途可以归结为两种基本应用模式。

(1) 对象的智能标签

通过 NFC(近场通信)、二维码、RFID 等技术标识特定的对象，用于区分对象个体。例如在生活中我们使用的各种智能卡、条码标签，其基本用途就是用来获得对象的识别信息；此外通过智能标签还可以用于获得对象物品所包含的扩展信息，例如智能卡上的金额余额，二维码中所包含的网址和名称等。

(2) 对象的智能控制

物联网基于云计算平台和智能网络，可以依据传感器网络用获取的数据进行决策，改变对象的行为进行控制和反馈。例如根据光线的强弱调整路灯的亮度，根据车辆的流量自动调整红绿灯间隔等。

2. 应用领域

物联网大量应用在各行业中，包括智能农业、智能电网、智能交通、智能物流、智能医疗、智能家居等。这几年推行的智能家居，就是把家中的电器通过网络控制起来。当物联网发展到一定阶段，家中的电器可以和外网连接起来，通过传感器传达电器的信号。厂家在工厂就可以知道家中电器的使用情况，也许在你之前就知道你家电器的故障。如果某一天突然有维修工上门告诉你家中空调有问题，可能你还会惊讶得不能相信。

物联网不仅仅是一个概念而已，它已经在很多领域运用，只是并没有形成大规模运用。常见的运用案例有：

(1) 物联网传感器产品已率先在上海浦东国际机场防入侵系统中得到应用。机场防入侵系统铺设了 3 万多个传感器节点，覆盖了地面、栅栏和低空探测，可以防止人员的翻越、偷渡、恐怖袭击等攻击性入侵。

(2) ZigBee 路灯控制系统点亮济南园博园。ZigBee 无线路灯照明节能环保技术的应用是此次园博园中的一大亮点。园区所有的功能性照明都采用了 ZigBee 无线技术达成的无线路灯控制。

(3) 手机物联网将移动终端与电子商务相结合,让消费者可以与商家进行便捷的互动交流,随时随地体验品牌品质。手机物联网购物其实就是闪购,通过手机扫描条形码、二维码等方式,可以进行购物、比价、鉴别产品等功能。

物联网通过智能感知、识别技术与普适计算等通信感知技术,广泛应用于网络的融合中,也因此被称为继计算机、互联网之后世界信息产业发展的第三次浪潮。

第9章　办公应用软件基础

Microsoft Office 2010，是微软公司在2010年前后推出的一套办公软件。该软件共有6个版本，分别是初级版、家庭及学生版、家庭及商业版、标准版、专业版和专业增强版。Microsoft Office 2010可支持32位和64位Windows Vista及Windows 7，仅支持32位Windows XP，不支持64位Windows XP。

本书将系统讲解Word 2010、Excel 2010、PowerPoint 2010三款软件的基本功能及操作方法。2010版本相较于2007版本，在界面和功能上修改很少，但对启动和关闭速度进行了优化，同时具有更强大的功能、更漂亮的外观、更丰富的内容和更高的安全性。

9.1　Word 2010基础操作

9.1.1　Word 2010界面

Word 2010启动后，将自动创建一个空白文档，其工作界面主要包括快速访问工具栏、标题栏、选项卡、功能区、状态栏、视图切换区以及比例缩放区等，如图9-1所示。

9.1.2　启动与退出

1. 启动Word 2010

启动Word 2010有以下两种方法：

① 从“开始”菜单启动。单击“开始”菜单，然后选择“所有程序”→Microsoft Office→Microsoft Word 2010命令，即可进入Word 2010的工作界面。

② 从已有Word文档启动。在Windows桌面的空白处右击，在弹出的快捷菜单中选择“新建”→“Microsoft Word文档”命令。执行该命令后即可在桌面上创建一个Word文档，双击该文档就会打开这篇新建的空白文档。

2. 退出Word 2010

完成对文档的编辑处理后即可退出Word 2010，退出方法有以下几种：

① 单击Word标题栏最右端的“关闭”按钮☒。

② 单击“文件”菜单下的“关闭”命令。

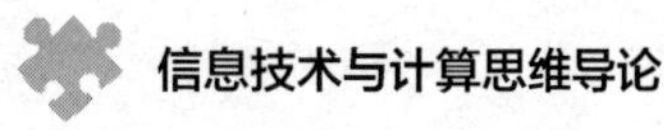

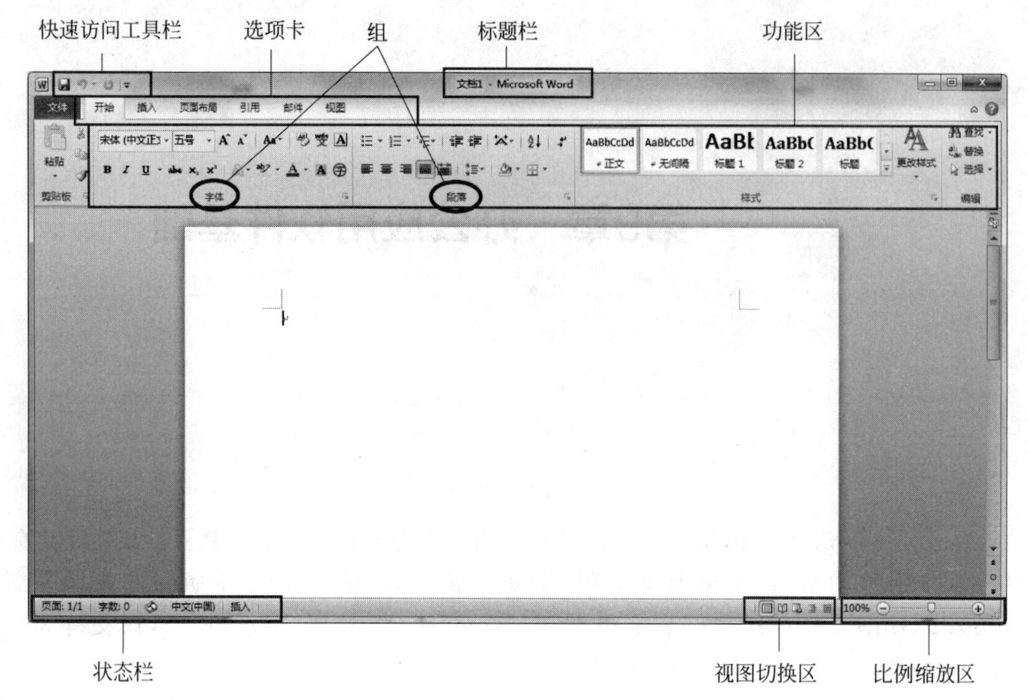

图 9-1　Word 2010 界面组成

③ 单击“文件”菜单下的“退出”命令。

④ 直接按 Alt+F4 组合键关闭文档。

9.1.3　创建与保存

1. 文档的创建

Word 2010 提供了两种创建文档的方式：一种是新建空白文档；另一种是根据模板新建文档。方法如下：

① 在快速启动工具栏上添加“新建”按钮，单击即可创建一个空白的新文档。

② 单击“文件”菜单下的“新建”命令，出现“新建文档”窗格，用户可以选择新建空白文档，或根据模板新建文档，如图 9-2 所示。

2. 文档的保存

(1) 新建文档的保存

保存新建的文档，可以单击快速访问工具栏中的“保存”按钮；或者单击“文件”菜单下的“保存”命令。在弹出的“另存为”对话框中，指定文档保存的位置、文件名及保存类型，单击“保存”按钮即可。

(2) 另存文档

对文档备份或者换名保存，可以单击“文件”菜单下的“另存为”命令。

(3) 设置文档自动保存

① 单击“文件”菜单下的“选项”命令。

② 在弹出的如图 9-3 所示“Word 选项”对话框中，选中“保存自动恢复信息时间间隔”复选框，在其后输入时间间隔即可。

图 9-2 “新建文档”窗格

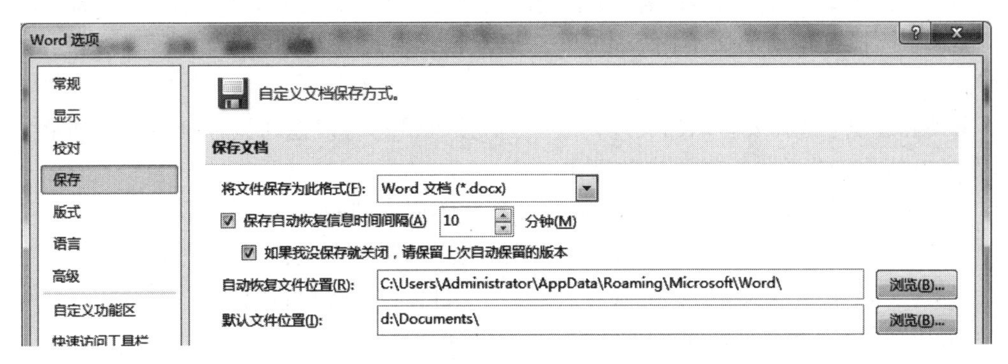

图 9-3 “Word 选项”对话框

9.1.4 文本选择与编辑

1. 用鼠标进行选择

① 任意区域：按住鼠标左键拖过要选的文本。

② 一个单词：在要选的文本上双击鼠标。

③ 一句话：在要选的句子上 Ctrl+单击。

④ 矩形文本区域：将光标置于文本的一角，按住 Alt 键拖动鼠标至对角。

⑤ 一行文本：将鼠标移至该行最左端的文本选定区，待光标变为 形状后，单击鼠标左键。

⑥ 一个段落：在要选的段落上的任意位置三击鼠标，或者在要选的段落的最左端的文本选定区，待光标变为 形状后，双击鼠标。

⑦ 任意多行：将鼠标移至该行最左端的文本选定区，待光标变为 形状后，按下鼠标

左键拖动。

⑧ 连续的文本块：将光标置于选择文本之前，按住 Shift 键的同时，在选择文本结束的位置单击鼠标。

⑨ 整篇文档：在文档任意一行的最左端的文本选定区，待光标变为 ↗ 形状后，三击鼠标，或者按 Ctrl+单击鼠标，或者使用快捷键 Ctrl+A。

取消选择：在任意空白处单击鼠标即可。

2. 使用 Shift 键与光标键进行选择

① Shift+Home：选择插入点至行首的内容。

② Shift+End：选择插入点至行尾的内容。

③ Shift+PageUp：选择插入点向前一页的内容。

④ Shift+PageDown：选择插入点向后一页的内容。

⑤ Shift+"箭头"：选择插入点向箭头方向的内容。

⑥ Shift+Ctrl+Home：选择插入点至文档首部的全部内容。

⑦ Shift+Ctrl+End：选择插入点至文档尾部的全部内容。

3. 移动与复制

(1) 利用鼠标拖动实现(适用于在同一文档中进行短距离移动或复制内容)。

移动：选择要移动的文本内容，按下鼠标左键拖动到目标位置，释放鼠标左键即可。

复制：选择要移动的文本内容，按下 Ctrl+鼠标左键拖动到目标位置，释放鼠标左键即可。

移动和复制：选择要移动的文本内容，然后按下鼠标右键拖动鼠标到目标位置释放鼠标，在弹出的快捷菜单中选择相应的操作。

(2) 利用"剪贴板"实现(适用于在同一文档或不同文档间移动或复制内容)。

移动：选择对象后执行"剪切"命令，然后选定目标位置再执行"粘贴"命令。

复制：选择对象后执行"复制"命令，然后选定目标位置再执行"粘贴"命令。

"剪切""复制""粘贴"命令可以使用如下方法实现：

① 选择"开始"选项卡→"剪贴板"组中的"剪切""复制""粘贴"按钮。

② 选择快捷菜单中的"剪切""复制""粘贴"命令。

③ 使用组合键：Ctrl+X(剪切)、Ctrl+C(复制)、Ctrl+V(粘贴)。

在 Word 2010 中，Office 剪贴板最多可以保存 24 项内容，单击"开始"选项卡→"剪贴板"组→"剪贴板"对话框启动按钮，可以打开剪贴板进行查看。

4. 插入和改写

文档的编辑状态有两种：默认编辑状态为"插入"状态。如果要在"插入/改写"模式之间进行切换，可执行以下操作：

① 单击"文件"菜单→"选项"，打开"Word 选项"对话框。

② 在对话框左侧选择"高级"选项。

③ 在对话框右侧"编辑选项"中选中或清除"使用改写模式"复选框。另外，"用 Insert 控制改写模式"复选框决定了是否能用键盘上的 Insert 键作为"插入/改写"模式的切换开关。

④ 单击"确定"按钮。

此外，单击状态栏上的“插入/改写”模式指示器 插入 ，也可在两种模式间进行切换。

5. 撤销、恢复和重复

单击快速访问工具栏上的“撤销”按钮，或使用快捷键 Ctrl＋Z，能够撤销之前所做的一步或多步操作。

单击快速访问工具栏上的“恢复”按钮，或使用快捷键 Ctrl＋Y，能够恢复被撤销的一步或多步操作。

“重复”功能，可以多次重复相同的操作。当“重复”功能可用时，“重复”按钮就会出现在快速访问工具栏上，取代“恢复”按钮的位置。“重复”功能的快捷键也是 Ctrl＋Y，“重复”和“恢复”功能不能同时使用。

9.1.5　导航窗格与视图

1. 导航窗格

Word 2010 采用“导航”窗格整合了旧版本中的文档结构图、缩略图和查找功能，可以使用户更为轻松地掌握长文档的结构层次。使用“导航窗格”的前提是必须应用大纲级别或标题样式。

① 开启“导航窗格”。单击“视图”选项卡→“显示”组→“导航窗格”复选框。

② 浏览和重排标题。“导航窗格”的默认界面是浏览标题的界面，在标题上右击，弹出的快捷菜单中提供对标题的插入、删除、改变级别等操作，也可以直接拖动标题至其他位置。

③ 快速浏览各页内容。单击“导航窗格”中的标题即可跳转至对应位置浏览文档。

2. 文档视图

在编辑过程中，用户因编辑目的不同需要在文档中突出不同的内容，为了满足这样的排版要求，Word 2010 提供了 5 种显示文档的视图方式。要在各种视图之间进行切换，可采用以下两种方法。

① 从“视图”选项卡的“文档视图”组中，选择适当的视图按钮。

② 在窗口下方水平滚动条右侧，选择适当的视图按钮，如图 9-4 所示。

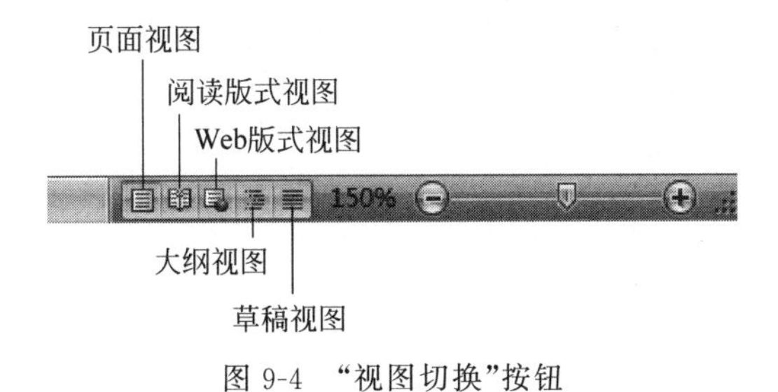

图 9-4　“视图切换”按钮

下面简单介绍几种常用的视图。

(1) 页面视图

在页面视图下既可以看到页边距、页眉和页脚、图形对象等，又可以同时显示水平标尺和垂直标尺，该视图下的文档排版格式即文档打印在纸上的效果。

(2) 阅读版式视图

阅读版式视图是一种专门用来阅读文档的视图，它将文档自动分成多屏，适合长篇文档的阅读。

（3）Web 版式视图

Web 版式视图主要用于编辑 Web 页，其最大优点表现在阅读和显示文档时效果极佳。该视图与使用浏览器打开该文档时的画面一样，因此可以在 Web 版式视图下浏览和制作网页等。

（4）大纲视图

大纲视图是显示文档结构的视图，它将所有标题分级显示，层次分明，适合较多层次的文档，如报告文体和章节排版等。

（5）草稿视图

草稿视图适用于文档排版，只保存在计算机中而不用于打印的文档。该视图是旧版 Word 的普通视图。

3. 文档显示比例

显示比例是指文档窗口内文档的大小，它仅仅是屏幕设置，不影响打印版本。调整显示比例的方法如下：

（1）在状态栏的缩放滑块上，拖动缩放控件，或单击滑块两侧的缩小或放大按钮。

（2）在“视图”选项卡→“显示比例”组中，使用“显示比例”按钮等进行设置。

4. 显示多个文档和窗口

Word 允许同时在不同窗口中打开多个文档。要在打开的文档之间进行切换，可以使用“视图”选项卡提供的如下按钮：

（1）新建窗口。用户也可以为一个文档打开多个窗口，在不同的窗口中对同一个文档的不同位置进行编辑。

（2）全部重排。将已打开的文档窗口全部显示在屏幕上。

（3）拆分窗口。将文档窗口一分为二变成两个子窗口，方便用户对同一文档中的前后内容进行复制和粘贴等操作。取消拆分窗口，可以用鼠标双击拆分线，或者单击“取消拆分”按钮。窗口被拆分后，“拆分”按钮就会变成“取消拆分”按钮，如图 9-5 所示。

图 9-5 “拆分”按钮

（4）并排查看。并排排列两个文档，一个为当前的活动文档，一个为用户选择的其他文档，以便比较其内容。

（5）同步滚动。当“并排查看”被启用的时候，这个选项锁定两个文档的滚动，再次单击可以取消两个文档同步滚动。

（6）重设窗口位置。当“并排查看”被启用时，这个选项依据最初窗口的大小和形状，重新设置正在并排比较的两个文档的窗口位置，使它们平分屏幕空间。

（7）切换窗口。所有打开的文档位于“切换窗口”按钮下，便于在它们之间进行切换。

9.1.6 查找与替换

1. 查找

如果需要查找相关的内容，可按如下步骤进行：

① 单击“开始”选项卡→“编辑”组→“查找”按钮，左侧弹出“导航”任务窗格。

② 在“搜索文档”编辑框中输入要查找的内容，然后按 Enter 键即可。

③ 此时查找到的文字会以黄色背景显示出来。

2. 替换

当需要统一对整个文档中的某个单词或词组进行修改时，可以使用替换命令来进行操作。

① 单击“开始”选项卡→“编辑”组→“替换”按钮，打开“查找和替换”对话框，如图 9-6 所示。

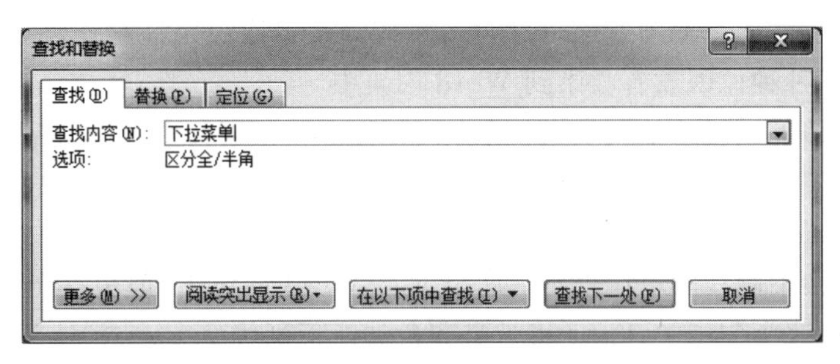

图 9-6 “查找和替换”对话框

② 在“查找内容”编辑框中输入要查找的内容，在“替换为”编辑框中输入替换为的内容。

③ 单击“替换”或“全部替换”按钮，文档中符合要求的内容将被替换。

3. 高级查找和替换

如果在“查找和替换”对话框中单击“更多”按钮，此时该对话框将如图 9-7 所示。

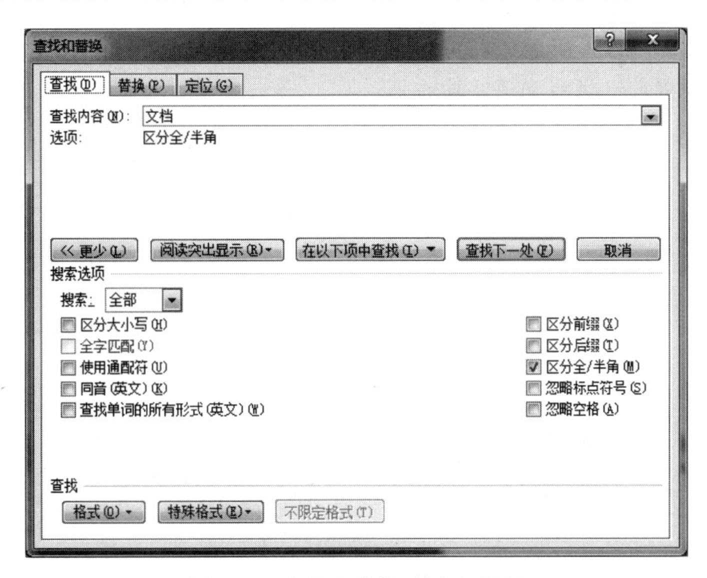

图 9-7 “查找和替换”的高级设置

在“搜索选项”下可以设置搜索条件，或者单击“格式”按钮完成高级查找和替换。值得注意的是“使用通配符”复选框，最常用的通配符如表 9-1 所示。如果要取消所设格式，单击“不限定格式”按钮即可。

表 9-1 “查找/替换”操作中常用的“通配符”

通配符	功能说明	应用举例
?	查找任意字符	输入 b? d 表示查找 bed、bid 等
*	查找任意多个字符	输入 s * d 将查找 sad、starded 等

9.1.7 拼写和语法错误

Word 有一个内置的自动拼写和语法错误检查器。

1. 拼写错误

波浪状的红色或蓝色下画线（非打印）表示 Word 不能识别这个词，原因可能是拼写错误，也可能是由于种种原因没有收录到 Word 词典中。

带有红色波浪下画线的单词表示：这个词不在 Word 词典中，例如在下面这个句子中，luse 将带有红色波浪下画线。

You've got nothing to luse.

带有蓝色波浪下画线的单词表示：这个词在 Word 词典中，但根据上下文它可能使用不当，例如在下面这个句子中，loose 将带有蓝色波浪下画线。

You've got nothing to loose.

2. 语法错误

语法或标点符号上可能出现的错误，通常使用波浪状的绿色下画线标注。Word 擅长寻找可能的错误并建议更正，但它不能取代用户本人的校对。

当有较多的语法和拼写错误检查时，可以使用对话框界面，逐一跳转到每个可能的拼写和语法错误，方法是单击“审阅”选项卡→“校对”组→“拼写和语法”按钮，打开“拼写和语法”对话框进行检查，如图 9-8 所示。在该对话框左下角单击“选项”按钮，在打开的“Word 选项”对话框中可以自定义拼写和语法检查器。

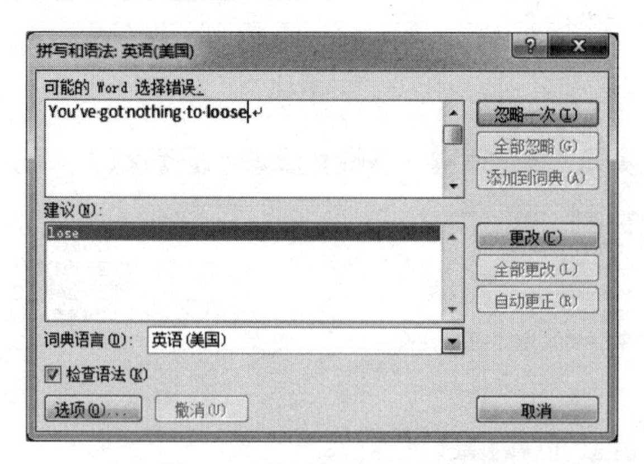

图 9-8 “拼写和语法”对话框

9.2 Word 2010 文档格式与编辑

为文档设置必要的格式,可以使文档版面更加美观。文档格式的设置主要包括字符格式设置、段落格式设置、文档的分栏与分页、页面格式设置。

9.2.1 字符格式

在 Word 中,字符是文档格式化的最小单位。

1. 设置字符常用格式

设置文档中的字符常用格式,经常使用的方法有两种。

(1) 利用“开始”选项卡→“字体”组中的按钮进行设置。

“字体”组中设置字体格式的按钮如图 9-9 所示。有些按钮右侧带有下拉箭头,表示单击该按钮后会弹出下拉列表供用户进行相应选择。相较于 Word 2007,在 Word 2010 中的字符格式增加了“文本效果”按钮和字体颜色“渐变”设置,如图 9-10 所示。

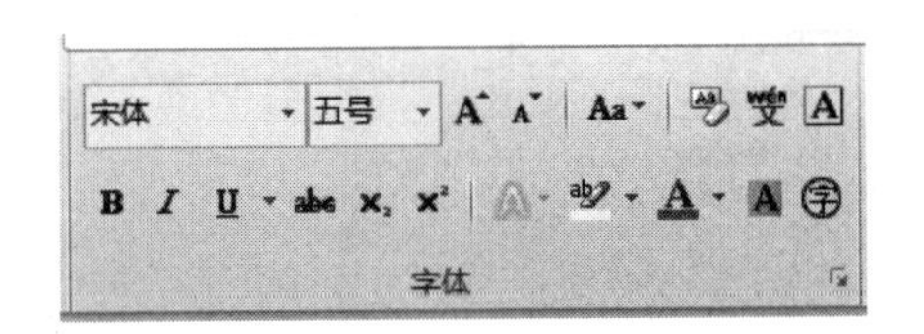

图 9-9 设置字体格式的常用按钮

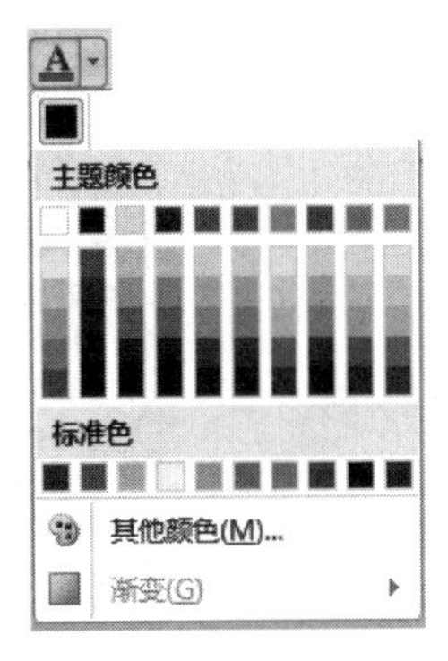

图 9-10 字体颜色“渐变”设置

(2) 利用“字体”对话框进行设置。

选中要修改的文字,单击“开始”选项卡→“字体”组右下角的对话框启动按钮,或者右击选中文字,在弹出的快捷菜单中选择“字体”命令,打开“字体”对话框,如图 9-11 所示。

2. 调整字符的水平间距和垂直位置

字符的水平间距和垂直位置可以在“字体”对话框的“高级”选项卡中进行设置,如图 9-12 所示。

在“缩放”下拉列表框中,可以按文字当前尺寸的百分比横向扩展或压缩文字;在“间距”下拉列表中,可以调整文字间的水平间距;在“位置”下拉列表中,可以调整文字的垂直位置。

也可以单击“开始”选项卡→“段落”组→“中文版式”按钮右侧的下拉箭头,在展开的下拉列表中选择“字符缩放”项进行设置。

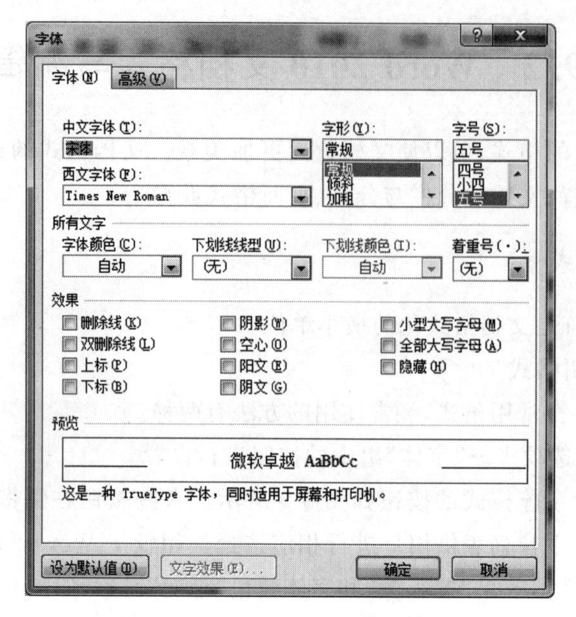

图 9-11 “字体”对话框的“字体”选项卡

图 9-12 “字体”对话框的“高级”选项卡

Word 2010 首次支持先进的字体排版 OpenType 格式，包括连字、数字间距、数字形式以及样式集，它可以使英文文本更美观漂亮，如图 9-13 所示，目前还没有成型的 OpenType 的中文字库。如果没有安装 OpenType 字体，即便打开带有 OpenType 效果的文档时，也是无法看到原来的效果的。OpenType 字体在设置 OpenType 时不一定都有效果，而且会因为输入内容的不同而产生不一样的效果。如果不能看到 OpenType 效果，检查以下三点：

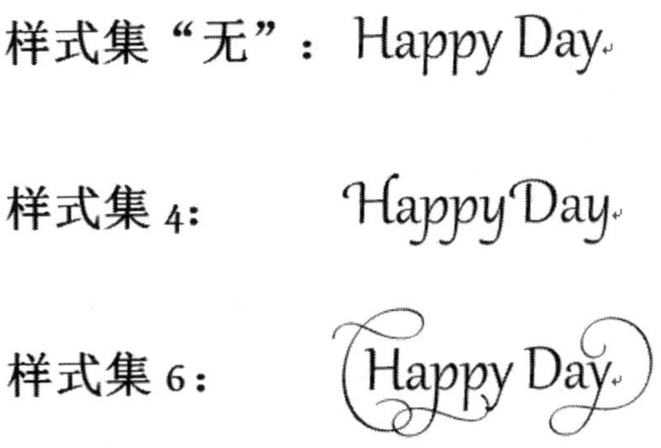

样式集“无”：Happy Day

样式集 4：Happy Day

样式集 6：Happy Day

图 9-13 运用 OpenType 功能的效果

① 文档不能是“兼容模式”。

② 在“文件”菜单→“选项”→“高级”选项卡→(最下方)“版式选项”→取消勾选“禁用 OpenType 字体格式功能复选框”。

③ 在操作系统的“开始”菜单中，找到 Microsoft Office 分组，单击“Microsoft Office 2010 工具”→“Microsoft Office 2010 语言首选项”→“选择编辑语言”组下面的列表中选择“英语(美国)”，单击右侧的“设为默认值”按钮，在弹出的提示对话框中单击“是”→“确定”按钮。关闭所有已经打开的 Microsoft Office 文件，重新启动 Office Word 2010 即可。

9.2.2 段落格式

按下 Enter 键时会产生一个段落标记 ↵，它会把该段落的格式带到下一个段落。如果删除了段落标记，本段落就和下一个段落合并为一个段落了，段落格式自动服从前面的段落。

1. 设置段落缩进、对齐、行距和间距

设置段落格式，首先要选择段落，可以用鼠标选中段落，也可以将光标置于段落的任一位置(适用于选择一个段落)。然后，选择如下两种方法之一进行设置：

① 单击“开始”选项卡→“段落”组右下角的对话框启动按钮，打开“段落”对话框，选择“缩进和间距”选项卡，如图 9-14 所示。

② 使用“开始”选项卡→“段落”组中的按钮。此外，“页面布局”选项卡→“段落”组中也有相应按钮完成段落的缩进和间距设置。

在“段落”对话框设置缩进值和间距时，可以手动输入度量单位，例如“厘米”“字符”“磅”等。

默认情况下，在段落的开头按一次 Tab 键，可以实现首行缩进，再次按 Tab 键可以实现段落的左缩进；按 Backspace 键可以删除缩进。

水平标尺也可以实现段落缩进，各缩进标记含义如表 9-2 所示。按住 Alt 键的同时拖动缩进标记，水平标尺上会显示数值及单位。如果看不到水平标尺，可以单击“视图”选项卡→“显示”组→“标尺”复选框，或者单击垂直滚动条顶端的“标尺”按钮，文本编辑区上方就会出现水平标尺，如图 9-15 所示。

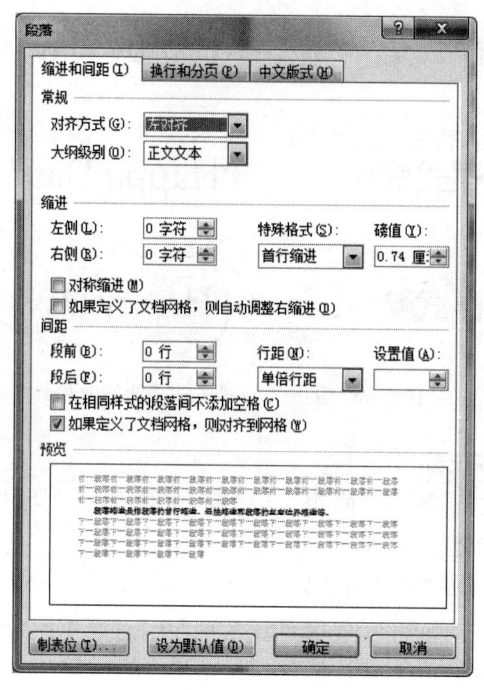

图 9-14 “段落”对话框中的“缩进和间距”选项卡

表 9-2 各缩进标记示意图

缩进标记	首行缩进	悬挂缩进	左缩进	右缩进
示意图	箭头所指	箭头所指	箭头所指	

图 9-15 文本编辑区上方的水平标尺

段落中文本的行距如果为“单倍行距”，当行中出现图形或字号发生变化时，Word 会自动调整行间距以适应其大小。当行距设置为“固定值”时，行距始终保持不变，如果字号增大就可能会使其显示不完整。

2. 项目符号和编号

项目符号是在一些段落的前面加上完全相同的符号；编号是按照大小顺序为文档中的段落添加编号。添加项目符号和编号可以提高文章的可读性和层次感。

(1) 项目符号

① 选择要设置项目符号的段落。

② 单击“开始”选项卡→“段落”组→“项目符号”按钮。

默认情况下，单击“项目符号”按钮会添加一个黑色实心圆作为项目符号，如果单击“项目符号”按钮右侧的下拉箭头，则弹出如图 9-16 所示的下拉列表，用户可以从中选择更多的项目符号。

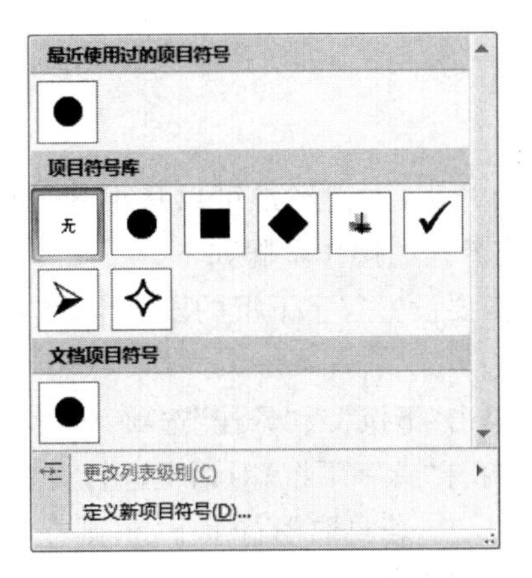

图 9-16 “项目符号”下拉列表

单击“项目符号”下拉列表底端的“更改列表级别”命令，会弹出一个二级列表，从中可以设置当前段落的项目符号级别。“定义新项目符号”命令，可以选择其他符号或者图片作为新项目符号。

（2）编号

添加编号和添加项目符号的方法相似，不同的是，添加编加单击的是“开始”选项卡→“段落”组→“编号”按钮 。如果想对编号格式进行修改，可以单击“编号”按钮右侧的下拉箭头，在弹出的下拉列表底端选择“定义新编号格式”和“设置编号值”命令。

（3）多级列表

多级列表适用于编写书籍、试卷等多层次文档，能够清晰地展示各级内容之间的关系。单击“开始”选项卡→“段落”组→“多级列表”进行设置，如果想修改可在“多级列表”下拉列表底端选择“定义新的多级列表”命令。

使用多级列表时，按 Enter 键进入同级的下一个编号，按 Tab 键可降为下一级编号，按 Shift+Tab 组合键可返回上一级编号。

3. 文字竖排

Word 提供的文字竖排功能，可以轻松编排古代诗词，实现复古效果。操作方法为：选择要编排的文本，然后单击“页面布局”选项卡→“页面设置”组→“文字方向”按钮，在弹出的下拉列表中进行选择，或者单击列表底端的“文字方向选项”命令打开“文字方向-主文档”对话框进行设置，如图 9-17 所示。

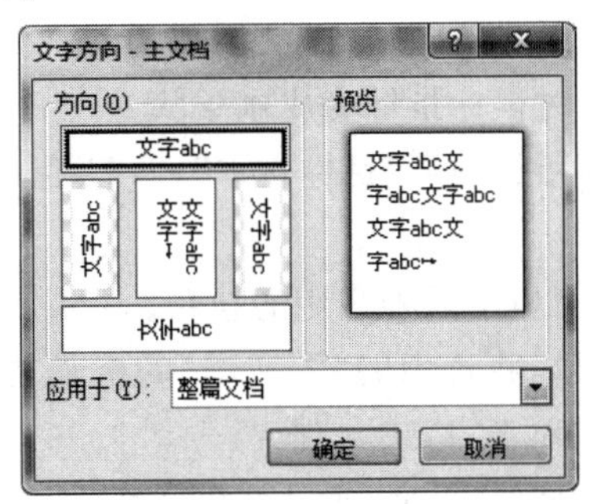

图 9-17 “文字方向-主文档”对话框

9.2.3 中文版式

(1) 首字下沉

首字下沉通常用于文档的开头,人们经常可以从报刊等出版物上见到这种排版方式。Word 2010 中设置首字下沉或悬挂的操作步骤如下。

① 将插入点光标定位到需要设置首字下沉的段落中,单击“插入”选项卡→“文本”组→“首字下沉”按钮。

② 在打开的下拉列表中单击“下沉”或“悬挂”选项,设置默认效果。如果想设置其他效果,可以单击“首字下沉选项”打开“首字下沉”对话框进行设置,如图 9-18 所示。

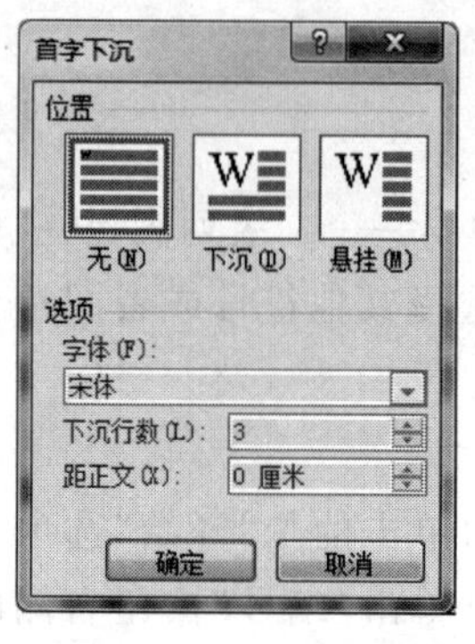

图 9-18 “首字下沉”对话框

若要取消首字下沉,则在“首字下沉”的下拉列表中选择“无”。

(2) 简繁转换

Word 提供中文简体与繁体的相互转换,可以使用“审阅”选项卡→“中文简繁转换”组中的按钮进行设置。

(3) 拼音指南

如果想给中文字符标注汉语拼音,可以使用“开始”选项卡→“字体”组→“拼音指南”按钮,打开“拼音指南”对话框进行设置。

(4) 纵横混排、双行合一、合并字符

选择要设置的文字,然后单击“开始”选项卡→“段落”组→“中文版式”按钮右侧的下拉箭头,在弹出的下拉列表中进行选择。

(5) 带圈字符

选择要设置的文字,然后单击“开始”选项卡→“字体”组→“带圈字符按钮”按钮,在打开的“带圈字符按钮”对话框中进行选择设置。

9.2.4 格式刷和突出显示文本

1. 格式刷

在 Word 中,利用“开始”选项卡→“剪贴板”组→“格式刷”按钮,可以快速地将已设置好的格式复制到其他段落和文字中。

使用格式刷复制格式,可按如下步骤操作。

① 选取已设置好格式的“源文本”。

② 单击“格式刷”按钮,此时鼠标指针变成刷子状。

③ 拖动鼠标左键,用鼠标指针刷过“目标文本”,即需要复制格式的文本,释放鼠标即完成格式的复制。

使用格式刷复制格式时,有以下几种常用的技巧。

① 双击“格式刷”按钮,可以将选中的“源文本”的格式复制到多个段落或文本中,要结束复制时可以按 Esc 键或再次单击“格式刷”按钮。

② 如果选择“源文本”中的部分文字,或是部分文字和段落标记“ ”,则只能将字体格式复制给“目标文本”。

③ 如果选择“源文本”中的段落标记“↵”，则只能将段落格式复制给“目标文本”，这也正说明了段落标记“↵”含有段落格式。

④ 如果选择“源文本”中的整个段落，包括段落标记“↵”，则可以将字体格式和段落格式同时复制给“目标文本”。

2. 突出显示文本

Word 可以对需要引起注意的文本应用突出显示，设置文本突出显示的方法有两种。

(1) 先选中文本，单击“开始”选项卡→“字体”组→“以不同颜色突出显示文本”按钮，则用当前颜色突出显示文本。如果需标记其他颜色，可以单击其右侧的下拉箭头，在出现的下拉列表中更改颜色，如图 9-19 所示。

图 9-19 “以不同颜色突出显示文本”下拉列表

(2) 先在图 9-19 所示的下拉列表中选择一种颜色，然后选择要突出显示的文本，完成后再次单击按钮，或者在下拉列表中选择“停止突出显示”，或者按 Esc 键结束突出显示。

如果要取消文档中的突出显示，只要先选择文本，然后在如图 9-19 所示的下拉列表中选择“无颜色”即可。

9.2.5 边框和底纹

在 Word 中，可以为字符、段落设置边框或底纹，以突出文档中的内容，使文档的外观效果更加美观。

1. 利用“边框和底纹”按钮或对话框进行设置

① 选择要设置边框的文字或者段落。

② 单击“开始”选项卡→“段落”组→“边框和底纹”按钮右侧的下拉箭头，弹出如图 9-20 所示下拉列表，选择相应命令设置边框线。

③ 单击下拉列表底端的“边框和底纹”打开“边框和底纹”对话框，如图 9-21 所示，选择“边框”选项卡或“底纹”选项卡进行设置。注意右下角的“应用于”编辑框，可选择设置对象为“文字”或“段落”。

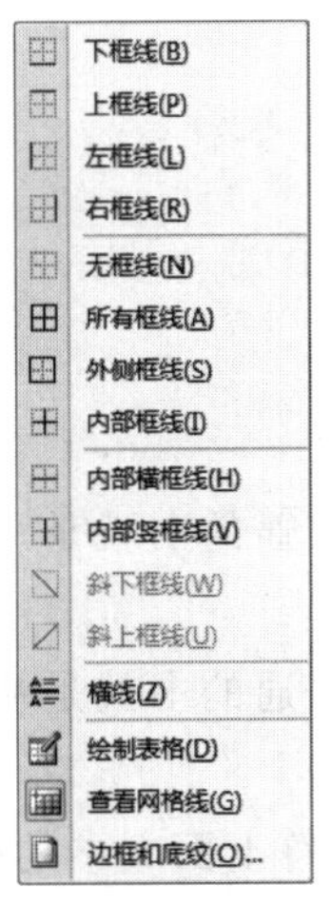

图 9-20 “边框和底纹”下拉列表

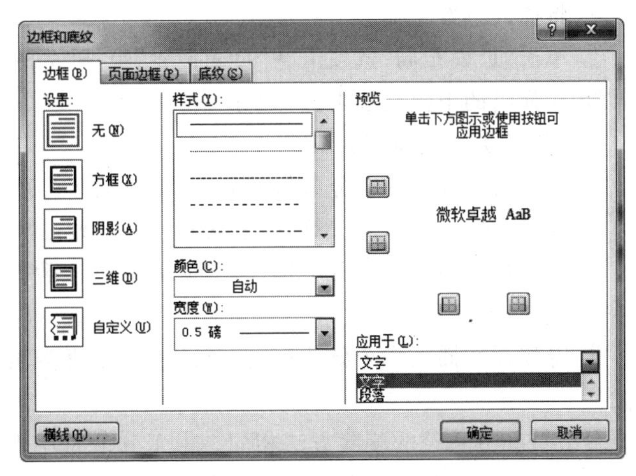

图 9-21 “边框和底纹”对话框的“边框”选项卡

2. 利用其他按钮进行设置

(1) 单击"开始"选项卡→"字体"组→"字符边框"按钮，可以设置字符边框。

(2) 单击"开始"选项卡→"字体"组→"字符底纹"按钮，可以设置字符底纹。

(3) 单击"开始"选项卡→"段落"组→"底纹"按钮，可以设置字符底纹。

9.2.6 页面设置与打印

1. 分隔符的设置

Word 2010 提供的分隔符有分页符、分节符和分栏符等。

(1) 分页符

通常情况下，编辑文档时系统会将文档自动分页。如果确有必要，可以采用强制分页的手段，在任何要插入分页符的位置放置插入点，按如下任一方法操作。

① 按 Ctrl+Enter 键。

② 单击"插入"选项卡→"页"组→"分页"按钮。

③ 单击"页面布局"选项卡→"页面设置"组→"分隔符"按钮，在弹出的下拉列表中选择"分页符"命令。

插入分页符后，可以看到一条中间穿插有"分页符"字样的虚线，即强制分页标记 ……分页符……，移动插入点到分页标记上，按下 Delete 键即可删除强制分页标记。

如果看不到强制分页标记，可单击"开始"选项卡→"段落"组→"显示/隐藏编辑标记"按钮。

(2) 分节符

节是文档格式化的基本单位。只有在不同的节中才可以设置与前面文本不同的页眉页脚、页边距、页面方向、文字方向或者分栏版式等格式。

在草稿视图模式下，节与节之间用一个双虚线作为分界线，称作分节符。分节符是一个节的结束符号，在分节符中存储了分节符之上整个一节的文本格式，如页边距、页面方向、页眉页脚以及页码的顺序等。

插入分节符的具体步骤如下。

① 将插入点置于要分节的位置。

② 单击"页面布局"选项卡→"页面设置"组→"分隔符"按钮。

③ 在弹出的下拉列表中选择"分节符"类型。

分节符的类型及作用如下。

① 下一页。插入一个分节符并分页，新节从下一页开始。

② 连续。插入一个分节符，新节从同一页开始。

③ 偶数页。插入一个分节符，新节从下一个偶数页开始，对于普通的书就是从左手页开始。

④ 奇数页。插入一个分节符，新节从下一个奇数页开始，对于普通的书就是从右手页开始。

分节符和分页符的删除方法相同。由于分节符中保存着该分节符上面文本的格式，所以删除一个分节符就意味着删除了这个分节符之上的文本所使用的格式，这时该节的文本将使用下一节的格式。

(3) 分栏符

许多刊物都会选择分栏来排版内容,其优点是不但易于阅读,还能尽最大可能地利用纸张中的空白区域。分栏的操作步骤如下。

① 选择分栏的对象。如果将光标插入在某段落中,则将该段落所在节中的所有段落进行分栏排版;如果选中某几个段落,则将选中的段落进行分栏排版,并且在选中段落的首尾处自动插入"连续"型的分节符。

② 单击"页面布局"选项卡→"页面设置"组→"分栏"按钮,在弹出的下拉列表中选择分栏样式实现分栏,如"一栏""两栏"等;或者单击下拉列表底部的"更多分栏"打开"分栏"对话框进行设置,如图 9-22 所示。

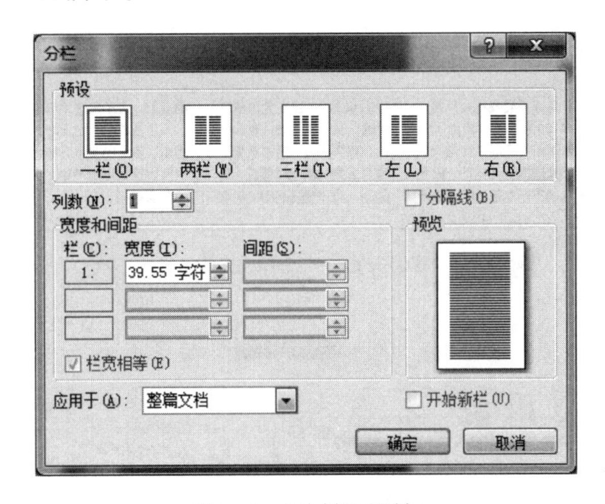

图 9-22 "分栏"对话框

默认情况下,每一栏的宽度都是由系统根据文本数量和页面大小自动设置的。在没有足够的文本填满一页时,往往会出现栏间不平衡的布局,即一栏内容很长,而另一栏内容很短甚至没有文本,如图 9-23 中上图所示。为了使文本的版面效果更好,就需要平衡各栏文字长度,此时只要在分栏文档结尾处插入一个"连续"类型的分节符即可,效果如图 9-23 中下图所示。

2. 设置页眉和页脚

"页眉"和"页脚"是打印在文档每页顶部和底部附加的描述性内容,典型的页眉和页脚的内容往往包括文档的标题、日期、页码等,也可以在页眉和页脚中输入文本或插入图形。例如文档的水印效果,就是插入在页眉页脚中的图形。

(1) 创建页眉和页脚

插入页眉和页脚的步骤:单击"插入"选项卡→"页眉和页脚"组→"页眉"按钮,在弹出的下拉列表中选择"编辑页眉"命令,进入"页眉"编辑区,同时打开"页眉和页脚工具"中的"设计"选项卡,如图 9-24 所示。单击"设计"选项卡→"导航"组"转至页脚"按钮,切换到"页脚"编辑区。对于已经设置过页眉或页脚的文档,可以用鼠标双击页眉或者页脚的位置进入"页眉"或"页脚"编辑区。

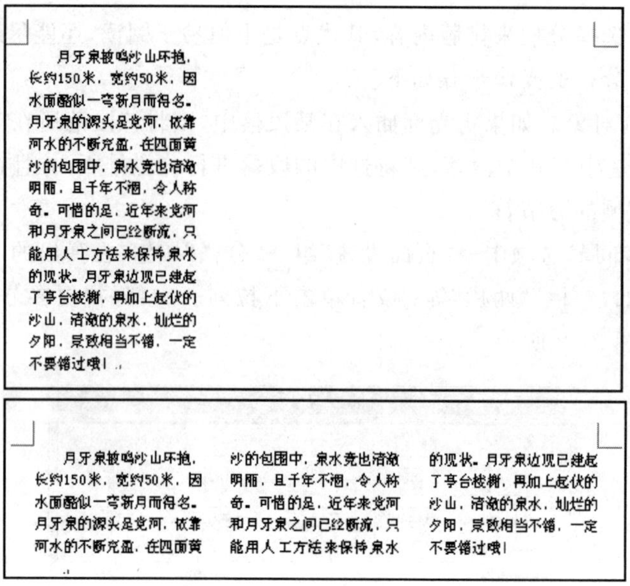

月牙泉被鸣沙山环抱，长约150米，宽约50米，因水面酷似一弯新月而得名。月牙泉的源头是党河，依靠河水的不断充盈，在四面黄沙的包围中，泉水竟也清澈明丽，且千年不涸，令人称奇。可惜的是，近年来党河和月牙泉之间已经断流，只能用人工方法来保持泉水的现状。月牙泉边现已建起了亭台楼榭，再加上起伏的沙山，清澈的泉水，灿烂的夕阳，景致相当不错，一定不要错过哦！
月牙泉被鸣沙山环抱，长约150米，宽约50米，因水面酷似一弯新月而得名。月牙泉的源头是党河，依靠河水的不断充盈，在四面黄沙的包围中，泉水竟也清澈明丽，且千年不涸，令人称奇。可惜的是，近年来党河和月牙泉之间已经断流，只能用人工方法来保持泉水的现状。月牙泉边现已建起了亭台楼榭，再加上起伏的沙山，清澈的泉水，灿烂的夕阳，景致相当不错，一定不要错过哦！

图 9-23　平衡各栏文字长度前后的对比效果

页眉和页脚工具
设计
页眉
页脚
页码
页眉和页脚
日期和时间
文档部件
图片
剪贴画
插入
转至页眉
转至页脚
上一节
下一节
链接到前一条页眉
导航
首页不同
奇偶页不同
显示文档文字
选项
页眉顶端距离: 1.5 厘米
页脚底端距离: 1.75 厘米
插入"对齐方式"选项卡
位置
关闭
页眉和页脚
关闭

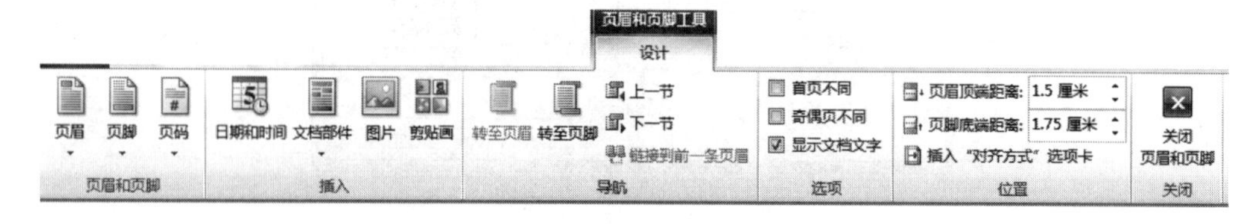

图 9-24　“页眉和页脚工具”中的“设计”选项卡

(2) 编辑页眉和页脚

① 页眉和页脚的内容。用户可以输入文本作为页眉页脚的内容，并可以设置页眉页脚中的字体格式及对齐方式等。此外，可以利用“设计”选项卡→“页眉页脚”组→“页码”，或者“插入”组中的按钮，将页码、日期、时间、文档等属性插入到页眉或页脚中。

② 不同的页眉和页脚。在论文等编排中，常常需要单独地修改文档中某部分的页眉和页脚，此时需要将文档分成节，并单击“设计”选项卡→“导航”组→“链接到前一条页眉”按钮，断开各节间的链接即可。

若要使文档的奇偶页或者首页具有不同的页眉或页脚，可勾选“设计”选项卡→“选项”组中相应的复选框。“页面设置”对话框的“版式”选项卡中，也有设置“奇偶页不同”或“首页不同”的复选框。

③ 页眉和页脚的位置。在“设计”选项卡→“位置”组中，可以设置页眉和页脚的位置。

④ 插入页眉或页脚构建基块。构建基块为页眉和页脚提供了各种格式和布局上的选择。单击“插入”选项卡→“页眉和页脚”组→“页眉”按钮，在弹出的下拉列表中选择一种构建基块，如图 9-25 所示。

⑤ 删除页眉或页脚。要想删除页眉或页脚，单击“插入”选项卡→“页眉和页脚”组→“页眉”(或“页脚”)按钮，在弹出的下拉列表中选择“删除页眉”(或“删除页脚”)命令，如图 9-25 所示。

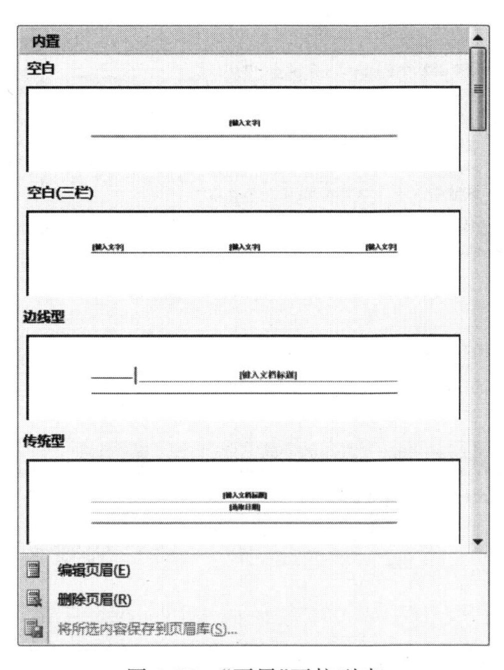

图 9-25　“页眉”下拉列表

在页眉或页脚添加页码、日期、时间等内容时，实际上是插入相应的域。如果看到的是类似[PAGE]或[DATE]这样的域代码而非实际的页码、日期、时间等，按 Alt+F9 切换域代码，即可以看到实际页码、日期、时间等。

(3) 修改页眉线

默认情况下，页眉线为单实线。要修改页眉线，可使用“边框和底纹”按钮编辑“下框线”。

3. 页面背景设置

(1) 水印

水印是放置在页眉页脚中的一种特殊的背景，可以是文字，也可以是图片。水印通常用于增加趣味或标识文档状态，例如将一篇文档标记为草稿。

用户可以使用 Word 内置的水印，也可以设置自己喜欢的水印。操作方法为：单击“页面布局”选项卡→“页面背景”组→“水印”按钮，在出现的下拉列表中选择一种样例，或者选择“自定义水印”，打开如图 9-26 所示的“水印”对话框自定义水印。

(2) 应用页面背景色

页面背景色出现在页面的最底层，可以是固定颜色或填充效果，页面背景色只能在“页面视图”“阅读版式视图”和“Web 版式视图”中查看。单击“页面布局”选项卡→“页面背景”组→“页面颜色”按钮，在出现的下拉列表中选择一种颜色设置方法。

(3) 设置页面边框

设置页面边框可以为打印出的文档增加效果，添加页面边框的具体步骤为：单击“页面

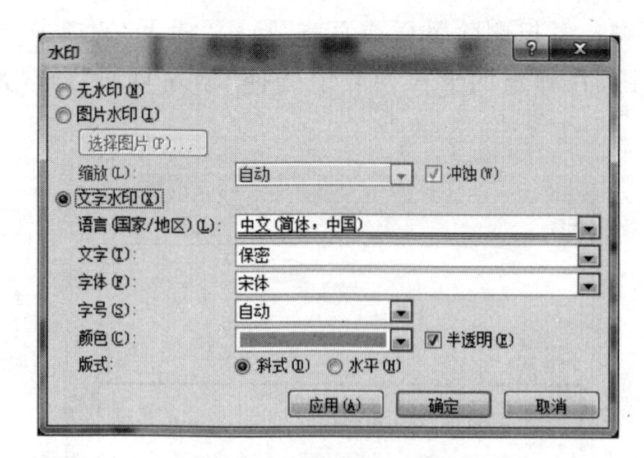

图 9-26 “水印”对话框

布局”选项卡→“页面背景”组→“页面边框”按钮，打开“边框和底纹”对话框→“页面边框”选项卡，如图 9-27 所示。

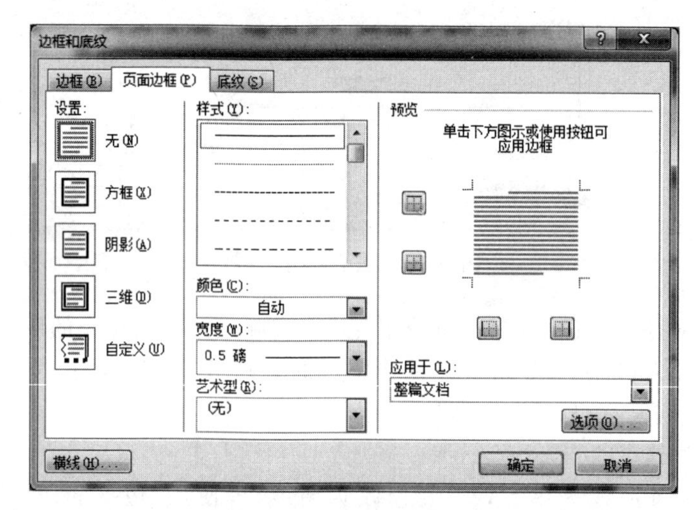

图 9-27 “边框和底纹”对话框的“页面边框”选项卡

4. 页面设置

(1) 设置纸张

默认情况下，Word 中的纸型是标准的 A4 纸，其宽度为 21cm，高度为 29.7cm。用户可以单击“页面布局”选项卡→“页面设置”组→“纸张大小”按钮，在弹出的下拉列表中选择纸张大小，或者单击“页面设置”组右下角的对话框启动按钮，打开“页面设置”对话框，选择“纸张”选项卡进行设置，如图 9-28 所示。

(2) 设置页边距

页边距是页面四周的空白区域，也就是正文与纸张边缘的距离。Word 会根据用户指定的纸张大小提供默认的页边距，例如 A4 纸默认的上、下页边距为 2.54cm，左右页边距为 3.17cm。用户也可以自行指定页边距，设置方法有如下两种。

① 精确设置页边距。在“页面设置”对话框的“页边距”选项卡中设置，如图 9-29 所示。

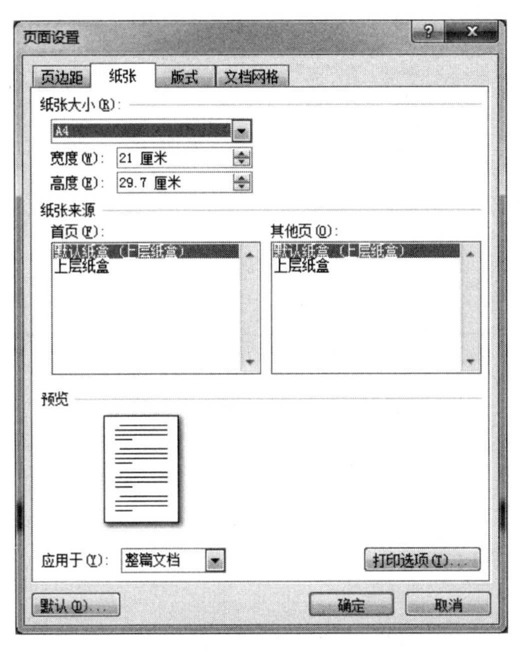

图 9-28 “页面设置”对话框的“纸张”选项卡

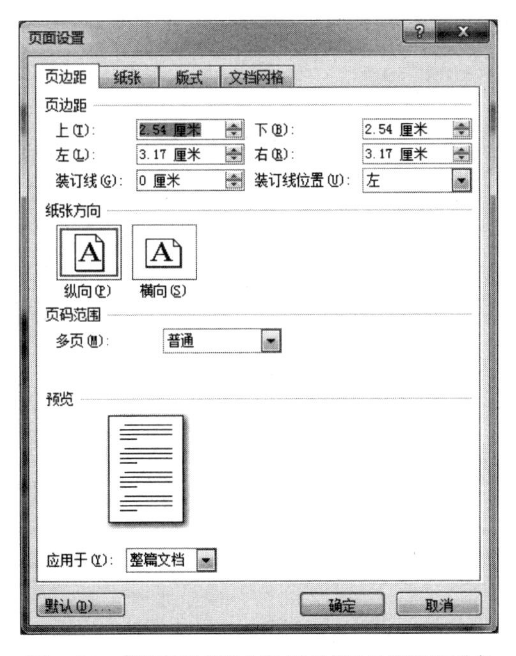

图 9-29 “页面设置”对话框的“页边距”选项卡

② 使用标尺快速设置页边距。在页面视图模式下，水平标尺和垂直标尺两端的深色区域代表的是页边距，如图 9-30 所示，将鼠标移动到标尺深色和浅色区域的分界处，当鼠标指针形状变成双向箭头时，用鼠标左键拖动分界线可以调整页边距。在使用标尺设置页边距时按住 Alt 键，将显示出文本区和页边距的量值。

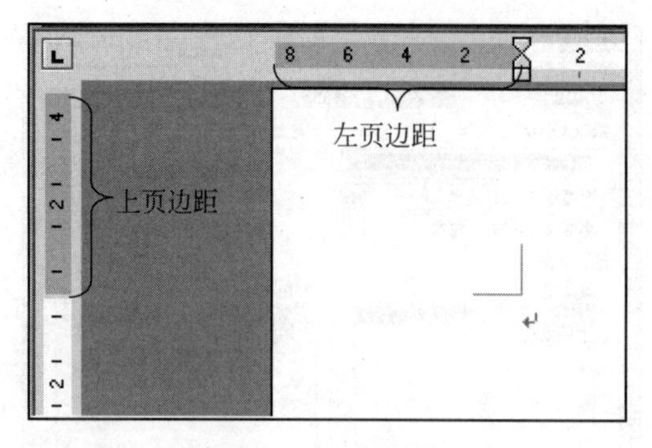

图 9-30　页边距示意图

（3）设置版式

打开“页面设置”对话框，选择“版式”选项卡，如图 9-31 所示。在“页面”选项区中可以设置文本在页面中的垂直对齐方式。在“预览”选项区中，单击“行号”按钮打开“行号”对话框，可以为文档中的某一节或整篇文档添加行号。

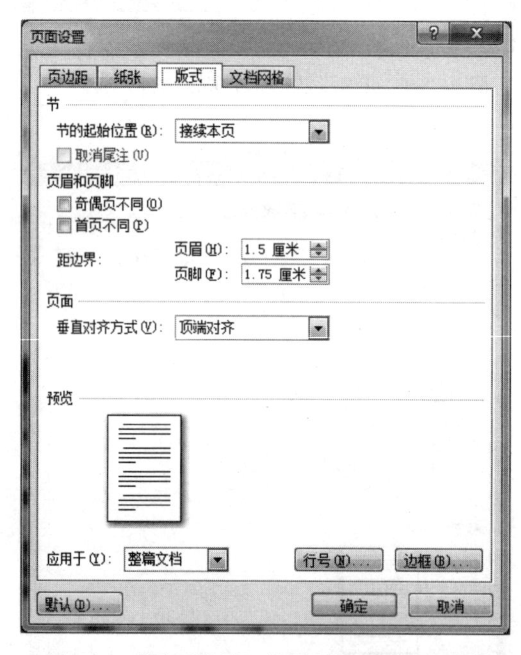

图 9-31　“页面设置”对话框的“版式”选项卡

（4）设置文档网格

在“页面设置”对话框的“文档网格”选项卡中，可以设置文字排列方向、网格、每行字符数和每页行数，如图 9-32 所示。

5. 打印文档

（1）打印预览

应用打印预览功能可以使用户在打印之前查看文档的实际打印效果，从而避免打印后才发现错误。单击“文件”按钮，选择“打印”命令会弹出“打印预览”窗格，如图 9-33 右侧所示。在“打印预览”窗格底端会显示页数和总页数以及显示比例调整。

图 9-32 “页面设置”对话框的“文档网格”选项卡

(2) 打印文档

在如图 9-33 上中部所示的“打印”窗格中，用户可以按指定范围打印文档，还可以打印多份文档，以及对文档进行缩放打印等。

图 9-33 “打印”与“打印预览”窗格

9.2.7 高级编辑

1. 样式和模板

一个文档里同一级的标题最好设置成相同的字体、字号、段前和段后行距，以便分清文档的层次，Word 提供的样式功能就可以简单实现文档内的一致性。除了对文档中局部元素设定样式外，也可以设置一个模板，以保证文档之间的一致性。

(1) 使用样式

样式包含了对文档中正文、各级标题、页眉页脚的设置，使用样式后可以自动生成目录、文档结构图和大纲结构图，使文档看起来井井有条，使编辑和修改变得更加简单、快捷。

在功能区单击“开始”选项卡，在“样式”组内对样式进行设置，如图 9-34 所示。或者单击“样式”组右侧的对话框启动按钮，打开如图 9-35 所示的“样式”窗格进行设置，并能对样式进行修改、删除、新建，注意内置样式无法删除。

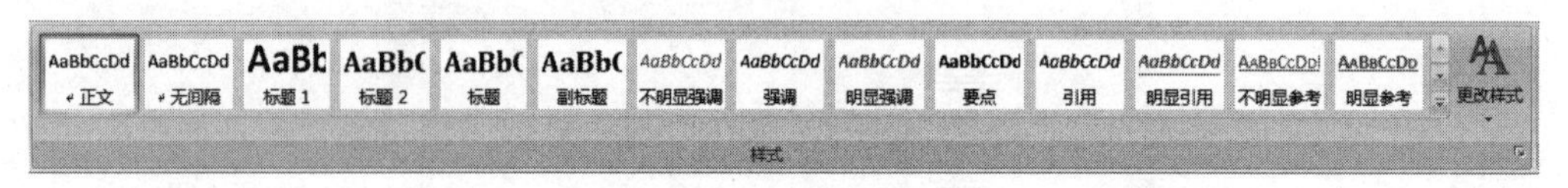

图 9-34 “样式”组

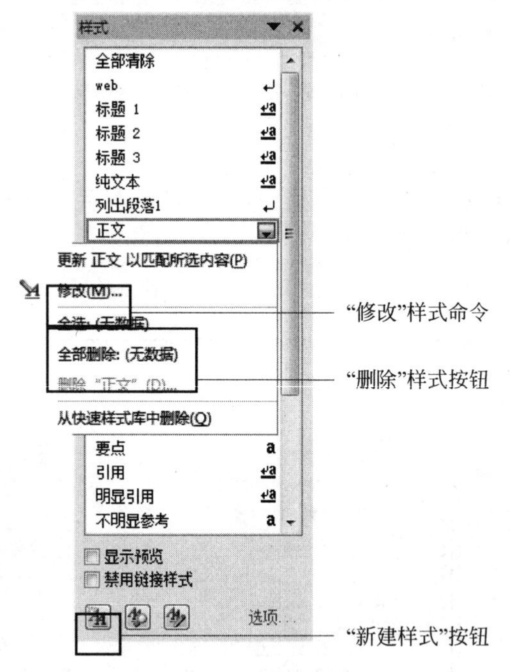

图 9-35 “样式”窗格

(2) 使用模板

模板可以作为模型用以创建其他类似的文档，省去了重复性的设置工作。操作步骤为：执行“文件”→“新建”命令，在“可用模板”列表中选择模板，如图 9-36 所示。

2. 审阅与修订

有时一个文档需要多个人审阅，例如导师给学生审阅论文，可以将修改意见作为批注插入文档，表示此处有问题但并不打算做出详细修改，而当需要显示审阅者的修改想法时则使用修订。

(1) 使用批注

批注可以插入到文档的任意位置，包括正文、标题、页脚等，创建批注步骤如下。

① 选择想要创建批注的文字，或将光标放在想要显示批注标记的位置。

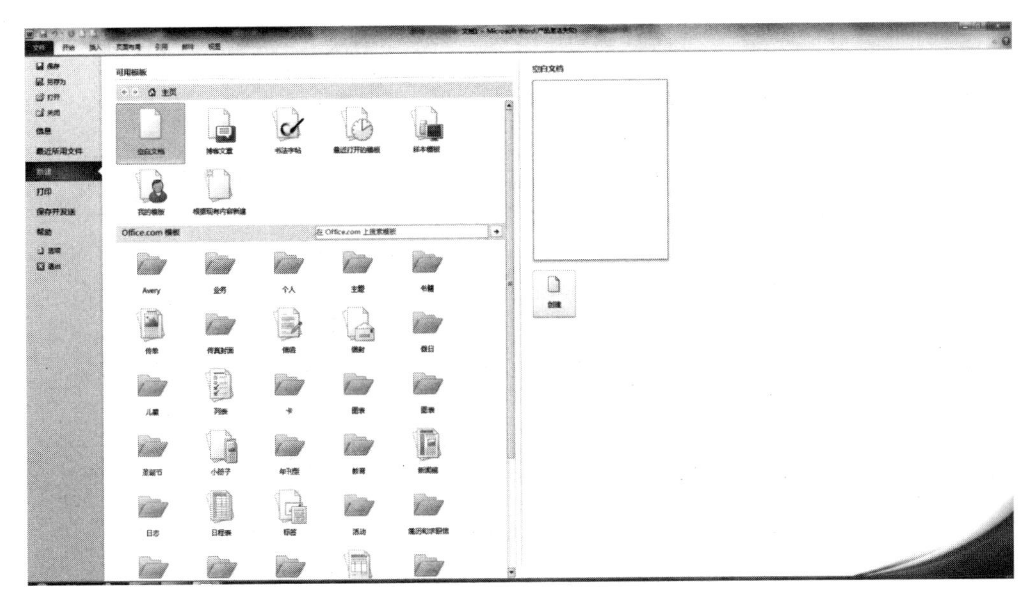

图 9-36　"新建"文档

② 单击"审阅"选项卡→"批注"组→"新建批注"按钮，即显示一个批注框。

③ 输入批注内容，然后在批注之外单击以接受该批注。

常用的删除批注方法有以下两种。

① 右击批注，在弹出的菜单中选择"删除批注"。

② 单击"审阅"选项卡→"批注"组→"删除"按钮。

(2) 使用修订

设置修订步骤如下。

① 单击"审阅"选项卡→"修订"组→"修订"按钮，进入修订状态。

② 将光标插入要修订的位置，对文档进行修订，如插入内容、删除内容、格式化更改。

③ 再次单击"修订"按钮，退出修订状态。

默认情况下，修订过的文本以红色字体显示，插入的内容带有单下画线，删除的内容带有删除线，能够清楚记录对文档所做的更改。若想改变修订的格式，可以单击"修订"按钮的下拉箭头，在出现的下拉列表中选择"修订选项"，打开"修订选项"对话框如图 9-37 所示，在"标记"选项区中进行设置。

审阅完文档后，再由作者选择接受或拒绝修订。首先将光标置于修订位置处，然后使用"审阅"选项卡→"更改"组→"接受"或"拒绝"按钮。

3. 封面与目录

(1) 封面

Word 内置的封面，使得封面设计更为简单方便。单击"插入"选项卡→"页"组→"封面"按钮，在弹出的"内置"列表中选择所需封面即可。

(2) 目录

用户在创建目录之前，必须确保对文档的标题应用了样式，Word 会用各个样式的标题级别来确定它在所属目录中的级别。

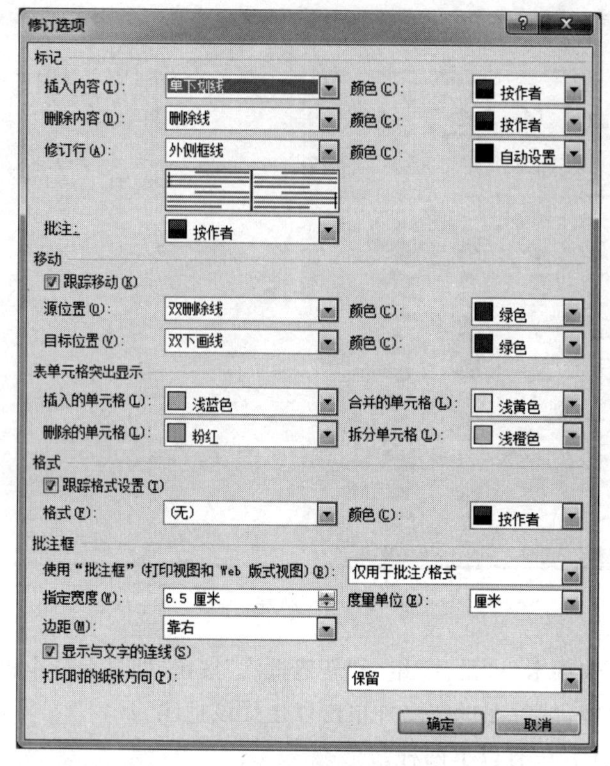

图 9-37 “修订选项”对话框

单击“引用”选项卡→“目录”组→“目录”按钮，弹出下拉列表如图 9-38 所示，列表中提供了预置的目录样式。还可以单击“插入目录”命令，弹出“目录”对话框如图 9-39 所示，在“目录”选项卡中设置目录的显示格式，完成后单击“确定”按钮。

内置
手动表格
目录
键入章标题(第 1 级)......1
键入章标题(第 2 级)......2
键入章标题(第 3 级)......3
自动目录 1
目录
标题 1......1
标题 2......1
标题 3......1
自动目录 2
目录
标题 1......1
标题 2......1
标题 3......1
插入目录(I)...
删除目录(R)
将所选内容保存到目录库(S)...

图 9-38 “目录”下拉列表

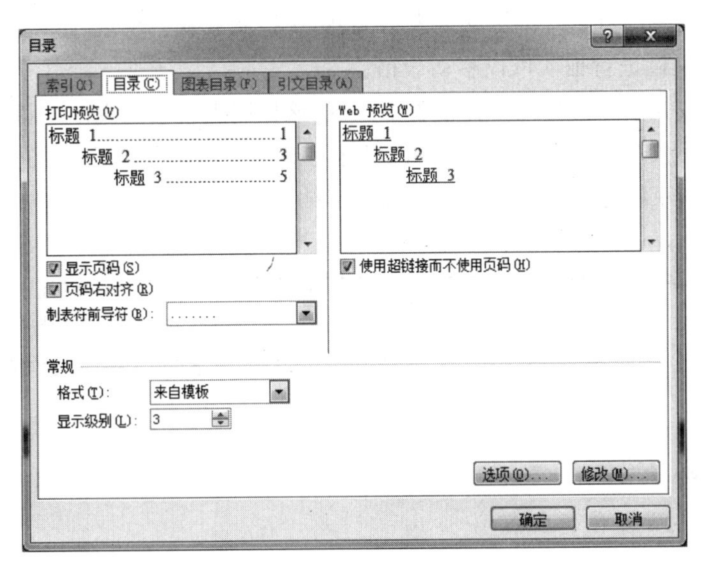

图 9-39 “目录”对话框

如果对文档进行了修改,则必须更新目录,操作步骤如下。

① 将光标定位在要更新的目录中。

② 单击“引用”选项卡→“目录”组→“更新目录”按钮,弹出“更新目录”对话框,如图 9-40 所示。选择所需要的更新项,单击“确定”按钮。

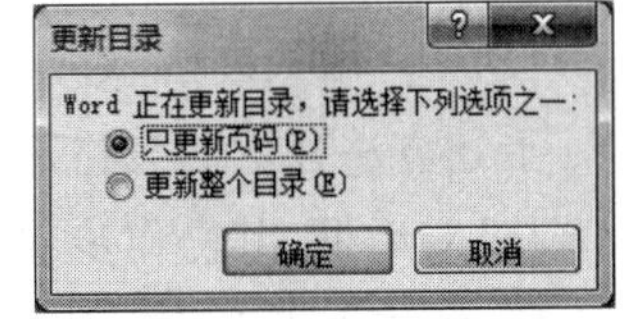

图 9-40 “更新目录”对话框

4. 题注

书籍中有大量的图片、表格等,这些图片、表格都有自己的编号,例如“图 9-1”。Word 的题注功能可以自动为这些图片、表格进行编号,并能自动更新编号。插入题注的操作步骤如下。

① 选中图片或表格。

② 使用“引用”选项卡→“题注”组→“插入题注”按钮。

5. 脚注和尾注

脚注和尾注通常用于对文档进行某些补充说明。脚注一般位于文档的底部,作为对文档某处的注释。尾注一般位于文档的末尾,用于标记参考文献等引文的出处等。

插入脚注和尾注的方法很相似,具体步骤如下。

① 将光标定位在要插入脚注或尾注的位置。

② 单击“引用”选项卡→“脚注”组→“插入脚注”或“插入尾注”按钮,光标将直接转到脚注或尾注的注文内容处,等待用户输入。

9.3 Word 2010 表格与图文混排

9.3.1 表格

除了行、列外,表格的其他组成部分如图 9-41 所示。

① 表格移动控制点。将鼠标移至表格区域,该控制点就会出现。单击就可以选中整个表格,按住鼠标左键进行拖动可以移动表格。

② 表格缩放控制点。将鼠标移至表格区域,该控制点就会出现。再将鼠标指针移至该控制点上,待指针变为双向箭头形状,按住鼠标左键进行拖动可以对表格进行缩放。

③ 单元格结束标记、行结束标记,类似段落结束标记。

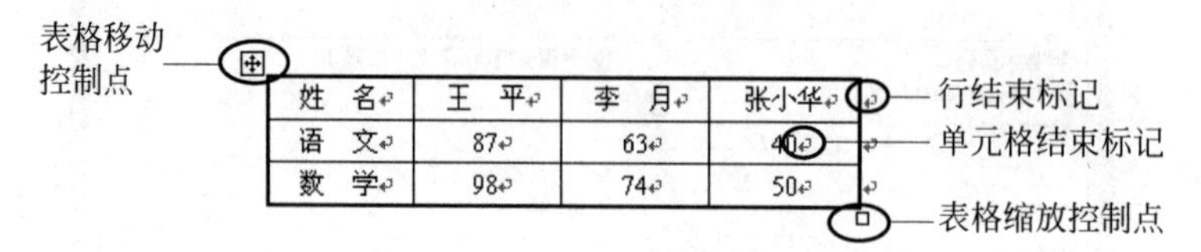

图 9-41 表格的组成部分

1. 创建表格

(1) 使用即时预览创建表格

操作步骤如下。

① 将插入点置于要建立表格的位置。

② 单击"插入"选项卡→"表格"组→"表格"按钮,在出现的下拉列表中,用鼠标在一系列方格上拖动选择表格的行数和列数,如图 9-42 所示。

③ 释放鼠标,即可在插入点处建立指定行数和列数的表格。

(2) 用"插入表格"对话框建立表格

上述方法建立的表格行列数最多为 10×8,如果要建立行列数更多的表格,则需用"插入表格"对话框,其操作步骤如下。

① 将插入点置于要建立表格的位置。

② 在图 9-42 中所示的下拉列表中,选择"插入表格"命令,打开"插入表格"对话框,如图 9-43 所示。

③ 在"列数"和"行数"编辑框中输入所需的列数和行数。

④ 单击"确定"按钮,关闭对话框,即可建立指定行数和列数的表格。

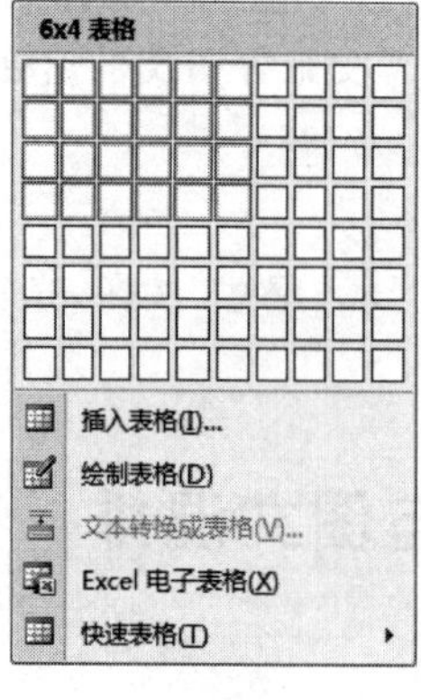

图 9-42 "表格"列表

图 9-43 "插入表格"对话框

(3) 使用快速表格

快速表格功能提供了许多已经设置好的表格样式,在图 9-42 中所示的下拉列表中,执行“快速表格”命令,会弹出一个内置表格样式列表,单击所需样式即可创建一个带有样式的表格。

2. 表格的编辑

快捷菜单是编辑表格和设置表格格式的一个便捷方式。将鼠标指针置于表格内,右击,在弹出的快捷菜单中有很多与表格相关的操作方便用户选择,不再赘述。

(1) 单元格、行、列与表格的选取

对表格进行编辑之前,首先要选取编辑的对象,如单元格、行、列或整个表格,选取方法如下。

方法 1:将插入点定置于表格内,单击“布局”选项卡→“表”组→“选择”按钮,在弹出的下拉列表中进行选择,如图 9-44 所示。

方法 2:在文档中选中文本的方法同样适用于选定表格中的文本。此外,Word 还提供了以下多种在表格中直接进行选取的方法。

① 选取一个单元格。将鼠标指针移到单元格的左边界处,待鼠标指针变成 ➚ 形状后,单击鼠标左键即可,如果双击则选中该单元格所在的行。

② 选取一行。将鼠标指针移到该行左边界的外侧,待鼠标指针变成 ↗ 形状后,单击鼠标左键。

③ 选取一列。将鼠标指针移到该列顶端,待鼠标指针变成 ⬇ 形状后,单击鼠标左键。

④ 选取表格。单击表格左上角的“表格移动控制点”⊞。

如果要选取多个单元格、行或列,可以按下 Ctrl 或 Shift 键配合上述操作进行选取。配合 Ctrl 键选取不连续的单元格、行或列,配合 Shift 键选取连续的单元格、行或列。

(2) 单元格、行、列的插入

方法 1:使用按钮和对话框。选取单元格,然后执行下列操作之一。

① 在“布局”选项卡→“行和列”组中根据插入位置单击相应按钮完成操作,按钮有“在上方插入”“在下方插入”“在左侧插入”“在右侧插入”,如图 9-45 所示。

② 单击“布局”选项卡→“行和列”组右下角对话框启动按钮 ,打开“插入单元格”对话框,如图 9-46 所示,选择需要的插入类型,单击“确定”关闭对话框。

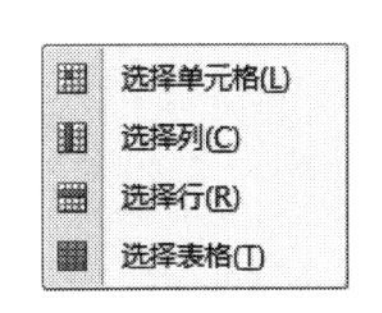

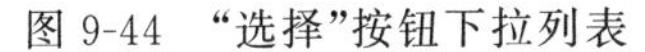

图 9-44 “选择”按钮下拉列表

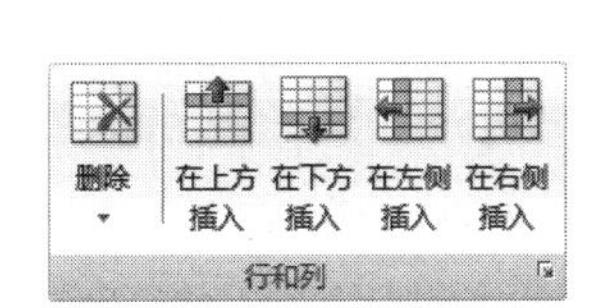

图 9-45 “行和列”组

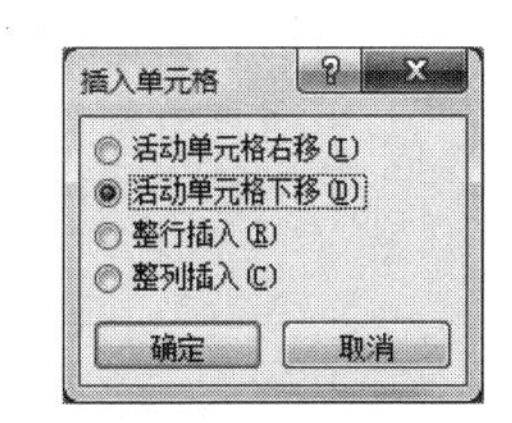

图 9-46 “插入单元格”对话框

方法 2:使用键盘。

① 在行结束标记处,按 Enter 键,可以在当前行之后插入一个新行。

② 在最后一行最右侧的单元格内,按 Tab 键,可以在表格末尾添加一个新行。

(3) 单元格、行、列、表格的删除

方法 1:使用按钮。

① 将插入点定置于表格内,或者选择要删除的对象。

② 单击“布局”选项卡→“行和列”组→“删除”按钮，打开下拉列表如图 9-47 所示，选择相应命令完成操作即可。

方法 2：使用 Backspace 键

选取要删除的单元格、行、列、表格，按 Backspace 键。选中单元格、行、列或表格，按 Delete 键只删除表格中的内容，保留表格结构；按 Backspace 键则将表格结构及其内容全部删除。

(4) 调整表格的行高与列宽

方法 1：利用鼠标拖动设置行高或列宽。操作方法有两种。

① 将鼠标指针移到表格的边框线，当鼠标指针变成“中间竖线两边双向箭头”形状时，按下鼠标左键拖动边框线，就可以改变单元格的行高或列宽。

② 将鼠标指针移到水平标尺或垂直标尺上边框线所对应的滑块上，当鼠标指针变成“双向箭头”形状时按下鼠标左键拖动，也可以改变单元格的行高或列宽。

方法 2：利用按钮或对话框精确设置行高或列宽。

选择要改变高度的行(或宽度的列)，或者将插入点置于单元格内，执行下述操作之一。

① 单击“布局”选项卡→“单元格大小”组，在“高度”和“宽度”编辑框中输入数值或利用右侧调节按钮设置，如图 9-48 所示。

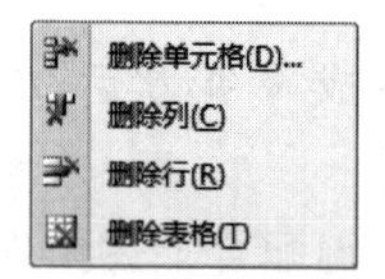

图 9-47　表格“删除”按钮列表

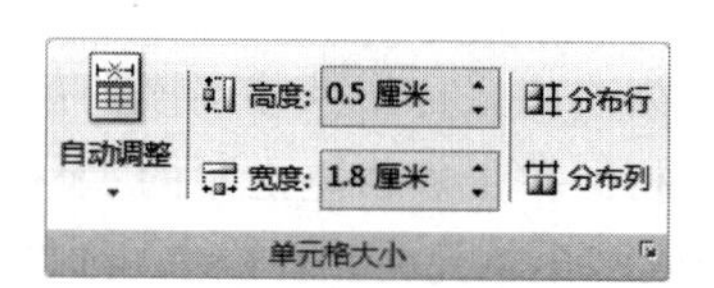

图 9-48　“单元格大小”组

② 单击“布局”选项卡→“单元格大小”组右下角对话框启动按钮，打开“表格属性”对话框，选择“行”选项卡(或者选择“列”选项卡)，如图 9-49 所示。选中“指定高度”复选框(或者“指定宽度”复选框)，并在其后面的编辑框中指定具体的行高(或列宽)，单击“确定”按钮完成设置。

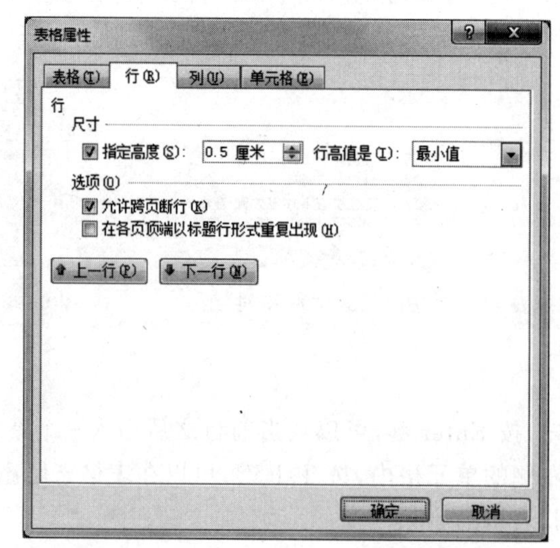

图 9-49　“表格属性”对话框的“行”选项卡

方法 3：使用“自动调整”按钮。

在建立好表格后，用户可以随时使用“自动调整”按钮来调整表格的行高或列宽。首先，将插入点置于要修改的表格内或选中要修改的表格，再单击“布局”选项卡→“单元格大小”组→“自动调整”按钮，打开下拉列表如图 9-50 所示，选择相应命令完成操作即可。

方法 4：平均分布各行或各列。

如果要将整个表格或选定的行(或列)都设置成相同的高度(或宽度)，首先选定表格或相应的行(或列)，然后单击“布局”选项卡→“单元格大小”组→“分布行”按钮(或“分布列”按钮)，即可完成设置。

(5) 单元格的合并与拆分

合并单元格操作步骤如下。

① 选取要合并的单元格。

② 单击“布局”选项卡→“合并”组→“合并单元格”按钮。

拆分单元格操作步骤如下。

① 选取要拆分的单元格。

② 单击“布局”选项卡→“合并”组→“拆分单元格”按钮，打开“拆分单元格”对话框，如图 9-51 所示。

③ 分别在“行数”和“列数”编辑框中输入要拆分的行数和列数，单击“确定”按钮。

图 9-50 “自动调整”下拉列表

图 9-51 “拆分单元格”对话框

(6) 表格的合并与拆分

表格只能进行纵向的拆分与合并，不能进行横向的拆分与合并。

合并表格，只要删除两个表格之间的内容或按 Enter 键就可以了。

拆分表格操作步骤如下。

① 将插入点置于表格的待拆分行上。

② 单击“布局”选项卡→“合并”组→“拆分表格”按钮，则插入点所在行及其下边的各行分成独立的表格，插入点上边各行分成另一个独立的表格。

(7) 斜线表头的制作

方法 1：使用对话框。

① 将插入点置于要绘制斜线的单元格内。

② 单击“布局”选项卡→“表”组→“绘制斜线表头”按钮，打开“插入斜线表头”对话框进行设置，如图 9-52 所示。

方法 2：利用“绘图边框”组。

将插入点置于表格内，在“设计”选项卡→“绘图边框”组中，如图 9-53 所示，先选择笔的样式、粗细、颜色，然后单击“绘制表格”按钮 绘制表格，表头单元格中拖动即可绘制斜线。绘制完成后,再次单击“绘制表格”按钮取消绘制状态。如果绘制出现错误,可单击“表格擦除器”按钮,对要擦除的边框线进行选取即可擦除。

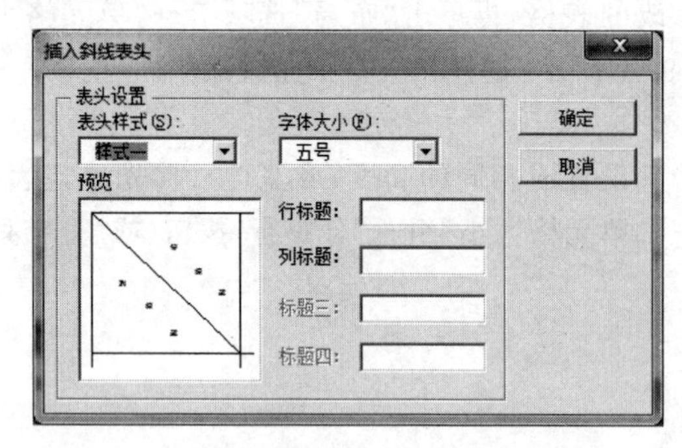

图 9-52 “插入斜线表头”对话框

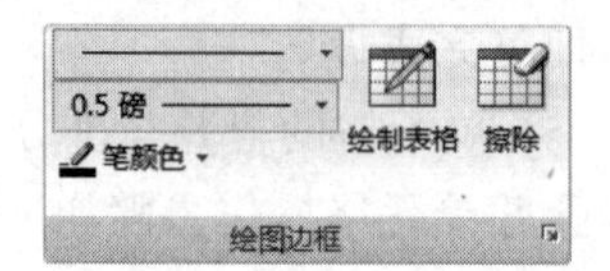

图 9-53 “绘图边框”组

3. 表格格式设置

在制作表格时,用户可以通过功能区“表格工具”→“设计”选项卡→“表格样式”组和“绘图边框”组,对表格外观进行设置,例如应用表格样式,设置表格的边框和底纹。

在如图 9-54 所示的“表格属性”对话框中可以设置表格的对齐方式、行高、列宽、单元格中文字的垂直对齐方式等。打开“表格属性”对话框的方法为:单击“布局”选项卡→“表”组→“属性”按钮。

4. 表格与文本的转换

(1) 将表格转换成文本

操作步骤如下。

① 将插入点置于表格内。

② 单击“布局”选项卡→“数据”组→“转换为文本”按钮,打开“表格转换成文本”对话框,如图 9-55 所示。

③ 选择一种文字分隔符,单击“确定”按钮。

图 9-54 “表格属性”对话框

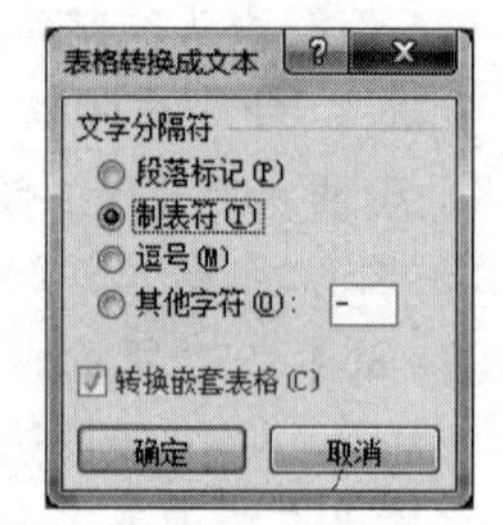

图 9-55 “表格转换成文本”对话框

(2) 将文本转换成表格

将文本转换为表格之前要确保文本之间插入了相同的分隔符,如段落标记、制表符、逗号或者其他字符,如果分隔符不一致则导致不能正常转换。操作步骤如下。

① 选择要包含在表格中的文字。

② 单击“插入”选项卡→“表格”组→“表”按钮,在打开的下拉列表中选择“将文字转化成表格”,打开“将文字转换成表格”对话框,如图 9-56 所示。

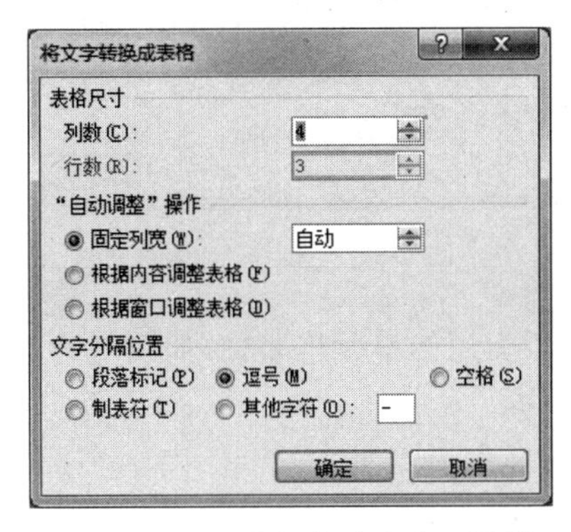

图 9-56 “将文字转换成表格”对话框

③ “文字分隔位置”选项区中自动识别文本所使用的分隔符类型,“表格尺寸”选项区中的“行数”编辑框不可用,因为此时的行数由选择的内容中所含分隔符数和选定的列数确定。

④ 单击“确定”按钮,就可以将文字转换为表格。

5. 标题行重复

如果所建立的表格超过了一页,Word 将会自动拆分表格。要使分成多页的表格在每一页上都显示标题行,可将插入点置于表格标题行的任意位置,然后执行下列操作之一,则表格在每页都自动重复显示标题行。

① 单击“布局”选项卡→“数据”组→“重复标题行”按钮 。

② 打开“表格属性”对话框,选择“行”选项卡,勾选“在各页顶端以标题行形式重复出现”复选框。

6. 表格的排序与计算

(1) 表格中的数据排序

在 Word 的表格中,可以依照某列对表格数据进行排序,具体操作步骤如下。

① 选择要排序的列或单元格。

② 单击“布局”选项卡→“数据”组→“排序”按钮 ,打开“排序”对话框,如图 9-57 所示。在对话框中设置各个参数。

③ 单击“确定”按钮,完成排序。

要进行排序的表格中不能含有合并后的单元格,否则无法进行排序。

(2) 表格的计算

利用表格的计算功能,可以对表格中的数据进行一些简单的运算,例如求和、求平均值、求最大值等。默认情况下,在计算公式中可用 A、B、C…代表表格的列号,用 1、2、3…代表表

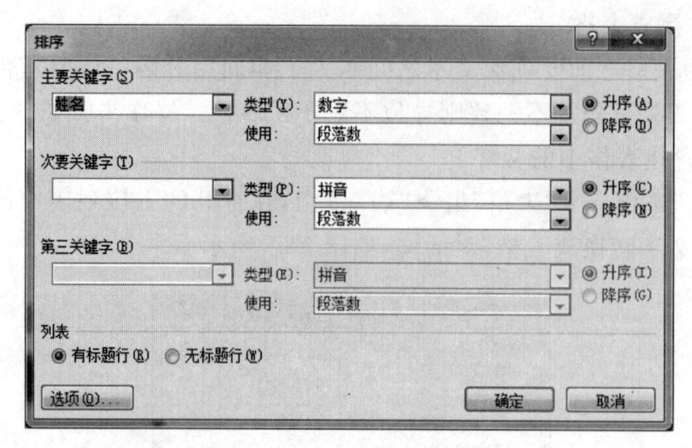

图 9-57 “排序”对话框

格的行号，“列号＋行号”即为所引用的单元格名称，如图 9-58 所示。例如，“C2”表示第 3 列与第 2 行相交的单元格内的数据。

在表格中进行数据计算的操作步骤如下。

① 将插入点置于要显示计算结果的单元格内。

② 单击“布局”选项卡→“数据”组→“公式”按钮 f_x 公式，打开“公式”对话框，如图 9-59 所示。

A1	B1	C1	D1
A2	B2	C2	D2
A3	B3	C3	D3
A4	B4	C4	D4

图 9-58 单元格名称引用图示

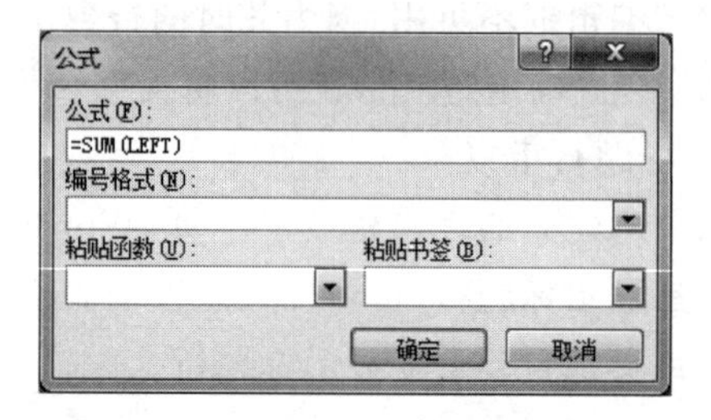

图 9-59 “公式”对话框

③ 在“公式”编辑框中显示出建议公式，用户可以在“粘贴函数”下拉列表框中选择其他函数，例如“AVERAGE”，接着在函数后面的括号内输入“B2:C4”，“公式”编辑框中显示为“＝AVERAGE(B2:C4)”，表示对如图 9-60 所示矩形围绕的单元格区域中的数据进行求平均值。

A1	B1	C1	D1
A2	B2	C2	D2
A2	B3	C3	D3
A4	B4	C4	D4

图 9-60 “＝AVERAGE(B2:C4)”表示的计算区域

公式中使用的符号必须为英文标点符号，例如冒号和括号。

④ 在“编号格式”下拉列表框中选择计算结果的显示格式。

⑤ 单击“确定”按钮，计算结果将显示在插入点所在的单元格内。

注意：由于表格中的运算结果是以域的形式插入到表格中的，所以当参与运算的单元格数据发生变化时，可将光标放置在运算结果单元格中，按 F9 键，即可更新计算结果。

Word 中常用的函数如表 9-3 所示。

表 9-3　Word 提供的常用函数及其功能

函 数 名	功　能
ABS(x)	求 x 的绝对值
AVERAGE(x)	求 x 的平均值
COUNT(x)	求表格中的项目个数
MOD(x)	求 x 的余数
INT(x)	求 x 的整数值
MIN(x)	求 x 的最小值
MAX(x)	求 x 的最大值
SUM(x)	求 x 的和
PRODUCT(x)	求 x 的乘积

注：“x”表示函数所要求的参数，可能是一个，也可能是若干。

9.3.2　文本框

文本框是一种文本不直接输入到页面上，而输入到一个悬浮文本框的布局。每个文本框都可以在页面中自由移动，不必遵循严格的从上到下的方式，使得排版变得更加灵活。

1. 插入文本框

单击“插入”选项卡→“文本”组→“文本框”按钮，在打开的下拉列表中选择一种内置文本框，如图 9-61 所示，则在插入点插入一个文本框。也可以单击“绘制(竖排)文本框”，然后按住鼠标左键并拖动绘制出文本框。

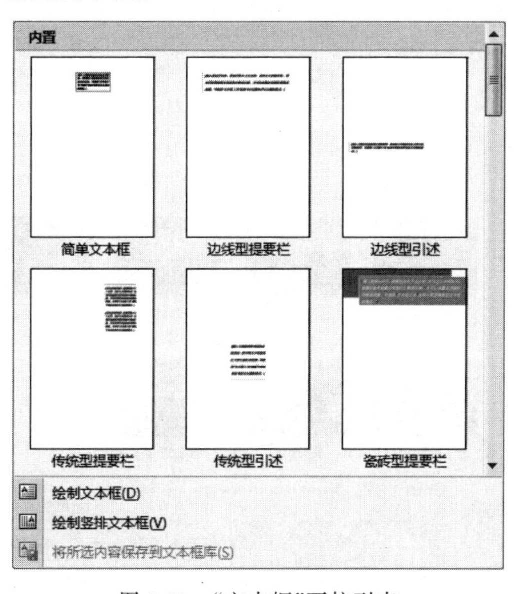

图 9-61　“文本框”下拉列表

2. 格式化文本框

在文本框中,可以像处理文本一样处理其中的文字,如格式化文字、设置段落格式等。还可以像处理图形对象一样来格式化整个文本框,如可以与其他的图形组合、叠放,可以设置三维效果、阴影、边框类型、颜色和填充颜色等。对文本框进行格式化,首先选中要设置格式的文本框,使用"格式"选项卡中的各按钮完成,如图 9-62 所示。

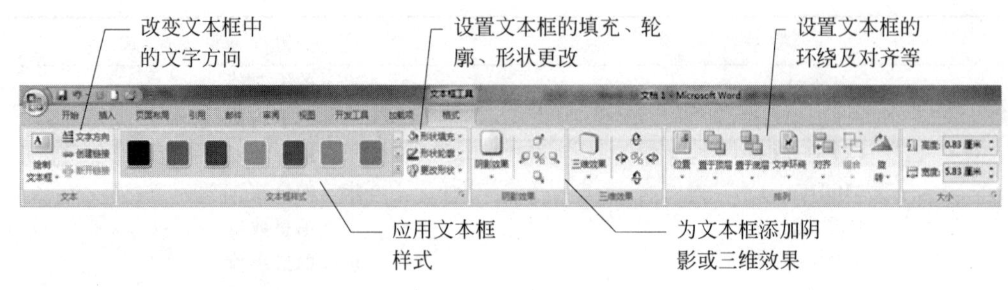

图 9-62 "格式"选项卡

此外,选中文本框→右击→弹出快捷菜单→单击"设置文本框格式"→打开"设置文本框格式"对话框,在其中也可完成对文本框的格式设置。后面介绍的插入到文档中的其他元素,也都可以采取这种方法进行格式设置,不再赘述。

9.3.3 图片

1. 插入来自文件的图片

要将存储在计算机中的图片插入文件,步骤如下。

① 将插入点移到文档中要插入图片的位置。

② 单击"插入"选项卡→"插图"组→"图片"按钮,打开"插入图片"对话框,如图 9-63 所示。

③ 在地址栏中选择图片所在路径,然后选取所需图片,单击"插入"按钮。

图 9-63 "插入图片"对话框

2. 插入剪贴画

Word 自带了一个内容丰富的剪贴画库，用户可以直接从中选择需要的图片，并插入到文档中，插入剪贴画的步骤如下。

① 将插入点移至文档中要插入剪贴画的位置。

② 单击"插入"选项卡→"插图"组→"剪贴画"按钮，打开"剪贴画"任务窗格，显示在 Word 窗口右侧，如图 9-64 所示。

③ 搜索图片名称插入剪贴画；或者单击操作系统中的"开始"菜单→"所有程序"→"Microsoft Office"→"Microsoft Office 2010 工具"→"Microsoft 剪辑管理器"，打开"符号-Microsoft 剪辑管理器"对话框，选择剪贴画插入。

3. 设置图片环绕方式与位置

(1) 设置图片环绕方式

要对图片设置文字环绕方式，首先选中图片，然后单击"格式"选项卡→"排列"组→"自动换行"按钮，在弹出的下拉列表中选择一种环绕方式，如图 9-65 所示。

图 9-64 "剪贴画"任务窗格

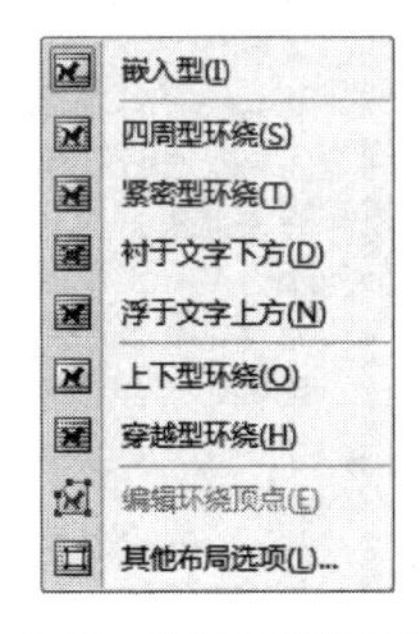

图 9-65 "文字环绕"列表

要获得更多控制，可以从"文字环绕"下拉列表中选择"其他布局选项"，打开"布局"对话框，在"文字环绕"选项卡中完成更细致的设置，如图 9-66 所示。

(2) 设置图片位置

操作步骤如下。

① 选中图片。

② 单击"格式"选项卡→"排列"组→"位置"按钮，打开下拉列表，如图 9-67 所示。选择一种预设位置，预设位置包含了图片在文档中的位置以及与文字的环绕方式。

如果想自定义图片位置，则在如图 9-67 所示的"位置"下拉列表中选择"其他布局选项"。打开"布局"对话框，选择"位置"选项卡，使用其中的控制选项可以更好地调整图片位置(对于"嵌入型"图片，这些设置无效)，如图 9-68 所示。

4. 调整图片大小与裁剪

(1) 不精确调整

选中图片后，图片四周出现 8 个控制点，拖动图片的任意一个控制点就可以调整图片的大小。

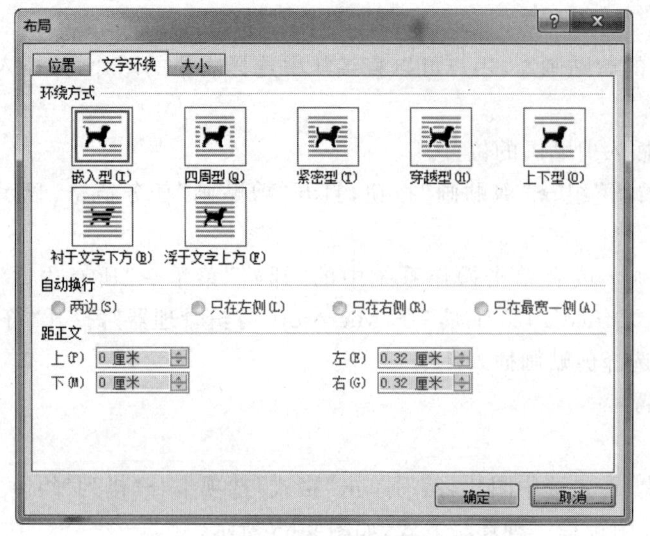

图 9-66 “布局”对话框的“文字环绕”选项卡

图 9-67 “位置”下拉列表

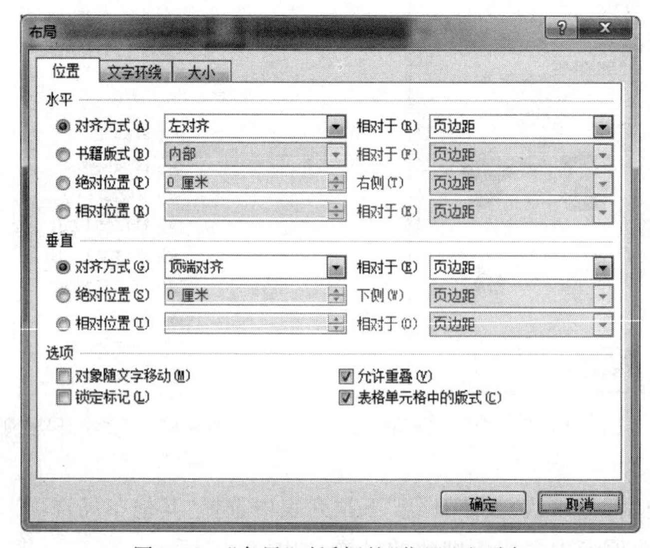

图 9-68 “布局”对话框的“位置”选项卡

单击“格式”选项卡→“大小”组→“裁剪”按钮的上半部分，则可以拖动控制线条进行裁剪，完成后单击“裁剪”按钮结束。

(2) 精确调整

要指定图片到具体尺寸，在“格式”选项卡→“大小”组→“高度”和“宽度”框中输入图片尺寸。或者单击“大小”组右下角的对话框启动按钮，打开“布局”对话框在“大小”选项卡中获得更多的大小控制选项，如图 9-69 所示。

如果要精确裁剪图片，则选择图片，单击“格式”选项卡→“大小”组→“裁剪”按钮的下半部分，弹出下拉列表如图 9-70 所示，选择相应命令完成裁剪。

5. 对齐和旋转图片

按住 Shift 键的同时，用鼠标选择多个图形对象，然后单击“格式”选项卡→“排列”组→“对齐”按钮，在出现的下拉列表中选择一种对齐方式。

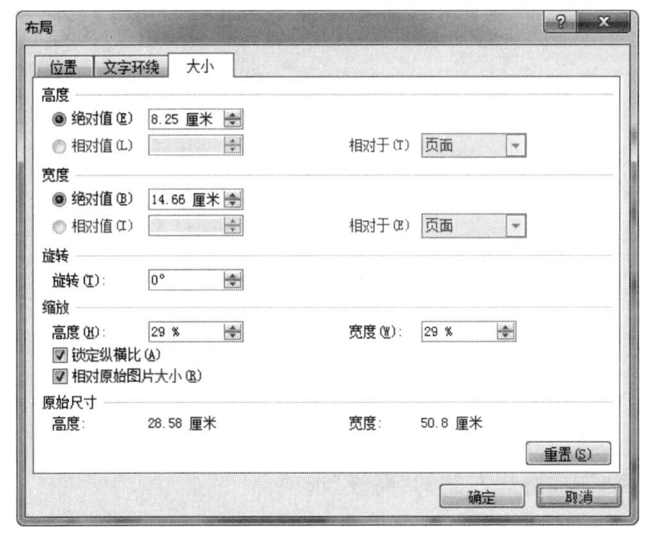

图 9-69 “大小”选项卡

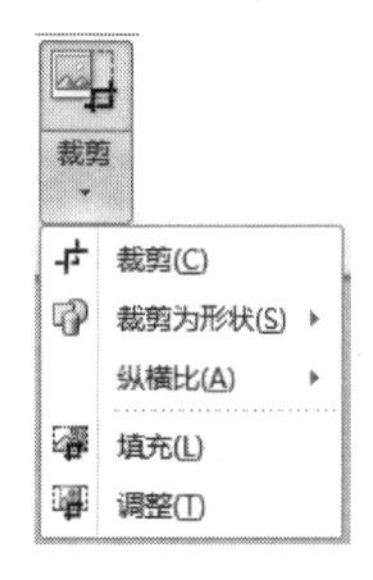

图 9-70 “裁剪”下拉列表

对图片实现平面旋转，可在选择图片后单击“格式”选项卡→“排列”组→“旋转”按钮，在出现的下拉列表中设置。此外，选择图片后图片上方会出现绿色的圆圈，称作旋转手柄，用鼠标拖动旋转手柄也可以实现图片的旋转。

6. 图片处理

Word 2010 新增了一系列图片处理功能，完成了一些专业图片处理软件才能完成的工作，例如图片的柔化和锐化、调整图片的亮度和对比度等。图片处理功能主要由“图片工具”中“格式”选项卡中的“调整”组、“图片样式”组中的按钮完成。

9.3.4 图形

1. 绘图画布

绘图画布是一个区域，可在该区域上绘制多个图形，因为图形包含在绘图画布内，所以它们可作为一个整体移动和调整大小。

创建绘图画布的步骤如下。

① 将光标放置在要插入绘图画布的位置。

② 单击“插入”选项卡→“插图”组→“形状”按钮，打开“形状”下拉列表，如图 9-71 所示。

③ 单击下拉列表底端的“新建绘图画布”命令，则在光标所在位置出现绘图画布，如图 9-72 所示。

④ 在绘图画布中绘制图形即可。也可以先绘制图形，再拖到绘图画布中。

如果需要 Word 自动创建绘图画布，可进行如下设置。

① 单击 Office 按钮。

② 在出现的下拉菜单中单击“Word 选项”按钮。

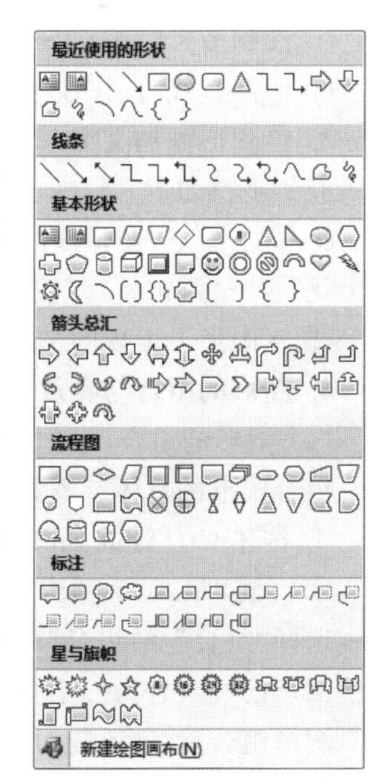

图 9-71 “形状”下拉列表

图 9-72　绘图画布

③ 在打开的“Word 选项”对话框中，选择左侧的“高级”选项。

④ 选中“插入‘自选图形’时自动创建绘图画布”复选框。

⑤ 单击“确定”按钮。

默认情况下，绘图画布没有背景或边框，但是如同处理图片对象一样，可以在“格式”选项卡中进行设置。

2. 绘制自选图形

(1) 绘制图形的步骤

① 单击“插入”选项卡→“插图”组→“形状”按钮，打开下拉列表，如图 9-71 所示。

② 选择要绘制图形的按钮。

③ 在要绘制图形的位置按住鼠标左键拖动，即可绘制出所要图形。

(2) 常用的绘图技巧

① 绘制图形时按住 Shift 键并拖动鼠标，则可以绘制出正方形或圆形。

② 绘制直线时，按住 Shift 键拖动鼠标，可以限制此直线与水平线的夹角以 15°递增。

3. 给图形添加文字

操作步骤如下。

① 右击图形，在弹出的快捷菜单中选择“添加文字”命令。或单击“格式”选项卡→“插入形状”组→“添加文字”按钮。

② 在图形上出现的文本框中输入文字，鼠标单击图形区域之外则结束输入。

4. 图形的组合与叠放次序

(1) 图形的组合

组合图形的具体步骤如下。

① 按住 Ctrl 键或 Shift 键的同时，逐个单击要组合的图形。

② 单击“格式”选项卡→“排列”组→“组合”按钮，或右击选中的图形，在弹出的快捷菜单中选择“组合”→“组合”命令。此时在所有被选中图形的外围将出现 8 个控制点，这表明这些图形已经组合为一个整体。

图形组合后，就不能对组合图形中单个图形的大小进行设置了。

要取消图形的组合，只需重复组合图形的步骤，在最后一个步骤中选择“取消组合”即可。

（2）图形的叠放次序

当绘制的多个图形的位置有重合时会产生覆盖，此时可以调整图形的叠放次序，具体步骤如下。

① 选中需要调整叠放次序的图形。

② 使用"格式"选项卡→"排列"组→"上移一层"或"下移一层"按钮及下拉列表。或右击选中的图形，在弹出的快捷菜单中选择"叠放次序"→"下移一层"（或其他命令）。

5. 图形的其他格式设置

图形的许多格式设置与图片类似，例如调整位置与大小、环绕方式的设置、旋转与对齐等，这些设置都可以在"格式"选项卡中完成，此处不再赘述。

9.3.5 艺术字

艺术字是指文档中具有特殊效果的文字。在 Word 2010 中，正文文字也能进行变形、填充、加阴影和发光效果，艺术字则退化成了文本框。

1. 插入艺术字

（1）使用文本框作为艺术字。

① 插入一个文本框，在其中输入文字。

② 选中文字，单击"开始"选项卡→"字体"组→"文本效果"按钮，在弹出的下拉列表中选择一种文字样式，如图 9-73 所示。

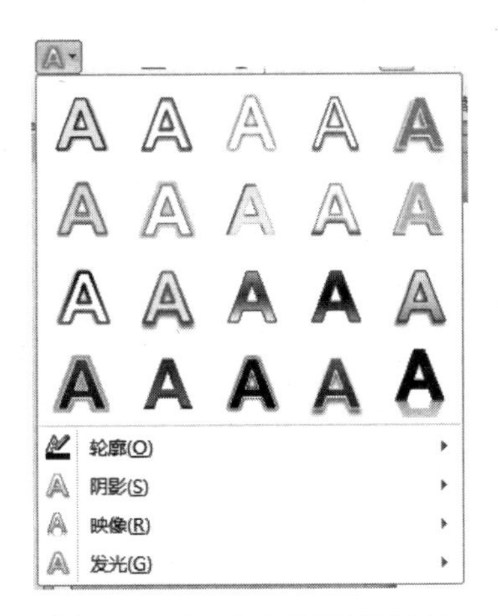

图 9-73 "文本效果"下拉列表

（2）使用艺术字按钮

① 移动鼠标指针到要插入艺术字的位置。

② 单击"插入"选项卡→"文本"组→"艺术字"按钮，出现艺术字样式下拉列表，如图 9-74 所示。

③ 单击其中的一种艺术字样式，在打开的"编辑艺术字文字"对话框进行设置即可。

2. 设置艺术字格式

插入后的艺术字就是文本框，设置艺术字格式主要方法如下。

① 使用"开始"选项卡→"字体"组中的各个按钮，尤其是"文本效果"按钮的下拉列表。

② 使用“绘图工具”的“格式”选项卡下的各个按钮。

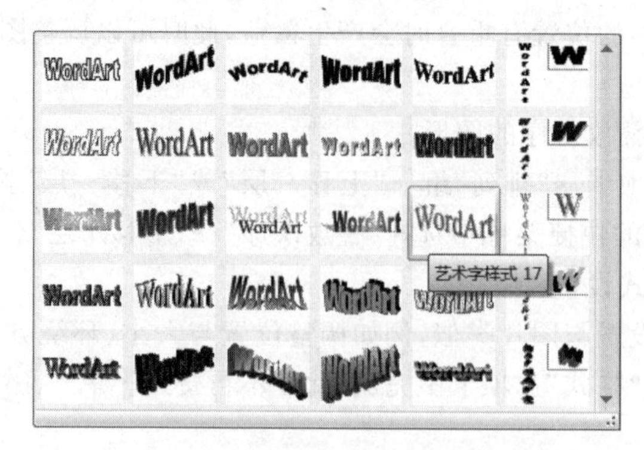

图 9-74 “艺术字”下拉列表

9.3.6 SmartArt

SmartArt 是从 Word 2007 版开始具有的强大绘图功能，Word 2010 版对其进一步加强。

1. 插入 SmartArt 图形

插入 SmartArt 图形的步骤如下：

① 将插入点移到文档中要插入 SmartArt 图形的位置。

② 单击“插入”选项卡→“插图”组→SmartArt 按钮，打开“选择 SmartArt 图形”对话框，如图 9-75 所示。

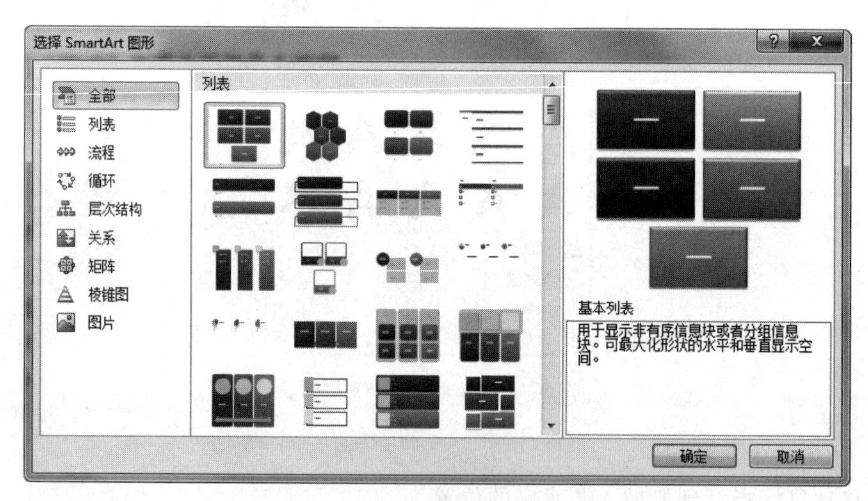

图 9-75 “选择 SmartArt 图形”对话框

③ 在对话框左侧单击需要的图形类别。

④ 在对话框中间单击需要的图形布局，然后单击“确定”按钮，出现一个空图布局，如图 9-76 所示。

⑤ 单击左侧的折叠按钮，会出现一个文本窗格，用于向各个形状中输入文本，如图 9-77 所示；或者在每个文本占位符中单击并输入文字。

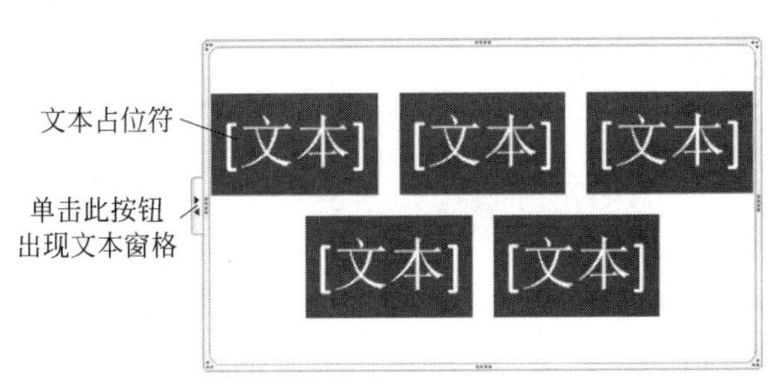

图 9-76　SmartArt 空图布局

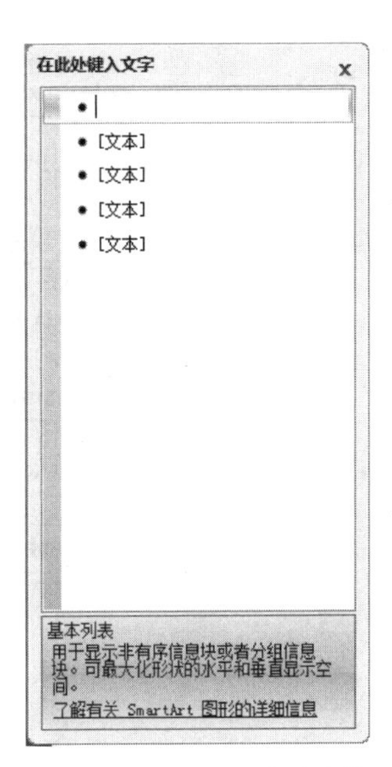

图 9-77　SmartArt 文本窗格

2. 改变图形布局与设置格式

布局决定了 SmartArt 图形的大小、形状和组成 SmartArt 图形的各个形状的排布。SmartArt 图形预设布局在“设计”选项卡中可以找到，并且用户可以通过添加或删除形状、改变 SmartArt 图形的流向等方式来自定义 SmartArt 图形。

对 SmartArt 图形的格式设置包括应用各种快速样式、对 SmartArt 图形各个元素应用填充、轮廓、效果等，这些设置主要通过以下两种途径完成。

① 使用“格式”选项卡中的各按钮。

② “设计”选项卡→“SmartArt 样式”组。

9.3.7　数学公式

如果要在文档中输入专业的数学公式，仅仅使用“字体”对话框中的上标、下标进行设置是远远不够的。使用 Word 的“公式编辑器”，可以方便地在文档中插入各种类型的数学公式，如矩阵、微积分等。

1. 插入内置公式

要插入内置公式，步骤如下。

① 将插入点移到文档中要插入公式的位置。

② 单击“插入”选项卡→“符号”组→“公式”按钮 π 的下半部分，打开下拉列表，如图 9-78 所示。

③ 选择一种内置公式模板。

2. 插入新建空白公式

如果内置公式不满足需要，用户可以新建空白公式进行编辑，方法如下。

① 单击“公式”按钮上半部分，或者单击“公式”下拉列表底部“插入新公式”命令。

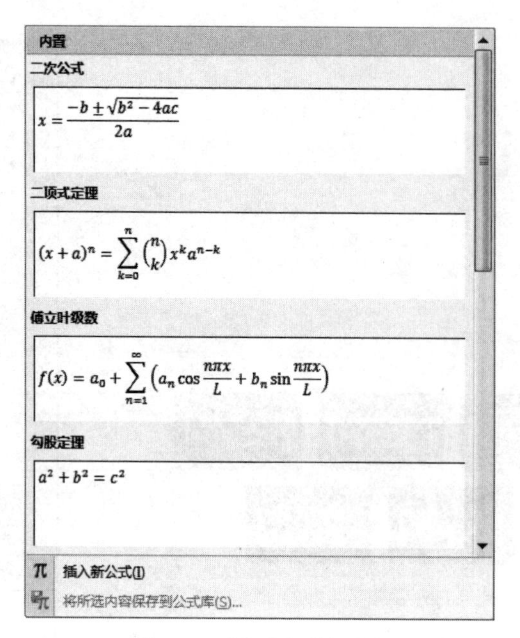

图 9-78 “公式”下拉列表

② 在出现的公式框架中，使用“公式工具”中“设计”选项卡中的各个按钮编辑公式，如图 9-79 所示。

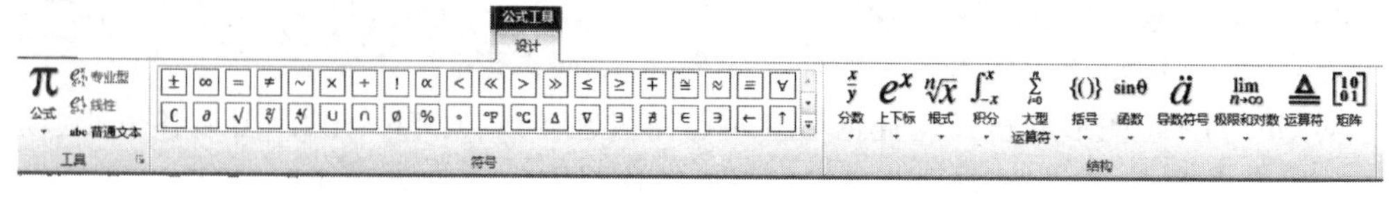

图 9-79 “公式工具”中“设计”选项卡

9.4 Excel 2010 基础操作

Excel 是一款优秀的电子表格软件，可以方便地对数据进行组织和分析，并把数据用各种统计图形象地表示出来。

9.4.1 Excel 2010 界面

1. 界面组成

通过“开始”菜单启动 Excel 2010 后，显示如图 9-80 所示的工作窗口，该窗口由一个应用程序主窗口和一个工作簿窗口组成。与 Word 2010 界面很相似，不同的是，Excel 2010 增加了处理电子表格专用的编辑栏，如名称框、“插入函数”按钮和编辑栏。

① 名称框。用于显示当前活动单元格或区域的名称，如图 9-80 所示的“A3”。

② “插入函数”按钮 f_x。单击此按钮可以在公式中输入函数。

③ 编辑栏。单击此区域可以编辑当前单元格内容。当单元格中显示的是公式计算的值时，该区域可以显示公式本身。

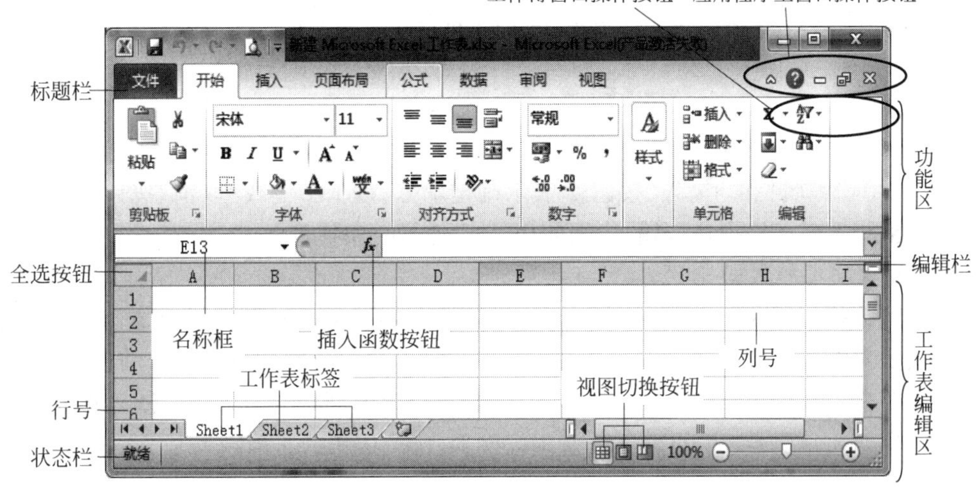

图 9-80 Excel 2010 工作窗口组成

2. 基本概念

(1) 工作簿

工作簿是一个 Excel 文件,默认扩展名为. xlsx。一个工作簿可包含多个工作表,它像一个文件夹把相关的工作表存在一起。

(2) 工作表

工作表是由行和列组成的二维表格。新建的工作簿中默认包含 Sheet1、Sheet2 和 Sheet3 共 3 个工作表。

(3) 单元格

单元格是组成工作表的基本单位。可以在单元格中输入数字、文本、公式、函数和图形等。每个单元格都有固定的地址,默认为由“列号+行号”组成。其中行号用 1、2、3、…、1048576 表示,列号用 A、B、C … Z、AA、AB、AC、…、XFD 表示,例如 E8、H20 等。

9.4.2 数据输入

1. 选取单元格或区域

要对工作表进行操作,必须先选取单元格或区域,使其成为活动单元格或区域,然后再将数据输入其中。

(1) 选取一个单元格。用鼠标左键单击要选取的单元格。

(2) 选取连续的单元格区域。单击要选取的单元格区域的左上角单元格,然后按住鼠标左键拖动到单元格区域的右下角单元格,释放鼠标。或者单击要选取的单元格区域的左上角单元格,按住 Shift 键再单击单元格区域的右下角单元格。

(3) 选取多个不连续的单元格或单元格区域。先选取第一个单元格或单元格区域,然后按住 Ctrl 键再选择其他的单元格或单元格区域。

(4) 选取一行或一列。单击行(列)号,可选取一整行(列)。

(5) 选取连续的多行(列)。选中第一行(列),按住鼠标左键拖动到要选择的最后一行(列)。或者选中第一行(列),按住 Shift 键再选中最后一行(列)。

(6) 选取不连续的多行(列)。先选中第一行(列),按住 Ctrl 键,再选中其他行(列)。

(7) 选取整个工作表。单击工作表左上角的行号与列号交叉处的"全选按钮",或者按 Ctrl+A 快捷键。

2. 直接输入数据

选取单元格输入数据时,输入的内容会同时显示在单元格和编辑栏中,输入结束后按 Enter 键或单击编辑栏的"输入"按钮✔表示确定输入,按 Esc 键或"取消"按钮✖表示取消输入。如果想在单元格内换行输入,则使用 Alt+Enter 快捷键。

(1) 输入文本型数据

文本型数据包括西文字符、汉字、符号、数字字符以及它们的组合。文本型数据默认的对齐格式是左对齐。

如果要输入全部由数字组成的文本串,例如电话号码、邮政编码、身份证号码等,则必须先输入一个西文单引号"'",再输入数字串。例如,邮政编码的正确输入是"'063000"。

(2) 输入数值型数据

数值型数据包含数字 0~9 和一些特殊符号,如+、-、.、/、$、%、指数符号 E 和 e、千位分隔符","等。数值型数据默认的对齐格式是右对齐。

要输入分数,需要做如下特殊处理。

① 输入纯分数。先输入数字 0 和一个空格,再输入分数。

② 输入带分数。先输入整数部分,然后输入一个空格,最后再输入分数。

当输入的数据很大或很小时,Excel 会自动按科学记数法表示。例如输入 456456456456,在单元格中显示的是 4.56456E+11。

在 Excel 进行运算时,以实际数值参加运算,而不是以单元格显示的数值参加运算。当单元格宽度不足时,将显示若干"#",此时适当增加单元格的列宽,数据就会重新显示。

(3) 输入日期和时间型数据

Excel 将日期和时间按数值数据处理,并且对日期和时间的输入格式有严格要求,常用的输入格式如下。

① 输入日期。常用格式有 yy/mm/dd、yy-mm-dd、mm/dd、mm-dd 等。

Excel 将日期型数据存储为整数,范围为 1~2 958 465,对应的日期为 1900 年 1 月 1 日~9999 年 12 月 31 日。按 Ctrl+;组合键可以快速输入当前系统日期。

② 输入时间。常用格式为 hh:mm:ss AM/PM。注意 hh:mm:ss 与 AM/PM 之间必须有空格,否则 Excel 会当作文本数据处理。

Excel 将时间型数据存储为小数,0 对应 0 时,1/24 对应 1 时。按 Ctrl+Shift+;组合键可以快速输入当前系统时间。

③ 输入日期和时间。先输入哪个都可以,但它们之间要有空格分隔。

3. 快速输入数据

(1) 使用填充柄

每个活动单元格或单元格区域的右下角都有一个黑色的小方块,称为填充柄▭。当鼠标指针指向填充柄时,光标形状变为黑色十字形。用户可以利用鼠标拖动填充柄快速填充数据。

根据活动单元格中输入的初始值,默认情况下,填充结果见表 9-4。

表 9-4　“自动填充选项”下拉菜单

活动单元格中的初始值	操作过程	实现结果
纯数字或纯文本型数据	拖动填充柄	复制
数字	Ctrl+拖动填充柄	步长值为 1 的等差序列
等差序列的前两项(2 个单元格)	拖动填充柄	等差序列
文字和数字组成的序列	拖动填充柄	文字部分不变、数字部分按递增变化的序列

(2) 使用按钮实现数据填充

虽然使用填充柄可以快速地完成某些数据的输入,但要填充等比序列等,则需要使用功能组中的按钮实现。步骤如下。

① 在活动单元格中输入序列的初值。

② 从初值单元格开始选取要填充序列的单元格区域,或者在“序列”对话框中指定终止值,如图 9-81 所示。

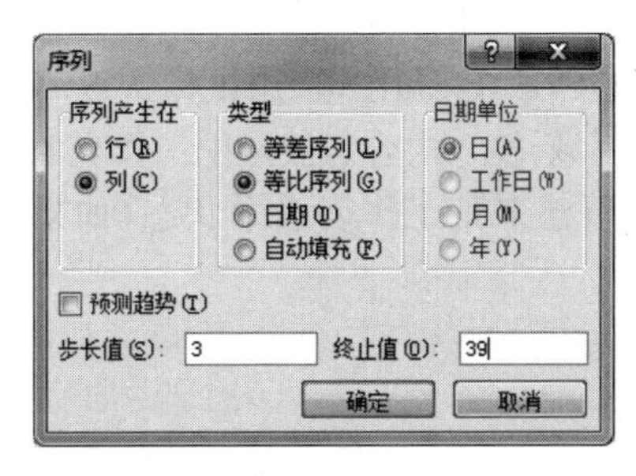

图 9-81　“序列”对话框

③ 单击“开始”选项卡→“编辑”组→“填充”→“系列”命令,弹出如图 9-81 所示的“序列”对话框。

④ 各选项设置完成后,单击“确定”按钮。

(3) 用户自定义序列

Excel 系统预定义了一些常用的序列,如图 9-82 的“自定义序列”列表框中的内容所示。当需要输入这些序列时,只要输入序列中的某一个数据,然后拖动填充柄即可。

Excel 还允许用户自己定义一些经常使用的序列数据,步骤如下。

① 单击“文件”菜单→“选项”命令,打开“Excel 选项”对话框。

② 在左侧选择“高级”标签,单击右侧“常规”组下的“编辑自定义列表”按钮,弹出“自定义序列”对话框,如图 9-82 所示。

③ 在“自定义序列”列表框中选择“新序列”,然后在“输入序列”列表框中依次输入该序列的各个数据项,每个数据项占一行。

④ 单击“添加”按钮,新序列则被添加到“自定义序列”列表框中。

(4) 在多个单元格或单元格区域输入相同内容

操作步骤如下。

① 选中要输入数据的多个单元格或单元格区域。

② 输入内容。

③ 按 Ctrl+Enter 键,或者按住 Ctrl 键单击“输入”按钮✔。

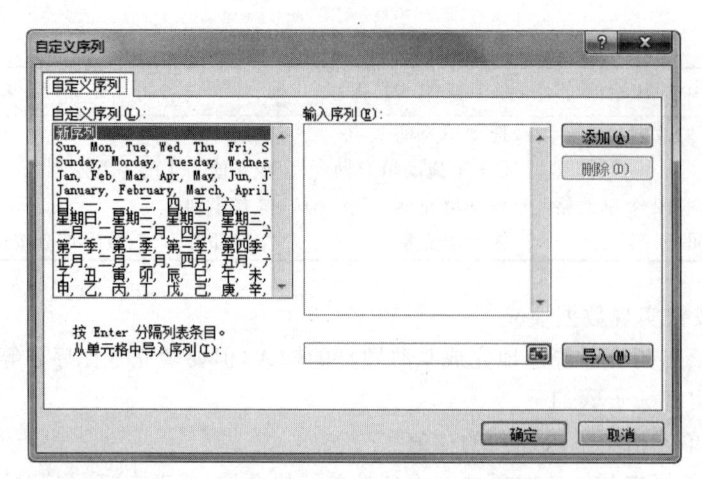

图 9-82 “自定义序列”对话框

(5) 在多张工作表中同时输入相同内容

① 选中多张工作表(按住 Ctrl 或 Shift 键,用鼠标选取不连续或连续的多张工作表)。

② 选取单元格或单元格区域,输入内容。被选中工作表的相同区域就会有相同的内容。

③ 单击未选中的工作表取消多张工作表选中状态(如果选中全部工作表,则单击非编辑状态的工作表取消)。

9.4.3 工作表的编辑

Excel 中的很多编辑操作,可以在快捷菜单中设置,例如下面要介绍的插入、删除等操作,后面不再赘述,而只介绍其他编辑方式。

1. 插入操作

首先选中单元格或区域,然后单击“开始”选项卡→“单元格”组→“插入”按钮的下半部分,在弹出的下拉菜单中可以选择插入单元格、行、列或工作表,如图 9-83 所示。

此外,选中单元格或区域,单击“插入”按钮上半部分,则插入和选中对象相同的单元格或区域。例如,选中两列,则在前面插入两列。

2. 删除操作

首先选中单元格或区域,然后单击“开始”选项卡→“单元格”组→“删除”按钮的下半部分,在弹出的下拉菜单中可以选择删除单元格、行、列或工作表,如图 9-84 所示。

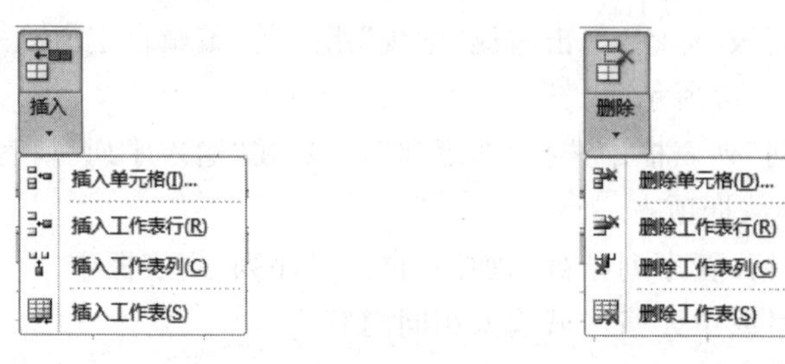

图 9-83 “插入”按钮下拉菜单　　图 9-84 “删除”下拉菜单

删除操作会将单元格或区域本身以及其中的数据、格式、批注等信息全部删除,并调整周围的单元格或区域来填补删除后的空缺。

同插入操作一样，选中单元格或区域，单击“删除”按钮上半部分，则删除选中的单元格或区域。

3. 设置行高列宽

调整工作表的行高或列宽通常有以下两种操作方法。

(1) 使用鼠标拖动调整

将鼠标指针移到行号下方的边框线上，当鼠标指针变成实心的垂直双向箭头时，按住鼠标左键向下、向上拖动，可以增大或减小行高。在拖动的过程中，行高或列宽尺寸会自动在提示框中显示，如 宽度: 9.00 (77 像素) 或 高度: 19.50 (26 像素) 。列宽的调整与此类似。

Excel 工作表的列宽以字符和像素数表示，如 宽度: 9.00 (77 像素) 中，9.00 为字符数，括号内的 77 为对应的像素数；工作表的行高以磅和像素数表示，如 高度: 19.50 (26 像素) 中，19.50 为磅值，括号内的 26 为对应的像素数。

(2) 使用菜单调整

单击“开始”选项卡→“单元格”组→“格式”按钮，弹出如图 9-85 所示的下拉菜单。单击“行高”或“列宽”命令，可弹出相应的对话框，供用户设置行高值或列宽值。

若在下拉菜单中选择“自动调整行高”，则系统自动调整行高，以使单元格内容全部显示出来；或者双击行号的边框线实现自动调整。

4. 设置可见性

在对 Excel 工作表进行编辑的过程中，如果需要避免使用某些行或列，而又不想将其删除时，可以将它们暂时隐藏。隐藏行的操作步骤如下。

① 选中需要隐藏的行。

② 执行“开始”选项卡→“单元格”组→“格式”按钮→“隐藏和取消隐藏” →“隐藏行”命令，如图 9-86 所示。

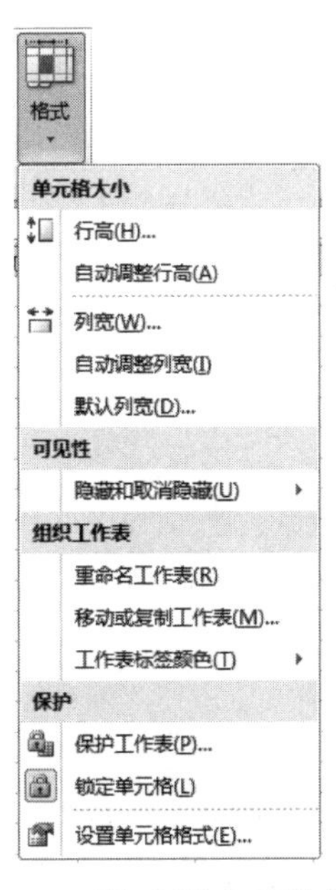

图 9-85 “格式”按钮下拉菜单

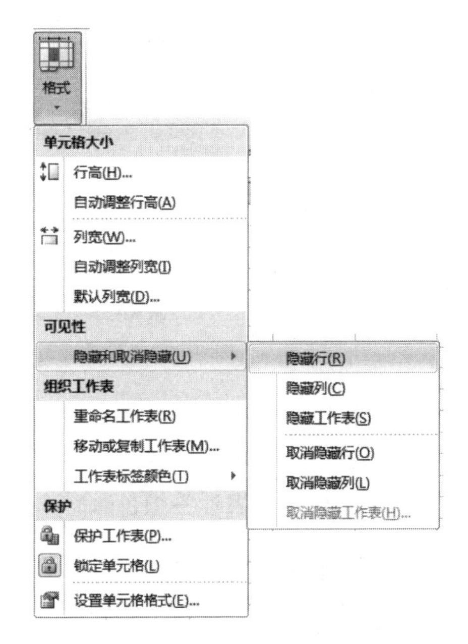

图 9-86 “隐藏和取消隐藏”菜单

要重新显示被隐藏的行，选中包含隐藏行在内的若干行，在如图 9-86 所示的菜单中选择"取消隐藏行"命令。

同样的方法，还可以实现对列、工作表设置隐藏和取消隐藏。

5. 组织工作表

(1) 重命名工作表

新建一个工作簿后，默认的工作表名称为 Sheet1、Sheet2、…。有时为了能从工作表名称了解工作表的内容，需要为工作表重新命名，方法如下。

① 双击要重命名的工作表标签，工作表名称反白显示，输入新工作表名称后，按 Enter 键确认。

② 执行"开始"选项卡→"单元格"组→"格式"按钮→"重命名工作表"命令，如图 9-86 所示，输入新工作表名称后，按 Enter 键确认。

(2) 移动或复制工作表

在同一个工作簿中，用鼠标拖动工作表标签可以实现工作表的移动；按住 Ctrl 键，拖动工作表标签，可以实现工作表的复制。

下面的操作，既可以实现在同一个工作簿中移动或复制工作表，也可以实现在不同工作簿中进行操作。

① 执行"开始"选项卡→"单元格"组→"格式"按钮→"移动或复制工作表"命令，弹出"移动或复制工作表"对话框，如图 9-87 所示。

② 在对话框中选定目的"工作簿"，以及当前工作表在目的工作簿中的位置。如果是复制工作表，则需要选中"建立副本"选项。

③ 单击"确定"按钮。

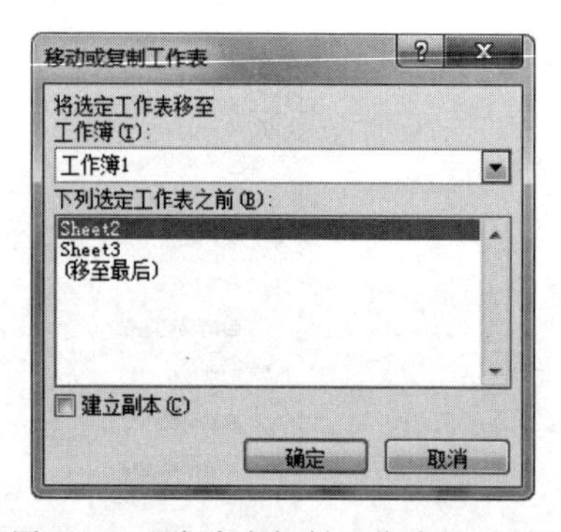

图 9-87 "移动或复制工作表"对话框

(3) 为工作表标签设置颜色

设置工作表标签颜色，可以使工作表便于区分、突出显示。单击"开始"选项卡→"单元格"组→"格式"按钮→"工作表标签颜色"命令，在出现的菜单中选择一种颜色即可。

9.4.4 工作表格式化

1. 设置字体格式

图 9-88 "字体"功能组按钮

常用的字体格式设置可以使用"开始"选项卡→"字体"组中的相关按钮，如图 9-88 所示。如需设置更复杂的"字体"格式，

可以单击“字体”组右下角的对话框启动按钮，打开“设置单元格格式”对话框的“字体”选项卡，如图 9-89 所示。

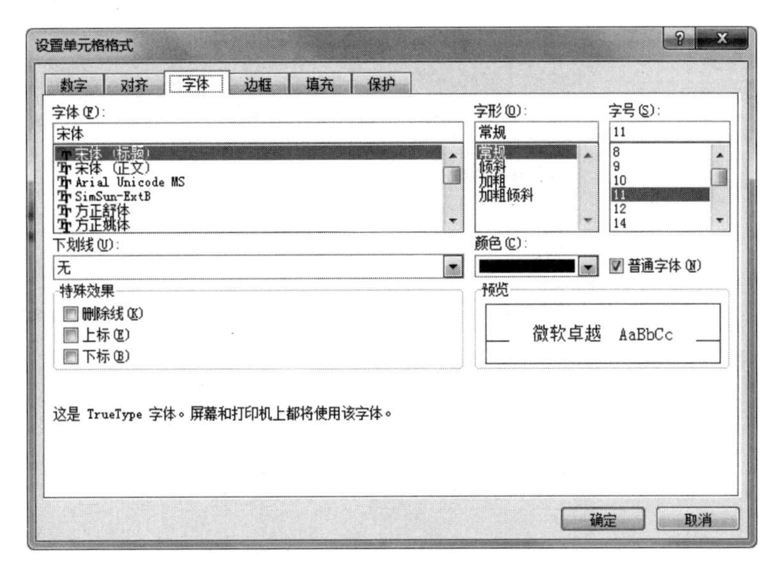

图 9-89　“设置单元格格式”对话框中的“字体”选项卡

2. 设置对齐方式

常用的对齐方式设置可以使用“开始”选项卡→“对齐方式”组中的相关按钮，如图 9-90 所示。下面介绍几个与 Word 中不同的对齐按钮。

① “方向”按钮 。设置文本在单元格内的旋转角度。

② “自动换行”按钮 自动换行。当单元格中文本内容的长度超过单元格宽度时，使用该按钮可使单元格内文本自动换行。如果想在单元格内实现人工换行，则使用 Alt+Enter 快捷键。

③ “合并后居中”按钮 合并后居中。使用该按钮，可将选中的单元格区域合并且居中显示内容。单击“合并后居中”旁的下拉箭头，在弹出的下拉菜单中还可以选择“跨越合并”或“合并单元格”命令，如图 9-91 所示。

如需设置更多的对齐格式，可单击“对齐方式”组右下角的对话框启动器，打开“设置单元格格式”对话框（如图 9-89 所示）的“对齐”选项卡。

3. 设置数字格式

常用的数字格式设置可以使用“开始”选项卡→“数字”组中的相关按钮，如图 9-92 所示。单击“数字格式”框 常规 右侧的下拉箭头，在对应的下拉菜单中包含各种常用的数字格式，如图 9-93 所示。

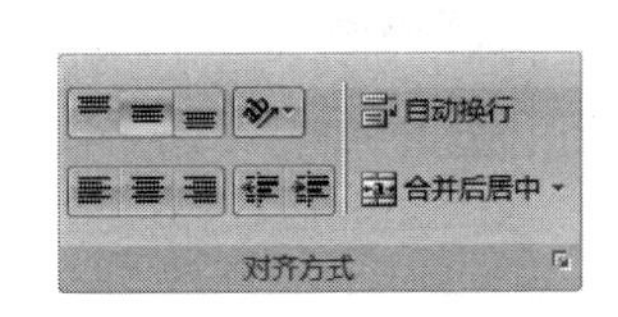

图 9-90　“对齐方式”功能组按钮

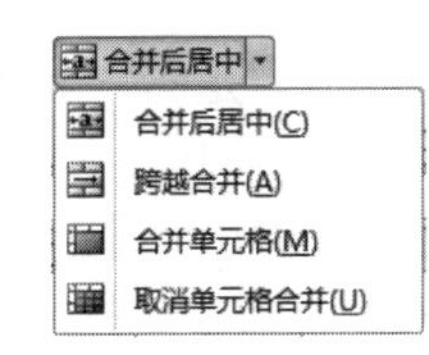

图 9-91　“合并后居中”下拉菜单

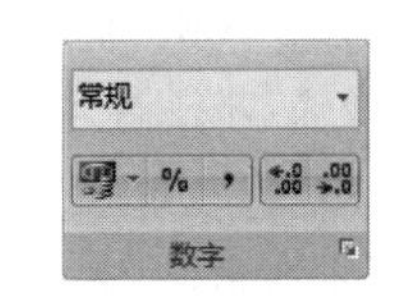

图 9-92　“数字”功能组按钮

如需设置更多的数字格式，可单击“数字”组右下角的对话框启动按钮，打开“设置单元格格式”对话框的“数字”选项卡，如图 9-94 所示。

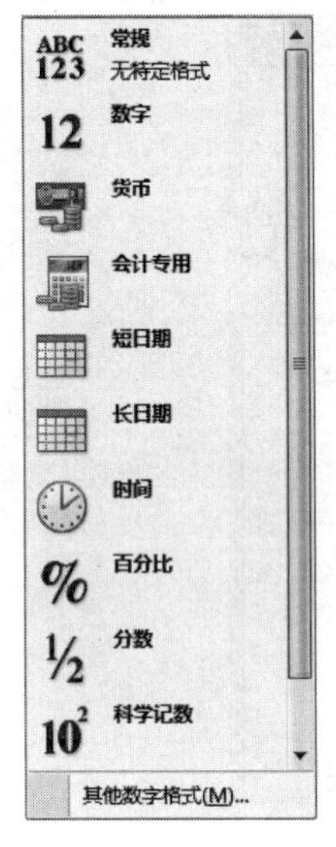

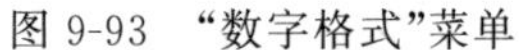
图 9-93 “数字格式”菜单

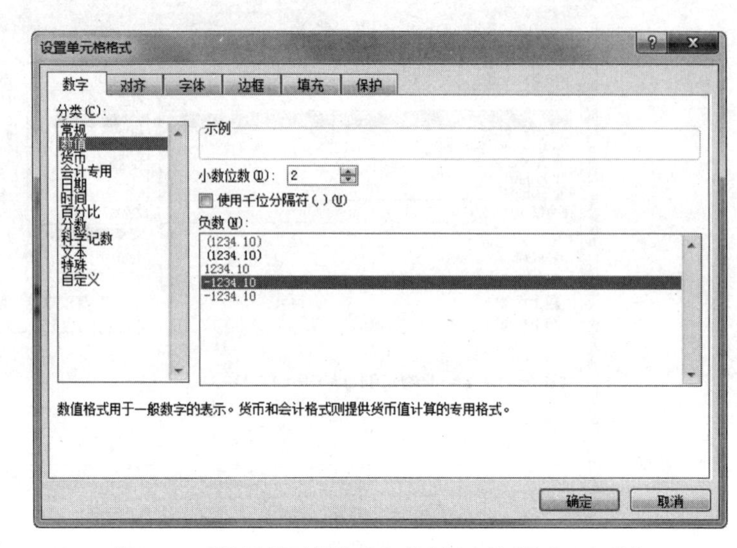

图 9-94 “设置单元格格式”对话框中的“数字”选项卡

4. 设置边框和填充色

在 Excel 中设置单元格或区域的边框和填充色的方法与 Word 十分相似，可以使用“开始”选项卡→“字体”组→“边框”按钮 或“填充颜色”按钮 。也可以使用如图 9-94 所示，“设置单元格格式”对话框中的“填充”选项卡。

5. 套用表格格式

为了迅速建立适合不同需求的工作表，Excel 2010 预制了多种外观精美的表格格式。操作步骤如下。

① 选中要设置格式的表格区域。

② 单击“开始”选项卡→“样式”组→“套用表格格式”按钮，在出现的下拉菜单中选择所需表格格式。

③ 在随后打开的“套用表格式”对话框中设置数据来源，单击“确定”按钮。

④ 此时功能区自动切换到“表格工具/设计”选项卡，用户可以单击“工具”组的“转换为区域”按钮，将表格转换成普通数据表。

9.4.5 设置条件格式

Excel 提供的“条件格式”功能，可以为满足指定条件的单元格设置格式，并将其突出显示在工作表中。要使用条件格式，可以单击“开始”选项卡→“样式”组→“条件格式”按钮，弹出如图 9-95 所示的“条件格式”菜单。

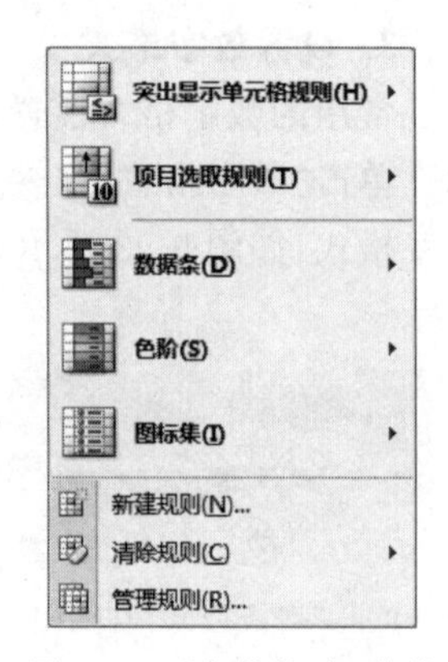

图 9-95 “条件格式”菜单

1. 自定义条件格式

(1) 使用“突出显示单元格规则”子菜单中的命令，可以对所

选区域中指定的值、文本、日期以及重复值应用格式。

（2）使用“项目选取规则”子菜单中的命令，可以根据指定的截止值查找所选区域中的最大值、最小值或平均值等。

2. 使用图形效果样式

条件格式功能提供了数据条、色阶、图标集3种内置的单元格图形效果样式。

（1）使用“数据条”命令，可以帮助用户查看某个单元格相对于其他单元格的值。在其子菜单中包含蓝色、绿色、红色、橙色、浅蓝色以及紫色6种颜色的数据条。其中，数据条的长度代表单元格中的值。数据条越长，表示值越大；数据条越短，表示值越小。

（2）使用“色阶”命令，可以帮助用户了解数据的分布和变化，在其子菜单中又分为双色刻度与三色刻度两种，不同颜色的底纹代表单元格中不同的值。

（3）使用“图标集”命令，可以对数据进行注释，并可以按照阈值将数据分为3～5个类别，每个图标代表一个值的范围。Excel共提供了17种图标样式。

3. 自定义规则实现高级格式化

用户可以根据需要自定义条件格式显示规则。单击如图9-95所示的“条件格式”菜单底部的“新建规则”或“管理规则”命令，打开相应对话框进行设置即可。

4. 删除条件格式

执行如图9-95所示的“条件格式”菜单底部的“清除规则”命令，则可以删除已设置的条件格式。

9.4.6 其他常用操作

1. 选择性粘贴

在Excel中，如果用户只需要粘贴其中部分信息，可以使用“选择性粘贴”功能。进行“选择性粘贴”的操作步骤如下：

① 执行“复制”命令，将所需的数据复制到剪贴板。

② 单击目标区域左上角单元格或选中目标区域，在“开始”选项卡→“剪贴板”组中，单击“粘贴”命令，弹出如图9-96所示的下拉菜单，从中选择所需粘贴按钮即可。

③ 如需做更复杂的选择，可以执行下拉菜单底部的“选择性粘贴”命令，弹出如图9-97所示的“选择性粘贴”对话框，设置选项，单击“确定”按钮。

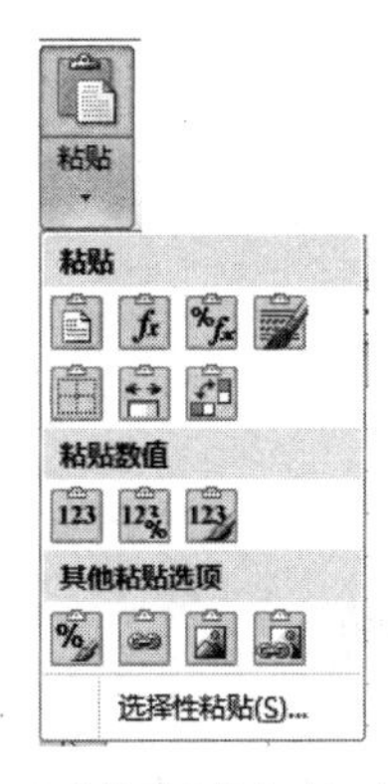

图9-96　“粘贴”按钮的下拉菜单

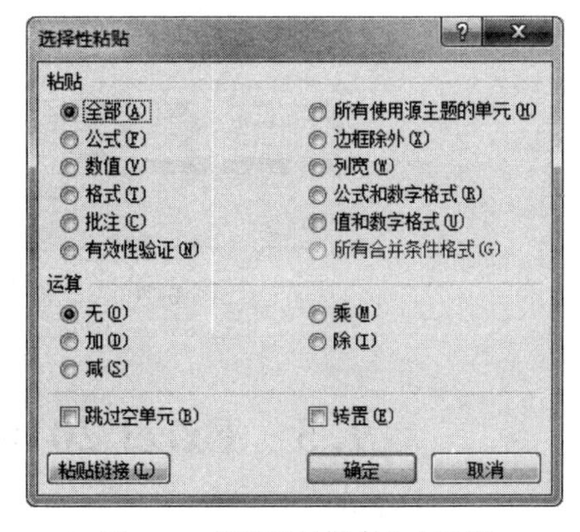

图9-97　“选择性粘贴”对话框

注意：在"选择性粘贴"对话框中选中"转置"复选框，可以实现表格的行列转换。

2. 清除

在编辑过程中，如果只想删除单元格或区域中的数据、格式或批注，但保留单元格或区域本身，可以使用"清除"按钮。

选中单元格或区域，单击"开始"选项卡→"编辑"组→"清除"按钮，弹出如图 9-98 所示下拉菜单，在菜单中可以选择清除格式、内容、批注或全部。如果只想清除单元格中的数据，也可以按 Delete 键。

3. 添加批注

单元格的批注是对单元格中数据的解释说明。添加批注的步骤如下。

① 选中要添加批注的单元格。

② 单击"审阅"选项卡→"批注"组→"新建批注"按钮，弹出批注编辑栏，如图 9-99 所示。在编辑栏的上方会自动显示用户名，如图 9-99 中所示的 USER。

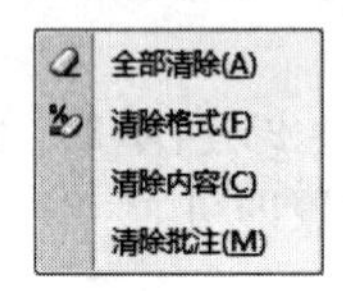

图 9-98 "清除"按钮下拉菜单

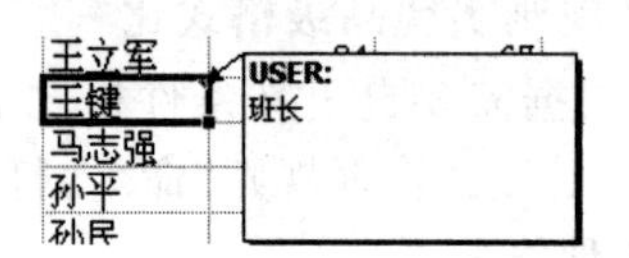

图 9-99 "新建批注"编辑栏

③ 在批注编辑栏中输入批注的内容，如图 9-99 所示的"班长"。

④ 单击批注编辑栏以外的任意位置，结束批注编辑。

批注编辑结束后，批注编辑栏自动隐藏，此时单元格的右上角显示红色的小三角标志，当鼠标指向该单元格时，批注内容自动显示。

使用"审阅"选项卡→"批注"组中的其他按钮，可以对批注进行编辑、删除等操作。

4. 窗口编辑

如图 9-100 所示，在"视图"选项卡→"窗口"组中，可以完成以下操作。

① "新建窗口"按钮。为当前文档新建窗口。

② "全部重排"按钮。全部重排所有打开的程序窗口。

③ "冻结窗格"按钮。冻结工作表窗格。

④ "拆分"按钮。拆分工作表。

⑤ "隐藏""取消隐藏"按钮。隐藏或取消隐藏工作簿窗口。

图 9-100 "窗口"组各按钮

9.5 Excel 2010 公式与函数

在工作表中，通过使用公式和函数可以对工作表中的数据做进一步的处理以及运算分析。

9.5.1 公式基本组成

Excel 中的公式必须以“＝”开头，由运算符与参与计算的元素(即操作数)组成。其中操作数可以是常量、单元格地址、名称和函数等。运算符可以是算术运算符、关系运算符、逻辑运算符和引用运算符。如图 9-101 所示，列举了一个公式的组成结构。

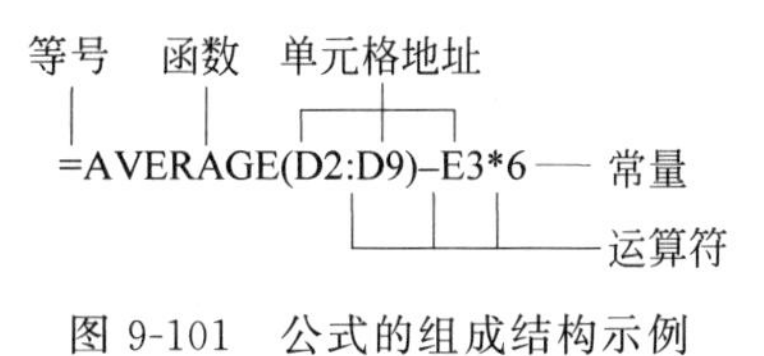

图 9-101 公式的组成结构示例

9.5.2 运算符

1. 算术运算符

算术运算符包括＋、－、＊、/、^、%，各种算术运算符的功能如表 9-5 所示(表中的 A3、B5 表示引用单元格 A3、B5 中的数据)。

表 9-5 算术运算符的功能

算术运算符	功能	单元格中公式举例	结果
＋	加法	＝A3＋B5	A3、B5 相加
－	减法	＝A3－B5	A3、B5 相减
＊	乘法	＝A3＊B5	A3、B5 相乘
/	除法	＝A3/B5	A3、B5 相除
^	乘方	＝A3^3	A3 的 3 次方
%	百分比	＝9%	0.09

2. 文本连接运算符

文本连接运算符只有一个“&”，用于将两段文本连接成一段文本。

例如，A1 单元格中的内容为“数据”，B1 单元格中的内容为“处理”，若在 D1 单元格中输入公式“＝A1 & B1”后，D1 单元格中将显示“数据处理”。

3. 关系运算符

关系运算符包括＝、<、>、>＝、<＝、<>。关系运算的结果为逻辑值 TRUE(真)或 FALSE(假)，关系运算符的功能如表 9-6 所示(表中的 A2、B3 表示引用单元格 A2、B3 中的数据)。

表 9-6 关系运算符的种类和功能

关系运算符	功能	公式应用举例	运算结果
＝	等于	＝A2＝B3	A2 等于 B3 时结果为 TRUE，否则为 FALSE
>	大于	＝A2>B3	A2 大于 B3 时结果为 TRUE，否则为 FALSE
<	小于	＝A2<B3	A2 小于 B3 时结果为 TRUE，否则为 FALSE
>＝	大于或等于	＝5>＝3	TRUE
<＝	小于或等于	＝5<＝3	FALSE
<>	不等于	＝5<>3	TRUE

4. 运算符的优先级

在同一个表达式中出现不同的运算符时，运算符优先级别如表 9-7 所示。

表 9-7　运算符的优先级

运算级别	运　算　符
高	括号( )
↓	百分数%
	乘方^
	乘除 *、/
	加减+、-
	文本连接 &
低	关系运算=、>、<、>=、<=、<>

9.5.3　单元格引用方式

1. 引用运算符

引用运算符共有 3 个，分别是冒号运算符“:”、空格运算符和逗号运算符“,”。

(1) 冒号运算符也称为区域运算符，用于定义一个矩形单元格区域。例如“B5:C6”定义出以 B5 为左上角、C6 为右下角的矩形区域，如图 9-102 所示。公式“= SUM(B5:C6)”表示求此矩形区域中的数据之和，运算结果为 82。

(2) 空格运算符也称为交叉运算符，用于表示多个区域的交集部分。例如公式“= SUM(B2:B7　B5:D7)”，用来计算如图 9-103 所示的两个矩形区域相交部分的数据之和，运算结果为 48。

SUM　=SUM(B5:C6)

	A	B	C	D	E
1	1	11	21	31	
2	2	12	22	32	
3	3	13	23	33	
4	4	14	24	34	
5	5	15	25	35	
6	6	16	26	36	
7	7	17	27	37	
8	8	18	28	38	

图 9-102　区域运算符示例

SUM　=SUM(B2:B7 B5:D7)

	A	B	C	D	E
1	1	11	21	31	
2	[illegible]	[illegible]	[illegible]	[illegible]	
3	3	13	23	33	
4	4	14	24	34	
5	5	15	25	35	
6	6	16	26	36	
7	7	17	27	37	
8	8	18	28	38	

图 9-103　交叉运算符示例

(3) 逗号运算符也称为联合运算符，用于表示多个区域的并集部分(注意：重叠单元格中的数据需重复计算)。例如公式“= SUM(B2:C3,C3:D4)”，用来计算如图 9-104 所示两个矩形区域并集中的数据，运算结果为 25。

SUMIF　=SUM(B2:C3,C3:D4)

	A	B	C	D	E	F
1						
2		3	5	6		
3		5	2	4		
4		2	3	1		
5						
6						
7						

图 9-104　联合运算符示例

2. 单元格的引用方式

在公式中，如果需要引用某一单元格中的数据，通常使用单元格的地址表示该数据，称为单元格的引用。在公式中输入单元格地址有两种方法：一是利用键盘手动输入；二是用鼠标选取单元格或区域。

单元格的引用方式有3种，分别是相对引用、绝对引用和混合引用。当光标位于单元格地址时，按F4键，可以在3种引用方式之间快速转换。

（1）相对引用

相对引用是直接用列号与行号表示单元格地址，例如E3、A7。含相对引用单元格的公式被复制到其他单元格时，公式中的单元格地址随之做相应的变化。

例如，在单元格C1输入公式"＝A1＋B1"，然后将该公式从C1单元格复制到C2单元格，C2单元格中的公式变为"＝ A2＋B2"，如图9-105所示。

	A	B	C	fx
1	1	23	24	=A1+B1
2	2	25	27	=A2+B2

图9-105　相对引用示例

（2）绝对引用

绝对引用是在列号和行号之前都加上"＄"符号，例如＄E＄3、＄A＄7。含绝对引用单元格的公式被复制到其他单元格时，公式中的单元格地址保持不变。

例如，在单元格C1输入公式"＝＄A＄1＋＄B＄1"，然后将该公式从C1单元格复制到C2单元格，C2单元格中的公式仍为"＝ ＄A＄1＋＄B＄1"，如图9-106所示。

	A	B	C	fx
1	1	23	24	=$A$1+$B$1
2	2	25	24	=$A$1+$B$1

图9-106　绝对引用示例

（3）混合引用

混合引用是指在表示单元格地址的列号和行号中，一个使用相对引用，另一个使用绝对引用。例如＄D5、E＄3。含混合引用单元格的公式被复制到其他单元格时，相对引用部分随地址的变化而变化，而绝对引用部分不随地址的变化而变化，如图9-107所示。

	A	B	C	fx
1	1	23	24	=$A1+B$1
2	2	25	25	=$A2+B$1

图9-107　混合引用示例

3. 数据链接

所谓工作表之间的数据链接，是指在当前工作表中要引用来自其他的工作表或工作簿中的数据。

（1）引用同一个工作簿中不同工作表中的数据

在公式中引用其他工作表中单元格的格式是"工作表名！单元格地址"。例如，在

Sheet1 工作表某单元格的公式中引用同一工作簿中 Sheet2 工作表的 B5 单元格数据，则可以表示为“Sheet2!B5”。

(2) 引用不同的工作簿中的数据

在公式中引用其他工作簿工作表中单元格的表示方法是“[工作簿文件名]工作表名!单元格地址”。例如，[Book2.xls]Sheet1! C3。

引用其他工作表的单元格，更快捷的方式是，用鼠标直接选取引用工作表中的单元格或区域，则编辑框中会自动生成上述格式。

9.5.4 定义名称

以单元格的地址来命名单元格或区域，记忆和引用都不方便。因此 Excel 可以为单元格或区域命名，用名称代表单元格或区域。单元格或区域的命名方法是，首先选中单元格或区域，然后执行如下操作之一即可。

① 在编辑栏的名称框中输入名称，按 Enter 键。

② 单击鼠标右键，在弹出的快捷菜单中选择“定义名称”命令。

③ 在“公式”选项卡→“定义的名称”组中，使用“定义名称”按钮。

另外，单击“定义的名称”组→“名称管理器”按钮，在打开的“名称管理器”对话框中可以编辑或删除已定义的名称。

9.5.5 函数

函数是 Excel 系统预定义的内置公式。利用这些内置的函数，用户可以快速方便地完成各种复杂的运算，从而大大提高工作效率。

1. 函数的一般格式

(1) Excel 函数的一般格式

```
函数名(参数 1,参数 2,…,参数 n)
```

例如：SUM(A3:A6,C4:C6)为计算两个单元格区域的数值之和。

(2) 关于函数的使用说明

① 函数名和左括号之间不允许空格，各参数之间用逗号分隔。

② 函数名中不区分大小写字母。

③ 函数可以嵌套使用。

2. 常用的函数输入方法

(1) 手工输入函数

如果用户对要使用的函数名称和参数的意义都很清楚，可以直接在单元格中输入函数。

(2) 使用函数向导

Excel 提供了几百个函数，要熟练掌握所有的函数难度很大，因此可以使用函数向导。单击编辑栏上的“插入函数”按钮 *fx*，或者使用“公式”选项卡→“函数库”组中的各个按钮，按照对话框中的提示插入函数。

如图 9-108 所示，SUM 的“函数参数”对话框的编辑框中输入参数时，如果参数为单元格地址，可以直接在工作表中单击该单元格；如果参数为单元格区域，可以在工作表中拖动

选择该区域；如果要选取的单元格或区域被当前对话框覆盖，可以单击编辑框右侧的按钮，暂时折叠对话框，待参数选取结束，再单击按钮还原对话框。

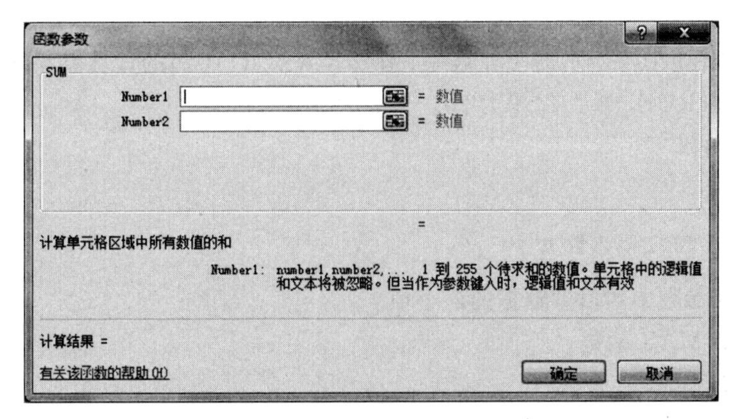

图 9-108　“函数参数”对话框

3. Excel 常用函数简介

(1) SUM 函数

格式：

```
SUM(参数 1,参数 2,…,参数 30)
```

功能：返回参数中所有数值型数据的和。

说明：最多可以有 30 个参数参与求和，它们可以是常量、单元格地址、区域、表达式等。有以下 3 种情况的参数需特别注意。

① 直接输入到参数表中的数值、逻辑值(TRUE 视为 1，FALSE 视为 0)和数字文本形式参与求和，忽略其他数据类型。

② 若参数为单元格地址引用，则只对其中的数值型数据求和，忽略其他数据类型。

③ 如果参数值不符合上述规定，则导致错误。

例如，在如图 9-109 所示的工作表中，C2 单元格的“20”为文本，B2 单元格的“TRUE”为逻辑值，A1、A2、C2 单元格中均为数值，B2 单元格为空。函数 SUM(A1:C2,"3",TRUE)的计算结果为 31。

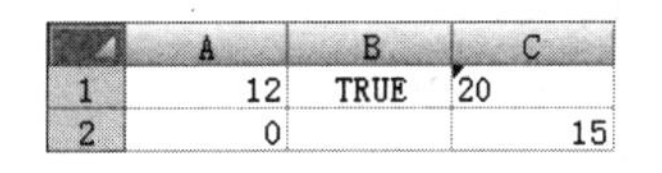

	A	B	C
1	12	TRUE	20
2	0		15

图 9-109　函数运算示例数据

(2) AVERAGE 函数

格式：

```
AVERAGE(参数 1,参数 2,…,参数 30)
```

功能：返回参数中所有数值型数据的平均值。

说明：对各种参数的处理方法类似于 SUM 函数。

例如：在如图 9-109 所示的工作表中，函数 AVERAGE(A1:C2)的计算结果等于 9。

(3) MAX 函数

格式：

```
MAX(参数 1,参数 2,…,参数 30)
```

功能：返回参数中数值型数据的最大值。

说明：对各种参数的处理方法类似于 SUM 函数。若参数中不包含数值，则 MAX 函数返回 0。

例如，在如图 9-109 所示的工作表中，函数 MAX(A1:C2)的计算结果等于 15，而函数 MAX(A1: C2,TRUE,"20")结果为 20。

(4) MIN 函数

格式：

```
MIN(参数 1,参数 2,…,参数 30 )
```

功能：返回参数中数值型数据的最小值。

说明：类似 MAX 函数。

(5) COUNT 函数

格式：

```
COUNT(参数 1,参数 2,…,参数 30)
```

功能：统计参数中数值型数据(包括日期和时间)的个数。

说明：对各种参数的处理方法类似于 SUM 函数。

例如，在如图 9-110 所示的工作表中，函数 COUNT(A1:C3)的计算结果等于 5，而函数 COUNT(A1:C3,TRUE,"10")的计算结果等于 7。

	A	B	C
1	10		2月9日
2	我们	11	TRUE
3	12	13	14

图 9-110　COUNT 函数示例数据

(6) COUNTIF 函数

格式：

```
COUNTIF(区域,条件)
```

功能：统计指定区域内满足特定条件的单元格的个数。

说明：判断条件可以是数字、文本或表达式。

例如，在如图 9-110 所示的工作表中，函数 COUNTIF(A2:C3,">=12")的计算结果为 2。

(7) SUMIF 函数

格式：

```
SUMIF(条件所在区域,条件[,求和区域])
```

功能：求满足指定条件的单元格区域中的数据之和。

说明：当参数 1(条件所在区域)中的相应单元格满足参数 2 指定的“条件”时，就对对应的参数 3(求和区域)的单元格求和。若省略“求和区域”，则直接对“条件所在区域”中满足条件的单元格求和。

	A	B	C
1	姓名	性别	完成数量
2	王键	男	3
3	刘红丽	女	4
4	马志强	男	2
5	高明	男	4
6	孙平	女	5
7	王立军	男	2
8	孙民	男	3

图 9-111　SUMIF 函数示例数据

例如，在如图 9-111 所示的工作表中，计算所有男生完成数量的总和。函数可以写为 SUMIF(B2:B8,"男",C2:C8)，计算结果为 14。

(8) IF 函数

格式：

```
IF(条件,值 1,值 2)
```

功能：根据对条件的判断，返回不同的结果。即当条件为 TRUE 时，返回值 1；当条件为 FALSE 时，返回值 2。

例如，在如图 9-112 所示的工作表中，当平均分大于或等于 60 时，在结论单元格中显示“及格”，否则显示“不及格”。则在 H3 单元格中可以输入公式“=IF(G3>=60,"及格","不及格")”。

	B	C	D	E	F	G	H
1	成绩单						
2	姓名	性别	数学	计算机	英语	平均分	结论
3	刘红丽	女	84	89	78	83.7	
4	高明	男	87	56	46	63.0	
5	王立军	男	34	67	47	49.3	
6	王键	男	92	78	60	76.7	
7	马志强	男	78	90	82	83.3	
8	孙平	女	89	54	96	79.7	
9	孙民	男	89	98	95	94.0	

图 9-112 IF 函数示例数据

9.6 Excel 2010 数据管理

Excel 的数据管理功能包括排序、筛选、分类汇总等，这些数据管理操作都是基于数据列表进行的。

9.6.1 数据列表基本概念

在 Excel 中，数据列表是指包含一组相关数据的若干工作表数据行，也称为“数据库”或“数据清单”，有关数据列表的概念及一些约定如下。

① 每个数据列表相当于一个二维表，由标题行和数据两部分组成。

② 数据列表的每一列称为一个字段，每个字段中的数据类型必须相同。标题行中的每一项即为字段名。

③ 数据列表的每一行称为一条记录，存放一组相关数据。

④ 在一张工作表中最好只存放一张数据列表。

⑤ 一个数据列表中应该避免出现空行或空列。

9.6.2 排序

排序是指按指定字段对数据列表中的记录重新组织先后顺序，这个指定的字段称为排序关键字。Excel 中排序操作有以下两种常用方法。

1. 单关键字排序

使用一个关键字对数据列表进行升序或降序排列，可按如下步骤操作。

① 在数据列表中单击排序关键字所在列的任意一个单元格。

② 单击“数据”选项卡→“排序和筛选”组中的“升序”按钮或“降序”按钮。

2. 多关键字排序

如果对数据列表中的数据按照两个及以上关键字进行排序，操作步骤如下。

① 单击数据列表中任意单元格。

② 单击“数据”选项卡→“排序和筛选”组→“排序”按钮，弹出“排序”对话框，如图 9-113 所示。

图 9-113 “排序”对话框

③ 在该对话框中选择“主要关键字”“排序依据”“次序”；单击“添加条件”按钮逐个添加其他关键字及其排序依据和次序。

④ 单击“确定”按钮。

在“排序”对话框中，单击“选项”按钮，会弹出如图 9-114 所示的“排序选项”对话框，供用户进一步选择排序“方向”和“方法”等。

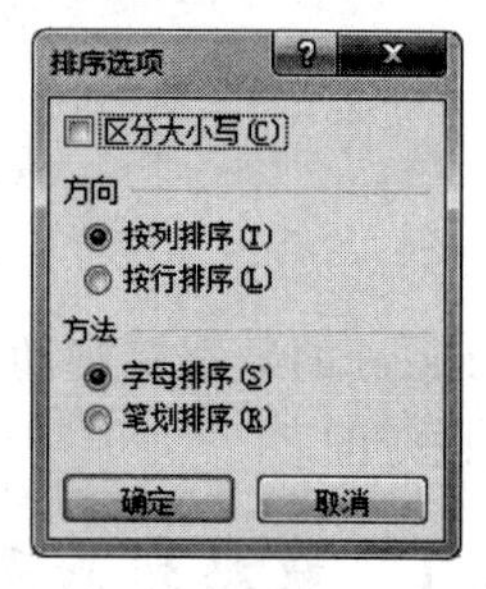

图 9-114 “排序选项”对话框

9.6.3 筛选

筛选的作用是将满足条件的记录集中显示在工作表上，将不满足条件的记录暂时隐藏起来。在 Excel 中，筛选数据有两种方法，即自动筛选和高级筛选。

1. 自动筛选

操作步骤如下。

① 单击要进行筛选的数据列表中的任意单元格。

② 单击“数据”选项卡→“排序和筛选”组→“筛选”按钮，字段名的右端出现“筛选”按钮▾。

③ 如图 9-115 所示，单击“数学”字段的“筛选”按钮▾，弹出相应的下拉列表。

④ 根据筛选字段为数值型或文本型，在下拉菜单中将出现“数字筛选”或“文本筛选”命令，图 9-115 所示的下拉菜单为“数字筛选”命令。

⑤ 单击所需筛选方式，如“大于”，打开“自定义筛选方式”对话框，如图 9-116 所示。在该对话框中设置筛选条件后，单击“确定”按钮。

筛选操作是把满足条件的记录显示出来，但其余的记录并没有从数据列表中删除，而只是被暂时隐藏起来。要取消自动筛选状态，只要单击“数据选项卡”→“筛选和排序”组→“筛选”按钮即可。

2. 高级筛选

高级筛选是指根据多个条件进行筛选。高级筛选可以把满足条件的记录复制到工作表

的另一区域中，而原数据区域不变。

	A	B	C	D	E	F	G
1	班级	姓名	性别	数学	计算机	英语	平均分
2	电子工程				67	90	63.7
3	电子工程				89	78	74.3
4	电子工程				56	46	60.0
5	建筑				98	98	88.3
6	建筑				54	50	55.7
7	建筑				90	64	71.3
8	建筑						76.7
9	计算机						80.7

升序(S)
降序(O)
按颜色排序(T)
从“数学”中清除筛选(C)
按颜色筛选(I)
数字筛选(F)
(全选)
34
56
60
63
69
75
78
92
确定 取消

等于(E)...
不等于(N)...
大于(G)...
大于或等于(O)...
小于(L)...
小于或等于(Q)...
介于(W)...
10个最大的值(T)...
高于平均值(A)
低于平均值(O)
自定义筛选(F)...

图 9-115 “数字筛选”子菜单

(1) 建立条件区域。

要使用高级筛选，首先要按如下规则建立条件区域。

① 条件区域必须位于数据列表区域之外。

② 条件区域的第一行为设置条件的字段名，其名称必须与数据列表中的字段名称完全相同(最好复制数据列表中的字段名)。

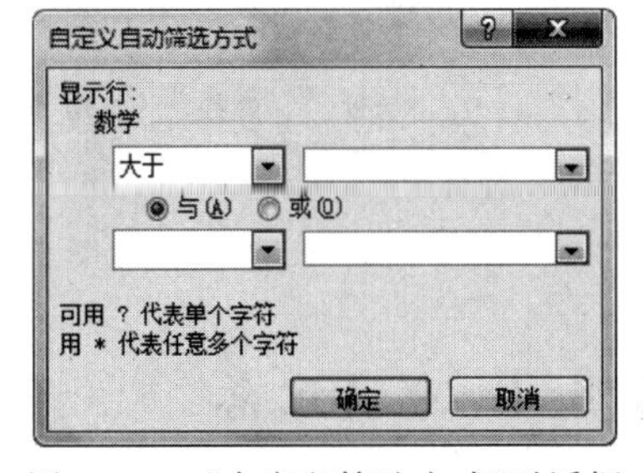

图 9-116 “自定义筛选方式”对话框

③ 条件区域的第二行开始就是条件行。同一行中的条件是“与”的关系，不同行中的条件是“或”的关系，一个单元格中只能输入一个条件。

(2) 高级筛选的操作步骤。

① 在数据列表之外创建一个条件区域，如图 9-117 所示的 I3:J4 区域，该条件区域中的两个条件是“与”的关系，其含义是“数学大于或等于 75 的所有男生”。

	A	B	C	D	E	F	G	H	I	J
1	班级	姓名	性别	数学	计算机	英语	平均分			
2	电子工程	王立军	男	34	67	90	63.7			
3	电子工程	刘红丽	女	56	89	78	74.3		性别	数学
4	电子工程	高明	男	78	56	46	60.0		男	>=75
5	建筑	孙民	男	69	98	98	88.3			
6	建筑	孙平	女	63	54	50	55.7			
7	建筑	马志强	男	60	90	64	71.3			
8	建筑	王键	男	92	78	60	76.7			
9	计算机	赵莉莉	女	75	85	82	80.7			

图 9-117 “高级筛选”的列表区域与条件区域示例

② 选中数据列表中的任意单元格，单击“数据”选项卡→“筛选和排序”组→“高级”按钮，打开“高级筛选”对话框。

③ 在“列表区域”文本框中指定数据列表所在的区域。

④ 在“条件区域”文本框中指定条件所在的区域。

⑤ 如果选中“将筛选结果复制到其他位置”，则将筛选结果复制到指定区域(在“复制到”文本框中给出该区域左上角单元格地址)；如果选中“在原有区域显示筛选结果”，则筛选结果放置在原数据列表中，不满足筛选条件的记录被隐藏。

⑥ 单击“确定”按钮。

图 9-118 “高级筛选”对话框

根据图 9-117 中的数据列表、筛选条件，以及图 9-118 中的设置，执行筛选后的工作表如图 9-119 所示。

(3) 取消高级筛选。

如果是在原数据区域上显示筛选结果，则单击“数据选项卡”→“筛选和排序”组→“清除”按钮，即可取消高级筛选。如果筛选结果复制到了其他位置，则直接删除即可。

	A	B	C	D	E	F	G	H	I	J
1	班级	姓名	性别	数学	计算机	英语	平均分			
2	电子工程	王立军	男	34	67	90	63.7			
3	电子工程	刘红丽	女	56	89	78	74.3		性别	数学
4	电子工程	高明	男	78	56	46	60.0		男	>=75
5	建筑	孙民	男	69	98	98	88.3			
6	建筑	孙平	女	63	54	50	55.7			
7	建筑	马志强	男	60	90	64	71.3			
8	建筑	王键	男	92	78	60	76.7			
9	计算机	赵莉莉	女	75	85	82	80.7			
10										
11	班级	姓名	性别	数学	计算机	英语	平均分			
12	电子工程	高明	男	78	56	46	60.0			
13	建筑	王键	男	92	78	60	76.7			

图 9-119 执行“高级筛选”后的工作表

9.6.4 分类汇总

分类汇总可以将相同类别的数据进行分类统计。其中，分类的工作是由排序完成的，因此必须先排序再进行分类汇总。

1. 创建分类汇总

图 9-120 是一个以“班级”为关键字排序后的“成绩单”工作表，下面介绍在该工作表中统计各班数学平均分、计算机平均分的操作步骤。

	A	B	C	D	E	F	G
1	班级	姓名	性别	数学	计算机	英语	平均分
2	电子工程	王立军	男	34	67	90	63.7
3	电子工程	刘红丽	女	56	89	78	74.3
4	电子工程	高明	男	78	56	46	60.0
5	计算机	赵莉莉	女	75	85	82	80.7
6	计算机	李建军	男	87	89	95	90.3
7	建筑	孙民	男	69	98	98	88.3
8	建筑	孙平	女	63	54	50	55.7
9	建筑	马志强	男	60	90	64	71.3
10	建筑	王键	男	92	78	60	76.7

图 9-120 “成绩单”工作表

① 对数据列表按分类字段“班级”进行排序(升序、降序均可)。

② 单击“数据选项卡”→“分级显示”组→“分类汇总”按钮，打开如图 9-121 所示的“分

类汇总”对话框。

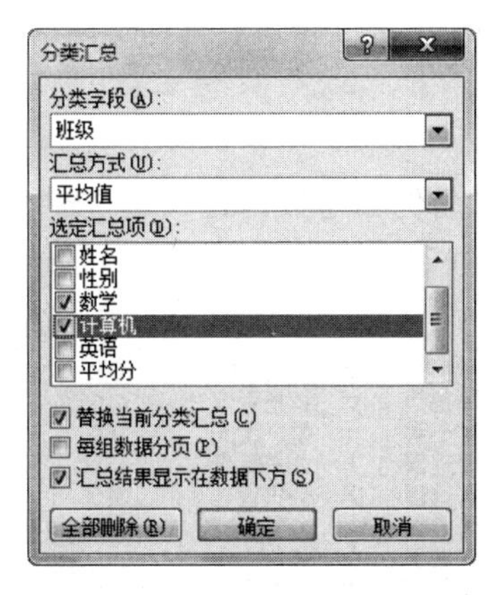

图 9-121　“分类汇总”对话框

③ 在对话框中选择“分类字段”为“班级”,“汇总方式”为“平均值”,“选定汇总项”为“数学”和“计算机”。

④ 单击“确定”按钮,分类汇总结果如图 9-122 所示。

	A	B	C	D	E	F	G
1	班级	姓名	性别	数学	计算机	英语	平均分
2	电子工程	王立军	男	34	67	90	63.7
3	电子工程	刘红丽	女	56	89	78	74.3
4	电子工程	高明	男	78	56	46	60.0
5	电子工程 平均值			56	70.666667		
6	计算机	赵莉莉	女	75	85	82	80.7
7	计算机	李建军	男	87	89	95	90.3
8	计算机 平均值			81	87		
9	建筑	孙民	男	69	98	98	88.3
10	建筑	孙平	女	63	54	50	55.7
11	建筑	马志强	男	60	90	64	71.3
12	建筑	王键	男	92	78	60	76.7
13	建筑 平均值			71	80		
14	总计平均值			68.2222	78.444444		

图 9-122　“分类汇总”结果示例

2. 分级显示

在图 9-122 中所示的分类汇总结果中,左侧出现一组分级按钮 1 2 3 。要显示分类汇总结果中某一级别的数据,单击适当的分级显示符号即可。

① 第 1 级只显示一个总的汇总结果,即“总计”一行。

② 第 2 级显示每个分类的汇总结果和总的汇总结果。

③ 第 3 级显示全部数据。

要折叠或展开分级显示中的数据,可以单击 - 和 + 按钮。

3. 删除分类汇总

要删除分类汇总的结果,打开如图 9-121 所示的“分类汇总”对话框,单击“全部删除”按钮。

9.6.5　数据透视表

分类汇总只适用于按一个字段分类、一个或多个字段进行汇总的情况。如果用户需要按多个字段分类并汇总，则需要使用数据透视表。数据透视表可以对工作表中的大量数据进行快速汇总并建立交互式表格，用户可以通过选择不同的行或列标签来筛选数据，查看对数据源的不同汇总。

1. 创建数据透视表

以图 9-123 所示的“工资表”为例创建数据透视表，按“性别”“部门”“员工类别”分类统计应发工资的平均值，操作步骤如下。

	A	B	C	D	E	F	G	H	I
1	员工编号	姓名	部门	性别	员工类别	基本工资	岗位工资	奖金	应发合计
2	3001	白雪	销售部	女	销售管理	4100	1000	1000	6100
3	2003	孔丽	生产部	女	生产工人	3000	500	600	4100
4	1001	李飞	管理部	男	公司管理	4500	1200	500	6200
5	1003	李正	管理部	男	公司管理	3800	950	500	5250
6	1002	马媛	管理部	女	公司管理	4000	1000	500	5500
7	3004	牛玲	销售部	女	销售人员	3150	800	1100	5050
8	3003	齐磊	销售部	男	销售人员	3300	870	0	4170
9	3002	孙武	销售部	男	销售管理	3500	900	1700	6100
10	3005	王林	销售部	男	销售人员	3200	800	900	4900
11	2002	王沙	生产部	男	生产工人	3300	650	600	4550
12	2001	张力	生产部	男	生产管理	4000	1000	600	5600
13	2004	赵阳	生产部	男	生产工人	3000	750	600	4350

图 9-123 “工资表”工作表

① 单击用来创建数据透视表的数据清单中的某个单元格。

② 单击“插入”选项卡→“表格”组→“数据透视表”按钮的文字部分，从菜单中选择“数据透视表”命令，打开“创建数据透视表”对话框，如图 9-124 所示。

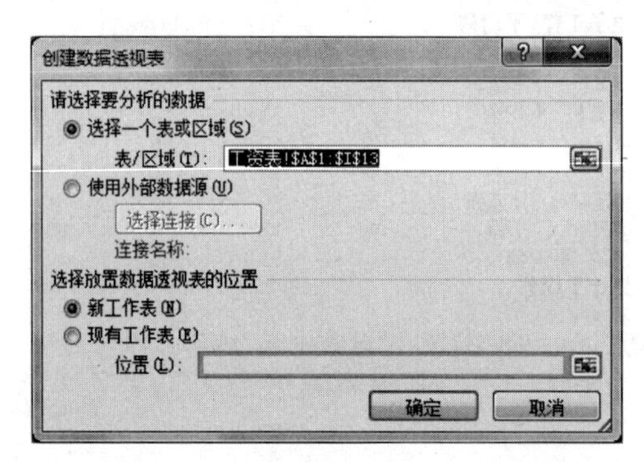

图 9-124 “创建数据透视表”对话框

③ 在对话框中选中“选择一个表或区域”单选按钮，并在“表/区域”框中指定用于创建数据透视表的区域。在“选择放置数据透视表的位置”进行设置，本例中选择了“新工作表”，如果选择“现有工作表”，则需要在“位置”框中指定放置数据透视表的区域左上角单元格地址。

④ 单击“确定”按钮，在指定位置显示数据透视表布局框架和“数据透视表字段列表”任务窗格，如图 9-125 所示，任务窗格中各项功能如下：

- “选择要添加到报表中的字段”。列出了数据清单中的所有字段。
- “报表筛选”。放在该列表框中的字段用于从数据源中选择或者筛选数据行，使之出现在数据透视表中。
- “列标签”。放在该列表框中的字段将以列的形式显示在数据透视表顶部。

- “行标签”。放在该列表框中的字段将以行的形式显示在数据透视表的左侧。
- “数值”。放在该列表框中的字段被汇总显示在数据透视表的主体部分。默认的汇总函数为 SUM。

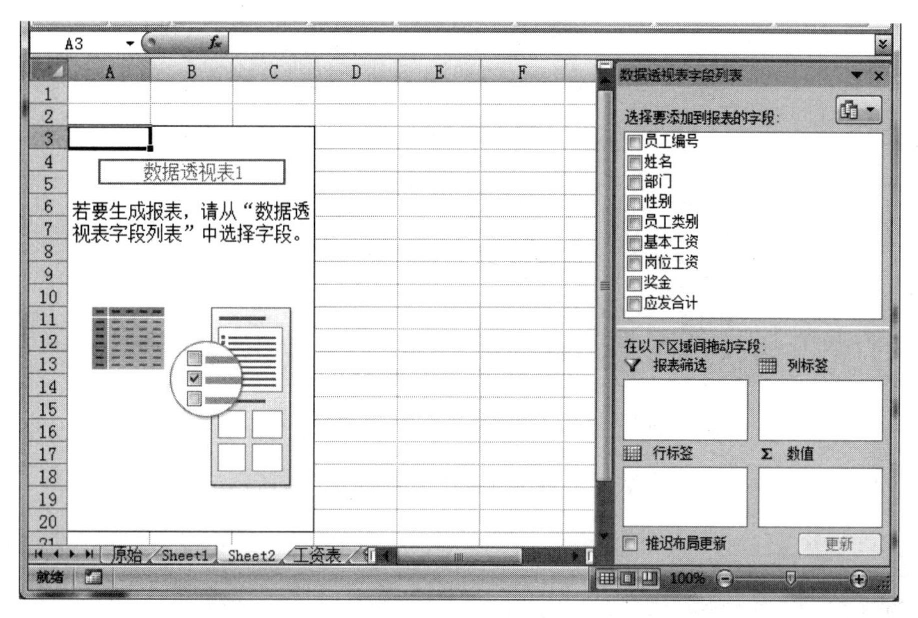

图 9-125 数据透视表布局框架

⑤ 添加字段。将“性别”字段拖动到“报表筛选”列表框；将“部门”字段拖动到“列标签”列表框；将“员工类别”字段拖动到“行标签”列表框；将“应发合计”字段拖动到“数值”列表框，如图 9-126 所示。

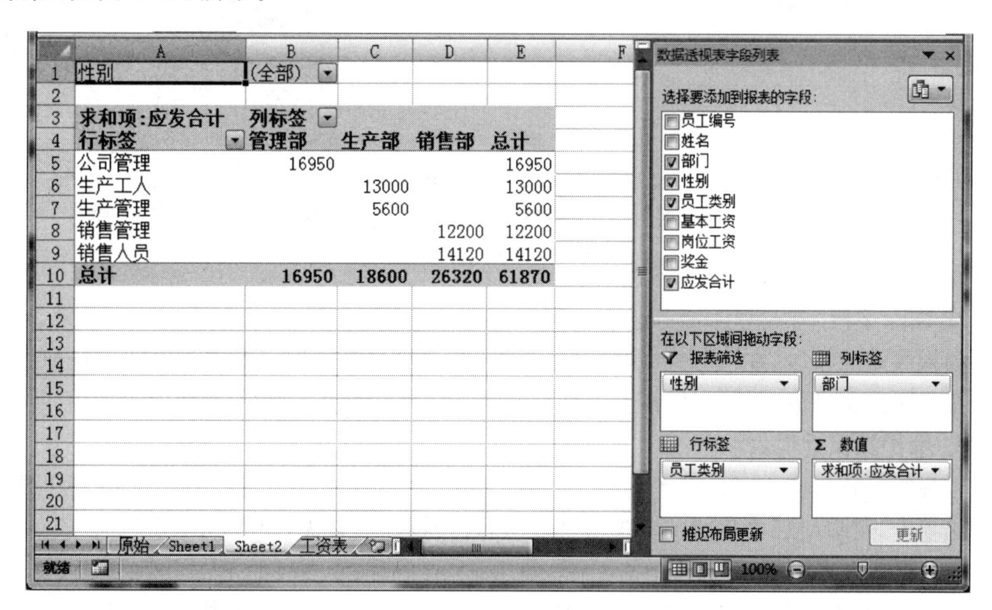

图 9-126 数据透视表布局图

⑥ 更改汇总方式：在“数值”列表框中，单击“求和项：应发合计”右侧的下拉箭头，从弹出的菜单中选择“值字段设置”，打开“值字段设置”对话框，如图 9-127 所示，在“计算类型”框中选择汇总方式，如本例的“平均值”。

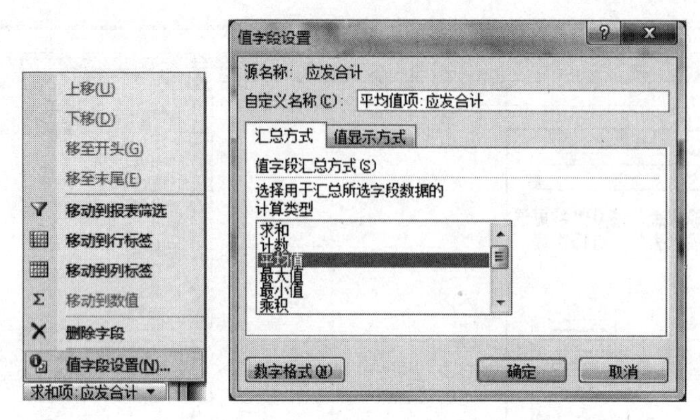

图 9-127 “值字段设置”菜单和对话框

⑦ 单击“确定”按钮，完成数据透视表的创建，如图 9-128 所示。

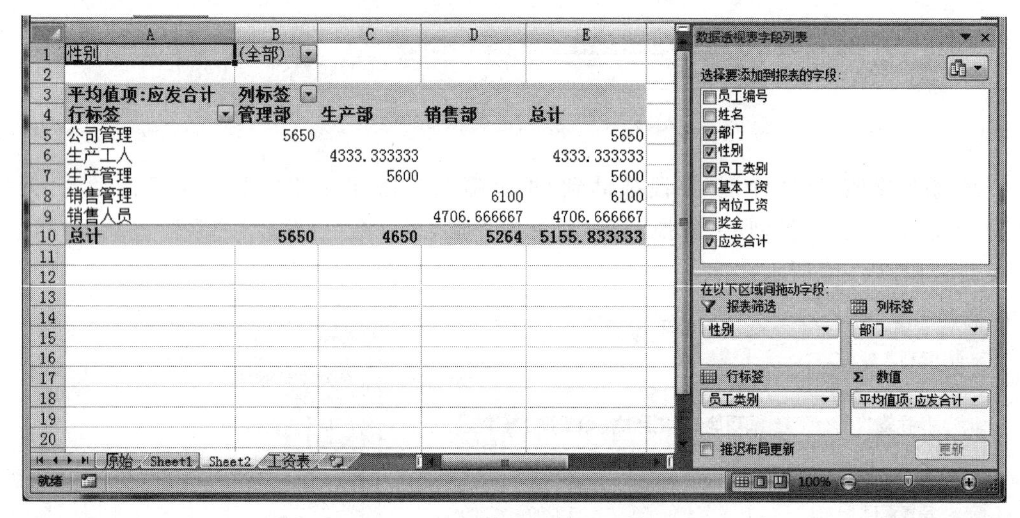

	A	B	C	D	E
1	性别	(全部)			
2					
3	平均值项:应发合计	列标签			
4	行标签	管理部	生产部	销售部	总计
5	公司管理	5650			5650
6	生产工人		4333.333333		4333.333333
7	生产管理		5600		5600
8	销售管理			6100	6100
9	销售人员			4706.666667	4706.666667
10	总计	5650	4650	5264	5155.833333

图 9-128 数据透视表结果

2. 删除字段

如果要删除字段，在“选择要添加到报表中的字段”列表中取消对该字段的选择即可，或者直接将字段拖动到区域之外。

3. 维护数据透视表

选择数据透视表中的任意单元格，功能区将出现“数据透视表工具”的“选项”和“设计”两个选项卡，可以对已经生成的数据透视表进行各种操作，常见操作如下。

(1) 刷新数据透视表

在创建数据透视表之后，如果对数据源进行了更改，单击“数据透视表工具”的“选项”选项卡→“数据”组→“刷新”按钮，数据更改就能反映到数据透视表中。

(2) 更改数据源

如果在数据源区域添加了新行或列，可以单击“数据透视表工具”的“选项”选项卡→“数据”组→“更改数据源”按钮，打开“更改数据透视表数据源”对话框，重新选择数据源，把新增的行列包含进去。

(3) 设置数据透视表样式

单击“数据透视表工具”的“设计”选项卡→“数据透视表样式”组→“其他”按钮，在弹出的下拉菜单中选择一种样式。

9.6.6　数据有效性

1. 设置数据有效性

Excel 的数据有效性功能，可以对单元格中输入的数据进行某些限制，操作步骤：选择某单元格区域，单击“数据”选项卡→“数据工具”组→“数据有效性”按钮上半部分，打开“数据有效性”对话框。

(1) 利用序列设置数据有效性

例如，在某数据列表中，设置“性别”一列必须输入“男”或“女”，具体步骤如下。

① 在“设置”选项卡的“允许”下拉列表中选择“序列”类型，在“来源”编辑框中输入“男，女”(注意：此处必须使用英文逗号)，如图 9-129 所示。

② 在“输入信息”选项卡中，可以设置提示信息，提示用户应该输入什么样的数据。

③ 在“出错警告”选项卡中，可以设置警告信息，提示用户输入有误。

④ 单击“确定”按钮。

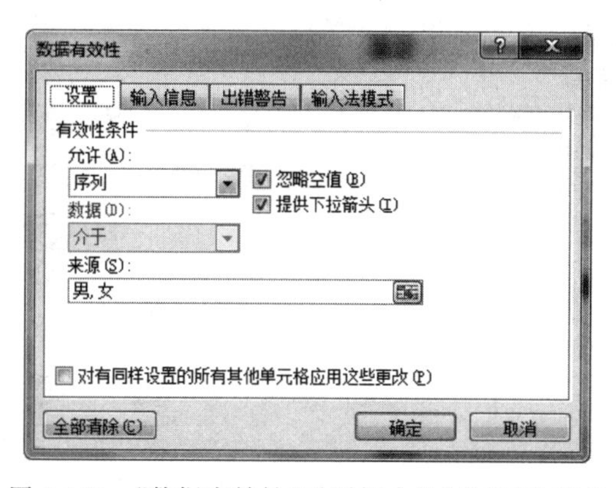

图 9-129　“数据有效性”对话框中的“设置”选项卡

(2) 利用数值大小设置数据有效性

例如，在某数据列表中，设置“成绩”一列必须输入 1～100 的整数，具体步骤如下。

① 在“允许”下拉列表中选择“整数”类型，在“最小值”编辑框中输入“0”，在“最大值”编辑框中输入“100”。

② 分别在“输入信息”和“出错警告”选项卡中设置。

③ 单击“确定”按钮。

(3) 利用文本长度设置数据有效性

例如，在某数据列表中，设置“学号”一列数据长度必须为 10 位，具体步骤如下。

① 在“允许”下拉列表中选择“文本长度”类型，“数据”下拉列表中选择“等于”，“长度”编辑框中输入“10”。

② 分别在“输入信息”和“出错警告”选项卡中设置。

③ 单击“确定”按钮。

2. 圈释无效数据

上面介绍的是对某个单元格区域先设置数据有效性、再输入数据，那么 Excel 就会拒绝输入不满足条件的数据。

如果在单元格区域中先输入数据、再设置数据有效性，则可以单击“数据”选项卡→“数据工具”组→“数据有效性”按钮下半部分，在出现的下拉菜单中选择“圈释无效数据”命令，那么 Excel 会将单元格区域中不满足条件的数据用红色圆圈标识出来，方便用户修改数据。

9.6.7 合并计算

合并计算可以将每个单独工作表中的数据，合并到一个工作表中，实现汇总和报告多个工作表中的数据结果。下面以制作“年度汇总”工作表为例，介绍合并计算的步骤。

① 选择“年度汇总”工作表的 A1 单元格。

② 单击“数据”选项卡→“数据工具”组→“合并计算”按钮，打开“合并计算”对话框，如图 9-130 所示。

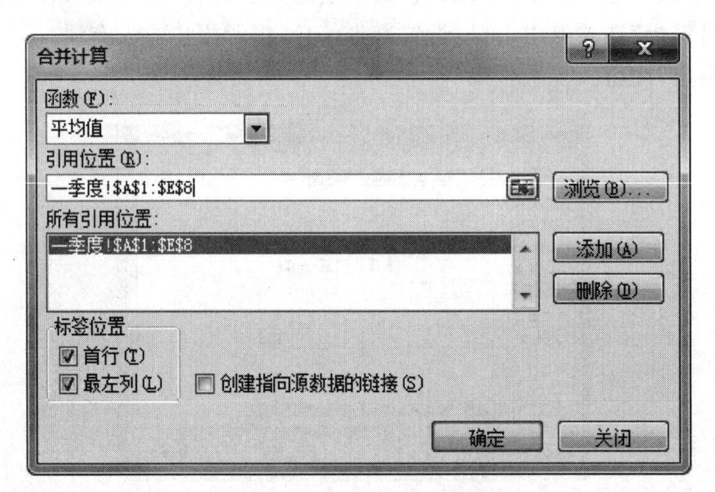

图 9-130 “合并计算”对话框

③ 在“函数”下拉列表中选择汇总方式，例如平均值。

④ 单击“引用位置”文本框，选择工作表“一季度”中的数据区域，如图 9-131(a)所示。然后单击“添加”按钮，将数据区域添加到“所有引用位置”列表框中，如图 9-130 所示。

⑤ 重复上述步骤，将工作表“二季度”“三季度”“四季度”中相应的数据区域都添加到“所有引用位置”列表框中。

⑥ 选中“标签位置”中的“首行”“最左列”复选框。

⑦ 单击“确定”按钮，关闭对话框，合并计算结果如图 9-131(e)所示。

	A	B	C	D	E
1	分店	支出(万)	收益(万)	净利润(万	利率
2	武汉分店	17.5	23.5	6	26%
3	长沙分店	15.2	35.1	19.9	57%
4	成都分店	17.5	20.1	2.6	13%
5	上海分店	17.9	27.6	9.7	35%
6	深圳分店	19.3	26.3	7	27%
7	洙海分店	16.1	24.6	8.5	35%
8	西安分店	17.5	23.4	5.9	25%

(a)“一季度”工作表

	A	B	C	D	E
1	分店	支出(万)	收益(万)	净利润(万	利率
2	武汉分店	12.3	23.9	11.6	49%
3	长沙分店	18.7	27.5	8.8	32%
4	成都分店	17.2	34.2	17	50%
5	上海分店	16.7	32.3	15.6	48%
6	深圳分店	18.9	37.8	18.9	50%
7	洙海分店	14.1	29.4	15.3	52%
8	西安分店	13.4	28.2	14.8	52%

(b)“二季度”工作表

	A	B	C	D	E
1	分店	支出(万)	收益(万)	净利润(万)	利率
2	武汉分店	16	24.5	8.5	35%
3	长沙分店	14	21	7	33%
4	成都分店	12.3	40.7	28.4	70%
5	上海分店	12.6	34.7	22.1	64%
6	深圳分店	20	39.9	19.9	50%
7	洙海分店	14.6	43	28.4	66%
8	西安分店	18.7	41.6	22.9	55%

(c)“三季度”工作表

	A	B	C	D	E
1	分店	支出(万)	收益(万)	净利润(万)	利率
2	武汉分店	17.6	37.1	19.5	53%
3	长沙分店	14	42.4	28.4	67%
4	成都分店	18.5	40.5	22	54%
5	上海分店	19.3	21.9	2.6	12%
6	深圳分店	19.9	24.9	5	20%
7	洙海分店	17.8	31.1	13.3	43%
8	西安分店	12.5	21.5	9	42%

(d)“四季度”工作表

	A	B	C	D	E
1	列1	支出(万)	收益(万)	净利润(万)	利率
2	武汉分店	15.85	27.25	11.4	40%
3	长沙分店	15.475	31.5	16.025	47%
4	成都分店	16.375	33.875	17.5	47%
5	上海分店	16.625	29.125	12.5	40%
6	深圳分店	19.525	32.225	12.7	37%
7	洙海分店	15.65	32.025	16.375	49%
8	西安分店	15.525	28.675	13.15	44%

(e)“年度汇总”工作表

图 9-131 “合并计算”示例

9.6.8 数据的模拟分析

模拟分析是指通过更改某个单元格中的数值，来查看这些更改对工作表中引用该单元格的公式结果的影响过程。Excel 附带了 3 种模拟分析工具：方案管理器、模拟运算表和单变量求解。本节介绍单变量求解。

单变量求解是假定一个公式想取得某一结果值，其中变量的引用单元格应取值为多少，才能实现公式的取值。例如，李明同学的三次作业成绩如图 9-132 所示，总成绩＝作业 1 * 10%＋作业 2 * 10%＋作业 3 * 10%＋期末成绩 * 70%，如果希望总成绩能达到 90 分，问期末成绩应该考多少分？解决步骤如下。

① 在如图 9-132 所示的 F2 单元格中输入公式“＝B2 * 0.1＋C2 * 0.1＋D2 * 0.1＋E2 * 0.7”。

② 单击“数据”选项卡→“数据工具”组→“模拟分析”按钮，在弹出的菜单中选择“单变量求解”命令。

③ 在打开的“单变量求解”对话框中，输入如图 9-133(a)所示的内容，单击“确定”按钮。

④ 弹出“单变量求解状态”对话框如图 9-133(b)所示，单击“确定”按钮，则在单元格 E2 中显示 94，如图 9-133(c)所示。

SUM　=B2*0.1+C2*0.1+D2*0.1+E2*0.7

	A	B	C	D	E	F	G	H
1	姓名	作业1	作业2	作业3	期末成绩	总成绩		
2	李明	80	72	91		=B2*0.1+C2*0.1+D2*0.1+E2*0.7		

图 9-132 源数据和公式

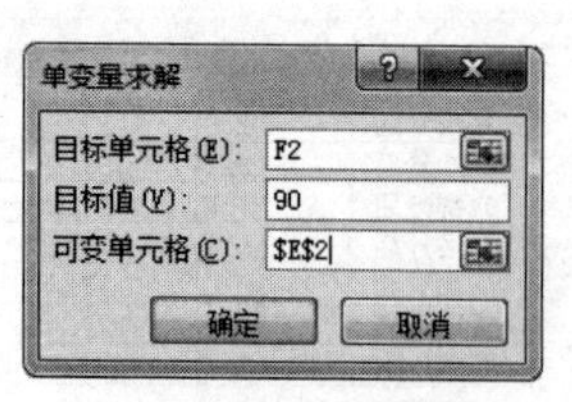

(a)“单变量求解”对话框

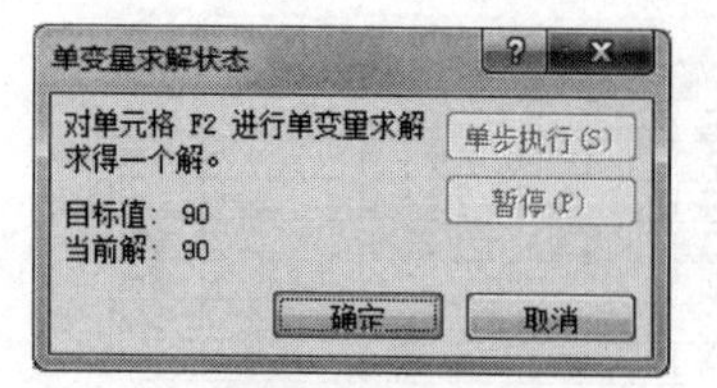

(b)“单变量求解状态”对话框

	A	B	C	D	E	F
1	姓名	作业1	作业2	作业3	期末成绩	总成绩
2	李明	80	72	91	94	90

(c)“单变量求解”结果

图 9-133 “单变量求解”示例

9.7 Excel 2010 图表

Excel 中的图表就是将工作表中的数据以图形的形式显示,供数据分析使用。

9.7.1 创建图表

1. 图表的组成元素

Excel 图表有许多图表项组成,包括图表标题、水平轴、垂直轴、图例等,如图 9-134 所示。

(1) 绘图区。以坐标轴为界的图形绘制区域。

(2) 图表标题。描述图表的名称,默认在图表顶端。

(3) 数据系列。图表上一组相关数据点,取自工作表中行或列。

(4) 坐标轴。为图表提供计量和比较的参考线,一般包括水平(类别)轴、垂直(值)轴。

(5) 图例。位于图表中适当位置处的一个方框,内含各个数据系统名,用于标示图表中的数据系列。

(6) 网格线。图表中从坐标轴刻度线延伸开来并贯穿整个绘图区的可选线条。

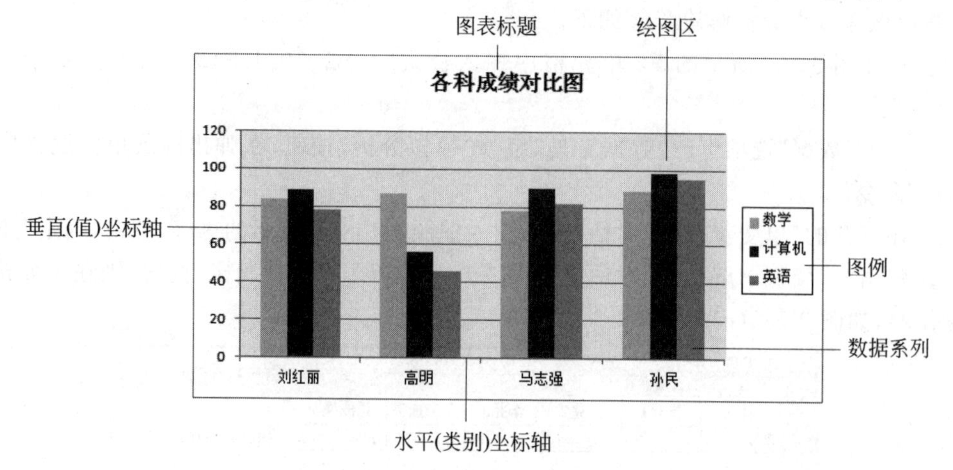

图 9-134 图表组成元素

2. 创建图表

在如图 9 135 所示的“成绩单”工作表中，创建如图 9-134 所示的柱形图，可按如下步骤操作。

① 选择要创建图表所需的数据区域，如图 9-135 所示的 B2:B5 和 D2:F5(Ctrl 键配合鼠标选择)。

② 单击“插入”选项卡→“图表”组→“柱形图”按钮，在下拉列表中选择所需的子图表类型，如图 9-136 所示的“簇状柱形图”。

	A	B	C	D	E	F	G
1	班级	姓名	性别	数学	计算机	英语	平均分
2	电子工程	刘红丽	女	84	89	78	83.7
3	电子工程	高明	男	87	56	46	63.0
4	建筑	马志强	男	78	90	82	83.3
5	建筑	孙民	男	89	98	95	94.0

图 9-135　选择数据区域

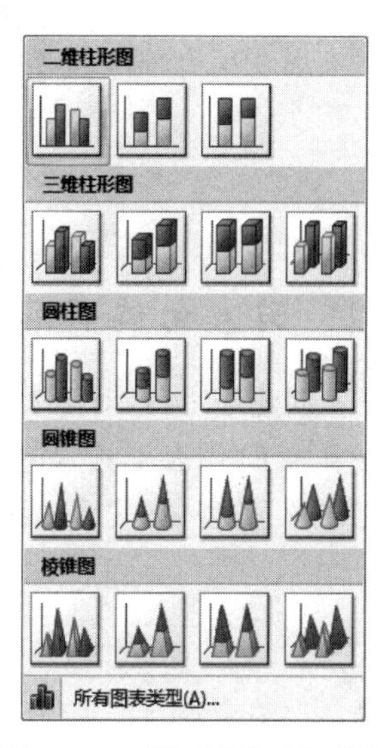

图 9-136　“柱形图”下拉列表

在“插入”选项卡的“图表”组中有很多图表类型供用户选择，也可以单击“图表”组右下角的“创建图表”按钮，弹出“插入图表”对话框，在图表样式库中选择所需图表类型，如图 9-137 所示。

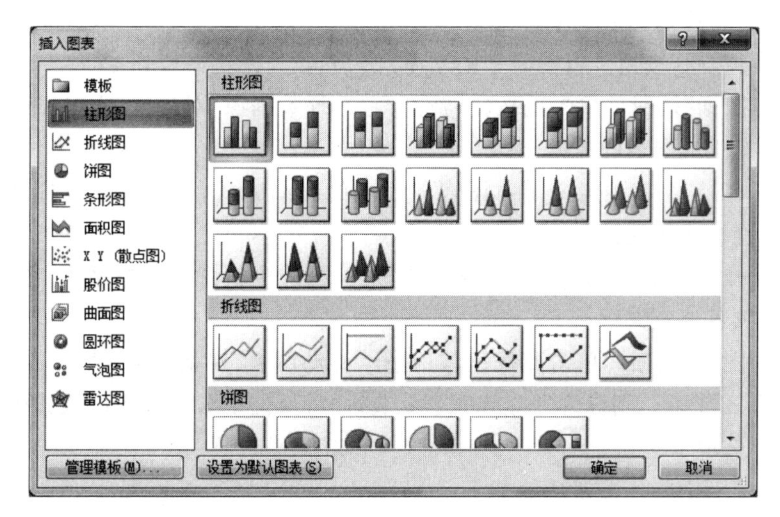

图 9-137　“插入图表”对话框

③ 选择子图表类型后，图表自动插入到当前工作表中，如图 9-138 所示。

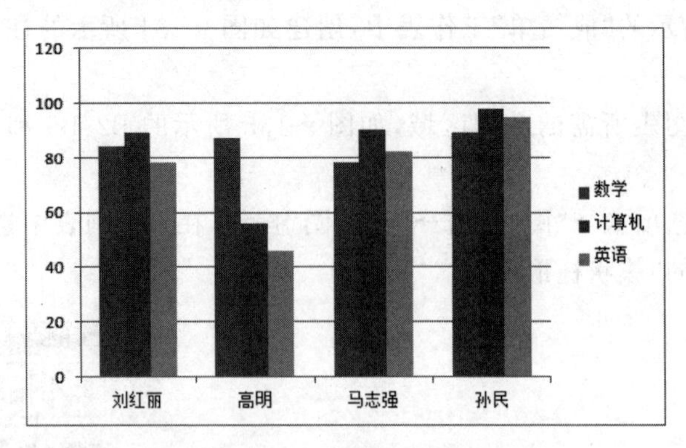

图 9-138　新插入的图表

9.7.2　图表的编辑和美化

图表创建好之后，对图表中的各个元素进行必要的修改与美化。选中已创建的图表，功能区中增加了“图表工具”，包括“设计”“布局”和“格式”选项卡，如图 9-139 所示，提供了对图表的布局、类型、格式等方面的设置。

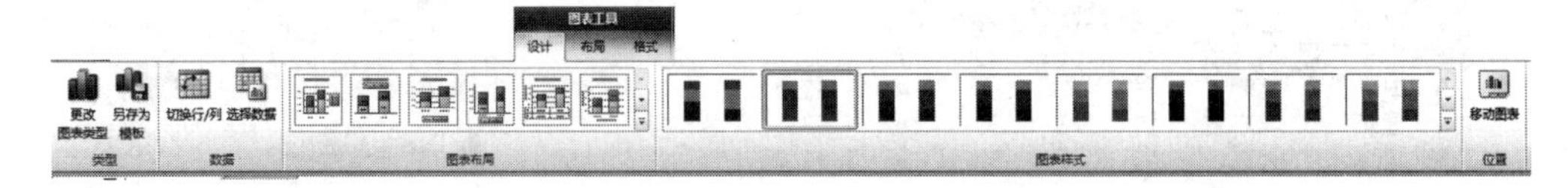

图 9-139　“图表工具”下拉列表

1. “设计”选项卡

“设计”选项卡中的各按钮功能如下。

（1）“更改图表类型”按钮。单击此按钮，将打开“更改图表类型”对话框（与“插入图表”对话框一致），选择所需图表类型即可。

（2）“切换行/列”按钮。将图表中的水平（类别）轴与图例进行切换。

（3）“选择数据”按钮。单击此按钮，将打开“选择数据源”对话框，在“图表数据区域”编辑框中重新选择生成图表的数据源。

（4）“图表布局”组。预定义了对图表各元素的布局方式，包括对图表标题、图例、坐标轴、数据系列、网格线等的设置。

（5）“图表样式”组。预定义了 48 种图表样式，样式中包含对数据系列、图表区背景、绘图区背景等的颜色填充方案。

（6）“移动图表”按钮。单击此按钮，将打开“移动图表”对话框，如图 9-140 所示。选择图表位置为“新工作表”，则称为独立式图表；选择“对象位于”，则称为嵌入式图表。

2. “布局”选项卡

“布局”选项卡中的各按钮功能如下。

（1）“当前所选内容”组

① “图表元素”组合框。显示被选中的图表元素，如图 9-141 所示，或者单击组合框右

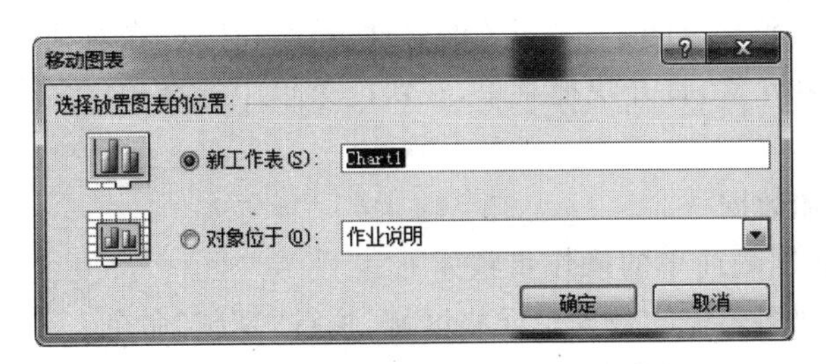

图 9-140 “移动图表”对话框

侧箭头按钮打开下拉列表从中选择图表元素。

② “设置所选内容格式”按钮(如图 9-141 所示)。单击此按钮,会打开与“图表元素”组合框中显示的图表元素对应的设置对话框,例如“图表元素”组合框中显示的是“图表区”,则打开“设置图表区格式”对话框,如图 9-142 所示。

“图表元素”组合框
图表标题
设置所选内容格式
重设以匹配样式
当前所选内容

图 9-141 “当前所选内容”组

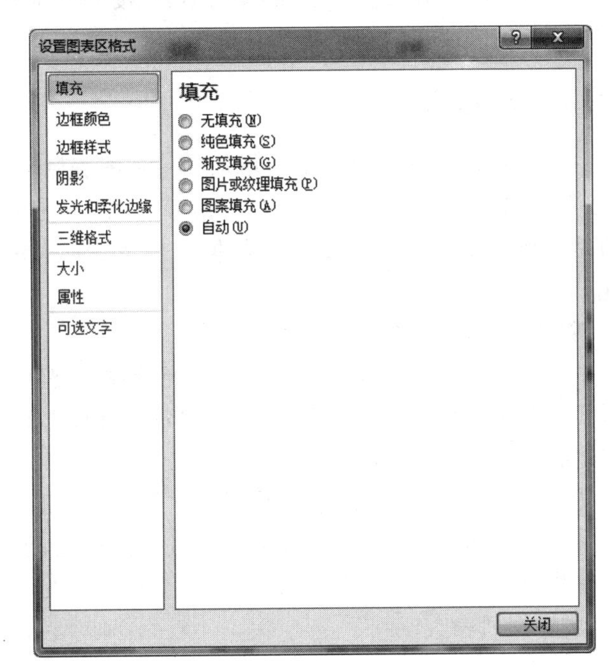

图 9-142 “设置图表区格式”对话框

(2)“插入”组。提供了 3 个按钮,分别用于在图表中插入“图片”“形状”“文本框”。

(3)“标签”组。提供了 5 个按钮,用来设置图表元素在图表中的摆放位置。

(4)“坐标轴”组。设置坐标轴和网格线的显示方式。

(5)“背景”组。设置图表不同区域的背景填充色等。4 个按钮中显示为灰色时表示对此类图表无效。

(6)“分析”组。可以在图表的绘图区添加趋势线、误差线等辅助分析数据。

3. “格式”选项卡

在“格式”选项卡下可以设置图表的边框、字体、填充颜色等。此外,修改图表元素还有如下方式。

① 直接双击图表元素，打开与之相关的属性设置对话框，在对话框中修改图表元素。

② 右键单击图表元素，打开快捷菜单，在快捷菜单中选择相应命令，也可以打开相关的属性设置对话框。

4. 向图表中添加数据

向图表中添加数据最简单的操作步骤如下。

① 选中要添加到图表中的数据单元格区域，执行“复制”命令。

② 选中图表，执行“粘贴”命令。

5. 删除数据系列

在图表绘图区单击代表要删除的数据系列的颜色块或图案，按 Delete 键。在图表中删除数据系列后，并不影响数据源中的数据。

6. 删除图表

对于嵌入式图表，选中所要删除的图表，按 Delete 键即可删除图表；对于独立式图表，则需要删除图表所在的工作表。

9.7.3 迷你图

“迷你图”是 Excel 2010 中新增加的一种图表制作工具，它是存在于单元格中的小图表，以单元格为绘图区域。通过在数据旁边插入“迷你图”来显示相邻数据的趋势，可以更清楚看出数据的分布形态。当数据发生改变时，用户可以在“迷你图”中看到相应的变化。

创建“迷你图”的方法。

① 选择“插入”选项卡→“迷你图”组→迷你图类型（“折线图”“柱形图”或“盈亏”），弹出“创建迷你图”对话框，如图 9-143 所示。

② 设置“数据范围”“位置范围”，单击“确定”按钮。

“迷你图”和普通数据一样，可以通过填充柄拖动的方法快速创建。如图 9-144 所示，是一个创建了“迷你图”的数据列表。

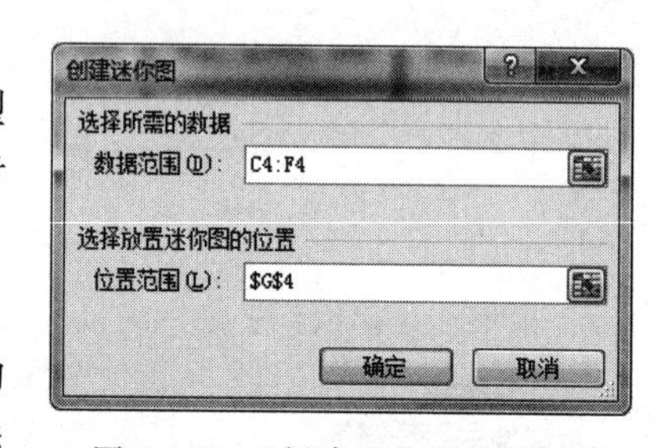

图 9-143 “创建迷你图”对话框

	A	B	C	D	E	F	G	H
1								
2		工资表						
3		月份 姓名	第一季度	第二季度	第三季度	第四季度		
4		李力	¥5,800.00	¥6,750.00	¥5,010.00	¥6,000.00		
5		张强	¥3,106.00	¥2,250.00	¥2,760.00	¥2,800.00		
6		王红	¥4,500.00	¥4,700.00	¥4,000.00	¥3,700.00		
7								

图 9-144 创建“迷你图”示例

9.8　PowerPoint 2010 制作演示文稿

PowerPoint 2010 是一款功能强大的演示文稿制作软件。演示文稿是一组内容既相互独立又相互联系的幻灯片，将文字、图形、声音、视频、动画等结合在一起，通过显示器、投影仪或网络会议，将用户所要表达的信息以生动、清晰且有条理的形式表现出来。

9.8.1　演示文稿基本操作

1. 新建演示文稿

启动 PowerPoint 2010 后，系统会自动新建一个空白演示文稿，用户可以从这张空白演示文稿开始制作，也可以选择从模板或主题开始制作演示文稿，方法如下。

① 单击窗口左上角的"文件"按钮，在弹出的命令项中选择"新建"命令。

② 在窗口中部"可用的模板和主题"窗格中选择模板或主题，如图 9-145 所示。

图 9-145　模板和主题

2. 幻灯片基本操作

(1) 插入幻灯片

① 单击"开始"选项卡→"幻灯片"组→"新建幻灯片"按钮上半部分，则插入一张与之前幻灯片相同版式的新幻灯片。

② 单击"新建幻灯片"按钮下半部分，在打开的下拉菜单中选择新的版式应用于新建幻灯片。

(2) 复制或移动幻灯片

在窗口左侧的"幻灯片"窗格中(如图 9-146 所示)选择要复制或移动的幻灯片(选择时

可配合 Ctrl 或 Shift 键选择多张幻灯片)，执行如下操作。

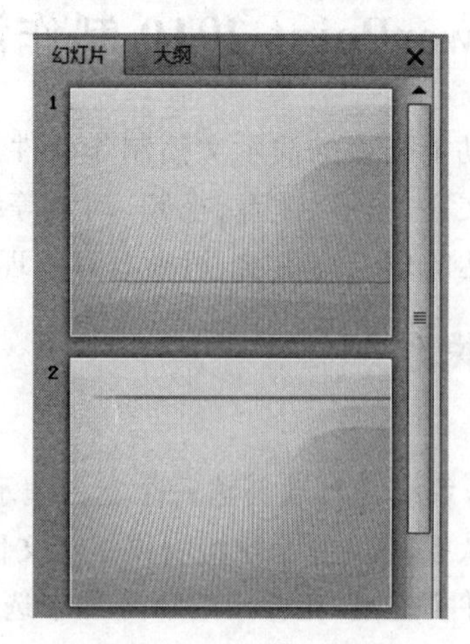

图 9-146 “幻灯片”窗格

① 执行“复制”(或“剪切”)、“粘贴”命令。

② “新建幻灯片”按钮下拉菜单底部的“复制所选幻灯片”命令。

③ Ctrl 键配合鼠标拖动。

(3) 删除或隐藏幻灯片

在“幻灯片”窗格中选择幻灯片，按 Delete 键即可删除幻灯片；也可右击，在弹出的快捷菜单中选择“删除幻灯片”或“隐藏幻灯片”命令。

3. 演示文稿视图方式

视图是 PowerPoint 2010 中制作演示文稿的工作环境。不同的视图方式能以不同形式显示演示文稿内容，便于编辑、浏览演示文稿。

单击“视图”选项卡，可以看到如图 9-147 所示的视图按钮，分为两组。

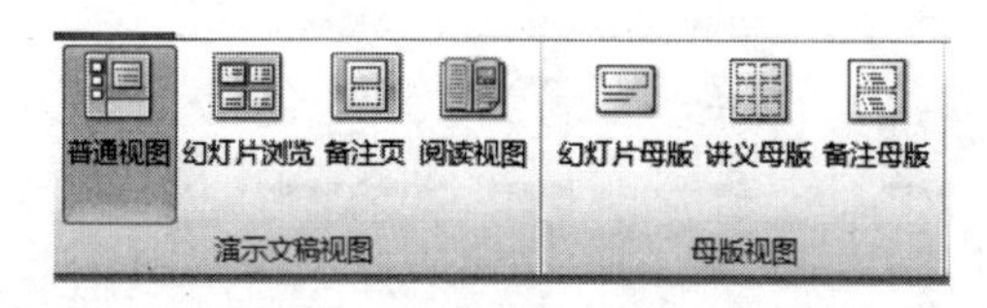

图 9-147 “演示文稿视图”组和“母版视图”组

(1) “演示文稿视图”组

① 普通视图。默认的视图模式，也是最常用的视图模式。在此视图模式下可以编写和设计演示文稿，也可以同时显示幻灯片、大纲和备注内容。

② 幻灯片浏览视图。将所有幻灯片以缩略图的方式排列在工作窗口上，用户可以直观地查看所有幻灯片的情况，可以复制、删除和移动幻灯片，可以设置每张幻灯片的放映时间、选择幻灯片的动画切换方式等。

③ 备注页视图。用于显示和编辑备注页，一般提供给演讲者使用。

④ 阅读视图。用于在方便审阅的窗口中查看演示文稿。

(2) “母版视图”组

幻灯片母版为演示文稿的外观赋予了整体性和统一性。如果要统一修改相同版式的幻

灯片外观，只需在相应幻灯片母版上修改一次即可。

使用母版视图可以对与演示文稿关联的每张幻灯片、备注页或讲义的样式进行全局更改，包括背景、颜色、字体、效果、占位符的大小和位置等。

9.8.2　幻灯片外观设置

1. 版式

制作演示文稿时，如果对幻灯片版式不满意，可以进行更改，步骤如下。

① 选择幻灯片。

② 单击“开始”选项卡→“幻灯片”组→“版式”按钮。

③ 在打开的“Office 主题”下拉菜单中选中所需版式即可。

2. 应用主题

主题是一组统一的设计元素，包括颜色、字体和效果。

(1) 应用内置主题

① 选择幻灯片。

② 单击“设计”选项卡→“主题”组→“其他”按钮，打开“所有主题”列表，如图 9-148 所示，选择所需要的主题应用到选定的幻灯片中。

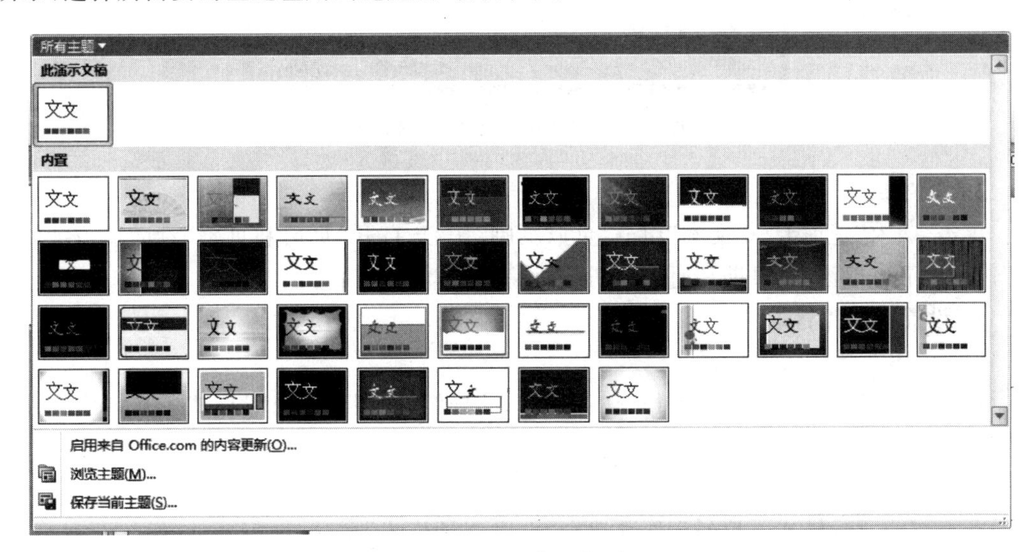

图 9-148　内置主题

如果用户想要使用其他主题，可以单击“所有主题”列表底部的“浏览主题”命令，在打开的“选择主题或主题文档”对话框中选择其他主题。

(2) 自定义主题

用户可以对内置的主题进行更改，生成自定义主题，包括更改颜色、字体、效果，设置方法相似。下面仅介绍更改主题颜色步骤。

① 单击“设计”选项卡→“主题”组→“颜色”按钮。

② 从展开的下拉列表中选择一组配色方案，包括文本、背景、填充、强调文字所用的颜色等。

③ 如果想更改配色方案中某些配色项，可以单击下拉列表底端的“新建主题颜色”命令，在打开的“新建主题颜色”对话框中，设定各主题元素的颜色，在“名称”框为新主题颜色命名，单击“保存”按钮，如图 9-149 所示。

④ 当再次单击“颜色”按钮时，下拉列表中就会出现保存过的主题颜色名称。

图 9-149 “新建主题颜色”对话框

3. 页眉页脚

单击“插入”选项卡→“文本”组→“页眉页脚”按钮，打开“页眉和页脚”对话框，在“幻灯片”选项卡下可以添加“日期和时间”“幻灯片编号”“页脚”。

4. 设置幻灯片背景

(1) 应用背景样式

单击“设计”选项卡→“背景”组→“背景样式”按钮，在展开的背景样式下拉列表中选择所需背景样式。

(2) 自定义背景

在上述的背景样式下拉列表底部选择“设置背景格式”命令，在打开的“设置背景格式”对话框中，可以设置背景的填充方式，如果使用“图片或纹理填充”，则可以继续设置“图片更正”“图片颜色”“艺术效果”，如图 9-150 所示。

9.8.3 编辑演示文稿

1. 输入文本

(1) 在占位符中输入文本

新建的幻灯片中有虚线或阴影线的边框，称为占位符。占位符是预先占住的一个固定位置，等待用户输入内容，例如标题、正文、图表、表格、图片等对象。

幻灯片版式就是由若干占位符来实现布局的，例如“标题和内容”版式中有两个占位符，分别显示“单击此处添加标题”“单击此处添加文本”。

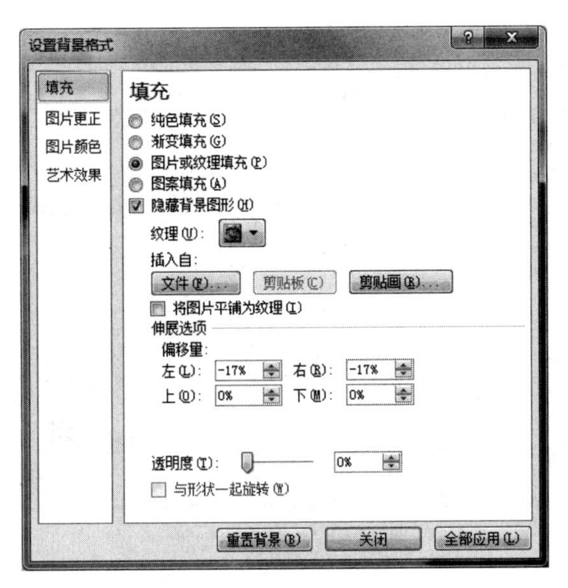

图 9-150 “设置背景格式”对话框

(2) 文本框

如果不想拘泥于已有的幻灯片版式,则可以使用“插入”选项卡→“文本”组→“文本框”按钮来插入文本框,输入文本,实现更灵活、个性的幻灯片版式。

2. 各种对象的插入

要做出一套美观的演示文稿,仅在幻灯片中输入文字是不够的,还应当插入一些图片或剪贴画,使幻灯片更加漂亮;插入图表或 SmartArt 图形使演示文稿生动直观;插入视频或音频,使演示文稿丰富多彩。

要插入上述各种对象,使用“插入”选项卡中的相应按钮,如图 9-151 所示。具体操作方法请参考 Word 2010。

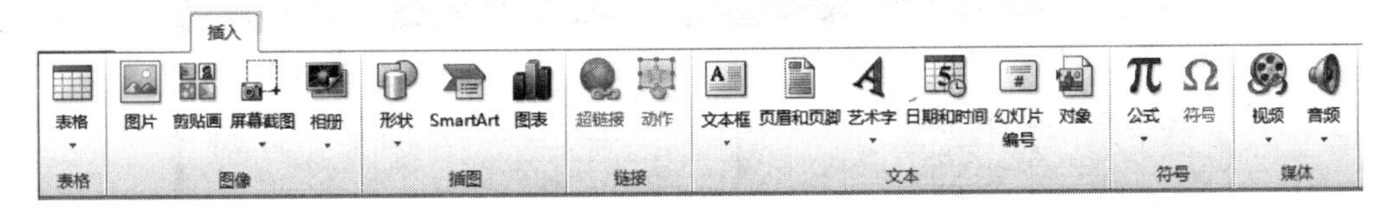

图 9-151 “插入”选项卡

3. 应用相册

PowerPoint 2010 可以轻松制作出各种精美的电子相册。单击“插入”选项卡→“图像”组→“相册”按钮的图片部分,打开“相册”对话框,如图 9-152 所示,在对话框中设置相册内容、相册版式,单击“创建”按钮即可。

对于已经创建的相册,可以单击“相册”按钮的文字部分,在展开的下拉列表中选择“编辑相册”命令,在打开的“编辑相册”对话框中进行编辑修改。

4. 设置超链接

超链接可以实现幻灯片与幻灯片、幻灯片与外部文件或程序之间,或者幻灯片与 Internet 地址之间的跳转。

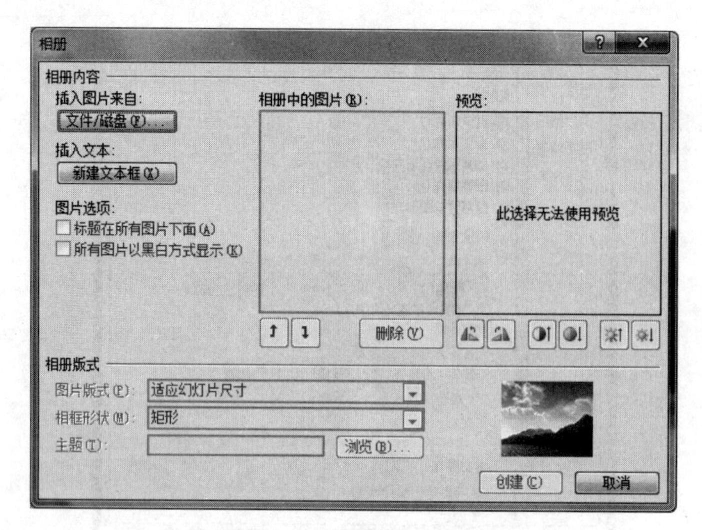

图 9-152 “相册”对话框

(1) 插入超链接

① 在普通视图下,选择要添加超链接的文本或对象。

② 单击“插入”选项卡→“链接”组→“超链接”按钮,打开“插入超链接”对话框,如图 9-153 所示,在左侧的“链接到”列表框可以选择下列操作。

- “现有文件或网页”。在“查找范围”文本框指定要链接的其他文档,或者在“地址”文本框中输入要链接的网页地址。
- “本文档中的位置”。可以选择链接到当前演示文稿中的某张幻灯片。
- “新建文档”。链接到新建文档。
- “电子邮件地址”。在“电子邮件地址”文本框中输入要链接的邮件地址,在“主题”文本框中输入邮件的主题。

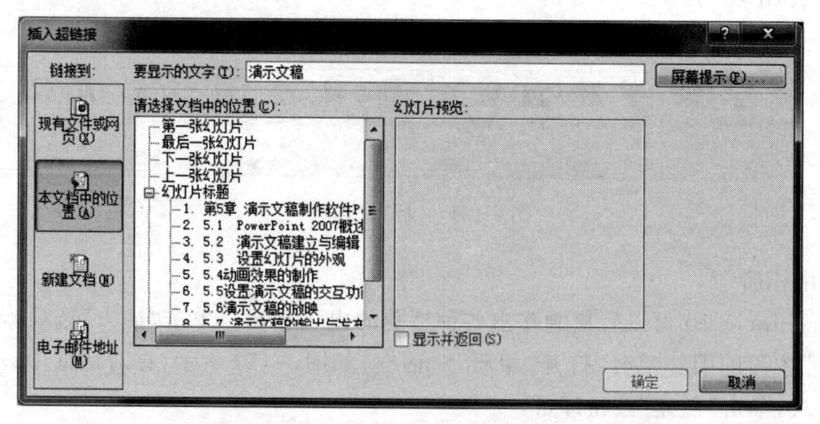

图 9-153 “插入超链接”对话框

③ 在如图 9-153 所示的对话框中,可以单击“屏幕提示”按钮,在打开的“设置超链接屏幕提示”对话框中设置当鼠标指针置于超链接上时出现的提示内容。

④ 单击“确定”按钮,完成超链接的设置。

(2) 编辑超链接

设置超链接后的文本会有下画线,访问过的超链接文本会改变字体颜色。超链接文本的字体颜色需要在如图 9-149 所示的"新建主题颜色"对话框中更改。

要想更改或删除超链接,首先选中已插入超链接的对象,然后单击"插入"选项卡→"链接"组→"超链接"按钮,在打开的"编辑超链接"对话框中,更改超链接设置或删除超链接。也可以使用快捷菜单中的"取消超链接"命令来删除超链接。

(3) 动作按钮设置超链接

PowerPoint 2010 提供了一组代表一定含义的动作按钮,插入动作按钮并设置超链接,可以在不同的幻灯片之间跳转,也可以播放图像、声音文件等,使演示文稿的交互界面更加友好。具体步骤如下。

① 选择要添加动作按钮的幻灯片。

② 单击"插入"选项卡→"插图"组→"形状"按钮,在打开的下拉菜单底部的动作按钮区选择所需按钮,在要插入按钮的位置按下鼠标左键并拖动适当大小,释放鼠标左键打开"动作设置"对话框,如图 9-154 所示。

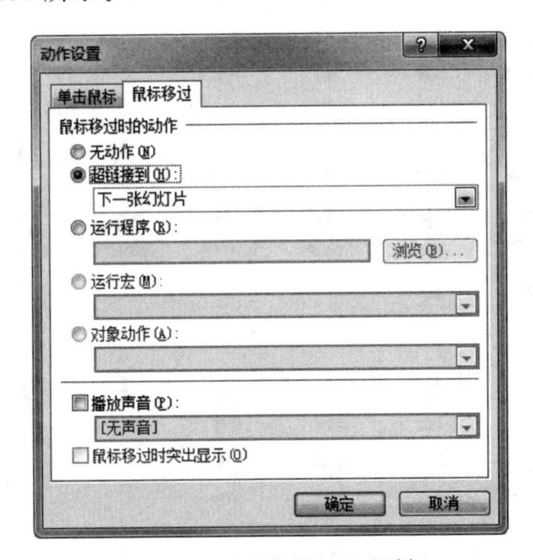

图 9-154 "动作设置"对话框

③ "单击鼠标"选项卡。鼠标单击动作按钮时发生跳转。

④ "鼠标移过"选项卡。鼠标悬停在动作按钮上时发生跳转,适用于提示、播放声音或影片。

⑤ 选择动作为"超链接到"或者"运行程序",并在其下面的文本框中指定跳转目的地。

⑥ 单击"确定"按钮。

如果想在多张幻灯片中设置相同跳转目的地的动作按钮,则可以在母版中设置动作按钮。例如,设置返回目录的动作按钮。

(4) 为对象设置动作

除了动作按钮,还可以为文本等其他对象设置动作。首先选中对象,单击"插入"选项卡→"链接"组→"动作"按钮,打开"动作设置"对话框(如图 9-154 所示)进行设置即可。

9.8.4 动画效果设置

动画效果能使幻灯片上的文本、声音、图像等对象具有动画效果，以达到突出重点、控制信息的流程，为幻灯片增添趣味与生动。

1. 设置动画

(1) 设置动画的具体操作步骤如下。

① 选择要设置动画的对象。

② 单击“动画”选项卡→“动画”组→“其他”按钮，展开“动画”下拉列表，如图 9-155 所示。列出了“进入”“强调”“退出”“动作路径”共 4 种类型的动画效果。

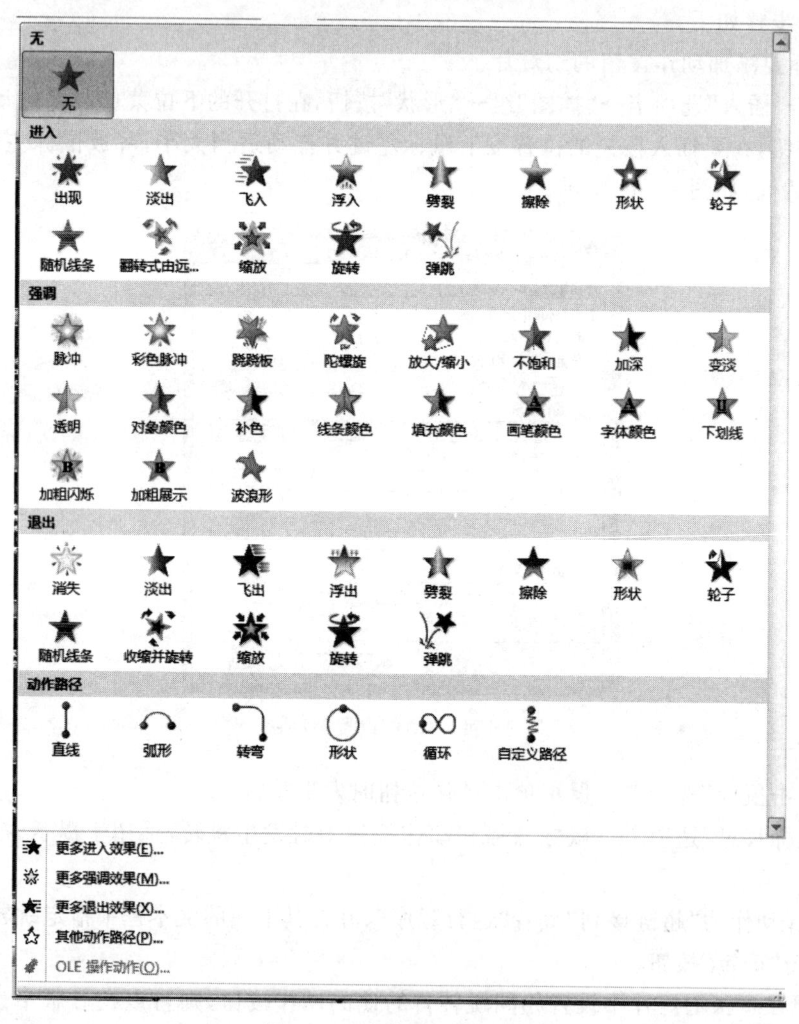

图 9-155 “动画”下拉列表

③ 选择所需动画效果即可。

如果想查看更多的动画效果，可以选择“动画”下拉列表底部的“更多进入效果”等 4 个命令，打开相应的对话框进行设置。

（2）动画方向

选择已经设置了动画效果的对象，单击“动画”选项卡→“动画”组→“效果选项”按钮，可更改动画进入的方向，或动作路径的方向。

（3）动画计时

在“动画”选项卡→“计时”组中，可以设置如下内容。

① “开始”。设置开始播放动画的方式，可选择“单击时”“与上一动画同时”“上一动画之后”。

② “持续时间”。指定动画的长度。

③ “延迟”。指定几秒后播放动画。

（4）动画顺序

单击“动画”选项卡→“高级动画”组→“动画窗格”按钮，则会在应用程序窗口右侧出现名称为“动画窗格”的任务窗格，在此任务窗格中可以看到设置的所有动画效果，使用鼠标拖动或任务窗格底部的排序按钮 重新排序 ，可以调整动画顺序。

（5）动画效果

① 选择“动画窗格”中的某个动画项，单击右边出现的按钮，展开下拉菜单，如图 9-156 所示。

② 选择“效果选项”命令，打开设置效果的对话框如图 9-157 所示。

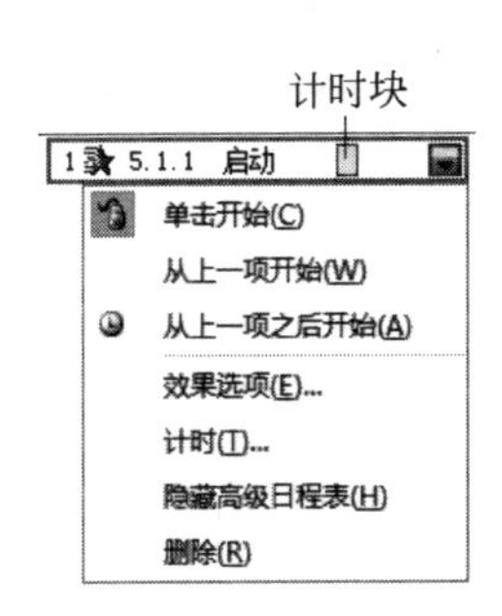

图 9-156 某动画项下拉菜单

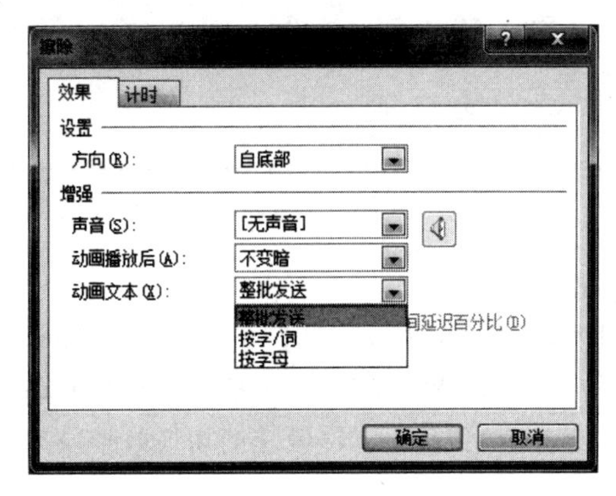

图 9-157 设置动画效果的对话框

不同的动画其效果设置不同，所以出现的设置效果的对话框也不同。

单击“动画”组右下角按钮 ，也可以打开设置效果的对话框。

③ 在“效果”选项卡中可以设置动画方向、增强效果（例如动画声音、动画播放后的效果、动画文本按字母发送等）。

④ 在“计时”选项卡中的设置与“动画”选项卡→“计时”组中内容相似。此外，拖动如图 9-156 所示的“计时块”也可以设置动画计时。

（6）动画预览

单击“动画”选项卡→“预览”组→“预览”按钮，则设置的动画效果将在幻灯片区自动播放，用来观察设置的效果。

(7) 删除动画

在如图 9-156 所示的下拉菜单中,选择“删除”命令。

2. 动画刷

使用动画刷可以复制动画。

① 选择动画对象。

② 单击“动画”选项卡→“高级动画”组→“动画刷”按钮,此时鼠标旁出现一个“刷子”形状,选择目标对象。

如果需要复制多次动画,则双击“动画刷”按钮,复制完成后单击“动画刷”按钮取消复制动画状态。

3. 幻灯片切换效果

幻灯片间的切换效果是指演示文稿播放过程中,幻灯片进入和离开屏幕时产生的视觉效果,也就是让幻灯片以动画方式放映的特殊效果。

(1) 添加切换效果

① 选择要设置切换效果的幻灯片。

② 单击“切换”选项卡→“切换到此幻灯片”组→“其他”按钮,在展开的下拉列表中选择所需的切换效果,如图 9-158 所示。

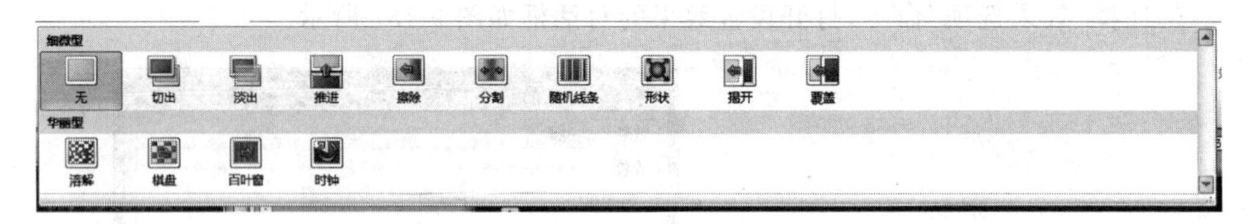

图 9-158 幻灯片切换效果下拉列表

(2) 设置“计时”组

单击“切换”选项卡→“计时”组,可进行如下设置。

① “声音”和“持续时间”文本框。设置切换声音和速度。

② “全部应用”命令。将设置的切换效果应用于演示文稿中所有幻灯片,否则只应用于当前选定幻灯片。

③ “换片方式”分组。勾选“单击鼠标时”复选框,在单击鼠标时出现下一张幻灯片。勾选“设置自动换片时间”复选框,在指定的时间后自动出现下一张幻灯片。

(3) 其他设置

“预览”和“效果选项”按钮的使用,请参考动画效果设置中的讲述。

如果想删除切换效果,则在如图 9-158 所示的下拉列表中选择“无”。

9.8.5 放映演示文稿

1. 设置放映方式

在幻灯片放映前可以根据使用者的不同,通过设置放映方式满足各自的需要。单击“幻灯片放映”选项卡→“设置”组→“设置幻灯片放映”按钮,打开“设置放映方式”对话框,如图 9-159 所示。

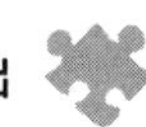

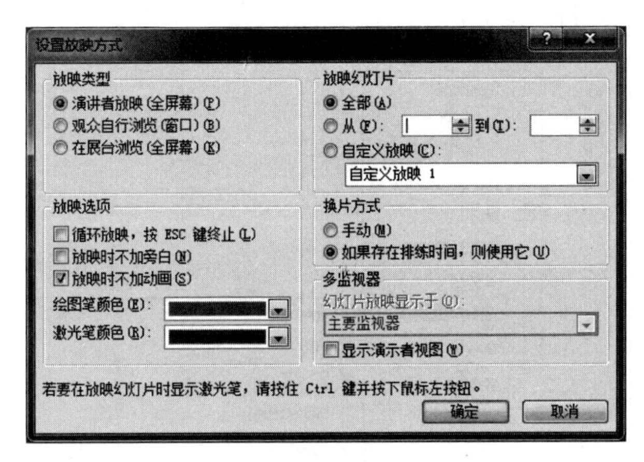

图 9-159 “设置放映方式”对话框

(1)“放映类型”分组

①“演讲者放映”。以全屏形式显示，通常用于演讲者亲自播放演示文稿。演讲者可以控制播放节奏，具有完全的控制权。

②“观众自行浏览”。以窗口形式显示，并提供相应的操作命令，可以在放映时移动、编辑、复制和打印幻灯片。

③“在展台浏览”。以全屏形式在展台演示，适用于展览会场或会议中。运行时大多数的菜单和命令都不可用，同时会启动选定“循环放映，按 Esc 键终止”复选框。

(2)“放映选项”分组

① 可以设置循环放映及放映时是否播放旁白和动画。

② 可以设置绘图笔和激光笔的默认颜色。

(3)“放映幻灯片”分组

“放映幻灯片”分组可以设置放映幻灯片的范围。

①“全部”单选按钮。放映全部幻灯片。

②“从……到……”单选按钮。指定幻灯片编号进行放映。

③“自定义放映”单选按钮。指定自定义幻灯片进行放映。自定义幻灯片，是使用“幻灯片放映”选项卡→“开始放映幻灯片”组→“自定义幻灯片放映”按钮建立的一套幻灯片。

(4)“换片方式”分组

① 幻灯片放映后，默认的换片方式是单击鼠标切换幻灯片，即“手动”切换。

② 使用“幻灯片放映”选项卡→“设置”组→“排练计时”按钮，可以录制幻灯片的放映时间，即“排练时间”。

2. 录制幻灯片

使用“幻灯片放映”选项卡→“设置”组→“录制幻灯片演示”按钮，可以录制幻灯片、动画计时、音频旁白和激光笔等操作。

3. 画笔

在演示文稿放映与讲解的过程中，对于文稿中的一些重点内容，有时需要勾画一下，以突出重点，引起观看者的注意。幻灯片放映后，单击鼠标右键，在弹出的菜单中选择“指针选项”命令，弹出如图 9-160 所示的级联菜单，选择“笔”或“荧光笔”，设置“墨迹颜色”，则鼠标指针变成笔的形状，就可以勾画对象了。

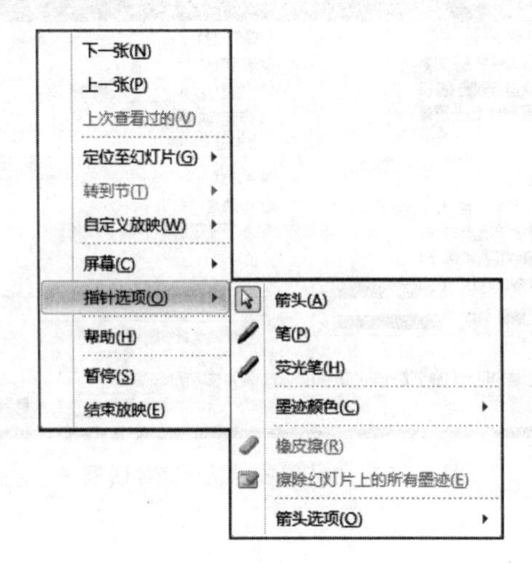

图 9-160 “指针选项”级联菜单

4. 放映幻灯片

启动幻灯片放映的常用方法如下。

① 单击演示文稿窗口右下角的“幻灯片放映”按钮。

② 单击“幻灯片放映”选项卡→“开始放映幻灯片”组→“从头开始”或“从当前幻灯片开始”按钮。

③ 按 F5 键从第一张幻灯片开始放映，按 Shift+F5 快捷键从当前幻灯片开始放映。

9.8.6 打包演示文稿

演示文稿没有自动播放功能，这就不免会出现一些播放故障。如，制作好的 PPT 文档复制到演示现场的计算机上时，却发现有些漂亮的字体走样了，或者某些特殊效果面目全非，或者根本无法播放等。这是因为演示现场的计算机上安装的 PowerPoint 版本较低，或者根本没有安装 PowerPoint 软件。而“打包”功能，可以很好地解决这种兼容性问题（见图 9-161）。

1. 打包演示文稿

① 打开要打包的演示文稿。

② 单击如图 9-161 所示的“文件”菜单→“保存并发送”命令→“将演示文稿打包成 CD”命令→“打包成 CD”按钮，打开如图 9-162 所示的“打包成 CD”对话框。

③ “要复制的文件”列表中已经出现了当前要打包的演示文稿。若还要打包其他演示文稿，单击“添加”按钮，选择要添加的演示文稿。

④ 单击“选项”按钮，打开如图 9-163 所示的“选项”对话框。如果勾选“链接的文件”复选框，则在打包的演示文稿中包含链接关系的文件；如果勾选“嵌入的 TrueType 字体”复选框，则可以确保在其他计算机上看到正确的字体；还可以对打包文档设置密码保护。

⑤ 单击“确定”按钮，返回到“打包成 CD”对话框。

⑥ 单击“复制到文件夹”按钮，可以将打包文件保存到指定的文件夹中；单击“复制到 CD”按钮，可以将打包文件保存到 CD 中。

图 9-161 “文件”菜单

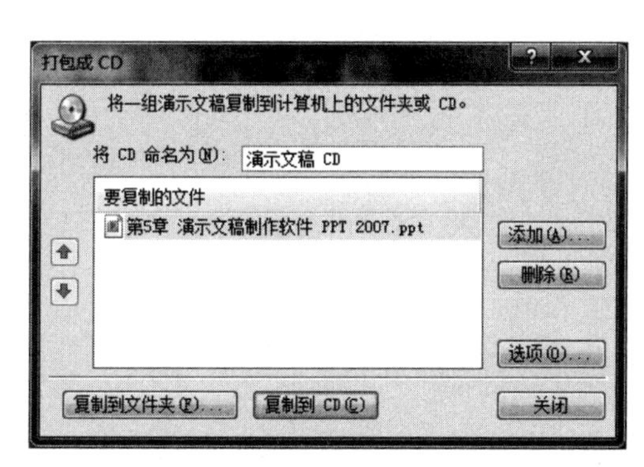

图 9-162 “打包成 CD”对话框

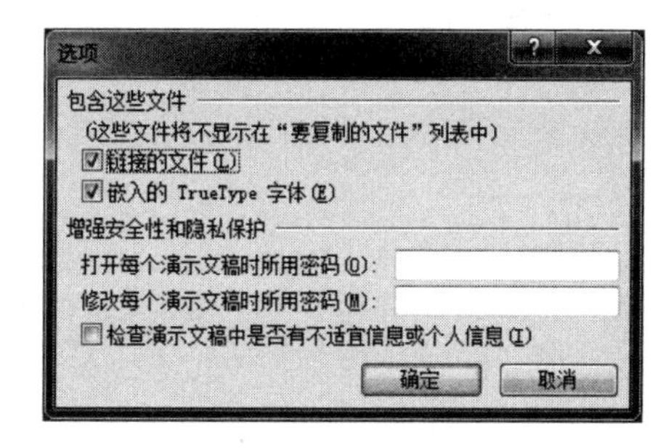

图 9-163 “选项”对话框

2. 运行打包文件

① 打开打包文件夹下的子文件夹 PresentationPackage。

② 双击该文件夹下的 PresentationPackage.html 文件，在打开的网页上单击 Download Viewer 按钮，下载 PowerPoint 播放器并安装。

③ 启动 PowerPoint 播放器，出现 Microsoft PowerPoint Viewer 对话框，定位到打包文件夹，选定演示文稿文件，单击“打开”按钮就能播放原汁原味演示文稿了。

参考文献

[1] 张燕，姜薇，孙晋非，徐月美. 大学计算机基础[M]. 3 版. 北京：清华大学出版社，2016.

[2] 战德臣，聂兰顺，张丽杰. 大学计算机——计算与信息素养[M]. 2 版. 北京：高等教育出版社，2014.

[3] 黄蔚，凌云，沈玮. 计算机基础与高级办公应用[M]. 北京：清华大学出版社，2018.

[4] 张尧学，史美林，高张. 计算机操作系统教程[M]. 北京：清华大学出版社，2006.

[5] 王珊，萨师煊. 数据库系统概论[M]. 5 版. 北京：高等教育出版社，2014.

[6] 弗兰克·徐. 软件工程导论(原书第 4 版). 崔展齐，潘敏学，王林章，译. 北京：机械工业出版社，2008.

[7] 胡维华，雷震甲. 网络工程师教程[M]. 北京：高等教育出版社，2010.

[8] 陆慧娟. 数据库原理与应用[M]. 北京：科学出版社，2006.

[9] 何钦铭，陆汉权，冯博琴. 计算机基础教学的核心任务是计算思维能力的培养——《九校联盟(C9)计算机基础教学发展战略联合声明》解读[J]. 中国大学教学，2010(09).

[10] 陈国良，董荣胜. 计算思维与大学计算机基础教育[J]. 中国大学教学，2011(01).

[11] 林闯，薛超，胡杰，等. 计算机系统体系结构的层次设计[J]. 计算机学报，2017(09).

[12] 王勇，张敬. 软件开发阶段成本分布研究[J]. 计算机科学与应用，2017：428-437.

图书资源支持

感谢您一直以来对清华版图书的支持和爱护。为了配合本书的使用，本书提供配套的资源，有需求的读者请扫描下方的“书圈”微信公众号二维码，在图书专区下载，也可以拨打电话或发送电子邮件咨询。

如果您在使用本书的过程中遇到了什么问题，或者有相关图书出版计划，也请您发邮件告诉我们，以便我们更好地为您服务。

我们的联系方式：

地　　址：北京市海淀区双清路学研大厦 A 座 701

邮　　编：100084

电　　话：010－62770175－4608

资源下载：http://www.tup.com.cn

客服邮箱：tupjsj@vip.163.com

QQ：2301891038（请写明您的单位和姓名）

资源下载、样书申请

书圈

扫一扫，获取最新目录

用微信扫一扫右边的二维码，即可关注清华大学出版社公众号“书圈”。